Gruber I Neumann

Erfolg im Mathe-Abi 2023

Übungsbuch für den Wahlteil
im Leistungsfach Mathematik
Baden-Württemberg
mit Tipps und Lösungen

Freiburger Verlag

Helmut Gruber, geb. 1968, studierte Mathematik und Physik in Konstanz und Freiburg und ist seit 1995 Mathematiklehrer in der Oberstufe.

Robert Neumann, geb. 1970, studierte Mathematik und Physik in Freiburg und unterrichtet Mathematik in der Oberstufe seit 1999.

Books for Future®
umweltfreundliche Bücher aus Wertstoffkreisläufen
49/001/003/22
www.books-for-future.de

Dieses Label bürgt für Umweltschutz im Buchprodukt
Papier aus nachhaltiger Forstwirtschaft,
schadstofffreie Druckfarben, schadstofffreier Schutzlack, schadstofffreier Buchleim
Kunststoffreduzierung in und um das Buchprodukt, komplett recyclingfähig.

Printed in EU
www.freiburger-verlag.de

Inhaltsverzeichnis

Vorwort

Erfolg von Anfang an

... ist das Geheimnis eines guten Abiturs. Das vorliegende Übungsbuch ist speziell auf die Anforderungen des Wahlteils des Mathematik-Abiturs des Leistungsfachs in Baden-Württemberg ab 2023 abgestimmt. Es umfasst die drei großen Themenbereiche Analysis, Analytische Geometrie und Stochastik sowie angepasste Abituraufgaben seit 2020 in einem Buch. Insgesamt gibt es 45 Verrechnungspunkte (VP). In Analysis gibt es eine sehr umfangreiche Aufgabe mit 20 VP, in der Analytischen Geometrie und in Stochastik gibt es jeweils eine Aufgabe mit 12,5 VP.

Pro Jahrgang gibt es zwei Aufgaben aus der Analysis (A1 und A2), zwei Aufgaben aus der Analytischen Geometrie (B1 und B2) sowie zwei Aufgaben aus der Stochastik (C1 und C2).

Der Wahlteil besteht aus komplexeren Aufgaben, die mithilfe eines wissenschaftlichen Taschenrechners (WTR) und einer Merkhilfe gelöst werden sollen. Der Schwerpunkt liegt auf der Analysis. Thematisch geht es meist um anwendungsbezogene Transferaufgaben, um das Modellieren realitätsnaher Aufgabenstellungen, um das Herstellen von Zusammenhängen und um das Entwickeln von Lösungsstrategien.

Bei einigen Aufgaben ist es nötig, den Taschenrechner zu benutzen. Nicht bei allen Rechnerfunktionen ist gleich klar, wie sie aufgerufen werden. Daher befinden sich im Buch QR-Codes für die entsprechenden Videos, in denen die Funktionen des Tachenrechners kurz erklärt werden. Der QR-Code kann mit einer entsprechenden App gescannt werden. Alternativ lässt sich auch der Link unter dem Code benutzen.

Der Code neben diesem Text verweist z.B. auf ein Video zum Erstellen einer Wertetabelle.

frv.tv/da

Unter www.freiburger-verlag.de erhalten Sie **weitere Aufgaben** kostenfrei als pdf zum Download.

Der blaue Tippteil

Hat man einmal keine Idee, wie man eine Aufgabe angehen soll bzw. fehlt der Lösungsansatz, hilft der blaue Tippteil in der Mitte des Buches weiter: Zu jeder Aufgabe gibt es dort Tipps, die helfen, einen Ansatz zu finden, ohne die Lösung vorwegzunehmen.

Die Kontrollkästchen ☐

Damit Sie immer den Überblick behalten können, welche Aufgaben Sie schon bearbeitet haben, befindet sich neben jedem Aufgabentitel ein Kontrollkästchen zum Abhaken.

Der Aufbau der Mathematikprüfung

- Die gesamte Prüfungszeit beträgt 270 Minuten (4,5 Zeitstunden).
- Die Lehrerin/ der Lehrer erhält vor der Prüfung den Pflichtteil (HMF) und für den Wahlteil zwei Aufgabenvorschläge aus Analysis (A1 und A2), zwei aus Analytischer Geometrie (B1 und B2) sowie zwei aus Stochastik (C1 und C2). Die Lehrerin/ der Lehrer wählt aus den Vorschlägen für den Wahlteil je einen aus Analysis, einen aus Analytischer Geometrie und einen aus Stochastik aus.
- Die Schülerinnen und Schüler erhalten zu Beginn der Prüfung alle Aufgaben (den Pflichtteil und den vom Lehrer/ der Lehrerin ausgesuchten Wahlteil, bestehend aus Analysis, Geometrie und Stochastik). Sie erhalten zu diesem Zeitpunkt noch keine Hilfsmittel.
- Die Schülerinnen und Schüler bearbeiten zunächst den Pflichtteil. Nach dessen Abgabe erhalten sie die Hilfsmittel (Taschenrechner, Merkhilfe) für den Wahlteil.

Insgesamt können maximal 60 Verrechnungspunkte in der Prüfung erreicht werden, davon 15 im Pflichtteil (HMF) und 45 im Wahlteil.

Allen Schülerinnen und Schülern, die sich auf das Abitur vorbereiten, wünschen wir viel Erfolg!

Helmut Gruber, Robert Neumann

Analysis

1 Hefe ☐

Tipps ab Seite 40, Lösungen ab Seite 63

Aufgabe A 1.1

In einem Labor wird die Konservierung von Lebensmitteln erforscht.

In einem Experiment werden einer Nährlösung zu Beobachtungsbeginn 10 mg Hefe zugesetzt und zunächst untersucht, wie sich die Hefe ohne Zugabe von Konservierungsmitteln vermehrt. Dabei wird festgestellt, dass sich die Masse der Hefe 1,7 Stunden nach Beobachtungsbeginn verdoppelt hat.

a) Bestimmen Sie die Gleichung einer Funktion h in der Form $h(t) = a \cdot e^{bt}$, die die Masse der Hefe (in mg) in Abhängigkeit von der Zeit t (in Stunden nach Beobachtungsbeginn) beschreibt.
Berechnen Sie, zu welchem Zeitpunkt sich nach dieser Modellierung die Masse der Hefe verzehnfacht haben wird.
Erläutern Sie die Bedeutung der Gleichung $f(t+5) = f(t) + 50$ im Sachzusammenhang.
Berechnen Sie den Zeitpunkt, ab dem die Wachstumsgeschwindigkeit der Hefemasse größer als 50 mg pro Stunde ist.
Zeigen Sie, dass die Wachstumsgeschwindigkeit der Hefemasse zunimmt.
[zur Kontrolle: $h(t) = 10 \cdot e^{0,41t}$]

Konservierungsmittel haben auf das Hefewachstum eine hemmende Wirkung, da sie die Hefe zerstören. Um diesen Vorgang genauer zu untersuchen, werden zu Beobachtungsbeginn einer Nährlösung wieder 10 mg Hefe zugesetzt. Zusätzlich wird von Beobachtungsbeginn an durchgehend gleichmäßig ein Konservierungsmittel zugegeben.

Die Masse der Hefe in mg in Abhängigkeit von der Zeit t in Stunden nach Beobachtungsbeginn lässt sich nun durch die Funktionenschar h_k mit $h_k(t) = 10 \cdot e^{0,4t - 0,5kt^2}$; $k \in \mathbb{R}$ und $k > 0$ beschreiben, wobei k ein Maß für die Masse des zugegebenen Konservierungsmittels ist.

b) Untersuchen Sie anhand der Gleichung der Funktionenschar den Verlauf der Scharkurven für $t \to \infty$.
Berechnen Sie in Abhängigkeit von k die Hochpunkte der Scharkurven. Die Untersuchung der notwendigen Bedingung ist ausreichend.

Beschreiben Sie im Sachzusammenhang die Abhängigkeit des Maximalwerts der Masse der Hefe und des Zeitpunkts, zu dem dieser Maximalwert erreicht wird, vom Parameter k.
[zur Kontrolle: $H_k\left(\frac{0,4}{k} \mid 10 \cdot e^{\frac{0,08}{k}}\right)$]

c) Berechnen Sie k so, dass der Maximalwert der Masse der Hefe 50 mg beträgt.
Der vorgegebene Graph in Material 1 ist der Graph einer Kurve der Funktionenschar h_k.
Bestimmen Sie mithilfe der Grafik den zugehörigen Scharparameter k.

d) Aufgrund der vorgenommenen mathematischen Modellierung könnte die Hefe niemals vollständig zerstört werden. Um dennoch einen Zeitpunkt abschätzen zu können, an dem die Hefe vollständig zerstört ist, wird folgendes Verfahren verwendet: Ab dem Zeitpunkt, an dem die Masse der Hefe wieder auf ihren Anfangswert von 10 mg gesunken ist, wird von einer linearen Abnahme ausgegangen. Dabei soll die Gerade ohne Knick und ohne Sprung an den Graphen der Funktion h_k anschließen.
Berechnen Sie für $k = 0,08$ nach diesem Verfahren den Zeitpunkt, zu dem die Hefe vollständig zerstört ist.

Abbildung 1

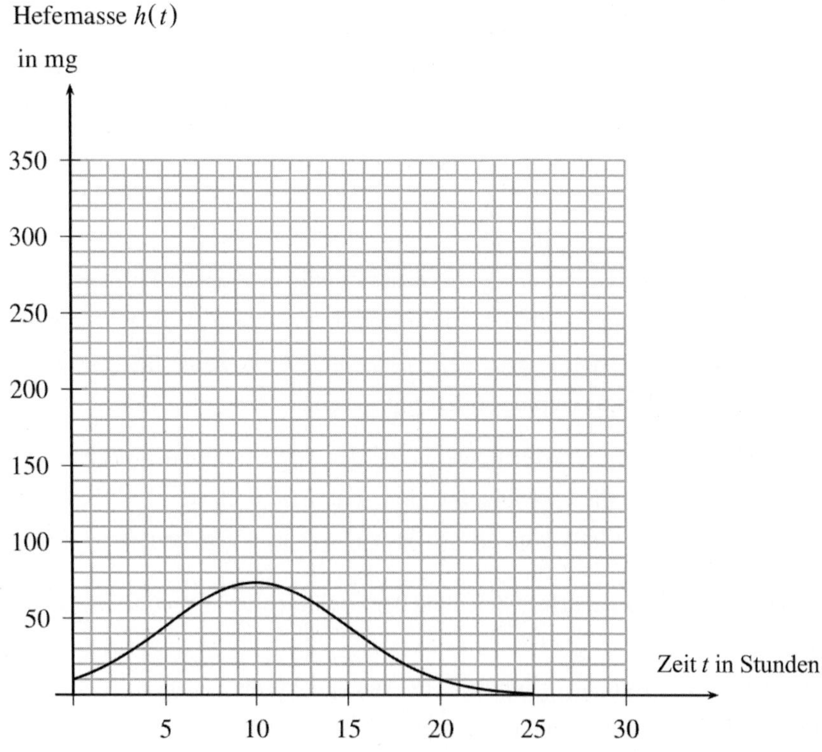

Aufgabe A 1.2

Die Funktion g ist auf $\mathbb{R}$ definiert und zweimal differenzierbar.
Die Funktion f hat die Gleichung $f(x) = e^{g(x)}$.
Es gilt: $g(2) = 3$, $g'(2) = 0$ und $g''(2) = -1$.

a) Zeigen Sie, dass der Graph von f einen Extrempunkt besitzt und bestimmen Sie die Art und die Koordinaten des Extrempunkts.

b) Ermitteln Sie mithilfe von $f''(x)$ eine Stammfunktion der Funktion $h(x) = e^{2x^3} \cdot \left(18x^4 + 6x\right)$.

2 Wassertemperatur □

Tipps ab Seite 41, Lösungen ab Seite 68

Aufgabe A 2.1

Eine Flasche Wasser wird in einem Kühlschrank auf 8 °C abgekühlt. An einem Sommertag wird diese entnommen und in ein Zimmer mit 30 °C Raumtemperatur gestellt. 10 Minuten später hat sich das Wasser bereits auf 21,9 °C erwärmt. Im Modell wird davon ausgegangen, dass sich die Raumtemperatur nicht verändert.

Der Temperaturverlauf der Erwärmung des Wassers kann durch die Funktion w beschrieben werden mit:

$$w(t) = \mathrm{T_R} - (\mathrm{T_R} - \mathrm{T_0}) \cdot e^{-kt}$$

Dabei bedeutet:

t Zeit in Minuten nach Entnahme aus dem Kühlschrank

$w(t)$ Temperatur des Wassers in °C zum Zeitpunkt t

$\mathrm{T_0}$ Temperatur des Wassers in °C zum Zeitpunkt $t = 0$

$\mathrm{T_R}$ Raumtemperatur in °C

a) Geben Sie die Werte $\mathrm{T_R}$ und $\mathrm{T_0}$ an.
Ermitteln Sie den Wert für den Parameter k und geben Sie die zugehörige Funktionsgleichung $w(t)$ an.
Berechnen Sie, um wie viel Prozent die Temperatur des Wassers in den ersten 10 Minuten nach Entnahme aus dem Kühlschrank zunimmt.
[zur Kontrolle: $w(t) = 30 - 22 \cdot e^{-0,1t}$]

b) Bestimmen Sie die mittlere Änderungsrate der Wassertemperatur zwischen der 3. und 7. Minute nach Entnahme aus dem Kühlschrank.
Berechnen Sie den Wert des Terms $\frac{1}{10} \cdot \int_0^{10} w(t)\mathrm{d}t$.
Begründen Sie mithilfe des Funktionsterms, dass gilt: $\lim_{t\to\infty} w(t) = 30$ und erläutern Sie diesen Grenzwert im Sachzusammenhang.

c) Berechnen Sie, mit welcher Geschwindigkeit sich das Wasser zum Zeitpunkt der Entnahme aus dem Kühlschrank erwärmt, und berechnen Sie, wann sich diese Erwärmungsgeschwindigkeit halbiert hat.
Zeigen Sie, dass gemäß der Modellierung durch die Funktion w die Erwärmungsgeschwindigkeit im Zeitverlauf abnimmt, jedoch nie Null wird.

Aufgabe A 2.2

Für jedes $a > 0$ ist eine Funktion f_a gegeben durch

$$f_a(x) = a \cdot \sin(ax) + a\,;\; x \in \mathbb{R}.$$

f_a hat den Graphen K_a und die Periode p_a.

a) Bestimmen Sie die Koordinaten des Hochpunkts H_a von K_a für $0 \leqslant x < p_a$. Berechnen Sie den Wert von a so, dass H_a auf der 1. Winkelhalbierenden liegt.

b) Geben Sie in Abhängigkeit von a die Koordinaten des Wendepunkts W_a von K_a an, der den kleinsten positiven x-Wert hat.

c) Berechnen Sie den Flächeninhalt A zwischen dem Graphen K_a und der Geraden $y = a$ zwischen zwei benachbarten Wendestellen und zeigen Sie, dass dieser unabhängig von a ist.

d) Bestimmen Sie die 99. Ableitung von f_a.

3 Regen

Tipps ab Seite 42, Lösungen ab Seite 73

Aufgabe A 3.1

Gegeben ist die Funktion f durch $f(x) = \frac{4}{x^2} - \frac{4}{x^3} + 2\,;\; x \neq 0$.

Der Graph K von f ist durch folgende Abbildung gegeben:

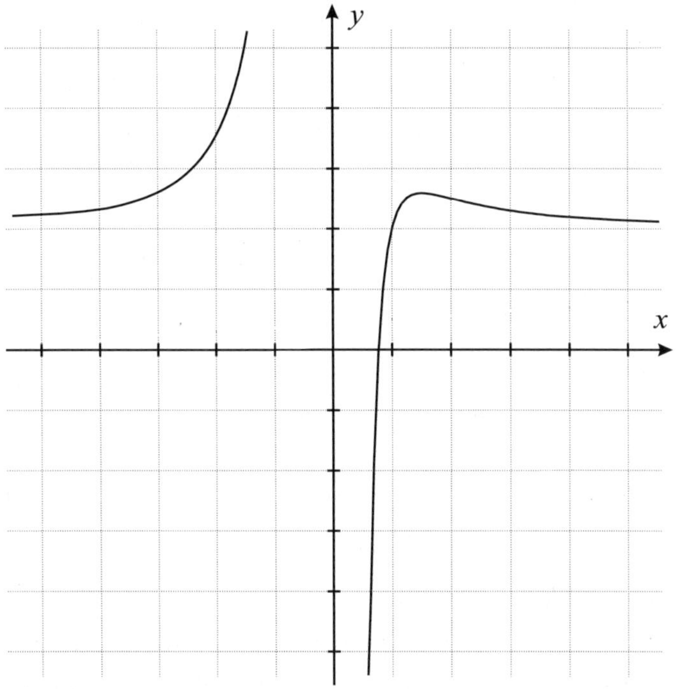

a) Geben Sie die Gleichungen der Asymptoten von K an.
   Berechnen Sie die Koordinaten des Hochpunkts von K.
   Ergänzen Sie in der Abbildung die Skalierungen der Koordinatenachsen.
   Untersuchen Sie f für $x < 0$ auf Monotonie und bestimmen Sie das Krümmungsverhalten von K.
   Betrachtet wird die Gleichung $f(x) = c$.
   Geben Sie ohne weitere Rechnung an, für welche Werte von c diese Gleichung eine oder mehrere Lösungen hat.

b) Die Tangente und die Normale an K an der Stelle $x = 1$ begrenzen mit der y-Achse ein Dreieck.
   Berechnen Sie den Flächeninhalt dieses Dreiecks.

c) K begrenzt mit der Geraden $y = 2$ und der Geraden $x = u$ $(u > 1)$ eine Fläche.
Berechnen Sie für $u = 2$ den Flächeninhalt dieser Fläche.
Bestimmen Sie u so, dass diese Fläche den Inhalt 1 FE hat.
Ermitteln Sie, wie groß diese Fläche maximal werden kann.

d) K wird an der Geraden $y = 2$ gespiegelt. Es entsteht der Graph einer Funktion g.
Bestimmen Sie einen Term von g.

Aufgabe A 3.2

Die Funktion f beschreibt die Niederschlagsrate eines Dauerregens, die Funktion g die Wasserabflussrate (t in Stunden seit Einsetzen des Regens, $f(t)$ und $g(t)$ in Liter pro m^2 pro Stunde). Die Abbildung zeigt die Graphen von f und g:

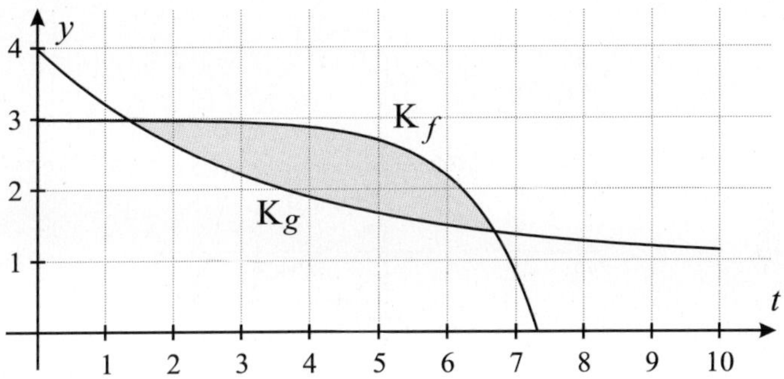

a) Beschreiben Sie den Verlauf der Intensität des Regens.
Bestimmen Sie näherungsweise den Zeitpunkt, wann der Regen aufhört.
Geben Sie einen Rechenausdruck an, mit dem man die gesamte Niederschlagsmenge während des Regens bestimmen kann.

b) Erläutern Sie die Bedeutung der grauen Fläche.
Bestimmen Sie eine Gleichung, mit der man berechnen kann, zu welchem Zeitpunkt T alles Wasser versickert ist.

c) Die Funktion g hat die Gleichung $g(t) = 3 \cdot e^{-k \cdot t} + 1$ mit $k > 0$.
Zeigen Sie, dass g umkehrbar ist und bestimmen Sie die Gleichung der Umkehrfunktion $\overline{g}$ von g.
Geben Sie den Definitions- und Wertebereich von $\overline{g}$ an.

4 Straße

☐

Tipps ab Seite 44, Lösungen ab Seite 80

Aufgabe A 4.1

Die Abbildung zeigt den Verlauf einer Umgehungsstraße zur Entlastung der Ortsdurchfahrt AB einer Gemeinde. Das Gemeindegebiet ist näherungsweise kreisförmig mit dem Mittelpunkt M und dem Radius 1,5 km. Die Umgehungsstraße verläuft durch die Punkte A und B und wird beschrieben durch die Funktion f mit

$$f(x) = -0,1x^3 - 0,3x^2 + 0,4x + 3,2$$

1 LE entspricht 1 km.

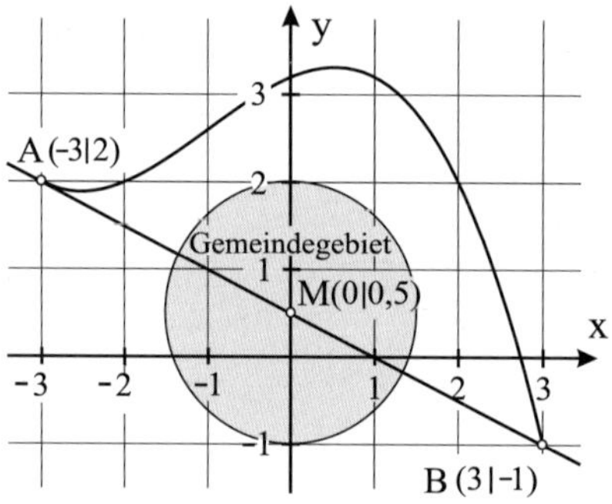

a) Berechnen Sie die Koordinaten des nördlichsten Punktes der Umgehungsstraße.
Bestimmen Sie rechnerisch die Entfernung dieses Punktes vom Ortsmittelpunkt M.
Die Umgehungsstraße beschreibt eine Linkskurve und eine Rechtskurve.
Bestimmen Sie den Punkt, in dem diese beiden Abschnitte ineinander übergehen.
Zeigen Sie, dass die Umgehungsstraße im Punkt A ohne Knick in die Ortsdurchfahrt einmündet.

b) Zur Bewertung von Grundstücken wird die Fläche zwischen der Ortsdurchfahrt und der Umgehungsstraße vermessen.
Berechnen Sie, wie viel Prozent dieser Fläche außerhalb des Gemeindegebiets liegen.

c) Im Punkt $P(1,5 \mid 3)$ befindet sich eine Windkraftanlage.
Ein Fahrzeug fährt von B aus auf der Umgehungsstraße.
Zeigen Sie, dass der Fahrer die Windkraftanlage im Punkt $Q(2 \mid 2)$ genau in Fahrtrichtung vor sich sieht.
Bestimmen Sie die Koordinaten desjenigen Punktes der Umgehungsstraße, in welchem ein Fahrzeug parallel zur Ortsdurchfahrt AB fährt.

Aufgabe A 4.2

Gegeben ist die Funktionenschar f_n mit $f_n(x) = (x+1)^n \cdot e^x$ mit $n \in \mathbb{N}$ und $n > 1$.
Im Material sind zwei ausgewählte Graphen der Schar abgebildet.

a) Zeigen Sie, dass alle Graphen der Schar dieselbe Nullstelle und denselben y-Achsenabschnitt besitzen, und geben Sie die Schnittpunkte mit den Koordinatenachsen an.
Geben Sie die Skalierung der Achsen in Abbildung 1 an.
Die Graphen von f_n nähern sich für $x \to -\infty$ der x-Achse an.
Begründen Sie dieses Verhalten anhand des Funktionsterms.
Die beiden in Abbildung 1 abgebildeten Graphen unterscheiden sich bei der Annäherung an die x-Achse.
Erklären Sie diesen Unterschied anhand des Funktionsterms.

b) Ermitteln Sie die Gleichung der Ableitungsfunktion $f_n{}'$ und zeigen Sie, dass gilt:

$$f_n{}'(x) = (x+1+n) \cdot f_{n-1}(x)$$

c) Berechnen Sie die möglichen Extremstellen von f_n. Die Untersuchung der notwendigen Bedingung ist hierbei ausreichend.
Bestimmen Sie für die beiden Graphen I und II in Abbildung 1 die zugehörigen Werte des Parameters n.

d) An der Stelle $x = -1$ besitzen die Graphen der Funktionenschar f_n für gerade Werte von n einen Extrempunkt und für ungerade Werte von n einen Sattelpunkt.
Begründen Sie diese Aussage.

Abbildung 1

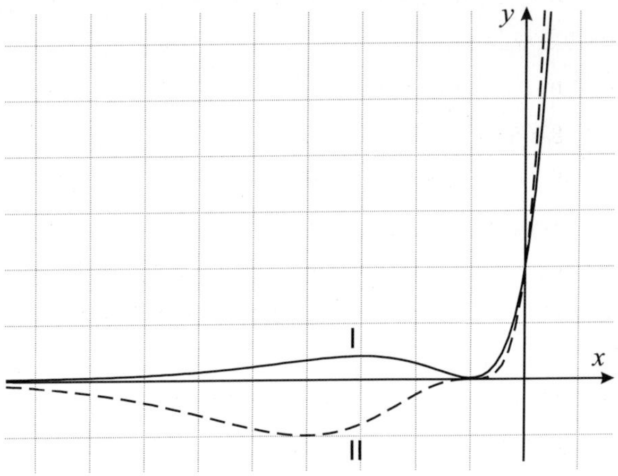

5 Medikament

☐

Tipps ab Seite 45, Lösungen ab Seite 86

Aufgabe A 5.1

Ein Medikament kann mithilfe einer Spritze oder durch Tropfinfusion verabreicht werden.

a) Bei Verabreichung des Medikaments mithilfe einer Spritze wird die Wirkstoffmenge im Blut des Patienten beschrieben durch die Funktion f mit

$$f(t) = 130 \cdot \left(e^{-0,2 \cdot t} - e^{-0,8 \cdot t}\right) \ ; \ 0 \leqslant t \leqslant 24$$

(t in Stunden nach der Injektion, $f(t)$ in mg).

Der Graph von f ist durch folgende Abbildung gegeben:

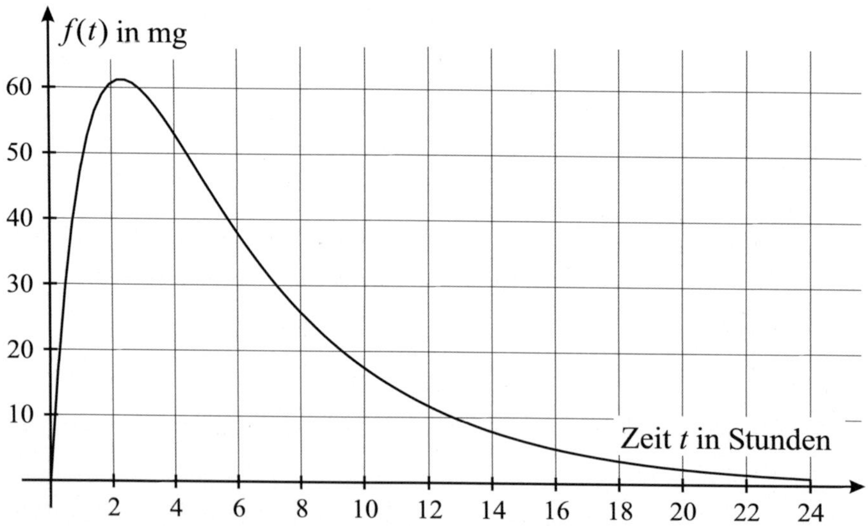

Das Medikament wirkt nur dann, wenn mindestens 36 mg des Wirkstoffs im Blut vorhanden sind.
Bestimmen Sie den Zeitraum, in dem das Medikament wirkt.
Berechnen Sie die Abnahme der Wirkstoffmenge im Blut nach 5 Stunden.
Ab dem Zeitpunkt $t = 5$ wird die Wirkstoffmenge im Blut näherungsweise durch die Tangente an das Schaubild von f an der Stelle $t = 5$ beschrieben.
Bestimmen Sie graphisch den Zeitpunkt, zu dem kein Wirkstoff mehr vorhanden ist.

Wenn das Medikament stattdessen durch Tropfinfusion zugeführt wird, lässt sich die Wirkstoffmenge im Blut beschreiben durch die Funktion g mit

$$g(t) = 80 \cdot \left(1 - e^{-0,05 \cdot t}\right) \;;\; t \geqslant 0$$

(t in Minuten seit Infusionsbeginn, $g(t)$ in mg).

b) Bestimmen Sie die langfristige Wirkstoffmenge des Medikaments im Blut.
Zeigen Sie, dass die Wirkstoffmenge im Blut ständig zunimmt.
Berechnen Sie den Zeitpunkt, zu dem die momentane Änderungsrate der Wirkstoffmenge im Blut $1\,\frac{\text{mg}}{\text{min}}$ beträgt.
Interpretieren Sie die Gleichung $g(t+15) = g(t) + 30$ im Sachzusammenhang.

c) Das Medikament wird nun in seiner Zusammensetzung verändert.
Die Wirkstoffmenge des Medikaments im Blut wird durch
$h(t) = at \cdot e^{-bt}$ mit $a > 0$ und $b > 0$ beschrieben.
Dabei wird t in Stunden seit der Einnahme und $h(t)$ in mg gemessen.
Bestimmen Sie die Konstanten a und b, wenn die Wirkstoffmenge vier Stunden nach der Einnahme ihren größten Wert 10 mg erreicht.

Aufgabe A 5.2

Gegeben ist die Funktion f mit $f(x) = \frac{2}{x}$ und ein Punkt B $(u \mid f(u))$; $0 < u < 1$ im 1. Quadranten.
Die Tangente t an B schneidet die x-Achse im Punkt A und die y-Achse im Punkt C.

a) Zeigen Sie, dass der Flächeninhalt des Dreiecks OAC unabhängig von u ist.

b) Das Dreieck OAC rotiert um die y-Achse.
Bestimmen Sie exakt die Koordinaten des Punktes B so, dass das Volumen des Rotationskörpers 16 VE beträgt.

c) Bestimmen Sie einen Term für die 100. Ableitung von f sowie einen allgemeinen Term für die n-te Ableitung $f^{(n)}$ von f.

6 Virus

□

Tipps ab Seite 46, Lösungen ab Seite 91

Aufgabe A 6.1

In einer großen Stadt breitet sich eine Viruserkrankung aus.
Die momentane Erkrankungsrate wird modellhaft beschrieben durch die Funktion f mit

$$f(t) = 150 \cdot t^2 \cdot e^{-0,2t} \; ; \; t \geqslant 0$$

Dabei ist t die Zeit in Wochen seit Beobachtungsbeginn und $f(t)$ die Anzahl der Neuerkrankungen pro Woche.

Der Graph von f ist durch folgende Abbildung gegeben:

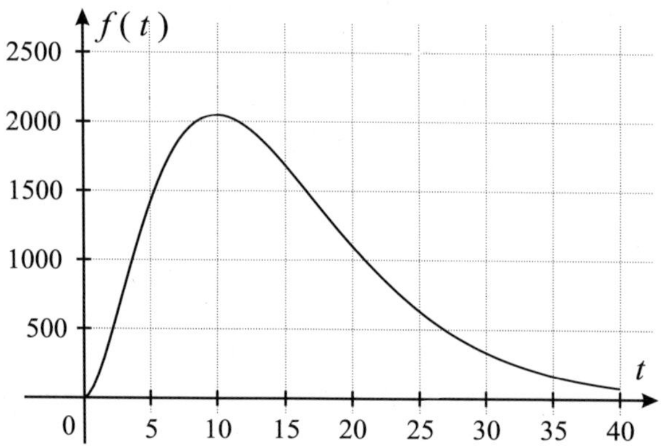

a) Weisen Sie nach, dass 10 Wochen nach Beobachtungsbeginn die Anzahl der Neuerkrankungen am höchsten ist.
Bestimmen Sie den Maximalwert an Neuerkrankungen.
Zeigen Sie, dass ab diesem Zeitpunkt die momentane Erkrankungsrate rückläufig ist.
Bestimmen Sie den Zeitraum, in welchem es mehr als 1500 Neuerkrankungen pro Woche gibt.
Geben Sie die Bedeutung der Gleichung $\int_x^{x+10} f(t)\,\mathrm{d}t = 15000$ im Sachzusammenhang an.

b) Alle Neuerkrankungen werden sofort dem Gesundheitsamt gemeldet.
Bei Beobachtungsbeginn sind bereits 100 Personen gemeldet.
Zeigen Sie, dass die Funktion F mit $\mathrm{F}(t) = -750 \cdot \left(t^2 + 10t + 50\right) \cdot e^{-0,2t}$ eine Stammfunktion von f ist.

Bestimmen Sie eine Funktion für die Gesamtzahl der gemeldeten Personen nach t Wochen.
Berechnen Sie, wie viele Personen nach 12 Wochen insgesamt gemeldet sind.
Weisen Sie nach, dass die Anzahl der Meldungen unter 40 000 bleiben wird.

c) In einer benachbarten Stadt mit 30 000 Einwohnern ist bei Beobachtungsbeginn bereits die Hälfte der Einwohner an diesem Virus erkrankt. Es ist davon auszugehen, dass im Laufe der Zeit alle Einwohner von der Krankheit erfasst werden.
Die Anzahl der von der Krankheit erfassten Personen wird beschrieben durch die Funktion

$$\mathrm{B}(t) = \mathrm{a} - b \cdot e^{-0,1 \cdot t}$$

(t in Wochen, $\mathrm{B}(t)$ in Anzahl der von der Krankheit erfassten Personen).
Bestimmen Sie eine Funktion, welche die Anzahl der von der Krankheit erfassten Personen beschreibt.
Berechnen Sie den Zeitpunkt, zu dem 95% aller Einwohner von der Krankheit erfasst sind.

Aufgabe A 6.2

Gegeben ist die Funktion f mit $f(x) = \sqrt{3+2x}$ mit maximaler Definitionsmenge.

a) Bestimmen Sie die Definitions- und Wertemenge sowie die Nullstelle von f.
Zeigen Sie, dass f umkehrbar ist.

b) Der Graph von f schneidet die 1. Winkelhalbierende im 1. Feld in einem Punkt P.
Bestimmen Sie die Gleichung der Tangente t an den Graphen von f im Punkt P.
Ermitteln Sie eine Gleichung der Tangente $\bar{t}$ an den Graphen der Umkehrfunktion $\overline{f}$ im Punkt P.

c) Bestimmen Sie eine Gleichung der Umkehrfunktion $\overline{f}$ von f und geben Sie die Definitions- und Wertemenge von $\overline{f}$ an.

d) Die Graphen von f und $\overline{f}$ schließen mit der x-Achse eine Fläche ein.
Berechnen Sie den Inhalt dieser Fläche.

7 Lufttemperatur □

Tipps ab Seite 47, Lösungen ab Seite 97

Aufgabe A 7.1

Der Temperaturverlauf eines Tages (gemessen in °C) in Abhängigkeit von der Zeit t (gemessen in Stunden) kann modellhaft durch eine Funktion g dargestellt werden, die folgende Form hat:

$$g(t) = a \cdot \sin\left(\frac{1}{12}\pi \cdot (t-b)\right) + c,\ t \in \mathbb{R},\ 0 \leqslant t \leqslant 24 \text{ und } a,\ b,\ c \in \mathbb{R}$$

a) An einem bestimmten Tag wird um 4 Uhr morgens die tiefste Temperatur von 16°C gemessen. Im Laufe des Tages steigt die Temperatur auf einen Maximalwert von 26°C an. Bestimmen Sie unter Nutzung Ihrer Kenntnisse über die Eigenschaften der Sinusfunktion zu den gegebenen Daten passende Werte für die Parameter a, b und c.
Beschreiben Sie die Bedeutung der Parameter im Sachzusammenhang.

An einem bestimmten Tag wird in der Stadt Frankfurt am Main der Temperaturverlauf annähernd durch die Funktion h beschrieben mit

$$h(t) = -6 \cdot \sin\left(\frac{\pi}{12}t + \frac{\pi}{12}\right) + 0{,}4t + 10{,}5,\ t \in \mathbb{R},\ 0 \leqslant t \leqslant 24$$

(t in Stunden, $h(t)$ in °C auf eine Nachkommastelle genau angegeben).

b) Untersuchen Sie, zu welcher Uhrzeit die minimale und zu welcher Uhrzeit die maximale Temperatur erreicht wird.
Hinweis: Eine Betrachtung der Randwerte ist nicht erforderlich.

c) Liegen nur wenige Temperaturmessungen vor, wird die mittlere Tagestemperatur näherungsweise nach der Formel

$$T_L = \frac{1}{4}(T_0 + T_6 + T_{12} + T_{18})$$

berechnet, wobei T_0, T_6, T_{12} und T_{18} die gemessenen Temperaturen zu den sogenannten «synoptischen Stunden» um 0, 6, 12 und 18 Uhr des Tages bezeichnen.
Berechnen Sie mithilfe von h und dieser Formel die mittlere Tagestemperatur an diesem Tag.

Mit $\overline{T} = \frac{1}{24}\int_0^{24} h(t)\,\mathrm{d}t$ kann ebenfalls eine sinnvolle mittlere Tagestemperatur berechnet werden.

Berechnen Sie damit die mittlere Tagestemperatur $\overline{T}$ in Frankfurt an diesem Tag.

Berechnen Sie zudem, wie sehr die Näherung durch die «synoptische Stunden»-Formel prozentual von $\overline{T}$ abweicht.

Aufgabe A 7.2

Gegeben sei die Funktionenschar f_k mit $f_k(x) = (k-x)\cdot e^x$; $k \in \mathbb{R}_0^+$, $x \in \mathbb{R}$.

Drei Graphen von f_k sind in Abbildung 1 zu sehen.

Abbildung 1

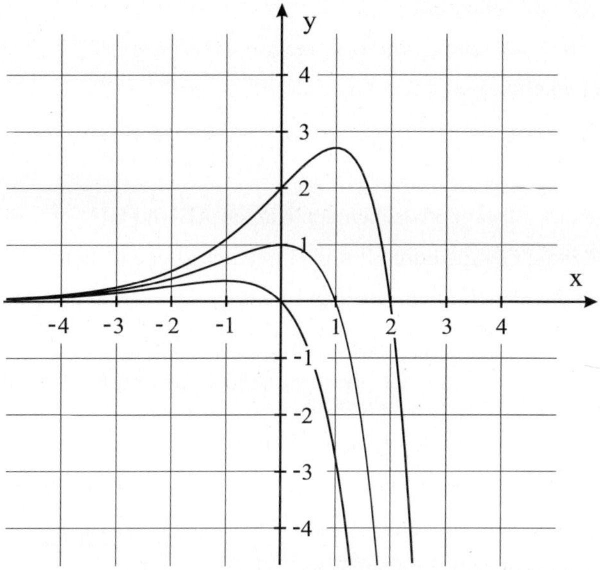

a) Ordnen Sie den Graphen der Schar in Abbildung 1 ihre Parameter zu.
Zeigen Sie, dass sich alle Tangenten, die im jeweiligen Schnittpunkt mit der y-Achse an die Graphen von f_k gelegt werden, in einem Punkt schneiden.

b) Beschreiben Sie ausgehend von den ersten drei Ableitungen von f_k, welchem Bildungsgesetz die Funktionsterme der höheren Ableitungen gehorchen.
Leiten Sie damit her, dass $F_2(x) = (3-x)\cdot e^x$ eine Stammfunktion von f_2 ist.

c) Bestimmen Sie k näherungsweise so, dass der Flächeninhalt zwischen dem Graphen von f_k und der x- und y-Achse im 1. Feld 16 FE beträgt.

Geometrie

8 Kiste

☐

Tipps ab Seite 50, Lösungen ab Seite 102

Eine quaderförmige Kiste ist in einem Koordinatensystem durch die Eckpunkte $A(0 \mid 0 \mid 0)$, $B(3 \mid 0 \mid 0)$, $D(0 \mid 5 \mid 0)$ und $F(3 \mid 0 \mid 4)$ festgelegt.
Die Fläche EFGH stellt den Deckel der geschlossenen Kiste dar.
Dieser ist drehbar um die Kante EH.
Weiterhin ist für jedes $t \geqslant 0$ eine Ebene E_t gegeben durch die Gleichung
$E_t:\ tx_1 - x_3 = -4$.

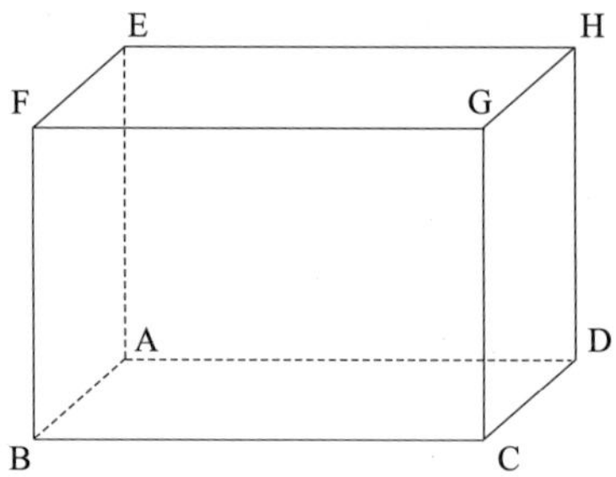

(Skizze nicht maßstabsgerecht)

a) Berechnen Sie den Abstand zwischen den Kanten AB und GH.
Zeigen Sie, dass die Gerade durch E und H in jeder Ebene E_t liegt.
Bestimmen Sie die Gleichung derjenigen Ebene E_t, in welcher der Deckel bei geschlossener Kiste liegt.
Prüfen Sie, ob der Deckel in einer Ebene E_t liegt, wenn er um 90° geöffnet ist.

b) Wenn der Deckel der geöffneten Kiste in E_2 liegt, wird er durch einen Stab orthogonal zum Deckel abgestützt. Dieser Stab ist in der Mitte der Kante EF befestigt und trifft im Punkt P auf den Deckel.
Berechnen Sie die Koordinaten von P.

c) Berechnen Sie den Öffnungswinkel, wenn der Deckel in E_2 liegt.
Bestimmen Sie die Gleichung der Ebene E_t, in welcher der Deckel liegt, wenn der Öffnungswinkel 60° beträgt.
Bestimmen Sie den Parameter t in Abhängigkeit vom Öffnungswinkel α für $\alpha < 90°$.

9 Geradenschar ☐

Tipps ab Seite 50, Lösungen ab Seite 105

Gegeben sind die Ebene E: $3x_1 + 6x_2 + 4x_3 = 16$ und eine Geradenschar durch

$$g_a\colon \vec{x} = \begin{pmatrix} 5 \\ 1 \\ 1 \end{pmatrix} + t \cdot \begin{pmatrix} a \\ 1 \\ 0 \end{pmatrix} \;;\; a, t \in \mathbb{R}$$

a) Bestimmen Sie den Schnittpunkt der Geraden g_4 mit der Ebene E.
Bestimmen Sie den Wert von a, für den g_a parallel zu E ist.
Geben Sie die Gleichung derjenigen Geraden der Schar an, die orthogonal zu g_4 ist.

b) Berechnen Sie den Schnittwinkel von g_4 und E.
Erläutern Sie, was mithilfe der Gleichung $\sin(10) = \frac{|3a+6|}{\sqrt{a^2+1} \cdot \sqrt{61}}$ berechnet werden kann.

c) Begründen Sie, dass alle Geraden g_a in der Ebene F: $x_3 = 1$ liegen.
Es gibt eine Gerade h, die durch den Punkt P$(5 \mid 1 \mid 1)$ geht und in F liegt, aber nicht zur Schar gehört.
Bestimmen Sie eine Gleichung der Geraden h.

10 Flugzeug

☐

Tipps ab Seite 51, Lösungen ab Seite 108

Die x_1x_2-Ebene beschreibt eine flache Landschaft, in der ein Flugplatz liegt.
Eine Radarstation befindet sich im Punkt $R_1\,(6\mid 3\mid 0)$.
Das Radar erfasst ein Testflugzeug F_1 um 7.00 Uhr im Punkt $P\,(7\mid 29\mid 7)$ und ermittelt als Flugbahn des Flugzeugs

$$f_1: \vec{x} = \begin{pmatrix} 7 \\ 29 \\ 7 \end{pmatrix} + t \cdot \begin{pmatrix} 3 \\ -2 \\ -1 \end{pmatrix} \quad (t \text{ in Minuten nach 7.00 Uhr, Koordinatenangaben in km}).$$

a) Bestimmen Sie die Koordinaten des Punktes, in welchem sich das Flugzeug um 7.01 Uhr befindet.
Erläutern Sie, woran Sie erkennen, dass sich das Flugzeug im Sinkflug befindet.
Bestimmen Sie die Geschwindigkeit des Flugzeugs in km/h.
Berechnen Sie den Winkel, unter welchem das Flugzeug auf den Boden zufliegt.
Bestimmen Sie die Uhrzeit und den Punkt, wo das Flugzeug bei Beibehaltung dieser Flugbahn auf dem Boden aufsetzen würde.

b) Eine weitere Radarstation befindet sich im Punkt $R_2\,(17\mid 9\mid 0)$.
Der Anflug des Testflugzeugs F_1 auf den Flugplatz ist optimal, wenn die Flugbahn f_1 und die beiden Radarstationen in einer Ebene liegen.
Prüfen Sie, ob das zutrifft.
Die Radarstation R_2 übernimmt die Flugüberwachung zu dem Zeitpunkt, ab dem sich das Flugzeug von R_1 entfernt.
Bestimmen Sie die Uhrzeit, zu der dies der Fall ist.

c) Die Flugbahn eines zweiten Testflugzeugs F_2 wird beschrieben durch

$$f_2: \vec{x} = \begin{pmatrix} 18 \\ 11 \\ 7 \end{pmatrix} + t \cdot \begin{pmatrix} 2 \\ 2 \\ 0 \end{pmatrix} \quad (t \text{ in Minuten nach 7.00 Uhr, Koordinatenangaben in km}).$$

Berechnen Sie die Entfernung der beiden Flugzeuge F_1 und F_2 um 7.04 Uhr.
Berechnen Sie die Zeitpunkte, zu denen die beiden Flugzeuge einen Abstand von 10 km haben.
Bestimmen Sie die minimale Entfernung der beiden Flugbahnen.

11 Pyramide ☐

Tipps ab Seite 52, Lösungen ab Seite 113

Gegeben sind die Punkte $A(5\,|\,-5\,|\,0)$, $B(5\,|\,5\,|\,0)$, $C(-5\,|\,5\,|\,0)$ und $D(-5\,|\,-5\,|\,0)$.
Das Quadrat ABCD ist die Grundfläche einer Pyramide mit der Spitze $S(0\,|\,0\,|\,12)$.

a) Die Seitenfläche BCS liegt in der Ebene E.
Bestimmen Sie eine Koordinatengleichung von E.
Berechnen Sie den Winkel, der von der Seitenfläche BCS und der Grundfläche der Pyramide eingeschlossen wird.
Berechnen Sie den Flächeninhalt des Dreiecks BCS.

b) Bestimmen Sie die Koordinaten desjenigen Punktes im Innern der Pyramide, der von allen Seitenflächen und von der Grundfläche genau gleich weit entfernt ist.

c) Betrachtet werden nun Quader, die jeweils vier Eckpunkte auf den Pyramidenkanten und vier Eckpunkte in der Grundfläche der Pyramide haben.
Einer dieser Quader hat den Eckpunkt $Q(2{,}5\,|\,2{,}5\,|\,0)$.
Berechnen Sie sein Volumen.
Bei einem anderen dieser Quader handelt es sich um einen Würfel.
Bestimmen Sie die Koordinaten dessen Eckpunktes auf der Kante BS.

12 Platte ☐

Tipps ab Seite 53, Lösungen ab Seite 118

An einer rechteckigen Platte mit den Eckpunkten A (10 | 6 | 0), B (0 | 6 | 0), C (0 | 0 | 3) und D (10 | 0 | 3) ist im Punkt F (5 | 6 | 0) ein 2 m langer Stab befestigt, der in positive x_3-Richtung zeigt.
Eine punktförmige Lichtquelle befindet sich zunächst im Punkt L (8 | 10 | 2) (Koordinatenangaben in m).

a) Bestimmen Sie eine Koordinatengleichung der Ebene E, in der die Platte liegt.
Stellen Sie die Platte, den Stab und die Lichtquelle in einem Koordinatensystem dar.
Berechnen Sie den Abstand des oberen Endes S des Stabes von der Ebene E.
Berechnen Sie den Winkel zwischen dem Stab und der Platte.
(Teilergebnis: E: $x_2 + 2x_3 = 6$)

b) Der Stab wirft einen Schatten auf die Platte.
Bestimmen Sie den Schattenpunkt des oberen Endes des Stabes.
Begründen Sie, dass der Schatten vollständig auf der Platte liegt.

c) Die Lichtquelle bewegt sich von L aus auf einer zur x_1x_2-Ebene parallelen Kreisbahn, deren Mittelpunkt das obere Ende des Stabes ist. Dabei kollidiert die Lichtquelle mit der Platte.
Berechnen Sie die Koordinaten der beiden möglichen Kollisionspunkte.

13 Rampe

□

Tipps ab Seite 54, Lösungen ab Seite 122

In der Abbildung ist die Bühne eines Musicaltheaters schematisch dargestellt. Aus dem Zuschauerraum führt eine Rampe zur Bühne. Die Punkte $A(6 \mid 0 \mid -1)$, $B(7 \mid 2 \mid -1)$, $C(1 \mid 5 \mid 0{,}25)$ und $D(0 \mid 3 \mid 0{,}25)$ sind die Eckpunkte dieser Rampe. Eine Einheit entspricht einem Meter.

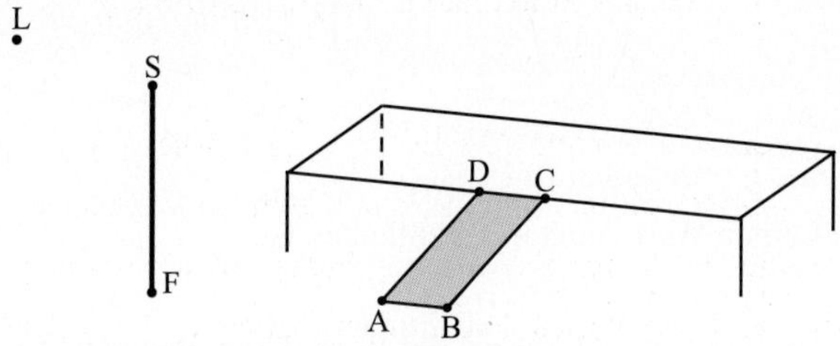

a) Zeigen Sie, dass die Rampe ABCD ein Rechteck ist.
Bestimmen Sie eine Koordinatengleichung der Ebene E, in der die Rampe liegt.
Bestimmen Sie den Steigungswinkel der Rampe gegenüber der x_1x_2-Ebene.
[zur Kontrolle: $2x_1 - x_2 + 12x_3 = 0$ ist eine mögliche Koordinatengleichung von E.]

b) Der Punkt $F(5 \mid -4{,}5 \mid -1)$ ist der Fußpunkt eines Masts, der Punkt $S(5 \mid -4{,}5 \mid 2{,}5)$ stellt die Mastspitze dar.
Das Licht eines Scheinwerfers breitet sich vom Punkt $L(6 \mid -7{,}5 \mid 3{,}5)$ geradlinig aus, so dass der Mast einen Schatten auf die Rampe wirft.
Ermitteln Sie, ob der Schattenpunkt der Spitze S auf der Rampe ABCD liegt.

c) Gegeben ist die folgende Geradenschar g_a mit

$$g_a\colon \vec{x} = \begin{pmatrix} 6 \\ -7{,}5 \\ 3{,}5 \end{pmatrix} + r \cdot \left(\begin{pmatrix} 5 \\ -4{,}5 \\ -1+a \end{pmatrix} - \begin{pmatrix} 6 \\ -7{,}5 \\ 3{,}5 \end{pmatrix} \right) \;;\; 0 \leqslant a \leqslant 3{,}5 \;;\; 0 \leqslant r.$$

Beschreiben Sie die Bedeutung der einzelnen Vektoren sowie die Bedeutung der Geradenschar g_a jeweils im Sachzusammenhang.

14 Ebenenschar □

Tipps ab Seite 54, Lösungen ab Seite 125

Die Ebenenschar E_a ist gegeben durch $E_a: \ ax_1 + (8-a)x_2 + 8x_3 - 4 = 0$ mit $a \in \mathbb{R}$.

Die Gerade g hat die Gleichung $g: \ \vec{x} = \begin{pmatrix} 1 \\ 1 \\ 3 \end{pmatrix} + t \cdot \begin{pmatrix} 1 \\ 1 \\ 2 \end{pmatrix}; t \in \mathbb{R}$.

a) Bestimmen Sie a so, dass g orthogonal zu E_a ist.
Zeigen Sie, dass g für keinen Wert von a in E_a enthalten ist.

b) Berechnen Sie diejenigen Werte von a, für die der Winkel zwischen g und E_a $30°$ beträgt.
Bestimmen Sie a in Abhängigkeit von a^*, wenn E_a und E_{a^*} orthogonal zueinander sind.

c) Berechnen Sie diejenigen Werte von a, für die der Abstand des Ursprungs zu E_a $\frac{1}{8}\sqrt{8}$ LE beträgt.
Bestimmen Sie diejenige Ebene der Schar, die vom Ursprung den maximalen Abstand hat.

15 Lichtstrahl ☐

Tipps ab Seite 55, Lösungen ab Seite 128

Für Lichtstrahlen, die auf einen ebenen Spiegel treffen, gilt das Reflexionsgesetz «Einfallswinkel gleich Reflexionswinkel».
Die Gerade, die orthogonal zur Spiegelebene durch den Punkt verläuft, in dem der einfallende Lichtstrahl auf den Spiegel trifft, bezeichnet man als Einfallslot. Der einfallende Strahl, der reflektierte Strahl und das Einfallslot liegen in einer Ebene, die senkrecht auf der Spiegelebene steht.
Im Punkt $A\,(2|7|4)$ sendet ein Laser einen Lichtstrahl zum Punkt $B\,(3|2|-2)$, der in einem ebenen Spiegel liegt. Der Spiegel soll so ausgerichtet werden, dass der Lichtstrahl zum Punkt $C\,(13|4|10)$ reflektiert wird (Material). Der Einfallswinkel zwischen AB und dem Einfallslot sowie der Reflexionswinkel zwischen dem Einfallslot und BC sind mit α bezeichnet.

a) Berechnen Sie die Längen der Vektoren $\overrightarrow{BA}$ und $\overrightarrow{BC}$ und zeigen Sie, dass gilt:

$$|\overrightarrow{BC}| = 2 \cdot |\overrightarrow{BA}|$$

Berechnen Sie den Vektor $\vec{v} = \overrightarrow{BA} + \frac{1}{2}\overrightarrow{BC}$, der die Richtung des Einfallslots angibt.
Bestimmen Sie den Einfallswinkel des Lichtstrahls sowie eine Koordinatengleichung der Spiegelebene F.
[Zur Kontrolle: $2x_1 + 3x_2 + 6x_3 = 0$ ist eine mögliche Koordinatengleichung von F.]

b) Gegeben ist eine Gerade g:

$$g\colon \vec{x} = \begin{pmatrix} 3 \\ 2 \\ -2 \end{pmatrix} + r \cdot \begin{pmatrix} 12 \\ 18 \\ -13 \end{pmatrix},\ r \in \mathbb{R}$$

Untersuchen Sie die besondere Lage von g in Bezug auf die Ebene, die durch die Punkte A, B und C gegeben ist.
Deuten Sie die Zeilen (I) bis (IV) im folgenden Kasten im Sachzusammenhang:

(I) $k: \vec{x} = \begin{pmatrix} 3 \\ 2 \\ -2 \end{pmatrix} + t \cdot \begin{pmatrix} 2 \\ 3 \\ 6 \end{pmatrix}, t \in \mathbb{R}$

(II) $H: \left[\vec{x} - \begin{pmatrix} 2 \\ 7 \\ 4 \end{pmatrix}\right] \cdot \begin{pmatrix} 2 \\ 3 \\ 6 \end{pmatrix} = 0 \Leftrightarrow 2x_1 + 3x_2 + 6x_3 = 49$

(III) $2 \cdot (3+2t) + 3 \cdot (2+3t) + 6 \cdot (-2+6t) = 49 \Leftrightarrow t = 1$; D(5|5|4)

(IV) $\vec{a} + 2 \cdot \overrightarrow{AD} = \begin{pmatrix} 8 \\ 3 \\ 4 \end{pmatrix}$; P(8|3|4)

Durch Drehung der Spiegelebene F um die Gerade g entsteht die Ebenenschar
$E_a: (4{,}5+3a) \cdot x_1 + (4{,}5a-3) \cdot x_2 + 9a \cdot x_3 = 7{,}5$.

c) Zeigen Sie, dass die Gerade g sowohl in der Ebene F liegt als auch gemeinsame Gerade aller Ebenen der Ebenenschar E_a ist, dass aber F selbst nicht zur Ebenenschar E_a gehört.

d) Der Lichtstrahl von A nach B soll in sich selbst reflektiert werden. Ermitteln Sie eine Koordinatengleichung der zugehörigen Spiegelebene aus der Ebenenschar E_a und erläutern Sie Ihren Ansatz.

Material 1

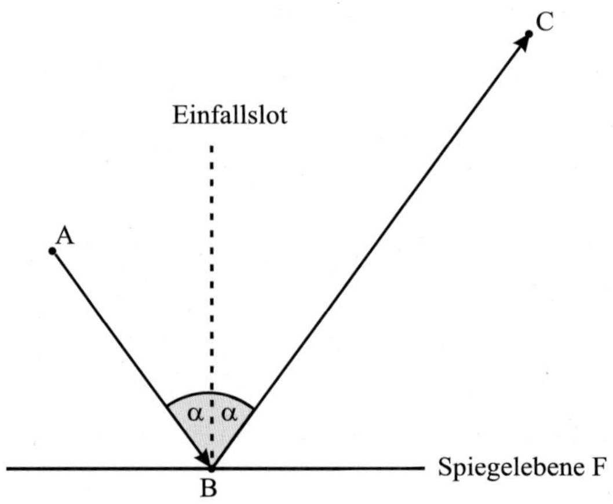

Stochastik

16 Bildschirm □

Tipps ab Seite 56, Lösungen ab Seite 132

Eine Firma stellt Flachbildschirme her. Im Mittel ist einer von fünf hergestellten Bildschirmen fehlerhaft.

a) Es soll angenommen werden, dass die Anzahl fehlerhafter Geräte unter zufällig ausgewählten Bildschirmen durch eine binomialverteilte Zufallsgröße beschrieben werden kann. Berechnen Sie die Wahrscheinlichkeiten folgender Ereignisse:
A: «Von 50 zufällig ausgewählten Bildschirmen sind höchstens 8 fehlerhaft.»
B: «Von 200 zufällig ausgewählten Bildschirmen sind mehr als 15% und weniger als 25% fehlerhaft.»
C: «Von 10 zufällig ausgewählten Bildschirmen sind genauso viele fehlerhaft, wie zu erwarten ist.»

b) Fehler der Bildschirme treten am häufigsten in Form eines defekten Displays sowie in Form eines defekten Netzteils auf. Für einen zufällig ausgewählten Bildschirm beträgt die Wahrscheinlichkeit dafür, dass

- das Display defekt ist, $10,7\,\%$
- das Display und das Netzteil defekt sind, $1\,\%$
- weder das Display noch das Netzteil defekt ist, $87,3\,\%$.

Stellen Sie den Sachverhalt in einer vollständig ausgefüllten Vierfeldertafel dar.
Berechnen Sie die Wahrscheinlichkeit dafür, dass entweder das Display oder das Netzteil defekt ist.
Berechnen Sie die Wahrscheinlichkeit dafür, dass ein Bildschirm mit einem defekten Netzteil ein nicht-defektes Display hat.
Untersuchen Sie, ob die beiden betrachteten Defekte unabhängig voneinander auftreten.

c) Ein Mitarbeiter der Firma bezweifelt, dass im Mittel einer von fünf Bildschirmen fehlerhaft ist. Um einen Schätzwert für den Anteil fehlerhafter Geräte zu ermitteln, wird eine

Stichprobe im Umfang von 180 Bildschirmen betrachtet. In dieser Stichprobe sind 27 Bildschirme fehlerhaft.

Zeigen Sie, dass der Mitarbeiter bei diesem Testergebnis die Hypothese:
«Im Mittel ist einer von fünf Bildschirmen fehlerhaft» auf einem
Signifikanzniveau von 5% nicht verwerfen kann.
Entscheiden Sie, ob die Zweifel des Mitarbeiters damit ausgeräumt sind.

d) Tatsächlich sind 20% aller Bildschirme fehlerhaft.
Bei einer abschließenden Prüfung werden alle fehlerfreien Bildschirme auch als fehlerfrei eingestuft. Die Wahrscheinlichkeit dafür, dass ein fehlerhafter Bildschirm als fehlerhaft eingestuft wird, wird mit x bezeichnet. Ein im Rahmen der Prüfung als fehlerfrei eingestufter Bildschirm wird zufällig ausgewählt.

Bestimmen Sie den kleinstmöglichen Wert von x, für den die Wahrscheinlichkeit dafür, dass dieser Bildschirm fehlerhaft ist, höchstens 5% beträgt.

e) In der Firma sind 577 Frauen und 346 Männer in der Produktion beschäftigt.
Für eine Befragung werden 8 Personen dieser Gruppe zufällig ausgewählt.
Um die Wahrscheinlichkeit des Ereignisses E zu ermitteln, dass unter den 8 Personen genau 5 Frauen und 3 Männer sind, werden die folgenden drei Ansätze vorgeschlagen:

Ansatz A: $P(E) = \dfrac{\binom{577}{5} \cdot \binom{346}{3}}{\binom{923}{8}}$ Ansatz B: $P(E) = \frac{577}{923} \cdot \frac{576}{922} \cdot \ldots \cdot \frac{573}{919} \cdot \frac{346}{918} \cdot \frac{345}{917} \cdot \frac{344}{916}$

Ansatz C: $P(E) = \binom{8}{5} \cdot \left(\frac{577}{923}\right)^5 \cdot \left(\frac{346}{923}\right)^3$

Unter diesen drei Ansätzen befinden sich eine exakte Lösung, eine Näherungslösung und eine falsche Lösung.
Ordnen Sie die Ansätze entsprechend zu. Dabei ist jede Zuordnung inhaltlich zu begründen.

17 Weizen ☐

Tipps ab Seite 57, Lösungen ab Seite 137

Eine Sorte Weizensaatgut hat eine Keimfähigkeit von 80 %.

a) Aus einem großen Behälter werden 200 Weizenkörner entnommen.
Bestimmen Sie die Wahrscheinlichkeiten folgender Ereignisse:
A: Es keimen mehr als 150 Weizenkörner.
B: Es keimen höchstens 15 % der entnommenen Weizenkörner nicht.
C: Es keimen genau so viele Weizenkörner, wie man erwarten würde.

b) Die Zufallsgröße X gibt die Anzahl der keimenden Weizenkörner bei 200 entnommenen Weizenkörnern an.
Es gibt zum Erwartungswert μ von X symmetrische Intervalle $I_c = [\mu - c; \mu + c]$, sodass diese Anzahl mit einer Wahrscheinlichkeit von mindestens 95% in I_c liegt.
Bestimmen Sie die kleinstmögliche Zahl c.

c) Ein Großhändler gibt an, dass sein Weizensaatgut eine Keimfähigkeit von mindestens 80 % hat.
Mehrere Kunden vermuten, dass die Keimfähigkeit in Wirklichkeit kleiner ist.
Deswegen wird die Aussage des Großhändlers mithilfe eines Tests auf einem Signifikanzniveau von 10 % überprüft, indem 500 Weizenkörner untersucht werden.
Als Nullhypothese wird die Angabe des Großhändlers verwendet.

Formulieren Sie die zugehörige Entscheidungsregel in Worten.

Die tatsächliche Keimfähigkeit des Saatguts beträgt 82 %.
Bestimmen Sie in diesem Fall die Wahrscheinlichkeit dafür, dass bei obigem Test die Nullhypothese fälschlicherweise verworfen wird.

d) Das Gewicht eines Weizenkorns ist normalverteilt mit dem Erwartungswert $\mu = 50\,\text{mg}$ und der Standardabweichung $\sigma = 6{,}5\text{mg}$.
Berechnen Sie die Wahrscheinlichkeiten folgender Ereignisse:
D: Das Gewicht eines Weizenkorns ist kleiner als 56mg.
E: Das Gewicht eines Weizenkorns weicht um mehr als 10% vom Erwartungswert ab.

18 Bleistifte □

Tipps ab Seite 58, Lösungen ab Seite 140

Bei der Produktion von Bleistiften beträgt der Anteil fehlerhafter Stifte erfahrungsgemäß 5 %.

a) Ein Qualitätsprüfer entnimmt der Produktion zufällig 800 Bleistifte.
Die Zufallsgröße X beschreibt die Anzahl der fehlerhaften Stifte in dieser Stichprobe.
Berechnen Sie $P(X \leqslant 30)$ und $P(X > 40)$ und geben Sie an, was damit jeweils berechnet wird.
Bestimmen Sie die Wahrscheinlichkeit, mit der der Wert von X um weniger als 10 vom Erwartungswert von X abweicht.

b) Bestimmen Sie die Anzahl der Stifte, die vom Qualitätsprüfer der Produktion mindestens entnommen werden müssen, damit mit einer Wahrscheinlichkeit von mehr als 98 % mindestens 10 fehlerhafte Stifte gefunden werden.

c) Der Betrieb erwirbt eine neuc Maschine, von der behauptet wird, dass höchstens 2 % der von ihr produzierten Bleistifte fehlerhaft seien.
Diese Hypothese H_0 soll mithilfe eines Tests an 800 zufällig ausgewählten Stiften überprüft werden.
Bestimmen Sie die Anzahl an fehlerhaften Stiften, bei denen man sich gegen die Hypothese entscheidet, wenn die Irrtumswahrscheinlichkeit maximal 5 % betragen soll.
Berechnen Sie die Wahrscheinlichkeit für den Fehler 1. Art.
Beschreiben Sie den Fehler 2. Art im Sachzusammenhang und bestimmen Sie seine Wahrscheinlichkeit für den Fall, dass der tatsächliche Anteil der fehlerhaften Stifte 2,5 % beträgt.

d) Die Länge von Bleistiften ist normalverteilt mit dem Erwartungswert $\mu = 160\text{mm}$ und der Standardabweichung $\sigma = 2{,}5\text{mm}$.
Zeigen Sie, dass die Wahrscheinlichkeit, dass ein Bleistift um weniger als 3% vom Erwartungswert abweicht, kleiner als 95% ist.

e) Im Betrieb sind 77% aller Beschäftigten mit der Höhe ihres Gehalts zufrieden. 5% aller Beschäftigten sind in der Werbeabteilung tätig und nicht zufrieden mit der Höhe ihres Gehalts.
Insgesamt gehören der Werbeabteilung 12% aller Beschäftigten an. Stellen Sie den Sachzusammenhang in einer vollständig ausgefüllten Vierfeldertafel dar.
Untersuchen Sie, ob der Anteil der Beschäftigten, die mit ihrem Gehalt nicht zufrieden sind, in der Werbeabteilung größer ist als im übrigen Betrieb.

19 Hundefutter ☐

Tipps ab Seite 59, Lösungen ab Seite 143

Bei einem 12-seitigen Spielwürfel fallen alle Seiten bei einem Wurf jeweils mit der gleichen Wahrscheinlichkeit. Jede Seite des Spielwürfels ist gemäß dem abgebildeten Netz mit einer der Zahlen 1 und 2 beschriftet.

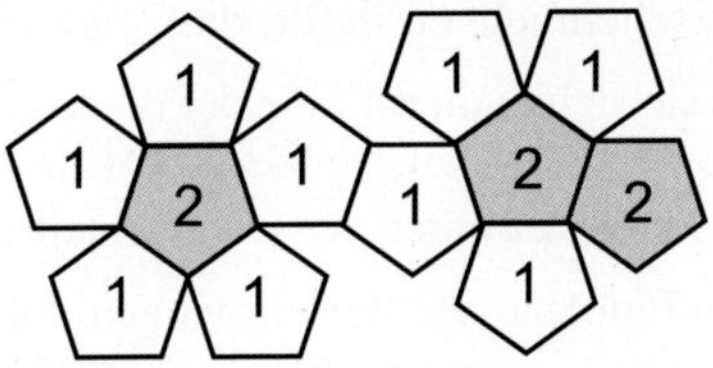

Für ein Gewinnspiel wird der Spielwürfel bei jedem Spiel viermal geworfen. Man betrachtet die Augensumme der vier Würfe.

a) Bestimmen Sie die Wahrscheinlichkeiten der folgenden Ereignisse:

   A: Bei 100 Würfen fällt genau 77-mal die Zahl 1.

   B: Bei 100 Würfen fällt mindestens 73-mal aber höchstens 81-mal die Zahl 1.

   Begründen Sie, dass die Wahrscheinlichkeit dafür, dass die Summe der geworfenen Zahlen 4 ist, größer ist als die Wahrscheinlichkeit dafür, dass die Summe der geworfenen Zahlen 8 ist.

   Einen Hauptpreis erhält eine Spielerin bzw. ein Spieler, wenn die Summe der geworfenen Zahlen mindestens 7 ist. Zeigen Sie, dass auf lange Sicht im Mittel etwa bei einem von zwanzig Spielen ein Hauptpreis vergeben wird.

   Die Wahrscheinlichkeit dafür, dass bei einem Spiel ein Trostpreis vergeben wird, beträgt $\frac{81}{256}$.

   Geben Sie einen Spielausgang an, bei dem die Spielerin bzw. der Spieler einen Trostpreis erhält, und begründen Sie Ihre Angabe.

Ein Supermarkt bietet Nass- und Trockenfutter für Hunde jeweils in einer normalen Variante und in einer energiereduzierten Light-Variante an. Im Folgenden werden ausschließlich Kundinnen und Kunden betrachtet, die sich bei einem Kauf von Hundefutter für genau eine dieser vier Varianten entscheiden. Zwei Drittel dieser Personen kaufen Trockenfutter, 40% davon entscheiden sich für die Light-Variante. Von den Personen, die Nassfutter kaufen, entscheiden sich nur 25% für die Light-Variante.

Von den betrachteten Kundinnen und Kunden wird eine Person zufällig ausgewählt. Untersucht werden die folgenden Ereignisse:

T: «Die Person kauft Trockenfutter.»

L: «Die Person entscheidet sich für eine der beiden Light-Varianten.»

b) Stellen Sie den Sachzusammenhang in einem beschrifteten Baumdiagramm dar.
Zeigen Sie, dass die Wahrscheinlichkeit dafür, dass das Ereignis L eintritt, 35% beträgt.
Berechnen Sie die Wahrscheinlichkeit dafür, dass eine Person Trockenfutter kauft unter der Voraussetzung, dass sie sich nicht für eine der beiden Light-Varianten entschieden hat.

c) Der Leiter des Supermarktes vermutet, dass der Anteil der Personen, die Trockenfutter kaufen, gestiegen ist, und möchte die Bestellmengen von Trockenfutter erhöhen. Vorher soll die Vermutung des Leiters mithilfe eines geeigneten Hypothesentests überprüft werden. Dazu werden 100 zufällig ausgewählte Käuferinnen und Käufer von Hundefutter betrachtet, die sich entweder für Trockenfutter oder für Nassfutter entscheiden.
Formulieren Sie die Nullhypothese H_0.
Entwickeln Sie im Sachzusammenhang eine Entscheidungsregel auf einem Signifikanzniveau von 5%.
Beschreiben Sie den Fehler 1. Art im Sachzusammenhang und bestimmen Sie seine Wahrscheinlichkeit.

d) Es ist c eine positive ganze Zahl.
Die Zufallsgröße X_c ist binomialverteilt mit den Parametern $c \cdot n$ und p.
Entscheiden Sie, ob die folgenden Aussagen für alle n und p wahr sind.

(1) Für alle $c \geqslant 2$ gilt $E(X_c) = c \cdot E(X_1)$.

(2) Für alle $c \geqslant 2$ und $k \in \{1;...;n\}$ gilt $P(X_1 \leqslant k) = P(X_c \leqslant c \cdot k)$.
Führen Sie jeweils einen entsprechenden Nachweis.

20 Flugbuchung □

Tipps ab Seite 60, Lösungen ab Seite 147

Fluggesellschaften nehmen oft mehr Buchungen an als Sitzplätze im Flugzeug vorhanden sind, weil in der Regel nicht alle Buchungen in Anspruch genommen werden.
Die fiktive Fluggesellschaft AER setzt auf der Strecke Frankfurt - London nur ein Flugzeug mit genau 80 Sitzplätzen ein. Für jeden Flug dieser Strecke werden 92 Buchungen angenommen. Durchschnittlich erscheinen zu einem Flug 84% der Personen, die diesen Flug gebucht haben. Im Folgenden wird diese relative Häufigkeit als Wahrscheinlichkeit angesehen. Außerdem soll davon ausgegangen werden, dass die Personen unabhängig voneinander jeweils mit der gleichen Wahrscheinlichkeit zu einem Flug erscheinen.

a) Ermitteln Sie die Wahrscheinlichkeit, dass zu einem Flug mit 92 Buchungen genau 83 Personen erscheinen und zeigen Sie dass die Wahrscheinlichkeit, dass zu diesem Flug höchstens 80 Personen erscheinen, $81{,}89\,\%$ beträgt.
In einer Woche fliegt AER achtmal die Strecke Frankfurt - London.
Bestimmen Sie die Wahrscheinlichkeit, mit der mindestens zu einem dieser acht Flüge mehr Personen erscheinen als das Flugzeug Sitzplätze besitzt.

b) Berechnen Sie, wie viele Flüge von AER auf der Strecke Frankfurt - London mindestens betrachtet werden müssen, damit unter diesen mit einer Wahrscheinlichkeit von mindestens 95% mindestens ein Flug ist, zu dem mehr Personen erscheinen, als das Flugzeug Sitzplätze besitzt.

Die Flüge von AER waren in den letzten Jahren zu 80% pünktlich. Im Folgenden wird diese relative Häufigkeit für alle Flüge als Wahrscheinlichkeit angesehen. Weiterhin soll davon ausgegangen werden, dass Verspätungen unabhängig voneinander jeweils mit gleicher Wahrscheinlichkeit erfolgen.

c) Das Unternehmen befürchtet, dass die Pünktlichkeit gesunken ist. Um zu testen, ob dies der Fall ist, werden die nächsten 1000 Flüge überprüft. Entwickeln Sie einen geeigneten Hypothesentest auf einem Signifikanzniveau von 5% und geben Sie die Entscheidungsregel im Sachzusammenhang an.
Beschreiben Sie den Fehler 2. Art im Sachzusammenhang.

Die Flugzeit eines Fluges von AER von Frankfurt nach London beträgt im Mittel $\mu = 105$ Minuten. Es ist bekannt, dass 10% dieser Flüge sogar mehr als 110 Minuten dauerten.

Die Zufallsgröße X sei normalverteilt und beschreibe die Flugzeit eines Fluges von AER von Frankfurt nach London.

d) Bestimmen Sie die Standardabweichung σ der Zufallsgröße X auf eine Nachkommastelle genau.
Geben Sie die sogenannte σ-Umgebung des Erwartungswertes der Zufallsgröße X, d.h. das Intervall $[\mu - \sigma; \mu + \sigma]$, an.
Es gilt:

$$P(\mu - \sigma \leqslant X \leqslant \mu + \sigma) \approx 0,68$$

Beschreiben Sie die Bedeutung des Wertes 0,68 im Sachzusammenhang.

e) In den Flugzeugen gibt es Rauchmelder, in die bisher nur eine Fotozelle eingebaut wurde. Es wird nun überlegt, ob man die Zuverlässigkeit eines Rauchmelders dadurch verbessern könnte, dass man drei unabhängig voneinander arbeitende Fotozellen verwendet, die so geschaltet sind, dass erst dann Alarm ausgelöst wird, wenn zumindest zwei der drei Fotozellen eine Reaktion zeigen.

Es sei p die Wahrscheinlichkeit, dass eine Fotozelle im Falle von Rauchentwicklung eine Reaktion zeigt, und P(p) die Wahrscheinlichkeit, dass ein derartiger Rauchmelder im Falle von Rauchentwicklung Alarm auslöst.
Berechnen Sie für $p = 0,3$; $p = 0,5$ und $p = 0,7$ die dazugehörigen Wahrscheinlichkeiten P(p). Werten Sie Ihre Ergebnisse hinsichtlich der Zuverlässigkeit des Rauchmelders mit drei Fotozellen im Vergleich zu dem mit einer Fotozelle aus und formulieren Sie eine Vermutung, ob durch die beschriebene Maßnahme die Zuverlässigkeit der Rauchmelder verbessert wird.
Leiten Sie den Term $P(p) = -2p^3 + 3p^2$ her und skizzieren Sie den Graphen der Wahrscheinlichkeitsfunktion P für $p \in [0; 1]$ in einem geeigneten Koordinatensystem.

21 Eier □

Tipps ab Seite 62, Lösungen ab Seite 151

70% der auf einer Hühnerfarm A produzierten Eier sind braun, die restlichen weiß. Der Produktion werden nacheinander Eier zufällig ohne Zurücklegen entnommen; es wird jeweils die Farbe notiert.

a) Begründen Sie, dass es sich hierbei in guter Näherung um eine Bernoulli-Kette handelt.
Bestimmen Sie die Wahrscheinlichkeiten der folgenden Ereignisse:
A: Unter 10 der Produktion zufällig entnommenen Eiern sind genau 3 weiß.
B: Unter 50 der Produktion zufällig entnommenen Eiern sind mindestens 33 braun.
C: Bei 100 der Produktion zufällig entnommenen Eiern weicht die Anzahl der weißen Eier um höchstens 3 vom Erwartungswert ab.

b) Bestimmen Sie, wie viele Eier man der Produktion mindestens entnehmen muss, damit die Wahrscheinlichkeit, dass mindestens ein weißes Ei darunter war, mindestens 99% beträgt.

Auf der Hühnerfarm B werden ebenfalls Eier produziert, die entweder braun oder weiß sind. Der Betreiber behauptet, dass der Anteil der weißen Eier in seiner Produktion größer als 30% ist. Um seine Vermutung zu bestätigen, untersucht er 200 Eier.

c) Entwickeln Sie einen Hypothesentest auf einem Signifikanzniveau von 5% und formulieren Sie eine Entscheidungsregel im Sachzusammenhang.
Beschreiben Sie den Fehler 2. Art im Sachzusammenhang und bestimmen Sie seine Wahrscheinlichkeit für den Fall, dass der tatsächliche Anteil der weißen Eier 35% beträgt.

Auf einem Bauernhof leben freilaufende Hühner. Das Gewicht ihrer Eier sei normalverteilt mit dem Erwartungswert $\mu = 57$g und der Standardabweichung $\sigma = 4$g. Die Zufallsgröße X gebe das Gewicht eines zufälligen herausgegriffenen Eis in Gramm an.

d) Bestimmen Sie die Wahrscheinlichkeiten der folgenden Ereignisse:
D: Das Gewicht eines zufällig ausgewählten Eis liegt zwischen 49g und 56g.
E: Das Gewicht eines zufällig ausgewählten Eis beträgt mindestens 50g.
F: Das Gewicht eines zufällig ausgewählten Eis weicht um mindestens 6g vom Erwartungswert ab.
Erläutern Sie den Ansatz $1 - P(X \leqslant a) \leqslant 0{,}05$ im Sachzusammenhang und bestimmen Sie den kleinsten ganzzahligen Wert für a, für den die Ungleichung erfüllt ist.

Tipps – Analysis

1 Hefe

Aufgabe A 1.1

a) Die Gleichung von h erhalten Sie, indem Sie aus den gegebenen Daten zwei Gleichungen aufstellen und das zugehörige Gleichungssystem lösen. Um den Zeitpunkt zu berechnen, zu dem sich die Masse der Hefe verzehnfacht haben wird, lösen Sie die Gleichung $h(t) = 100$ durch Logarithmieren nach t auf.
Überlegen Sie, was mit $f(t)$ und was mit $f(t+5)$ berechnet wird. Um den Zeitpunkt zu berechnen, ab dem die Wachstumsgeschwindigkeit der Hefemasse größer als 50 mg pro Stunde ist, lösen Sie die Ungleichung $h'(t) > 50$ durch Logarithmieren nach t auf. Die 1. Ableitung von h erhalten Sie dazu mit der Kettenregel. Um zu zeigen, dass die Wachstumsgeschwindigkeit der Hefemasse, also $h'(t)$, zunimmt, verwenden Sie die Ableitungsfunktion von $h'(t)$, also $h''(t)$, die Sie ebenfalls mit der Kettenregel erhalten. Falls $h''(t) > 0$ gilt, ist die Ableitungsfunktion von $h'(t)$ stets positiv, also ist $h'(t)$ monoton steigend, so dass die Wachstumsgeschwindigkeit der Hefemasse zunimmt.

b) Beachten Sie, dass der Term e^{-t^2} für $t \to \infty$ gegen Null geht. Die Hochpunkte H_k der Scharkurven erhalten Sie mithilfe der 1. Ableitung von h_k, die Sie mit der Kettenregel bestimmen. Als notwendige Bedingung lösen Sie die Gleichung $h_k{}'(t) = 0$ nach t auf. Den zugehörigen Funktionswert erhalten Sie, indem Sie den erhaltenen t-Wert in $h_k(t)$ einsetzen. Überlegen Sie, ob die Terme $\frac{0,4}{k}$, $\frac{0,08}{k}$ und damit auch der Term $10 \cdot e^{\frac{0,08}{k}}$ für größer werdendes k kleiner oder größer werden und was dies für den Zeitpunkt des Maximalwerts und den Maximalwert selbst bedeutet, wenn k ein Maß für die Masse des Konservierungsmittels ist.

c) Um k so zu berechnen, dass der Maximalwert der Masse der Hefe 50 mg beträgt, lösen Sie die Gleichung $y_{H_k} = 50$ durch Logarithmieren nach k auf. Bestimmen Sie die Extremstelle des vorgegebenen Graphen in Material 1 und damit den Parameter k.

d) Setzen Sie $k = 0,08$ in $h_k(t)$ ein. Den Zeitpunkt, an dem die Masse der Hefe wieder auf ihren Anfangswert von 10 mg gesunken ist, erhalten Sie, indem Sie die Gleichung $h_{0,08}(t) = 10$ durch Logarithmieren nach t auflösen. Beachten Sie, dass $\ln(1) = 0$ ist und verwenden Sie den Satz vom Nullprodukt. Bestimmen Sie die Koordinaten des Punktes P, in dem die Gerade an den Graphen der Funktion $h_{0,08}$ anschließt.
Da die Gerade ohne Knick und ohne Sprung an den Graphen der Funktion $h_{0,08}$ anschließen soll, berechnen Sie die Steigung m im Punkt P mithilfe von $h_{0,08}{}'(t)$. Setzen Sie dazu $k = 0,08$ und den erhaltenen t-Wert in $h_k{}'(t)$ ein. Die Gleichung der Tangente in P erhalten Sie mit der Tangentengleichung $y = h'(u) \cdot (t-u) + h(u)$. Setzen Sie m und die Koordinaten von P in die Tangentengleichung ein. Den Schnittpunkt der Tangente mit der t-Achse erhalten Sie, indem Sie die Gleichung $y = 0$ nach t auflösen.

Aufgabe A 1.2

a) Um zu zeigen, dass der Graph von f einen Extrempunkt besitzt, verwenden Sie die 1. und 2. Ableitung von f, die Sie mit der Kettenregel und der Produktregel erhalten. Beachten Sie, dass $g'(2) = 0$ gilt und bestimmen Sie damit $f'(2)$. Setzen Sie $x = 2$ in $f''(x)$ ein. Falls $f''(2) < 0$ hat der Graph von f bei $x = 2$ einen Hochpunkt, falls $f''(x) > 0$ einen Tiefpunkt. Setzen Sie $x = 2$ in $f(x)$ ein.

b) Eine Stammfunktion H der Funktion h erhalten Sie mithilfe der Ableitungen $f''(x)$ und $f'(x)$.
Formen Sie $h(x)$ so um, dass $h(x) = f''(x)$ gilt. Bestimmen Sie $g(x)$ und damit H durch Koeffizientenvergleich.

2 Wassertemperatur

Aufgabe A 2.1

a) Beachten Sie, dass T_R die Raumtemperatur und T_0 die Temperatur der Flasche Wasser ist, als sie aus dem Kühlschrank geholt wird. Bestimmen Sie damit einen Term von $w(t)$ in Abhängigkeit von k. Lösen Sie die Gleichung $w(10) = 21{,}9$ durch Logarithmieren nach k auf. Um zu berechnen, um wie viel Prozent die Temperatur des Wassers in den ersten 10 Minuten nach Entnahme aus dem Kühlschrank zunimmt, teilen Sie die Zunahme der Temperatur nach 10 Minuten durch die Anfangstemperatur.

b) Bestimmen Sie die zugehörigen Funktionswerte und teilen Sie durch die Intervallbreite. Den Wert des Terms $\frac{1}{10} \cdot \int_0^{10} w(t)\mathrm{d}t$ erhalten Sie mit dem Hauptsatz der Differential- und Integralrechnung: $\int_a^b f(x)\mathrm{d}x = \left[\mathrm{F}(x)\right]_a^b = \mathrm{F}(b) - \mathrm{F}(a)$, wobei F eine Stammfunktion von f ist. Verwenden Sie, dass für $t \longrightarrow \infty$ der Term $e^{-0{,}1t}$ gegen Null geht. Beachten Sie außerdem, dass die Raumtemperatur 30 °C beträgt.

c) Um zu berechnen, mit welcher Geschwindigkeit sich das Wasser zum Zeitpunkt der Entnahme aus dem Kühlschrank erwärmt, verwenden Sie die 1. Ableitung von w, die Sie mit der Kettenregel erhalten. Setzen Sie $t = 0$ in $w'(t)$ ein. Um zu berechnen, wann sich diese Erwärmungsgeschwindigkeit halbiert hat, lösen Sie die Gleichung $w'(t) = \frac{w'(0)}{2}$ durch Logarithmieren nach t auf. Um zu zeigen, dass die Erwärmungsgeschwindigkeit im Zeitverlauf abnimmt, betrachten Sie die 1. Ableitung von $w'(t)$, die Sie mithilfe der Kettenregel erhalten. Falls $(w'(t))' < 0$ nimmt die Erwämungsgeschwindigkeit im Zeitverlauf ab. Überlegen Sie, ob $w'(t)$ stets positiv ist.

Aufgabe A 2.2

a) Die Koordinaten des Hochpunkts H_a von K_a erhalten Sie mithilfe der 1. und 2. Ableitung von f_a; verwenden Sie die Kettenregel. Als notwendige Bedingung lösen Sie die Gleichung $f_a'(x) = 0$ nach x auf. Setzen Sie die erhaltenen x-Werte in $f_a''(x)$ ein; ist das Ergebnis kleiner als Null, handelt es sich um einen Hochpunkt. Den zugehörigen y-Wert erhalten

Sie, indem Sie den errechneten x-Wert in $f_a(x)$ einsetzen.
Um den Wert von a so zu berechnen, dass H_a auf der 1. Winkelhalbierenden liegt, lösen Sie die Gleichung $y = x$ durch Wurzelziehen nach a auf. Beachten Sie, dass $a > 0$ ist.

b) Den Wendepunkt W_a von K_a, der den kleinsten positiven x-Wert hat, erhalten Sie mithilfe der 2. und 3. Ableitung von f_a, die Sie mithilfe der Kettenregel bestimmen. Lösen Sie als notwendige Bedingung $f_a''(x) = 0$ nach x auf. Setzen Sie den kleinsten erhaltenen positiven x-Wert in $f_a'''(x)$ ein; ist das Ergebnis ungleich Null, handelt es sich um einen Wendepunkt. Den zugehörigen y-Wert erhalten Sie, indem Sie den errechneten x-Wert in $f_a(x)$ einsetzen.

c) Den Flächeninhalt A zwischen dem Graphen K_a und der Geraden $y = a$ zwischen zwei benachbarten Wendestellen erhalten Sie mithilfe eines Integrals. Benutzen Sie das Intervall $\left[0;\frac{\pi}{a}\right]$, in welchem der Graph K_a oberhalb der Geraden $y = a$ verläuft. Verwenden Sie den Hauptsatz der Differential- und Integralrechnung: $\int_a^b f(x)\mathrm{d}x = \left[\mathrm{F}(x)\right]_a^b = \mathrm{F}(b) - \mathrm{F}(a)$, wobei F eine Stammfunktion von f ist.

d) Leiten Sie f_a viermal ab und überlegen Sie damit, welchen Term die 99. Ableitung haben muss.

3 Regen

Aufgabe A 3.1

a) Die Gleichung der senkrechten Asymptote erhalten Sie, indem Sie die Nenner der Brüche gleich Null setzen.
Die Gleichung der waagrechten Asymptote erhalten Sie, indem Sie das Verhalten von f für $x \to \pm\infty$ betrachten.
Die Koordinaten des Hochpunkts von K erhalten Sie mithilfe der 1. und 2. Ableitung von f. Als notwendige Bedingung lösen Sie die Gleichung $f'(x) = 0$ nach x auf. Setzen Sie den erhaltenen x-Wert in in $f''(x)$ ein; falls das Ergebnis kleiner als Null ist, handelt es sich um einen Hochpunkt. Den zugehörigen y-Wert erhalten Sie, indem Sie den x-Wert in $f(x)$ einsetzen. Mithilfe der berechneten Werte können Sie die Koordinatenachsen skalieren.
Um das Monotonieverhalten von f für $x < 0$ zu untersuchen, betrachten Sie $f'(x)$; falls $f'(x) > 0$ ist, ist f streng monoton wachsend. Um das Krümmungsverhalten des Graphen von f für $x < 0$ zu untersuchen, betrachten Sie $f''(x)$; falls $f''(x) > 0$, ist der Graph von f linksgekrümmt. Bestimmen Sie anhand der gegebenen Abbildung und der berechneten Werte die Anzahl der Schnittstellen des Graphen von f mit der Geraden $y = c$, die parallel zu x-Achse verläuft.

b) Die Tangente t und die Normale n an K an der Stelle $x = 1$ erhalten Sie, indem Sie den zugehörigen y-Wert und die Steigungen von t und n im Berührpunkt B bestimmen. Den y-Wert erhalten Sie, indem Sie den x-Wert in $f(x)$ einsetzen. Die Steigung m_t in B erhalten

Sie, indem Sie den x-Wert von B in $f'(x)$ einsetzen. Anschließend verwenden Sie die Tangentengleichung $y = f'(u) \cdot (x-u) + f(u)$. Die Steigung m_n der Normalen ist der negative Kehrwert der Steigung der Tangente: $m_n = -\frac{1}{m_t}$. Verwenden Sie die Normalengleichung $y = -\frac{1}{f'(u)} \cdot (x-u) + f(u)$. Die Schnittpunkte S_1 bzw. S_2 von t bzw. n mit der y-Achse erhalten Sie, indem Sie jeweils $x = 0$ in die entsprechenden Gleichungen einsetzen. Skizzieren Sie das Dreieck. Den Flächeninhalt A dieses Dreiecks erhalten Sie mit der Formel $A = \frac{g \cdot h}{2}$.
Als Grundseite verwenden Sie $g = \overline{S_1S_2}$. Die zugehörige Höhe h steht senkrecht dazu und geht durch B.

c) Den Flächeninhalt A der Fläche, die K mit der Geraden $y = 2$ und der Geraden $x = 2$ begrenzt, erhalten Sie mithilfe eines Integrals. Beachten Sie, dass K oberhalb der Geraden verläuft. Verwenden Sie den Hauptsatz der Differential- und Integralrechnung. Den Flächeninhalt $A(u)$ der Fläche, die K mit der Geraden $y = 2$ und der Geraden $x = u$ $(u > 1)$ begrenzt, erhalten Sie ebenfalls mithilfe eines Integrals. Um u so zu bestimmen, dass diese Fläche den Inhalt 1 FE hat, lösen Sie die Gleichung $A(u) = 1$ nach u auf. Verwenden Sie die *abc*-Formel. Beachten Sie wegen $u > 1$, dass es nur eine Lösung gibt.
Um zu ermitteln, wie groß die nach rechts ins Unendliche reichende Fläche maximal werden kann, bestimmen Sie den Grenzwert von $A(u)$ für $u \to \infty$.

d) Um K an der Geraden $y = 2$ zu spiegeln, verschieben Sie zuerst K um 2 LE nach unten, spiegeln an der x-Achse und verschieben den gespiegelten Graphen anschließend wieder um 2 LE nach oben.

Aufgabe A 3.2

a) Beschreiben Sie anhand des Graphen von f, in welchem Zeitraum die Niederschlagsrate gleichbleibend hoch ist und wie sie sich anschließend verändert. Bestimmen Sie näherungsweise die Nullstelle von f. Um die gesamte Niederschlagsmenge M während des Regens zu bestimmen, verwenden Sie ein Integral, da alle Niederschlagsraten während des Regens summiert werden müssen.

b) Bestimmen Sie näherungsweise die Schnittstellen der Graphen von f und g. Beachten Sie, dass bei der schraffierten Fläche, die von den Graphen von f und g eingeschlossen wird, der Graph von f oberhalb des Graphen von g verläuft. Überlegen Sie, welches Integral zur schraffierten Fläche gehört und welche Summe damit berechnet wird.
Einen Rechenausdruck, mit dem man berechnen kann, zu welchem Zeitpunkt T alle Pfützen verschwunden sind, erhalten Sie mithilfe von Integralen. Überlegen Sie, wie die einzelnen Abflussmengen berechnet werden können.

c) Bestimmen Sie die Definitionsmenge D_g und die Wertemenge W_g von g. Um zu zeigen, dass g umkehrbar ist, verwenden Sie die 1. Ableitung von g, die Sie mithilfe der Kettenregel erhalten. Falls g streng monoton fallend oder wachsend ist, existiert eine Umkehrfunktion $\overline{g}$. Lösen Sie die Gleichung $y = g(t)$ nach t auf; vertauschen Sie anschließend die Variablen t und y und geben Sie die Umkehrfunktion $\overline{g}$ an. Die Definitionsmenge von $\overline{g}$ ist die Wertemenge von g, die Wertemenge von $\overline{g}$ ist die Definitionsmenge von g.

4 Straße

Aufgabe A 4.1

a) Die Koordinaten des nördlichsten Punktes der Umgehungsstraße erhalten Sie, indem Sie mithilfe der 1. und 2. Ableitung von f den Hochpunkt des Graphen von f bestimmen. Als notwendige Bedingung lösen Sie die Gleichung $f'(x) = 0$ mithilfe der abc-Formel nach x auf. Setzen Sie die erhaltenen x-Werte in $f''(x)$ ein; falls das Ergebnis kleiner als Null ist, handelt es sich um einen Hochpunkt. Den zugehörigen y-Wert erhalten Sie, indem Sie den x-Wert in $f(x)$ einsetzen. Die Entfernung d von H zu M erhalten Sie mithilfe der Formel für den Abstand zweier Punkte: $d = \sqrt{(x_2 - x_1)^2 + (y_2 - y_1)^2}$
Bestimmen Sie die Wendestelle mithilfe der 2. und 3. Ableitung von $f(x)$. Als notwendige Bedingung lösen Sie die Gleichung $f''(x) = 0$ nach x auf. Den zugehörigen y-Wert erhalten Sie, indem Sie den berechneten x-Wert in $f(x)$ einsetzen.
Berechnen Sie mithilfe von $f'(x)$ die Steigung m_A der Kurve im Punkt A sowie die Steigung m_{AB} der Geraden durch die Punkte A und B mithilfe der Formel $m = \frac{y_2 - y_1}{x_2 - x_1}$. Falls $m_A = m_{AB}$ mündet die Umgehungsstraße ohne Knick in die Ortsdurchfahrt ein.

b) Die Gleichung der Geraden g durch A und B erhalten Sie mithilfe der Punkt-Steigungsform (PSF) $y = m \cdot (x - x_Q) + y_Q$. Setzen Sie die Koordinaten von A (oder B) und m_{AB} in die PSF ein. Den Flächeninhalt A_1 der Fläche zwischen dem Schaubild von $f(x)$ und der Geraden AB erhalten Sie mithilfe eines Integrals. Beachten Sie, dass das Schaubild von $f(x)$ oberhalb der Geraden g verläuft. Verwenden Sie den Hauptsatz der Differential- und Integralrechnung.
Die Teilfläche des Gemeindegebiets erhalten Sie, indem Sie den Flächeninhalt A_2 eines Halbkreises bestimmen. Berechnen Sie die Differenz von A_1 und A_2 und teilen Sie diese durch A_1, um den gesuchten Anteil zu erhalten.

c) Um zu zeigen, dass der Fahrer die Windkraftanlage im Punkt Q genau in Fahrtrichtung vor sich sieht, stellen Sie die Gleichung der Tangente t im Punkt Q auf. Die Steigung m_t in Q erhalten Sie, indem Sie den x-Wert von Q in $f'(x)$ einsetzen. Anschließend setzen Sie m_t und die Koordinaten von Q in die Tangentengleichung $y = f'(u) \cdot (x - u) + f(u)$ ein. Prüfen Sie, ob der Punkt $P(1{,}5 \mid 3)$ auf der Tangente liegt, indem Sie seine Koordinaten in die Tangentengleichung einsetzen. Bei einer wahren Aussage liegt P auf t.
Lösen Sie die Gleichung $f'(x) = m_{AB}$ mithilfe der abc-Formel nach x auf. Überlegen Sie, welche Lösung in Frage kommt. Berechnen Sie den zugehörigen y-Wert.

Aufgabe A 4.2

a) Die Nullstelle des Graphen von f_n erhalten Sie, indem Sie die Gleichung $f_n(x) = 0$ nach x auflösen. Den y-Achsenabschnitt des Graphen von f_n erhalten Sie, indem Sie $x = 0$ in $f_n(x)$ einsetzen. Skalieren Sie die Achsen mithilfe der berechneten Werte. Beachten Sie, dass für $x \to -\infty$ der Term e^x gegen Null geht. Beachten Sie, dass sich Graph I im Material von oben an die x-Achse annähert, Graph II von unten. Überlegen Sie, was dies für die Funktionswerte für $x < -1$ bedeutet. Führen Sie eine Fallunterscheidung für gerade/ ungerade n durch.

b) Die Ableitungsfunktion $f_n{}'$ erhalten Sie mit der Produktregel. Ersetzen Sie dann zuerst $(x+1)^{n-1} \cdot e^x = f_{n-1}(x)$ und klammern Sie $x+1$ aus, um die Ableitung umzuformen.

c) Die möglichen Extremstellen von f_n erhalten Sie, indem Sie die Gleichung $f_n{}'(x) = 0$ nach x auflösen. Verwenden Sie den Satz vom Nullprodukt. Bestimmen Sie die Extremstellen der Graphen I und II und berechnen Sie damit jeweils n.

d) Um die gegebene Aussage zu begründen, untersuchen Sie, ob bei der gegebenen Ableitung $f_n{}'(x) = (x+1+n) \cdot (x+1)^{n-1} \cdot e^x$ bei $x = -1$ das Vorzeichen wechselt oder nicht. Betrachten Sie dazu $x < -1$ und $x > -1$ für gerades und ungerades n.

5 Medikament

Aufgabe A 5.1

a) Bestimmen Sie mithilfe der gegebenen Abbildung die Schnittstellen des Graphen von f mit der Geraden $y = 36$ und berechnen Sie die Differenz der erhaltenen Zeitpunkte.
Die Abnahme der Wirkstoffmenge im Blut nach 5 Stunden erhalten Sie mithilfe der 1. Ableitung von f, die Sie mit der Kettenregel bestimmen. Setzen Sie $t = 5$ in $f'(t)$ ein. Zeichnen Sie die Tangente an das Schaubild von f an der Stelle $t = 5$ ein und bestimmen Sie die die Schnittstelle der Tangente mit der t-Achse.

b) Bestimmen Sie $g(t)$ für $t \to \infty$; beachten Sie, welcher Term gegen Null geht.
Bestimmen Sie die 1. Ableitung von $g(t)$ mit der Kettenregel. Falls $g'(t) > 0$ gilt, ist g streng monoton wachsend.
Den Zeitpunkt, zu dem die momentane Änderungsrate der Wirkstoffmenge im Blut $1 \frac{\text{mg}}{\text{min}}$ beträgt, erhalten Sie, indem Sie die Gleichung $g'(t) = 1$ durch Logarithmieren nach t auflösen. Überlegen Sie, welche Bedeutung t, $t + 15$ und die entsprechenden Funktionswerte haben.

c) Stellen Sie mithilfe von $h(t)$ und deren Ableitung sowie den gegebenen Daten zwei Gleichungen mit zwei Unbekannten auf und lösen Sie diese; beachten Sie, dass das Maximum gegeben ist.

Aufgabe A 5.2

a) Skizzieren Sie die Problemstellung. Bestimmen Sie die Koordinaten des Punktes B sowie die Steigung in B in Abhängigkeit von u; verwenden Sie die Funktionsgleichung sowie die 1. Ableitung. Stellen Sie die Gleichung der Tangente t in B mithilfe der Formel $y = f'(u) \cdot (x - u) + f(u)$ in Abhängigkeit von u auf. Bestimmen Sie die Koordinaten des Schnittpunkts A der Tangente t mit der x-Achse durch Lösen der Gleichung $y = 0$ und die Koordinaten des Schnittpunkts C der Tangente t mit der y-Achse, indem Sie $x = 0$ in t einsetzen.

Um zu zeigen, dass der Flächeninhalt A des Dreiecks OAC unabhängig von u ist, berechnen Sie diesen mithilfe der Formel $\mathrm{A} = \frac{g \cdot h}{2}$. Als Grundlinie g verwenden Sie $g = \overline{\mathrm{OA}}$, die zugehörige Höhe h ist $h = \overline{\mathrm{OC}}$.

b) Skizzieren Sie die Problemstellung. Beachten Sie, dass ein Kegel entsteht, wenn das Dreieck OAC um die y-Achse rotiert. Das Volumen V eines Kegels erhalten Sie mit der Formel $\mathrm{V} = \frac{1}{3} \cdot \pi \cdot r^2 \cdot h$. Bestimmen Sie den Radius und die Höhe des Kegels und damit das Volumen $\mathrm{V}(u)$ des Kegels in Abhängigkeit von u. Lösen Sie die Gleichung $\mathrm{V}(u) = 16$ nach u auf. Den y-Wert des Punktes B erhalten Sie, indem Sie den erhaltenen u-Wert in $f(x)$ einsetzen.

c) Bestimmen Sie zuerst die ersten vier Ableitungen von $f(x) = \frac{2}{x} = 2x^{-1}$ und formen Sie diese mithilfe der Fakultät geeignet um. Beachten Sie, ob die geraden Ableitungen von f positiv oder negativ sind.

6 Virus

Aufgabe A 6.1

a) Um nachzuweisen, dass 10 Wochen nach Beobachtungsbeginn die Anzahl der Neuerkrankungen am höchsten ist, verwenden Sie die 1. Ableitung von f, die Sie mithilfe der Produkt- und Kettenregel bestimmen. Setzen Sie $t = 10$ in $f'(t)$ ein. Falls das Ergebnis Null ergibt, ist die notwendige Bedingung für ein Maximum erfüllt. Als hinreichende Bedingung verwenden Sie die gegebene Abbildung. Den Maximalwert an Neuerkrankungen erhalten Sie, indem Sie $t = 10$ in $f(t)$ einsetzen.
Um zu zeigen, dass ab diesem Zeitpunkt die momentane Erkrankungsrate rückläufig ist, betrachten Sie $f'(t)$. Überlegen Sie, ob ab einem bestimmten t-Wert $f'(t) < 0$ gilt; beachten Sie, dass $e^{-0{,}2t}$ stets größer als Null ist.
Den Zeitraum, in welchem es mehr als 1500 Neuerkrankungen pro Woche gibt, erhalten Sie, indem Sie die Gerade $y = 1500$ mit dem Graph von f schneiden und die Schnittstellen näherungsweise ablesen.
Überlegen Sie, was mithilfe des angegebenen Integrals summiert wird und um welchen Zeitraum es sich hierbei handelt.

b) Um zu zeigen, dass die Funktion F eine Stammfunktion von f ist, bestimmen Sie mithilfe der Produkt- und Kettenregel die 1. Ableitung von F. Falls $\mathrm{F}'(t) = f(t)$ ist F eine Stammfunktion von f.
Die Anzahl $\mathrm{A}(t)$ der Personen, die nach t Wochen insgesamt krank gemeldet sind, erhalten Sie mithilfe der gegebenen Stammfunktion F und der Nebenbedingung, dass zu Beginn 100 Personen erkrankt sind. Als Ansatz verwenden Sie $\mathrm{A}(t) = \mathrm{F}(t) + c$. Mit der Nebenbedingung $\mathrm{A}(0) = 100$ erhalten Sie c. Die Anzahl der Personen, die nach 12 Wochen insgesamt krank gemeldet sind, erhalten Sie, indem Sie $t = 12$ in $\mathrm{A}(t)$ einsetzen.
Um nachzuweisen, dass die Anzahl der Meldungen unter 40 000 bleiben wird, bestimmen

Sie den Grenzwert von $A(t)$ für $t \longrightarrow \infty$. Überlegen Sie, ob $A'(t) > 0$ für $t > 0$ ist und beachten Sie, dass $e^{-0,2t}$ für $t \longrightarrow \infty$ gegen Null geht.

c) Bestimmen Sie den Grenzwert von $B(t)$ für $t \longrightarrow \infty$ und Sie erhalten damit a. Mit der Nebenbedingung, dass zu Beginn $(t = 0)$ bereits die Hälfte der Einwohner (15 000) an diesem Virus erkrankt sind, erhalten Sie b sowie die Funktionsgleichung von B. Den Zeitpunkt, zu dem 95% aller Einwohner von der Krankheit erfasst sind, erhalten Sie, indem Sie die Gleichung $B(t) = 0,95 \cdot 30\,000$ durch Logarithmieren nach t auflösen.

Aufgabe A 6.2

a) Beachten Sie für die Definitionsmenge, dass der Radikand (Term unter der Wurzel) nicht negativ sein darf und für die Wertemnge, dass der Wert einer Wurzel nie negativ ist. Die Nullstelle von f erhalten Sie durch Lösen der Gleichung $f(x) = 0$. Um zu zeigen, dass f umkehrbar ist, verwenden Sie die 1. Ableitung von f, die Sie mit der Kettenregel bestimmen. Schreiben Sie dazu die Wurzel als Potenz mit negativem Exponenten. Falls $f'(x) > 0$ gilt, ist f streng monoton wachsend und es existiert eine Umkehrfunktion $\bar{f}$.

b) Die Koordinaten des Schnittpunkts P des Graphen von f mit der 1. Winkelhalbierenden erhalten Sie durch Lösen der Gleichung $f(x) = x$. Verwenden Sie die *pq*- oder *abc*-Formel. Beachten Sie, dass P im 1. Feld liegen soll. Die Gleichung der Tangente t an den Graphen von f im Punkt P erhalten Sie mit der Tangentenformel $y = f'(u) \cdot (x - u) + f(u)$. Die Steigung m_t der Tangente t erhalten Sie, indem Sie den x-Wert von P in $f'(x)$ einsetzen. Setzen Sie m_t und die Koordinaten von P in die Tangentenformel ein. Eine Gleichung der Tangente $\bar{t}$ an den Graphen der Umkehrfunktion $\bar{f}$ im Punkt P erhalten Sie (ohne Kenntnis der Gleichung der Umkehrfunktion) folgendermaßen: Da der Graph der Umkehrfunktion $\bar{f}$ durch Spiegelung des Graphen von f an der 1. Winkelhalbierenden hervorgeht, wird auch die Tangente t an der 1. Winkelhalbierenden gespiegelt. Für die Steigung $m_{\bar{t}}$ von $\bar{t}$ im Punkt P gilt damit: $m_{\bar{t}} = \frac{1}{m_t}$. Setzen Sie $m_{\bar{t}}$ und die Koordinaten von P in die Tangentenformel ein.

c) Lösen Sie die Gleichung $y = f(x)$ nach x auf. Vertauschen Sie anschließend die Variablen x und y und geben Sie die Umkehrfunktion $\bar{f}$ an. Die Definitionsmenge von $\bar{f}$ ist die Wertemenge von f, die Wertemenge von $\bar{f}$ ist die Definitionsmenge von f.

d) Um den Inhalt A der Fläche, die die Graphen von f und $\bar{f}$ mit der x-Achse einschließen, zu berechnen, skizzieren Sie zuerst die Graphen von f und $\bar{f}$ und die gesuchte Fläche. Verwenden Sie beispielsweise eine Wertetabelle. Bestimmen Sie die Nullstellen von $\bar{f}$ durch Lösen der Gleichung $\bar{f}(x) = 0$. Damit erhalten Sie den Flächeninhalt A mithilfe von Integralen. Verwenden Sie den Hauptsatz der Differential- und Integralrechnung.

7 Lufttemperatur

Aufgabe A 7.1

a) Machen Sie sich klar, um welchen Mittelwert die Temperaturen schwanken. Dieser ergibt den Parameter c. Die Hälfte der Schwankung zwischen der höchsten und der niedrigsten

Temperatur ergibt die Amplitude a. Bestimmen Sie die Periodenlänge durch $p = \frac{2\pi}{\frac{\pi}{12}}$. Die Verschiebung in x-Richtung b ergibt sich durch Betrachtung der tiefsten Temperatur um $t = 4$ Uhr morgens und der Periodenlänge: Für einen nicht verschobenen Sinus tritt ein Hochpunkt nach $\frac{1}{4}$ Periodenlänge auf, ein Tiefpunkt also nach $\frac{3}{4}$ Periodenlänge bzw. $-\frac{1}{4}$ Periodenlänge. Der Parameter b lässt sich also mit $(4-b) = -\frac{1}{4} \cdot 24$ oder $(4-b) = \frac{3}{4} \cdot 24$ bestimmen. Beide Lösungen sind richtig, führen aber zu verschiedenen Funktionen!

b) Ermitteln Sie zunächst die ersten beiden Ableitungen von h, da Sie sie für die Überprüfung der notwendigen und der hinreichenden Bedingung der Extremstellen brauchen. Wenden Sie dazu die Kettenregel und die Ableitungsregeln für trigonometrische Funktionen an. Als notwendige Bedingung lösen Sie die Gleichung $h'(t) = 0$ nach t auf. Substituieren Sie $z = \frac{\pi}{12}t + \frac{\pi}{12}$ und bestimmen Sie damit z_1 und mithilfe einer Skizze $z_2 = 2\pi - z_1$. Durch Resubstitution erhalten Sie zwei t-Werte. Setzen Sie die erhaltenen t-Werte in $h''(t)$ ein. Falls $h''(t) > 0$ handelt es sich um ein Minimum, falls $h''(t) < 0$ um ein Maximum.

c) Aus der Aufgabe ergibt sich, dass z.B. gilt: $T_0 = h(0)$, $T_6 = h(6)$ usw.
Ermitteln Sie die vier gesuchten Funktionswerte und setzen Sie sie in die Formel ein. Bestimmen Sie das angegebene Integral mithilfe des Hauptsatzes der Differential- und Integralrechnung. Die prozentuale Abweichung erhalten Sie, indem Sie die Differenz zwischen $\overline{T}$ und T_L bestimmen und zu $\overline{T}$ ins Verhältnis setzen.

Aufgabe A 7.2

a) Um den gegebenen Graphen den jeweiligen Parameter k zuzuordnen, lesen Sie die Nullstellen an den Graphen ab und vergleichen diese mit den Nullstellen von $f_k(x)$. Alternativ können Sie auch den y-Achsenabschnitt von $f_k(x)$ verwenden. Die Koordinaten des Schnittpunkts S_k mit der y-Achse erhalten Sie, indem Sie $x = 0$ in $f_k(x)$ einsetzen. Die Steigung m_k der Tangente t_k im berechneten Punkt S_k erhalten Sie, indem Sie $x = 0$ in die 1. Ableitung von f_k einsetzen. Setzen Sie S_k und m_k in die Tangentengleichung $y = f'(u) \cdot (x-u) + f(u)$ ein. Um den gemeinsamen Punkt der Tangenten t_k zu bestimmen, setzen Sie z.B. $k = 1$ und $k = 2$ in t_k ein und berechnen den Schnittpunkt S von t_1 und t_2 durch Gleichsetzen der Tangentengleichungen.
Um zu zeigen, dass S auf allen Tangenten t_k liegt, setzen Sie die Koordinaten von S in die Gleichung von t_k ein und machen eine Punktprobe.

b) Überlegen Sie, durch welchen Summanden sich die Ableitungen von $f_k(x)$ unterscheiden und versuchen Sie, die n-te Ableitung von f_k anzugeben. Setzen Sie das Bildungsgesetz zur Stammfunktion von f_k hin fort und setzen Sie $k = 2$ ein. Prüfen Sie durch Ableiten mit der Produktregel, ob F_2 eine Stammfunktion von f_2 ist.

c) Um k näherungsweie so zu bestimmen, dass der Flächeninhalt zwischen dem Graphen von f_k und der x- und y-Achse im 1. Feld 16 FE beträgt, berechnen Sie zuerst den Flächeninhalt $A(k)$ in Abhängigkeit von k mithilfe eines Integrals. Die Integrationsgrenzen sind $x_1 = 0$ und $x_2 = k$ (Nullstelle von f_k). Anschließend erstellen Sie für $A(k)$ eine Wertetabelle, mithilfe derer Sie k näherungsweise angeben können.

Geometrie

Das Vektorprodukt

Wenn man einen Vektor $\vec{n}$ sucht, der senkrecht auf zwei gegebenen Vektoren $\vec{a}$ und $\vec{b}$ steht (der Normalenvektor), geschieht dies einfach und schnell mit dem Vektorprodukt:

$$\vec{n} = \left(\vec{a} \times \vec{b}\right) = \begin{pmatrix} a_2b_3 & - & a_3b_2 \\ a_3b_1 & - & a_1b_3 \\ a_1b_2 & - & a_2b_1 \end{pmatrix}$$

Die Merkhilfe dazu:

1. Beide Vektoren werden je zweimal untereinandergeschrieben, dann werden die erste und die letzte Zeile gestrichen.
2. Anschließend wird «über Kreuz» multipliziert. Dabei erhalten die abwärts gerichteten Pfeile ein positives und die aufwärts gerichteten Pfeile ein negatives Vorzeichen.
3. Die einzelnen Komponenten werden subtrahiert – fertig!

$$\begin{array}{cc} \cancel{a_1} & \cancel{b_1} \\ a_2 & b_2 \\ a_3 & b_3 \\ a_1 & b_1 \\ a_2 & b_2 \\ \cancel{a_3} & \cancel{b_3} \end{array} \qquad \begin{array}{cc} a_2 & b_2 \\ a_3 & b_3 \\ a_1 & b_1 \\ a_2 & b_2 \end{array} \Rightarrow \begin{pmatrix} a_2b_3 - a_3b_2 \\ a_3b_1 - a_1b_3 \\ a_1b_2 - a_2b_1 \end{pmatrix}$$

Beispiel: Sind $\vec{a} = \begin{pmatrix} 1 \\ 3 \\ 2 \end{pmatrix}$ und $\vec{b} = \begin{pmatrix} -1 \\ 4 \\ 0 \end{pmatrix}$, ergibt sich für den gesuchten Vektor:

$$\begin{array}{cc} \cancel{1} & \cancel{-1} \\ 3 & 4 \\ 2 & 0 \\ 1 & -1 \\ 3 & 4 \\ \cancel{2} & \cancel{0} \end{array} \Rightarrow \begin{array}{cc} 3 & 4 \\ 2 & 0 \\ 1 & -1 \\ 3 & 4 \end{array} \Rightarrow \begin{pmatrix} 3 \cdot 0 - 2 \cdot 4 \\ 2 \cdot (-1) - 1 \cdot 0 \\ 1 \cdot 4 - 3 \cdot (-1) \end{pmatrix} = \begin{pmatrix} -8 \\ -2 \\ 7 \end{pmatrix}$$

Anmerkung:
Mithilfe des Vektorprodukts lässt sich die Fläche des Dreiecks ABC direkt ausrechnen. Es ist:

$$A_\triangle = \frac{1}{2} \left| \overrightarrow{AB} \times \overrightarrow{AC} \right|$$

8 Kiste

a) Bestimmen Sie die Koordinaten der übrigen Eckpunkte der Kiste.
Den Abstand zwischen den Kanten AB und GH erhalten Sie, indem Sie zum Beispiel die Entfernung der Punkte A und H berechnen.
Stellen Sie die Gleichung der Geraden g durch E und H auf und setzen Sie diese in die Ebenengleichung E_t ein. Bei einer wahren Aussage liegt die Gerade in E_t.
Setzen Sie die Koordinaten von F in E_t ein und lösen Sie die Gleichung nach t auf, um diejenige Ebene E_t zu bestimmen, in welcher der Deckel bei geschlossener Kiste liegt.
Beim Öffnen des Deckels um 90° geht der Punkt F in einen Punkt $\overline{F}$ über. Bestimmen Sie den Punkt $\overline{F}$ und setzen Sie die Koordinaten von $\overline{F}$ in E_t ein. Bei einem Widerspruch liegt der Deckel nicht in einer Ebene E_t.

b) Setzen Sie $t = 2$ in E_t ein.
Bestimmen Sie die Koordinaten des Mittelpunkts M_{EF} der Kante EF.
Stellen Sie eine Lotgerade l durch M_{EF} orthogonal zu E_2 auf (der Richtungsvektor von l ist der Normalenvektor von E_2).
Sie erhalten die Koordinaten von P, indem Sie l und E_2 schneiden.

c) Um den Öffnungswinkel α zu bestimmen, setzen Sie einen Normalenvektor $\overrightarrow{n_2}$ von E_2 und einen Normalenvektor $\overrightarrow{n_1}$ der Ebene EFGH, die parallel zur x_1x_2-Ebene ist, in folgende Formel ein: $\cos(\alpha) = \dfrac{|\overrightarrow{n_1} \cdot \overrightarrow{n_2}|}{|\overrightarrow{n_1}| \cdot |\overrightarrow{n_2}|}$

Um diejenige Ebene E_t zu bestimmen, in welcher der Deckel bei einem Öffnungswinkel von 60° liegt, setzen Sie einen Normalenvektor $\overrightarrow{n_t}$ von E_t, einen Normalenvektor $\overrightarrow{n_1}$ der Ebene EFGH und $\alpha = 60°$ in die Formel $\cos(\alpha) = \dfrac{|\overrightarrow{n_1} \cdot \overrightarrow{n_t}|}{|\overrightarrow{n_1}| \cdot |\overrightarrow{n_t}|}$ ein und lösen die erhaltene Gleichung durch Quadrieren nach t auf.
Lösen Sie allgemein die Gleichung $\cos(\alpha) = \dfrac{|\overrightarrow{n_1} \cdot \overrightarrow{n_t}|}{|\overrightarrow{n_1}| \cdot |\overrightarrow{n_t}|}$ durch Quadrieren nach t auf, um den Parameter t in Abhängigkeit vom Öffnungswinkel angeben zu können.

9 Geradenschar

a) Setzen Sie $a = 4$ in die Gleichung der Geradenschar ein, um die Gleichung von g_4 zu erhalten.
Den Schnittpunkt S der Geraden g_4 mit der Ebene E erhalten Sie, indem Sie den allgemeinen Punkt P_t von g_4 in die Ebenengleichung einsetzen und die Gleichung nach t auflösen. Setzen Sie den erhaltenen t-Wert in P_t ein.
Beachten Sie, dass die Gerade g_a parallel zu E ist, wenn der Richtungsvektor von g_a orthogonal zum Normalenvektor von E ist, d.h. wenn das Skalarprodukt dieser beiden Vektoren Null ergibt. Lösen Sie die entsprechende Gleichung nach a auf.
Beachten Sie, dass eine Gerade g_a der Schar orthogonal zu g_4 ist, wenn der Richtungsvektor $\overrightarrow{u_a}$ orthogonal zum Richtungsvektor $\overrightarrow{u_4}$ von g_4 ist, d.h. das Skalarprodukt dieser beiden Vektoren Null ergibt. Lösen Sie die entsprechende Gleichung nach a auf.

b) Den Schnittwinkel α von g_4 und E erhalten Sie mit der Formel $\sin(\alpha) = \frac{|\vec{u}_4 \cdot \vec{n}|}{|\vec{u}_4| \cdot |\vec{n}|}$, wobei $\vec{n}$ ein Normalenvektor von E und $\vec{u}_4$ der Richtungsvektor von g_4 ist.
Erstellen Sie eine Gleichung für den Winkel zwischen g_a und E (entsprechend der vorherigen Aufgabe) und setzen Sie $\alpha = 10°$ ein.

c) Um zu begründen, dass alle Geraden g_a in der Ebene $\mathrm{F}: x_3 = 1$ liegen, setzen Sie den allgemeinen Punkt P_t von g_a in F ein; bei einer wahren Aussage liegen alle Geraden g_a in der Ebene F. Alternativ können Sie prüfen, ob der Stützpunkt P von g_a in F liegt und ob der Richtungsvektor $\vec{u}_a$ von g_a orthogonal zum Normalenvektor $\vec{n}_\mathrm{F}$ von F ist, d.h. ob das Skalarprodukt der beiden Vektoren Null ergibt.
Verwenden Sie für den Richtungsvektor der Geraden h den Ansatz $\vec{u}_h = \begin{pmatrix} x \\ y \\ z \end{pmatrix}$. Beachten Sie, dass $\vec{u}_h$ folgende beiden Bedingungen erfüllen muss:
$\vec{u}_h$ muss orthogonal zum Normalenvektor $\vec{n}_\mathrm{F}$ von F sein, d.h. das Skalarprodukt der beiden Vektoren muss Null ergeben. Außerdem darf $\vec{u}_h$ kein Vielfaches von $\vec{u}_a$ sein. Bestimmen Sie damit die Komponenten y und z und wählen Sie x.

10 Flugzeug

a) Sie erhalten die Koordinaten eines Punktes Q, in dem sich das Flugzeug um 7.01 befindet, indem Sie $t = 1$ in f_1 einsetzen.
Zum Nachweis des Sinkflugs betrachten Sie die x_3-Komponente des Richtungsvektors der Flugbahn von f_1.
Die Geschwindigkeit in km/h erhalten Sie, indem Sie den Abstand von P zum berechneten Punkt Q berechnen und durch die benötigte Zeit $\frac{1}{60}$ Stunde teilen.
Den Neigungswinkel α zwischen der Flugbahn f_1 und der x_1x_2-Ebene erhalten Sie mithilfe des Richtungsvektors $\vec{u}_1$ von f_1 und des Normalenvektors $\vec{n}$ der x_1x_2-Ebene durch die Formel $\sin(\alpha) = \frac{|\vec{u}_1 \cdot \vec{n}|}{|\vec{u}_1| \cdot |\vec{n}|}$.
Schneiden Sie f_1 mit der x_1x_2-Ebene $(x_3 = 0)$.

b) Stellen Sie mithilfe von R_1 und f_1 die Parameterform einer Ebene E auf; die Spannvektoren sind der Richtungsvektor $\vec{u}_1$ von f_1 und der Verbindungsvektor von R_1 zu P. Prüfen Sie, ob R_2 auch auf E liegt, indem Sie den Ortsvektor von R_2 in E einsetzen und das entstandene Gleichungssystem lösen.
Skizzieren Sie die Problemstellung. Das Flugzeug F_1 entfernt sich von R_1 ab demjenigen Zeitpunkt, an dem der Abstand von R_1 zu f_1 minimal ist. Hierzu stellen Sie eine zu f_1 orthogonale Hilfsebene $\mathrm{E_H}$ auf, die den Punkt R_1 enthält und deren Normalenvektor der Richtungsvektor $\vec{u}_1$ von f_1 ist; verwenden Sie die Punkt-Normalenform. Alternativ können Sie auch die Koordinaten eines gegebenen Punktes in den Ansatz $ax_1 + bx_2 + cx_3 = d$ einsetzen und d bestimmen. Anschließend schneiden Sie $\mathrm{E_H}$ mit f_1.

c) Setzen Sie $t = 4$ in f_1 und f_2 ein und berechnen Sie den Abstand d der beiden zugehörigen Punkte A und B.
Bestimmen Sie den Abstand $d(t)$ der beiden Positionen A_t und B_t zum Zeitpunkt t, indem

Sie den Betrag des Verbindungsvektors berechnen; anschließend lösen Sie die Gleichung $d(t) = 10$ durch Quadrieren nach t auf. Die minimale Entfernung der beiden Flugbahnen erhalten Sie, indem Sie den Abstand der beiden windschiefen Geraden f_1 und f_2 berechnen. Dazu bestimmen Sie mithilfe des Vektorprodukts einen Vektor $\vec{n}$, der auf beiden Richtungsvektoren von f_1 und f_2 senkrecht steht. Verwenden Sie für den Abstand die Formel: $\mathrm{d}(g,h) = |(\vec{q}-\vec{p})\cdot\vec{n}_0| = \frac{|(\vec{q}-\vec{p})\cdot\vec{n}|}{|\vec{n}|}$.

11 Pyramide

a) Verwenden Sie für die Parametergleichung der Ebene E, in der die Punkte B, C und S liegen, beispielsweise den Stützpunkt B und die Spannvektoren $\overrightarrow{BC}$ und $\overrightarrow{BS}$. Einen Normalenvektor $\vec{n}$ von E erhalten Sie mithilfe des Vektorprodukts (siehe Seite 49) der Spannvektoren $\overrightarrow{BC}$ und $\overrightarrow{BS}$. Alternativ können Sie $\vec{n}$ auch mithilfe des Skalarprodukts bestimmen, da $\vec{n}$ sowohl auf $\overrightarrow{BC}$ als auch auf $\overrightarrow{BS}$ senkrecht steht. Eine Koordinatengleichung von E erhalten Sie mithilfe der Punkt-Normalenform: $\left(\vec{x}-\vec{b}\right)\cdot\vec{n} = 0$. Alternativ können Sie auch die Koordinaten eines gegebenen Punktes in den Ansatz $ax_1 + bx_2 + cx_3 = d$ einsetzen und d bestimmen.

Den Winkel, der von der Seitenfläche BCS und der Grundfläche der Pyramide, die in der x_1x_2-Ebene liegt, eingeschlossen wird, erhalten Sie mithilfe der Formel $\cos(\alpha) = \frac{|\vec{n}_1\cdot\vec{n}_2|}{|\vec{n}_1|\cdot|\vec{n}_2|}$, wobei $\vec{n}_1$ ein Normalenvektor von E und $\vec{n}_2$ ein Normalenvektor der x_1x_2-Ebene ist.

Den Flächeninhalt A des Dreiecks BCS erhalten Sie mit der Formel $\mathrm{A} = \frac{1}{2}\cdot g\cdot h$. Beachten Sie, dass das Dreieck BCS gleichschenklig ist.

Als Grundseite g des Dreiecks BCS verwenden Sie $g = \overline{\mathrm{BC}}$.

Die zugehörige Höhe h ist die Entfernung vom Mittelpunkt M der Punkte B und C zur Spitze S. Berechnen Sie dazu den Betrag des zugehörigen Verbindungsvektors. Alternativ können Sie den Flächeninhalt A des Dreiecks BCS auch mit dem Vektorprodukt bestimmen: $\mathrm{A} = \frac{1}{2}\cdot\left|\overrightarrow{BC}\times\overrightarrow{BS}\right|$.

b) Beachten Sie, dass der Punkt R aus Symmetriegründen auf der x_3-Achse liegt und damit die Koordinaten $\mathrm{R}(0 \mid 0 \mid t)$ mit $0 < t < 12$ hat. Bestimmen Sie den Abstand d_1 von R zur Bodenfläche der Pyramide, welcher der x_3-Koordinate von R entspricht. Bestimmen Sie den Abstand d_2 von R zur Seitenfläche BCS mit der Abstandsformel. Lösen Sie die Gleichung $\mathrm{d}_1 = \mathrm{d}_2$ durch Fallunterscheidung, da es sich um eine Betragsgleichung handelt. Beachten Sie, dass wegen $0 < t < 12$ nur eine Lösung in Frage kommt.

c) Skizzieren Sie die Pyramide und den Quader.

Das Volumen V eines Quaders erhalten Sie mit der Formel $\mathrm{V} = a\cdot b\cdot c$.

Überlegen Sie mithilfe von Symmetriebetrachtungen, wie Sie die Grundseiten a und b des Quaders erhalten.

Die Höhe c des Quaders erhalten Sie, indem Sie die Koordinaten des Eckpunkts T oberhalb von Q bestimmen. Stellen Sie dazu die Gleichung der Geraden g durch B und S auf sowie die Gleichung der Lotgeraden l, die durch Q geht und orthogonal zur Grundfläche ist. Als Richtungsvektor von l verwenden Sie den Normalenvektor der x_1x_2-Ebene.

Die Koordinaten von T erhalten Sie, indem Sie g und l schneiden. Setzen Sie die beiden Geradengleichungen gleich und lösen Sie das Gleichungssystem. Als Höhe c des Quaders verwenden Sie die x_3-Koordinate von T.
Bei einem Würfel sind alle Kanten gleich lang. Beachten Sie, dass der obere rechte Eckpunkt T über Q eines Quaders auf der Geraden g durch B und S liegt und bestimmen Sie die allgemeinen Koordinaten dieses Punktes P_t.
Beachten Sie, dass aus Symmetriegründen die x_3-Koordinate von P_t doppelt so groß sein muss wie die x_1- bzw. x_2-Koordinate. Lösen Sie die zugehörige Gleichung nach t auf.

12 Platte

a) Verwenden Sie für die Parametergleichung der Ebene E, in der die Platte mit den Eckpunkten A, B und C liegt, beispielsweise den Stützpunkt A und die Spannvektoren $\overrightarrow{AB}$ und $\overrightarrow{AC}$. Einen Normalenvektor $\vec{n}$ von E erhalten Sie mithilfe des Vektorprodukts (siehe Seite 49) der Spannvektoren $\overrightarrow{AB}$ und $\overrightarrow{AC}$. Alternativ können Sie $\vec{n}$ auch mithilfe des Skalarprodukts bestimmen, da $\vec{n}$ sowohl auf $\overrightarrow{AB}$ als auch auf $\overrightarrow{AC}$ senkrecht steht. Eine Koordinatengleichung von E erhalten Sie mithilfe der Punkt-Normalenform: $(\vec{x}-\vec{a})\cdot\vec{n}=0$. Alternativ können Sie auch die Koordinaten eines gegebenen Punktes in den Ansatz $ax_1+bx_2+cx_3=d$ einsetzen und d bestimmen. Bestimmen Sie die Koordinaten des oberen Endes des Stabes. Den Abstand d des oberen Endes S des Stabes von der Ebene E erhalten Sie mithilfe der Abstandsformel.
Den Winkel zwischen dem Stab und der Platte erhalten Sie mit der Formel $\sin(\alpha)=\frac{|\vec{n}\cdot\vec{r}|}{|\vec{n}|\cdot|\vec{r}|}$, wobei $\vec{n}$ ein Normalenvektor von E und $\vec{r}$ ein Richtungsvektor der Geraden ist, auf welcher der Stab liegt.

b) Bestimmen Sie die Koordinaten des Punktes S des oberen Endes des Stabes.
Den Schattenpunkt S^* des oberen Endes des Stabes auf der Platte erhalten Sie, indem Sie die Gerade g durch die Punkte S und L aufstellen und mit der Ebene E, in der die Platte liegt, schneiden. Setzen Sie dazu den allgemeinen Punkt P_t von g in die Koordinatengleichung von E ein und lösen Sie die Gleichung nach t auf. Anschließend setzen Sie den erhaltenen t-Wert in P_t ein.
Um zu begründen, dass der Schatten vollständig auf der Platte liegt, prüfen Sie, ob das untere Ende des Stabes auf der Platte liegt und anhand von Koordinatenvergleichen, ob der Schattenpunkt S^* auf der Platte liegt.

c) Überlegen Sie, in welcher Ebene K sich die Kreisbahn befindet. Bestimmen Sie die Gleichung der Schnittgeraden h der Ebene K und E, indem Sie das zugehörige Gleichungssystem lösen. Die Koordinaten der beiden möglichen Kollisionspunkte erhalten Sie, indem Sie den Abstand eines allgemeinen Punktes P_t von s zum Mittelpunkt S des Kreises gleichsetzen mit dem Radius r der Kreisbahn.
Den Radius r der Kreisbahn erhalten Sie, indem Sie den Abstand von S zu L mithilfe des Betrags des zugehörigen Verbindungsvektors bestimmen. Den Abstand d_t eines allgemeinen Punktes P_t von h zum Mittelpunkt S des Kreises erhalten Sie ebenfalls mithilfe

des Betrags des zugehörigen Verbindungsvektors. Lösen Sie die Gleichung $d_t = r$ durch Quadrieren nach t auf. Setzen Sie die erhaltenen t-Werte in P_t ein.

13 Rampe

a) Um zu zeigen, dass die Rampe ABCD ein Rechteck ist, berechnen Sie zuerst die Vektoren der Seiten des Vierecks ABCD. Falls $\overrightarrow{AB} = \overrightarrow{DC}$ und $\overrightarrow{BC} = \overrightarrow{AD}$ ist das Viereck ein Parallelogramm. Um nachzuweisen, dass ein rechter Winkel vorhanden ist, berechnen Sie beispielsweise das Skalarprodukt der Vektoren $\overrightarrow{AB}$ und $\overrightarrow{AD}$. Falls das Skalarprodukt Null ergibt, ist bei A ein rechter Winkel. Verwenden Sie für die Parametergleichung der Ebene E, in der die Rampe mit den Eckpunkten A, B und D liegt, beispielsweise den Stützpunkt A und die Spannvektoren $\overrightarrow{AB}$ und $\overrightarrow{AD}$. Einen Normalenvektor $\vec{n}$ von E erhalten Sie mithilfe des Vektorprodukts (siehe Seite 49) der Spannvektoren $\overrightarrow{AB}$ und $\overrightarrow{AD}$. Eine Koordinatengleichung von E erhalten Sie mithilfe der Punkt-Normalenform: $(\vec{x} - \vec{a}) \cdot \vec{n} = 0$. Alternativ können Sie auch die Koordinaten eines gegebenen Punktes in den Ansatz $ax_1 + bx_2 + cx_3 = d$ einsetzen und d bestimmen. Den Steigungswinkel α der Rampe gegenüber der x_1x_2-Ebene erhalten Sie, indem Sie den Winkel zwischen der Ebene E und der x_1x_2-Ebene mit der Formel $\cos(\alpha) = \frac{|\vec{n}_1 \cdot \vec{n}_2|}{|\vec{n}_1| \cdot |\vec{n}_2|}$ berechnen, wobei $\vec{n}_1$ der Normalenvektor der Ebene E und $\vec{n}_2$ der Normalenvektor der x_1x_2-Ebene ist.

b) Den Schattenpunkt S^* des oberen Endes des Stabes auf der Rampe erhalten Sie, indem Sie die Gerade g durch die Punkte S und L aufstellen und mit der Ebene E, in der die Rampe liegt, schneiden. Den Schnittpunkt S^* von g und E erhalten Sie, indem Sie den allgemeinen Punkt P_t von g in die Koordinatengleichung von E einsetzen. Um zu ermitteln, ob der Schattenpunkt S^* auf der Rampe liegt, prüfen Sie anhand von Koordinatenvergleichen, ob der Punkt S^* zwischen den Punkten B und C liegt.

c) Überlegen Sie, ob der Stützvektor der Geradenschar g_a ein Ortsvektor eines bekannten Punktes ist und was es bedeutet, dass der Stützvektor nicht von a abhängt. Beachten Sie, wie der Richtungsvektor der Geradenschar g_a gebildet wird und setzen Sie die Grenzen $a = 3,5$ und $a = 0$ ein.

14 Ebenenschar

a) Machen Sie zuerst eine Skizze und überlegen Sie, wie der Richtungsvektor der Geraden und der Normalenvektor der Ebene zueinander liegen.
Setzen Sie den allgemeinen Punkt P_t von g in E_a ein; bei einem Widerspruch oder einem konkreten Ergebnis für den Parameter t ist g nicht in E_a enthalten. Alternativ können Sie auch prüfen, ob zwischen dem Richtungsvektor $\vec{u}$ von g und dem Normalenvektor $\vec{n}_a$ von E_a ein rechter Winkel ist, d.h. ob das Skalarprodukt der beiden Vektoren Null ergibt.

b) Der Sinus von 30° ist 0,5. Stellen Sie eine Gleichung mithilfe der Formel zur Winkelbestimmung zwischen Geraden und Ebenen auf und lösen Sie diese durch Quadrieren und mithilfe der *pq*- oder *abc*-Formel. Ebenen sind orthogonal, wenn die Normalenvektoren orthogonal sind. Stellen Sie mithilfe des Skalarprodukts eine Gleichung auf und lösen Sie diese nach a auf.

c) Verwenden Sie zur Abstandsberechnung die Abstandsformel und lösen Sie die Wurzelgleichung durch Quadrieren mithilfe des Satzes vom Nullprodukt. Die Ebene mit maximalem Abstand erhalten Sie, indem Sie das Maximum der Abstandsfunktion $d(a)$ bestimmen. Dieses erhalten Sie, indem Sie das Minimum der Funktion des Nenners bzw. des Terms $g(a)$ unter der Wurzel mithilfe der 1. und 2. Ableitung berechnen.

15 Lichtstrahl

a) Die Längen der Vektoren $\overrightarrow{BA}$ und $\overrightarrow{BC}$ erhalten Sie, indem Sie ihre Beträge berechnen. Die Richtung $\vec{v}$ des Einfallslots berechnen Sie durch Einsetzen von $\overrightarrow{BA}$ und $\overrightarrow{BC}$ in die gegebene Formel.
Den Einfallswinkel α des Lichtstrahls bestimmen Sie mit der Formel $\cos(\alpha) = \frac{\overrightarrow{BA}\cdot\vec{v}}{\left|\overrightarrow{BA}\right|\cdot|\vec{v}|}$.
Statt $\overrightarrow{BA}$ können Sie auch $\overrightarrow{BC}$ verwenden.
Das Einfallslot steht orthogonal zur Spiegelebene. Als Normalenvektor von F verwenden Sie den Vektor $\vec{v}$. Die Koordinatenform erhalten Sie, indem Sie die Normalenform $\left(\vec{x}-\vec{b}\right)\cdot\vec{n}=0$ verwenden und ausmultiplizieren oder Sie setzen B und $\vec{n}$ in die allgemeine Koordinatenform ein.

b) Es ist nicht notwendig, die Ebene E durch die Punkte A, B und C aufzustellen, um die gegenseitige Lage von g und der Ebene E zu untersuchen. Wenn Sie den Stützvektor mit den gegebenen Punkten vergleichen, erkennen Sie, dass es sich um den Ortsvektor des Punktes B handelt. Prüfen Sie, ob die Gerade g die Ebene E orthogonal schneidet, indem Sie den Normalenvektor der Ebene mithilfe des Vektorprodukts von $\overrightarrow{BA}$ und $\overrightarrow{BC}$ ausrechnen und mit dem Richtungsvektor von g vergleichen oder indem Sie zeigen, dass die Skalarprodukte des Richtungsvektors von g mit $\overrightarrow{BA}$ und $\overrightarrow{BC}$ gleich Null sind.
Achten Sie bei den Zeilen (I) bis (III) auf die verwendeten Punkte und Vektoren für die Gerade k in (I) und die Ebene H in (II). Beachten Sie, dass H beispielsweise denselben Normalenvektor wie F hat, also parallel zu F liegt.
Beachten Sie, dass bei (III) ein allgemeiner Punkt von k in H eingesetzt wird.
In Zeile (IV) steht $\vec{a}$ für den Vektor $\overrightarrow{OA}$. Skizzieren Sie die beschriebene Vektorkette.

c) Setzen Sie die Koordinaten eines allgemeinen Punktes P_r von g jeweils in F und E_a ein und zeigen Sie, dass das Ergebnis jeweils eine wahre Aussage ist. Zeigen Sie dann, dass keine Zahl a existiert, für die sich F als E_a darstellen lässt, indem Sie einen Koeffizientenvergleich durchführen.

d) Beachten Sie, dass der Lichtstrahl von A nach B genau dann in sich selbst reflektiert wird, wenn seine Richtung mit der des Einfallslots übereinstimmt, d.h. wenn $\overrightarrow{BA}$ ein Vielfaches des Normalenvektors der Ebene E_a ist. Stellen Sie eine Gleichung auf und lösen Sie dann das überbestimmte Gleichungssystem. Setzen Sie den erhaltenen a-Wert in E_a ein.

Stochastik

16 Bildschirm

a) Legen Sie X als binomialverteilte Zufallsgröße für die Anzahl der fehlerhaften Bildschirme mit den Parametern n und p fest. Die Wahrscheinlichkeit des Ereignisses A erhalten Sie mithilfe der kumulierten Binomialverteilung.
Legen Sie Y als binomialverteilte Zufallsgröße für die Anzahl der fehlerhaften Bildschirme mit den Parametern n und p fest. Die Wahrscheinlichkeit des Ereignisses B erhalten Sie ebenfalls mithilfe der kumulierten Binomialverteilung.
Legen Sie Z als binomialverteilte Zufallsgröße für die Anzahl der fehlerhaften Bildschirme mit den Parametern n und p fest. Bestimmen Sie den Erwartungswert von Z durch $E(Z) = n \cdot p$. Die Wahrscheinlichkeit des Ereignisses C erhalten Sie mithilfe der Binomialverteilung.

b) Bezeichnen Sie mit D: Das Display ist defekt und mit N: Das Netzteil ist defekt und bestimmen Sie anhand der gegebenen Angaben $P(D)$, $P(D \cap N)$ und $P(\overline{D} \cap \overline{N})$. Tragen Sie diese Werte in eine Vierfeldertafel ein und ergänzen Sie diese durch Differenzen- und Summenbildung. Die Wahrscheinlichkeit dafür, dass entweder (nur) das Display oder (nur) das Netzteil defekt ist, erhalten Sie mithilfe der Vierfeldertafel: $P(D \cap \overline{N}) + P(\overline{D} \cap N)$.
Die Wahrscheinlichkeit dafür, dass ein Bildschirm mit einem defekten Netzteil ein nichtdefektes Display besitzt, erhalten Sie mithilfe der bedingten Wahrscheinlichkeit:
$P_N(\overline{D}) = \frac{P(N \cap \overline{D})}{P(N)}$. Um zu untersuchen, ob die beiden betrachteten Defekte unabhängig voneinander auftreten, vergleichen Sie $P(D \cap N)$ mit $P(D) \cdot P(N)$. Falls $P(D \cap N) \neq P(D) \cdot P(N)$ sind die beiden Defekte nicht unabhängig voneinander.

c) Bestimmen Sie zur gegebenen Nullhypothese die Alternativhypothese des Mitarbeiters. Beachten Sie, dass es sich um einen zweiseitigen Test mit dem Ablehnungsbereich $\overline{A} = \{0, ..., k_1\} \cup \{k_2, ..., n\}$ handelt und dass für jeden Teilbereich des Ablehnungsbereichs das Signifikanzniveau $\frac{\alpha}{2} = 2,5\%$ beträgt.
Legen Sie X als binomialverteilte Zufallsvariable für die Anzahl der defekten Bildschirme mit den Parametern n und p fest. Bestimmen Sie den Erwartungswert von X durch $E(X) = n \cdot p$ und beachten Sie, dass die Nullhypothese verworfen wird, wenn bei den 180 Bildschirmen entweder deutlich weniger oder deutlich mehr als die erwarteten Bildschirme defekt sind.
Bestimmen Sie also einerseits ein maximales $k_1 \in \mathbb{N}$ und damit einen Ablehnungsbereich $\overline{A}_1 = \{0, ..., k_1\}$ so, dass gilt: $P(X \in A_1) \leqslant \frac{\alpha}{2}$ bzw. $P(X \leqslant k_1) \leqslant \frac{\alpha}{2}$. Verwenden Sie die kumulierte Binomialverteilung. Bestimmen Sie andererseits ein minimales $k_2 \in \mathbb{N}$ und damit einen Ablehnungsbereich $\overline{A}_2 = \{k_2, ..., n\}$ der Nullhypothese so, dass gilt: $P(X \in A_2) \leqslant \frac{\alpha}{2}$ bzw. $P(X \geqslant k_2) \leqslant \frac{\alpha}{2}$. Verwenden Sie die Wahrscheinlichkeit des Gegenereignisses und die kumulierte Binomialverteilung. Prüfen Sie, ob der Wert von 27 im Ablehnungsbereich der Nullhypothese liegt. Überlegen Sie, welche Bedeutung das Signifikanzniveau hat.

d) Bezeichnen Sie mit B: Der Bildschirm ist fehlerhaft und mit FF: Der Bildschirm wird als fehlerfrei eingestuft. Bestimmen Sie anhand der gegebenen Daten P(B) und daraus $P\left(\overline{B}\right)$, $P_{\overline{B}}(FF)$ und $P_B\left(\overline{FF}\right)$. Zeichnen Sie das zugehörige Baumdiagramm. Um den Wert von x so zu bestimmen, dass die Wahrscheinlichkeit dafür, dass ein als fehlerfrei eingestufter Bildschirm fehlerhaft ist, höchstens 5% beträgt, stellen Sie eine Ungleichung auf und lösen diese mithilfe der bedingten Wahrscheinlichkeit und der Pfadregeln nach x auf.

e) Beachten Sie bei Ansatz A, dass bei Laplace-Experimenten die Wahrscheinlichkeit eines Ereignisses gleich der Zahl der für dieses Ereignis günstigen Ergebnisse, dividiert durch die Zahl der insgesamt möglichen Ergebnisse ist. Bestimmen Sie die Anzahl der günstigen Ergebnisse und vergleichen Sie diese mit dem Rechenansatz.

Beachten Sie bei Ansatz B, dass die Berechnung zu einem Ziehen von Kugeln mit Reihenfolge und ohne Zurücklegen passt. Überlegen Sie, ob dies die gesuchte Wahrscheinlichkeit widerspiegelt.

Beachten Sie, dass bei Ansatz C die Bernoulli-Formel verwendet wird. Überlegen Sie, wann man die Bernoulli-Formel anwenden kann und ob die Voraussetzungen dafür gegeben sind. Begründen Sie, warum man trotzdem mit der Formel rechnen kann, um einen Näherungswert zu erhalten.

17 Weizen

a) Legen Sie X als binomialverteilte Zufallsgröße für die Anzahl der keimenden Weizenkörner mit den Parametern n und p fest.
Die Wahrscheinlichkeit für das Ereignis A erhalten Sie mithilfe der Wahrscheinlichkeit des Gegenereignisses und der kumulierten Binomialverteilung.
Überlegen Sie, wie viele Weizenkörner keimen, wenn höchstens 15 % der entnommenen Weizenkörner nicht keimen. Die Wahrscheinlichkeit des Ereignisses B erhalten Sie wieder mithilfe der Wahrscheinlichkeit des Gegenereignisses und der kumulierten Binomialverteilung.
Zur Bestimmung der Wahrscheinlichkeit des Ereignisses C berechnen Sie zuerst den Erwartungswert von X mithilfe der Formel: $E(X) = \mu = n \cdot p$. Anschließend verwenden Sie die Binomialverteilung.

b) Beachten Sie, dass die Zufallsgröße X, welche die Anzahl der keimenden Weizenkörner unter 200 entnommenen Weizenkörnern beschreibt, binomialverteilt ist mit den Parametern n und p. Den Erwartungswert μ von X erhalten Sie mit der Formel: $\mu = n \cdot p$. Bestimmen Sie mithilfe der kumulierten Binomialverteilung für zum Erwartungswert von X symmetrische Intervalle $I_c = [\mu - c; \mu + c]$ die entsprechenden Wahrscheinlichkeiten. Beachten Sie, dass gilt: $P(k_1 \leqslant X \leqslant k_2) = P(X \leqslant k_2) - P(X \leqslant k_1 - 1)$.

c) Legen Sie X als binomialverteilte Zufallsgröße für die Anzahl der keimenden Weizenkörner mit den Parametern n und p fest. Formulieren Sie die Nullhypothese (Angabe des

Großhändlers) $H_0: p \geqslant ...$ bei Treffer «Weizenkorn keimt» sowie die zugehörige Alternativhypothese $H_1: p < ....$ Beachten Sie, dass es sich wegen $H_1: p < ...$ um einen linksseitigen Test mit Signifikanzniveau α handelt. Also bestimmen Sie durch Ausprobieren ein maximales $g \in \mathbb{N}$ und damit einen Ablehnungsbereich $\overline{A} = \{0, ..., g\}$ der Nullhypothese so, dass gilt: $P(X \in \overline{A}) \leqslant \alpha^*$ bzw. $P(X \leqslant g) \leqslant \alpha^*$. Überlegen Sie damit, wann die Nullhypothese verworfen wird, d.h. wann sich der Verdacht bestätigt.
Für den tatsächlichen Fall legen Sie Y als binomialverteilte Zufallsgröße für die Anzahl der keimenden Weizenkörner mit den Parametern p^* und n fest. Bestimmen Sie mithilfe der kumulierten Binomialverteilung die Wahrscheinlichkeit, dass Y im berechneten Ablehnungsbereich $\overline{A}$ liegt, also $P(Y \leqslant g)$.

d) Legen Sie X als normalverteilte Zufallsgröße für das Gewicht eines Weizenkorns mit dem Erwartungswert μ und der Standardabweichung σ fest. Die Wahrscheinlichkeit des Ereignisses D erhalten Sie mithilfe der kumulierten Normalverteilung. Die Wahrscheinlichkeit des Ereignisses E erhalten Sie ebenfalls mithilfe der kumulierten Normalverteilung.

18 Bleistifte

a) Beachten Sie, dass es sich bei der Entnahme eines Bleistiftes um ein Bernoulli-Experiment handelt, da es nur die beiden Ausgänge «fehlerhaft» und «nicht fehlerhaft» gibt. Legen Sie X als binomialverteilte Zufallsgröße für die Anzahl der fehlerhaften Bleistifte fest und bestimmen Sie die zugehörigen Parameter p und n. Die Wahrscheinlichkeit $P(X \leqslant 30)$ erhalten Sie mithilfe der kumulierten Binomialverteilung. Die Wahrscheinlichkeit $P(X > 40)$ erhalten Sie mithilfe der Wahrscheinlichkeit des Gegenereignisses und der kumulierten Binomialverteilung.
Um zu berechnen, mit welcher Wahrscheinlichkeit der Wert von X um weniger als 10 vom Erwartungswert von X abweicht, bestimmen Sie zuerst den Erwartungswert von X mit der Formel: $E(X) = n \cdot p$. Bestimmen Sie die möglichen Werte für X und die zugehörige Wahrscheinlichkeit $P(k_1 \leqslant X \leqslant k_2) = P(X \leqslant k_2) - P(X \leqslant k_1 - 1)$ mithilfe der kumulierten Binomialverteilung.

b) Legen Sie X als binomialverteilte Zufallsgröße, welche die Anzahl der fehlerhaften Stifte in einer Stichprobe von n Bleistiften angibt, mit den Parametern n und p fest. Um zu bestimmen, wie viele Stifte vom Qualitätsprüfer der Produktion mindestens entnommen werden müssen, damit mit einer Wahrscheinlichkeit von mehr als 98 % mindestens 10 fehlerhafte Stifte gefunden werden, stellen Sie eine Ungleichung auf und lösen diese durch Ausprobieren mithilfe der Wahrscheinlichkeit des Gegenereignisses und der kumulierten Binomialverteilung.

c) Bestimmen Sie die Nullhypothese: $H_0: p \leqslant ...$, legen Sie X als binomialverteilte Zufallsgröße für die Anzahl der fehlerhaften Stifte fest und bestimmen Sie die zugehörigen Parameter p und n. Formulieren Sie zur Nullhypothese die zugehörige Alternativhypothese $H_1: p > ....$ Beachten Sie, dass es sich wegen $H_1: p > ...$ um einen rechtsseitigen Test

mit Irrtumswahrscheinlichkeit α handelt. Also bestimmen Sie durch Ausprobieren ein minimales $g \in \mathbb{N}$ und damit einen Ablehnungsbereich $\overline{A} = \{g, ..., n\}$ der Nullhypothese so, dass gilt: $P(X \in \overline{A}) \leqslant \alpha^*$ bzw. $P(X \geqslant g) \leqslant \alpha^*$. Verwenden Sie hierzu die Wahrscheinlichkeit des Gegenereignisses: $P(X \geqslant g) = 1 - P(X \leqslant g - 1)$. Überlegen Sie damit, wie viele Stifte mindestens fehlerhaft sein müssen, damit die Nullhypothese verworfen wird.
Die Wahrscheinlichkeit für den Fehler 1. Art erhalten Sie, indem Sie die Wahrscheinlichkeit berechnen, dass X im Ablehnungsbereich liegt: $\alpha = P\left(X \in \overline{A}\right) = P(X \geqslant g)$. Beachten Sie, dass bei einem Fehler 2. Art die Nullhypothese beibehalten wird, obwohl sie falsch ist. Die Wahrscheinlichkeit für den Fehler 2. Art erhalten Sie, indem Sie die Wahrscheinlichkeit, dass sich die Anzahl der fehlerhaften Stifte nicht im Ablehnungsbereich befindet, berechnen. Legen Sie Y als binomialverteilte Zufallsgröße für die Anzahl der fehlerhaften Stifte mit den Parametern n und p (tatsächlicher Anteil) fest und berechnen Sie $\beta = P\left(Y \notin \overline{A}\right)$.

d) Legen Sie X als normalverteilte Zufallsgröße für die Länge von Bleistiften mit dem Erwartungswert μ und der Standardabweichung σ fest. Berechnen Sie 3% von 160mm und anschließend die gesuchte Wahrscheinlichkeit mithilfe der kumulierten Normalverteilung.

e) Bezeichnen Sie mit W: Eine Person ist in der Werbeabteilung tätig und mit Z: Eine Person ist mit ihrem Gehalt zufrieden. Bestimmen Sie anhand der gegebenen Daten P(Z), P(W) und $P\left(W \cap \overline{Z}\right)$. Tragen Sie diese Werte in eine Vierfeldertafel ein und vervollständigen Sie diese durch Differenzen- und Summenbildung. Um zu untersuchen, ob der Anteil der Beschäftigten, die mit ihrem Gehalt nicht zufrieden sind, in der Werbeabteilung größer ist als im übrigen Betrieb, verwenden Sie die bedingten Wahrscheinlichkeiten
$P_W\left(\overline{Z}\right) = \frac{P\left(W \cap \overline{Z}\right)}{P(W)}$ und $P_{\overline{W}}\left(\overline{Z}\right) = \frac{P\left(\overline{W} \cap \overline{Z}\right)}{P\left(\overline{W}\right)}$.

19 Hundefutter

a) Legen Sie X als binomialverteilte Zufallsgröße für die Anzahl der gewürfelten Einsen mit den Parametern n und p fest. Die Wahrscheinlichkeit für das Ereignis A erhalten Sie mithilfe der Binomialverteilung unter Verwendung des Taschenrechners. Die Wahrscheinlichkeit für das Ereignis B erhalten Sie mitilfe der kumulierten Binomialverteilung unter Verwendung des Taschenrechners.
Überlegen Sie, wann die Summe der geworfenen Zahlen gleich 4, ist und wann die Summe der geworfenen Zahlen gleich 8 ist. Beachten Sie, dass die Mehrzahl der Seiten des Spielwürfels mit der Zahl 1 beschriftet ist.
Beachten Sie, dass eine Spielerin bzw. ein Spieler einen Hauptpreis erhält, wenn die Summe der geworfenen Zahlen mindestens 7 ist, d.h wenn höchstens einmal eine 1 geworfen wird. Berechnen Sie die zugehörige Wahrscheinlichkeit mithilfe der kumulierten Binomialverteilung unter Verwendung des Taschenrechners. Alternativ können Sie die gesuchte Wahrscheinlichkeit auch mithilfe der Pfadregeln berechnen.
Berechnen Sie die Wahrscheinlichkeit, dass man bei vier Würfen genau viermal eine 1 wirft, mithilfe der Pfadregeln.

b) Bezeichnen Sie mit T: «Die Person kauft Trockenfutter.», mit $\overline{T}$: «Die Person kauft Nassfutter.», mit L: «Die Person entscheidet sich für eine der beiden Light-Varianten.» und mit $\overline{L}$: «Die Person entscheidet sich für eine der beiden normalen Varianten.». Überlegen Sie, welche Angaben auf den einzelnen Ästen des Baumdiagramms stehen.
Die Wahrscheinlichkeit dafür, dass das Ereignis L eintritt, erhalten Sie mithilfe der Pfadregeln: $P(L) = P(TL) + P\left(\overline{T}L\right)$. Die Wahrscheinlichkeit dafür, dass eine Person Trockenfutter kauft unter der Voraussetzung, dass sie sich nicht für eine der beiden Light-Varianten entschieden hat, erhalten Sie mithilfe der bedingten Wahrscheinlichkeit: $P_{\overline{L}}(T) = \frac{P(T \cap \overline{L})}{P(\overline{L})}$.

c) Bestimmen Sie zur Nullhypothese: $H_0: p \leqslant ...$ die Alternativhypothese: $H_1: p > ...$, da vermutet wird, dass sich der Anteil der Käufer vergrößert hat. Beachten Sie, dass es sich wegen $H_1: p > ...$ um einen rechtsseitigen Test mit dem Ablehnungsbereich $\overline{A} = \{g, ..., 100\}$ und dem Signifikanzniveau $\alpha^* = 5\,\%$ handelt. Legen Sie X als binomialverteilte Zufallsgröße für die Anzahl der Käufer von Trockenfutter mit den Parametern n und p fest. Bestimmen Sie mithilfe der Wahrscheinlichkeit der kumulierten Binomialverteilung unter Verwendung des Taschenrechners ein minimales $g \in \mathbb{N}$ so, dass die Wahrscheinlichkeit, dass X einen Wert zwischen g und 100 annimmt, kleiner als α^* ist, d.h. dass gilt: $P\left(X \in \overline{A}\right) \leqslant \alpha^*$ bzw. $P(X \geqslant g) \leqslant \alpha^*$. Verwenden sie die Wahrscheinlichkeit des Gegenereignisses. Bestimmen Sie damit den Ablehnungsbereich $\overline{A}$ und formulieren Sie die Entscheidungsregel.
Beachten Sie, dass beim Fehler 1. Art die Nullhypothese verworfen wird, obwohl sie richtig ist. Die Wahrscheinlichkeit des Fehlers 1. Art erhalten Sie, indem Sie die Wahrscheinlichkeit berechnen, dass die Anzahl der Personen, die Trockenfutter kaufen, im Ablehnungsbereich ist: $\alpha = P\left(X \in \overline{A}\right)$.

d) Bestimmen Sie mithilfe der angegebenen Parameter den Erwartungswert $E(X_1)$ von X_1, indem Sie für $c = 1$ einsetzen. Um Aussage (1) zu prüfen, berechnen Sie den Erwartungswert $E(X_c)$ und formen Sie das Ergebnis so um, dass dieses in Abhängigkeit von $E(X_1)$ angegeben werden kann.
Prüfen Sie Aussage (2), indem Sie ein konkretes Beispiel verwenden: Legen Sie eine binomialverteilte Zufallsgröße X_1 fest und berechnen Sie für einen konkreten Wert von k die Wahrscheinlichkeit $P(X_1 \leqslant k)$. Anschließend wählen Sie ein $c > 1$, legen damit eine binomialverteilte Zufallsgröße X_c fest und berechnen für einen konkreten Wert von $c \cdot k$ die Wahrscheinlichkeit $P(X_c \leqslant c \cdot k)$. Vergleichen Sie die Ergebnisse.

20 Flugbuchung

a) Legen Sie X als binomialverteilte Zufallsgröße für die Anzahl der Personen, die zu einem Flug erscheinen mit den Parametern n und p fest. Die Wahrscheinlichkeit, dass genau 83 Personen zu einem Flug erscheinen, erhalten Sie mithilfe der Binomialverteilung. Die Wahrscheinlichkeit, dass höchstens 80 Personen zu einem Flug erscheinen, erhalten Sie mithilfe der kumulierten Binomialverteilung.
Legen Sie Y als binomialverteilte Zufallsgröße für die Anzahl der Flüge, zu denen mehr

Personen erscheinen als das Flugzeug Sitzplätze besitzt, mit den Parametern $n = 8$ und $p = 1 - 0,8189 = 0,1811$ fest. Die Wahrscheinlichkeit, dass mindestens zu einem dieser acht Flüge mehr Personen erscheinen als das Flugzeug Sitzplätze besitzt, erhalten Sie mithilfe der Binomialverteilung und der Wahrscheinlichkeit des Gegenereignisses.

b) Legen Sie Z als binomialverteilte Zufallsgröße für die Anzahl der Flüge fest, zu denen mehr Personen erscheinen, als das Flugzeug Sitzplätze besitzt, mit den Parametern n (unbekannt) und $p = 1 - 0,8189$. Um zu berechnen, wie viele Flüge mindestens beobachtet werden müssen, um mit einer Wahrscheinlichkeit von mindestens 95% einen Flug zu beobachten, zu dem mehr Personen erscheinen als das Flugzeug Sitzplätze hat, stellen Sie eine Ungleichung auf und lösen diese mithilfe der Binomialverteilung und der Wahrscheinlichkeit des Gegenereignisses durch Ausprobieren mit dem Taschenrechner.

c) Legen Sie X als binomialverteilte Zufallsgröße für die Anzahl der pünktlichen Flüge mit den Parametern n und p fest. Formulieren Sie für den Hypothesentest die Nullhypothese H_0 und die Forschungshypothese H_1 (Alternativhypothese). Beachten Sie, dass es sich wegen H_1: $p < \ldots$ um einen linksseitigen Test mit Signifikanzniveau α^* handelt. Also bestimmen Sie durch Ausprobieren ein maximales $g \in \mathbb{N}$ und damit einen Ablehnungsbereich $\overline{A} = \{0, \ldots, g\}$ der Nullhypothese so, dass gilt: $P(X \in \overline{A}) \leqslant \alpha^*$ bzw. $P(X \leqslant g) \leqslant \alpha^*$. Überlegen Sie damit, wann die Nullhypothese verworfen wird. Der Fehler 2. Art (β-Fehler) tritt dann auf, wenn man aufgrund des Testergebnisses fälschlicherweise die Nullhypothese annimmt, obwohl eigentlich die Alternativhypothese zutrifft. Formulieren Sie diesen Fehler mit den in der Aufgabenstellung verwendeten Begriffen, so dass der Sachzusammenhang verständlich wird.

d) Um für die normalverteilte Zufallsgröße X mit $\mu = 105$ die Standardabweichung σ zu bestimmen, stellen Sie mit der gegebenen Wahrscheinlichkeit von 10%, dass ein Flug mehr als 110 Minuten dauert, eine Ungleichung auf. Verwenden Sie die kumulierte Normalverteilung und bestimmen Sie σ durch Ausprobieren mit dem Taschenrechner. Berechnen Sie die σ-Umgebung wie angegeben. Beachten Sie, dass die Werte der Flugdauer entsprechen.

e) Um die gesuchten Wahrscheinlichkeiten zu berechnen, definieren Sie drei binomialverteilte Zufallsvariablen X_1, X_2, X_3 für die Anzahl der eingebauten Fotozellen mit den Parametern $n = 3$ und $p_1 = 0,3$, $p_2 = 0,5$, $p_3 = 0,7$. Verwenden Sie jeweils die Wahrscheinlichkeit des Gegenereignisses sowie die kumulierte Binomialverteilung des Taschenrechners.
Um eine Vermutung über die Verbesserung der Zuverlässigkeit der Feuermelder aufzustellen, vergleichen Sie P(p) mit p für die verschiedenen Werte. Bestimmen Sie einen Term der Funktion P mithilfe der Bernoulli-Formel. Um den Graphenvon P zu skizzieren, verwenden Sie eine Wertetabelle.

21 Eier

a) Überlegen Sie, ob es bei der Entnahme nur zwei Möglichkeiten gibt und ob die Wahrscheinlichkeit bei jedem Ziehen nahezu gleich groß ist. Legen Sie X als binomialverteilte Zufallsgröße für die Anzahl der weißen Eier mit den Parametern n und p fest. Die Wahrscheinlichkeit für das Ereignis A erhalten Sie mithilfe der Binomialverteilung. Legen Sie Y als binomialverteilte Zufallsgröße für die Anzahl der braunen Eier mit den Parametern n und p fest. Die Wahrscheinlichkeit für das Ereignis B erhalten Sie mithilfe der kumulierten Binomialverteilung und der Wahrscheinlichkeit des Gegenereignisses. Legen Sie Z als binomialverteilte Zufallsgröße für die Anzahl der weißen Eier mit den Parametern n und p fest. Den Erwartungswert erhalten Sie mit der Formel $\mu = n \cdot p$. Die Wahrscheinlichkeit für das Ereignis C erhalten Sie mithilfe der kumulierten Binomialverteilung.

b) Um zu bestimmen, wie viele Eier man der Produktion mindestens entnehmen muss, damit die Wahrscheinlichkeit, dass mindestens ein weißes Ei darunter war, mindestens 99% beträgt, stellen Sie eine Ungleichung auf. Legen Sie X als binomialverteilte Zufallsgröße für die Anzahl der weißen Eier mit den Parametern n (unbekannt) und p fest. Lösen Sie die Ungleichung durch Ausprobieren mithilfe der Binomialverteilung unter Verwendung des Taschenrechners.

c) Die Vermutung des Betreibers ist die Alternativhypothese: $H_1 : p > \ldots$. Damit ergibt sich für die Nullhypothese: $H_0 : p \leqslant \ldots$ Wegen $H_1 : p > \ldots$ handelt es sich um einen rechtsseitigen Test mit dem Ablehnungsbereich $\overline{A} = \{g, \ldots, 200\}$ und dem Signifikanzniveau $\alpha^* = 5\,\%$. Legen Sie X als binomialverteilte Zufallsgröße für die Anzahl der weißen Eier mit den Parametern n und p fest. Bestimmen Sie mithilfe der Wahrscheinlichkeit der kumulierten Binomialverteilung unter Verwendung des Taschenrechners ein minimales $g \in \mathbb{N}$ so, dass die Wahrscheinlichkeit, dass X einen Wert zwischen g und 200 annimmt, kleiner als α^* ist, d.h. dass gilt: $P\left(X \in \overline{A}\right) \leqslant \alpha^*$ bzw. $P(X \geqslant g) \leqslant \alpha^*$. Verwenden sie die Wahrscheinlichkeit des Gegenereignisses. Bestimmen Sie damit den Ablehnungsbereich $\overline{A}$ und formulieren Sie die Entscheidungsregel. Beachten Sie, dass bei einem Fehler 2. Art die Nullhypothese beibehalten wird, obwohl sie falsch ist. Die Wahrscheinlichkeit für den Fehler 2. Art erhalten Sie, indem Sie die Wahrscheinlichkeit, dass sich die Anzahl der weißen Eier nicht im Ablehnungsbereich befindet, berechnen. Legen Sie Y als binomialverteilte Zufallsgröße für die Anzahl der weißen Eier mit den Parametern n und p (tatsächlicher Anteil) fest und berechnen Sie $\beta = P\left(Y \notin \overline{A}\right)$.

d) Die Wahrscheinlichkeit für die Ereignisse D, E und F erhalten Sie mithilfe der kumulierten Normalverteilung. Überlegen Sie, welche Gegenwahrscheinlichkeit der gegebene Ansatz beschreibt. Zur Berechnung von a formen Sie die Ungleichung um und bestimmen a mithilfe der kumulierten Normalverteilung durch Ausprobieren mit dem Taschenrechner.

Lösungen – Analysis

1 Hefe

Aufgabe A 1.1

a) Es ist $h(t) = a \cdot e^{bt}$.
($h(t)$: Masse der Hefe in mg, t: Zeit in Stunden nach Beobachtungsbeginn).
Die Gleichung von h erhält man, indem man aus den gegebenen Daten zwei Gleichungen aufstellt und das zugehörige Gleichungssystem löst.
Da zu Beobachtungsbeginn 10 mg Hefe zugesetzt werden, gilt: $h(0) = 10$.
Da sich die Masse der Hefe 1,7 Stunden nach Beobachtungsbeginn verdoppelt hat, gilt: $h(1,7) = 20$. Damit erhält man:

$$\begin{array}{lrcl} \text{I} & a \cdot e^{b \cdot 0} & = & 10 \\ \text{II} & a \cdot e^{b \cdot 1,7} & = & 20 \end{array}$$

Aus Gleichung I ergibt sich: $a = 10$.
Setzt man $a = 10$ in Gleichung II ein, erhält man folgende Gleichung, die man durch Logarithmieren nach b auflöst:

$$\begin{aligned} 10 \cdot e^{1,7 \cdot b} &= 20 \\ e^{1,7 \cdot b} &= 2 \\ 1,7 \cdot b &= \ln(2) \\ b &= \frac{\ln(2)}{1,7} \\ b &\approx 0,41 \end{aligned}$$

Somit hat die Funktion h die Gleichung:

$$h(t) = 10 \cdot e^{0,41t}$$

Um den Zeitpunkt zu berechnen, zu dem sich die Masse der Hefe verzehnfacht haben wird, löst man die Gleichung $h(t) = 100$ durch Logarithmieren nach t auf:

$$\begin{aligned} 10 \cdot e^{0,41t} &= 100 \\ e^{0,41t} &= 10 \\ 0,41t &= \ln(10) \\ t &= \frac{\ln(10)}{0,41} \\ t &\approx 5,62 \end{aligned}$$

Nach etwa 5,6 Stunden hat sich die Masse der Hefe verzehnfacht.

Die Bedeutung der Gleichung $f(t+5) = f(t) + 50$ im Sachzusammenhang kann man folgendermaßen erläutern: Mit $f(t)$ wird die Hefemasse zum Zeitpunkt t bestimmt, mit $f(t+5)$ wird die Hefemasse 5 Stunden später bestimmt. Gesucht ist also der Beginn eines 5-Stunden-Intervalls $[t\,;t+5]$, in welchem die Hefemasse um 50 mg zunimmt.
Um den Zeitpunkt zu berechnen, ab dem die Wachstumsgeschwindigkeit der Hefemasse größer als 50mg pro Stunde ist, löst man die Ungleichung $h'(t) > 50$ nach t auf. Die 1. Ableitung von h erhält man mit der Kettenregel:

$$h'(t) = 10 \cdot e^{0,41t} \cdot 0,41 = 4,1 \cdot e^{0,41t}$$

Damit ergibt sich:

$$\begin{aligned} h'(t) &> 50 \\ 4,1 \cdot e^{0,41t} &> 50 \\ e^{0,41t} &> \frac{50}{4,1} \\ 0,41t &> \ln\left(\frac{50}{4,1}\right) \\ t &> \frac{\ln\left(\frac{50}{4,1}\right)}{0,41} \\ t &> 6,1 \end{aligned}$$

Nach etwa 6,1 Stunden ist die Wachstumsgeschwindigkeit der Hefemasse größer als 50 mg pro Stunde.

Um zu zeigen, dass die Wachstumsgeschwindigkeit der Hefemasse, also $h'(t)$, zunimmt, verwendet man die Ableitungsfunktion von $h'(t)$, also $h''(t)$, die man mit der Kettenregel erhält:

$$\begin{aligned} h'(t) &= 10 \cdot e^{0,41t} \cdot 0,41 = 4,1 \cdot e^{0,41t} \\ h''(t) &= 4,1 \cdot e^{0,41t} \cdot 0,41 \approx 1,68 \cdot e^{0,41t} \end{aligned}$$

Wegen $h''(t) > 0$ ist die Ableitungsfunktion von $h'(t)$ stets positiv, also ist $h'(t)$ monoton steigend, so dass die Wachstumsgeschwindigkeit der Hefemasse zunimmt.

b) Es ist $h_k(t) = 10 \cdot e^{0,4t-0,5kt^2}$; $k \in \mathbb{R}$ und $k > 0$.
Für $t \to \infty$ geht $0,4t - 0,5kt^2$ gegen $-\infty$ und damit $e^{0,4t-0,5kt^2}$ gegen Null, so dass $h_k(t)$ ebenfalls gegen Null geht. Die Graphen der Kurvenschar nähern sich also der t-Achse an.
Die Hochpunkte der Scharkurven erhält man mithilfe der 1. Ableitung von h_k, die man mit der Kettenregel bestimmt:

$$h_k{}'(t) = 10 \cdot e^{0,4t-0,5kt^2} \cdot (0,4 - kt)$$

Als notwendige Bedingung löst man die Gleichung ${h_k}'(t) = 0$ nach t auf:

$$\begin{aligned} 10 \cdot e^{0,4t-0,5kt^2} \cdot (0,4 - kt) &= 0 \\ 0,4 - kt &= 0 \\ 0,4 &= kt \\ \frac{0,4}{k} &= t \end{aligned}$$

Den zugehörigen Funktionswert erhält man, indem man $t = \frac{0,4}{k}$ in $h_k(t)$ einsetzt:

$$h_k\left(\frac{0,4}{k}\right) = 10 \cdot e^{0,4 \cdot \frac{0,4}{k} - 0,5k \cdot \left(\frac{0,4}{k}\right)^2} = 10 \cdot e^{\frac{0,16}{k} - 0,5k \cdot \frac{0,16}{k^2}} = 10 \cdot e^{\frac{0,16}{k} - \frac{0,08}{k}} = 10 \cdot e^{\frac{0,08}{k}}$$

Somit haben die Hochpunkte der Graphen von h_k die Koordinaten $\mathrm{H}_k\left(\frac{0,4}{k} \mid 10 \cdot e^{\frac{0,08}{k}}\right)$.
Für größer werdendes k wird der Term $\frac{0,4}{k}$ immer kleiner, d.h. je größer die Masse des Konservierungsmittels wird, desto früher wird der Zeitpunkt erreicht, zu dem die Masse der Hefe ihren Maximalwert hat.
Für größer werdendes k wird der Term $\frac{0,08}{k}$ und damit auch der Term $10 \cdot e^{\frac{0,08}{k}}$ immer kleiner, d.h. je größer die Masse des Konservierungsmittels wird, desto kleiner wird der Maximalwert, den die Masse der Hefe erreicht.

c) Um k so zu berechnen, dass der Maximalwert der Masse der Hefe 50 mg beträgt, löst man die Gleichung $y_{\mathrm{H}_k} = 50$ durch Logarithmieren nach k auf:

$$\begin{aligned} 10 \cdot e^{\frac{0,08}{k}} &= 50 \\ e^{\frac{0,08}{k}} &= 5 \\ \frac{0,08}{k} &= \ln(5) \\ \frac{0,08}{\ln(5)} &= k \\ k &\approx 0,05 \end{aligned}$$

Für $k \approx 0,05$ beträgt der Maximalwert der Hefemasse 50 mg.

Der vorgegebene Graph in Material 1 hat eine Extremstelle bei $t = 10$.
Damit gilt:

$$\frac{0,4}{k} = 10 \Rightarrow k = \frac{0,4}{10} = 0,04$$

Also gehört für $k = 0,04$ der vorgegebene Graph zur Kurvenschar.

d) Es ist $h_{0,08}(t) = 10 \cdot e^{0,4t-0,5 \cdot 0,08t^2} = 10 \cdot e^{0,4t-0,04t^2}$.
Den Zeitpunkt, an dem die Masse der Hefe wieder auf ihren Anfangswert von 10 mg gesunken ist, erhält man, indem man die Gleichung $h_{0,08}(t) = 10$ durch Logarithmieren

nach t auflöst:

$$\begin{aligned} 10 \cdot e^{0,4t-0,04t^2} &= 10 \\ e^{0,4t-0,04t^2} &= 1 \\ 0,4t - 0,04t^2 &= \ln(1) \\ 0,4t - 0,04t^2 &= 0 \\ t \cdot (0,4 - 0,04t) &= 0 \end{aligned}$$

Mithilfe des Satzes vom Nullprodukt erhält man die Lösung $t_1 = 0$ und aus $0,4 - 0,04t = 0$ die Lösung $t_2 = 10$.
Somit schließt die Gerade im Punkt $\mathrm{P}(10 \mid 10)$ an den Graphen der Funktion $h_{0,08}$ an.
Da die Gerade ohne Knick und ohne Sprung an den Graphen der Funktion $h_{0,08}$ anschließen soll, berechnet man die Steigung m im Punkt P mithilfe von $h_{0,08}{}'(t)$. Setzt man $k = 0,08$ und $t = 10$ in $h_k{}'(t) = 10 \cdot e^{0,4t-0,5kt^2} \cdot (0,4 - kt)$ ein, ergibt sich:

$$m = h_{0,08}{}'(10) = 10 \cdot e^{0,4 \cdot 10 - 0,5 \cdot 0,08 \cdot 10^2} \cdot (0,4 - 0,08 \cdot 10) = -4$$

Die Gleichung der Tangente im Punkt P erhält man mit der Tangentengleichung:

$$y = h'(u) \cdot (t - u) + h(u)$$

Setzt man $m = -4$ und die Koordinaten von $\mathrm{P}(10 \mid 10)$ in die Tangentengleichung ein, ergibt sich:

$$\begin{aligned} y &= -4 \cdot (t - 10) + 10 \\ y &= -4t + 50 \end{aligned}$$

Den Schnittpunkt der Tangente mit der t-Achse erhält man, indem man die Gleichung $y = 0$ nach t auflöst:

$$-4t + 50 = 0 \Rightarrow t = \frac{50}{4} = 12,5$$

Somit ist die Hefe nach 12,5 Stunden vollständig zerstört.

Aufgabe A 1.2

a) Um zu zeigen, dass der Graph von f einen Extrempunkt besitzt, verwendet man die 1. und 2. Ableitung von f, die man mit der Kettenregel und der Produktregel erhält:

$$\begin{aligned} f'(x) &= e^{g(x)} \cdot g'(x) \\ f''(x) &= e^{g(x)} \cdot g'(x) \cdot g'(x) + e^{g(x)} \cdot g''(x) = e^{g(x)} \cdot \left(\left(g'(x)\right)^2 + g''(x) \right) \end{aligned}$$

Wegen $g'(2) = 0$ gilt: $f'(2) = e^{g(2)} \cdot g'(2) = e^3 \cdot 0 = 0$.
Damit hat der Graph von f bei $x = 2$ einen möglichen Extrempunkt.
Setzt man $x = 2$ in $f''(x)$ ein, ergibt sich:

$$f''(2) = e^{g(2)} \cdot \left(\left(g'(2) \right)^2 + g''(2) \right) = e^3 \cdot (0^2 + (-1)) = -e^3 < 0$$

Wegen $f''(2) < 0$ hat der Graph von f bei $x = 2$ einen Hochpunkt.
Die Koordinaten des Hochpunkts erhält man, indem man $x = 2$ in $f(x)$ einsetzt:

$$f(2) = e^{g(2)} = e^3$$

Somit hat der Hochpunkt des Graphen von f die Koordinaten $\mathrm{H}\left(2 \mid e^3\right)$.

b) Eine Stammfunktion H der Funktion $h(x) = e^{2x^3} \cdot \left(18x^4 + 6x\right)$ erhält man mithilfe der Ableitungen

$$f''(x) = e^{g(x)} \cdot \left(\left(g'(x) \right)^2 + g''(x) \right)$$

und

$$f'(x) = e^{g(x)} \cdot g'(x)$$

Mit $g(x) = 2x^3$ und $f(x) = e^{g(x)} = e^{2x^3}$ ergibt sich:

$$f'(x) = e^{2x^3} \cdot 6x^2$$
$$f''(x) = e^{2x^3} \cdot \left(\left(6x^2\right)^2 + 12x \right) = e^{2x^3} \cdot \left(36x^4 + 12x\right)$$

Damit gilt für die Funktion h:

$$h(x) = e^{2x^3} \cdot \left(18x^4 + 6x\right) = \frac{1}{2} \cdot e^{2x^3} \cdot \left(\left(6x^2\right)^2 + 12x \right) = \frac{1}{2} \cdot f''(x)$$

Somit ergibt sich für die Funktion H:

$$\mathrm{H}(x) = \frac{1}{2} \cdot f'(x) = \frac{1}{2} \cdot e^{2x^3} \cdot 6x^2 = 3x^2 \cdot e^{2x^3}$$

2 Wassertemperatur

Aufgabe A 2.1

a) Da die Raumtemperatur 30 °C beträgt, gilt: $T_R = 30$.
Da die Flasche Wasser zu Beginn aus dem Kühlschrank geholt wird, gilt: $T_0 = 8$.
Damit erhält man: $w(t) = 30 - (30-8) \cdot e^{-kt} = 30 - 22 \cdot e^{-kt}$.
Da sich das Wasser nach 10 Minuten bereits auf 21,9 °C erwärmt hat, gilt: $w(10) = 21{,}9$.
Daraus ergibt sich folgende Gleichung, die man durch Logarithmieren nach k auflöst:

$$\begin{aligned} w(10) &= 21{,}9 \\ 30 - 22 \cdot e^{-k \cdot 10} &= 21{,}9 \\ 8{,}1 &= 22 \cdot e^{-10k} \\ \frac{8{,}1}{22} &= e^{-10k} \\ \ln\left(\frac{8{,}1}{22}\right) &= -10k \\ \frac{\ln\left(\frac{8{,}1}{22}\right)}{-10} &= k \\ k &\approx 0{,}1 \end{aligned}$$

Damit gilt:

$$w(t) = 30 - 22 \cdot e^{-0{,}1t}$$

Um zu berechnen, um wie viel Prozent die Temperatur des Wassers in den ersten 10 Minuten nach Entnahme aus dem Kühlschrank zunimmt, teilt man die Zunahme der Temperatur nach 10 Minuten durch die Anfangstemperatur:

$$\frac{21{,}9-8}{8} = \frac{13{,}9}{8} = 1{,}7375 = 173{,}75\%$$

Somit hat die Temperatur in den ersten 10 Minuten um 173,75 % zugenommen.

b) Die mittlere Änderungsrate der Wassertemperatur zwischen der 3. und 7. Minute nach Entnahme aus dem Kühschrank erhält man, indem man $t = 3$ und $t = 7$ in $w(t)$ einsetzt und durch 4 teilt:

$$\frac{w(7)-w(3)}{7-3} = \frac{30 - 22 \cdot e^{-0{,}1 \cdot 7} - \left(30 - 22 \cdot e^{-0{,}1 \cdot 3}\right)}{4} \approx 1{,}34$$

Die mittlere Änderungsrate der Wassertemperatur zwischen der 3. und 7. Minute nach Entnahme aus dem Kühschrank beträgt etwa 1,34 Grad pro Minute.
Den Wert des Terms $\frac{1}{10} \cdot \int_0^{10} w(t)\mathrm{d}t$ erhält man mit dem Hauptsatz der Differential- und

Integralrechnung:

$$\begin{aligned}\frac{1}{10}\cdot\int_0^{10} w(t)\mathrm{d}t &= \frac{1}{10}\cdot\int_0^{10}\left(30-22\cdot e^{-0,1t}\right)\mathrm{d}t\\ &= \frac{1}{10}\cdot\left[30t-\frac{22}{-0,1}\cdot e^{-0,1t}\right]_0^{10}\\ &= \frac{1}{10}\cdot\left[30t+220\cdot e^{-0,1t}\right]_0^{10}\end{aligned}$$

$$\begin{aligned}&= \frac{1}{10}\cdot\left(30\cdot 10+220\cdot e^{-0,1\cdot 10}-\left(30\cdot 0+220\cdot e^{-0,1\cdot 0}\right)\right)\\ &\approx 16,1\end{aligned}$$

Für $t \longrightarrow \infty$ geht $e^{-0,1t}$ gegen Null, so dass der Term $30-22\cdot e^{-0,1t}$ gegen 30 geht. Somit gilt: $\lim\limits_{t\to\infty} w(t) = 30$.
Der Grenzwert von 30 bedeutet, dass die Temperatur des Wassers langfristig den Wert von 30 °C nicht überschreitet, also den Wert der Raumtemperatur annimmt.

c) Um zu berechnen, mit welcher Geschwindigkeit sich das Wasser zum Zeitpunkt der Entnahme aus dem Kühlschrank erwärmt, verwendet man die 1. Ableitung von w, die man mit der Kettenregel erhält:

$$w'(t) = 0-22\cdot e^{-0,1t}\cdot(-0,1) = 2,2\cdot e^{-0,1t}$$

Setzt man $t = 0$ in $w'(t)$ ein, erhält man:

$$w'(0) = 2,2\cdot e^{-0,1\cdot 0} = 2,2$$

Somit erwärmt sich das Wasser zum Zeitpunkt der Entnahme aus dem Kühlschrank mit einer Erwärmungsgeschwindigkeit von 2,2 °C pro Minute.
Um zu berechnen, wann sich diese Erwärmungsgeschwindigkeit halbiert hat, löst man die Gleichung $w'(t) = \frac{2,2}{2}$ durch Logarithmieren nach t auf:

$$\begin{aligned}2,2\cdot e^{-0,1t} &= 1,1\\ e^{-0,1t} &= \frac{1}{2}\\ -0,1t &= \ln\left(\frac{1}{2}\right)\\ t &= \frac{\ln\left(\frac{1}{2}\right)}{-0,1}\\ t &\approx 6,9\end{aligned}$$

Nach etwa 7 Minuten hat sich die Erwärmungsgeschwindigkeit halbiert.

Um zu zeigen, dass gemäß der Modellierung durch die Funktion w die Erwärmungsgeschwindigkeit im Zeitverlauf abnimmt, betrachtet man die 1. Ableitung von $w'(t) = 2,2 \cdot e^{-0,1t}$. Mithilfe der Kettenregel erhält man:

$$\left(w'(t)\right)' = 2,2 \cdot e^{-0,1t} \cdot (-0,1) = -0,22 \cdot e^{-0,1t} < 0$$

Wegen $\left(w'(t)\right)' < 0$ nimmt die Erwärmungsgeschwindigkeit im Zeitverlauf ab.
Wegen $w'(t) = 2,2 \cdot e^{-0,1t} > 0$ wird sie jedoch nie Null.

Aufgabe A 2.2

Es ist $f_a(x) = a \cdot \sin(ax) + a$; $x \in \mathbb{R}$; $a > 0$.

a) Die Periode p_a von $f_a(x)$ ist $p_a = \frac{2\pi}{a}$.
Die Koordinaten des Hochpunkts H_a von K_a für $0 \leqslant x < \frac{2\pi}{a}$ erhält man mithilfe der 1. und 2. Ableitung von f_a, die man mit der Kettenregel bestimmt:

$$\begin{aligned} f_a'(x) &= a \cdot \cos(ax) \cdot a = a^2 \cdot \cos(ax) \\ f_a''(x) &= -a^2 \cdot \sin(ax) \cdot a = -a^3 \cdot \sin(ax) \end{aligned}$$

Die notwendige Bedingung $f_a'(x) = 0$ führt zu $a^2 \cdot \cos(ax) = 0$ bzw. $\cos(ax) = 0$.
Wegen $\cos\left(\frac{\pi}{2}\right) = 0$ und $\cos\left(\frac{3}{2}\pi\right) = 0$ ergeben sich als Lösungen:

$$ax = \frac{\pi}{2} \Rightarrow x_1 = \frac{\pi}{2a} \quad \text{und} \quad ax = \frac{3}{2}\pi \Rightarrow x_2 = \frac{3\pi}{2a}$$

Setzt man $x_1 = \frac{\pi}{2a}$ und $x_2 = \frac{3\pi}{2a}$ in $f_a''(x)$ ein, ergibt sich:

$$f_a''\left(\frac{\pi}{2a}\right) = -a^3 \cdot \sin\left(a \cdot \frac{\pi}{2a}\right) = -a^3 \cdot \sin\left(\frac{\pi}{2}\right) = -a^3 < 0 \text{ (da } a > 0)$$
$$f_a''\left(\frac{3\pi}{2a}\right) = -a^3 \cdot \sin\left(a \cdot \frac{3\pi}{2a}\right) = -a^3 \cdot \sin\left(\frac{3\pi}{2}\right) = a^3 > 0 \text{ (da } a > 0)$$

Wegen $f_a''\left(\frac{\pi}{2a}\right) = -a^3 < 0$ handelt es sich für $x = \frac{\pi}{2a}$ um einen Hochpunkt.

Den zugehörigen y-Wert erhält man, indem man $x = \frac{\pi}{2a}$ in $f_a(x)$ einsetzt:

$$y = f_a\left(\frac{\pi}{2a}\right) = a \cdot \sin\left(a \cdot \frac{\pi}{2a}\right) + a = a + a = 2a$$

Damit hat der Hochpunkt H_a die Koordinaten:

$$\mathrm{H}_a\left(\frac{\pi}{2a} \mid 2a\right)$$

Um den Wert von a so zu berechnen, dass H_a auf der 1. Winkelhalbierenden liegt, löst man die Gleichung $y = x$ durch Wurzelziehen nach a auf:

$$\begin{aligned} \frac{\pi}{2a} &= 2a \\ \frac{\pi}{4} &= a^2 \\ \pm\sqrt{\frac{\pi}{4}} &= a_{1,2} \end{aligned}$$

Wegen $a > 0$ kommt nur $a = \sqrt{\frac{\pi}{4}}$ als Lösung in Frage.
Somit liegt H_a für $a = \sqrt{\frac{\pi}{4}}$ auf der 1. Winkelhalbierenden.

b) Den Wendepunkt W_a von K_a, der den kleinsten positiven x-Wert hat, erhält man mithilfe der 2. und 3. Ableitung von f_a, die man mithilfe der Kettenregel bestimmt:

$$\begin{aligned} f_a''(x) &= -a^3 \cdot \sin(ax) \\ f_a'''(x) &= -a^3 \cdot \cos(ax) \cdot a = -a^4 \cdot \cos(ax) \end{aligned}$$

Die notwendige Bedingung $f_a''(x) = 0$ führt zu $-a^3 \cdot \sin(ax) = 0$ bzw. $\sin(ax) = 0$.
Wegen $\sin(0) = 0$, $\sin(\pi) = 0$ und $\sin(2\pi) = 0$ ergeben sich als Lösungen:

$$ax = 0 \Rightarrow x_1 = 0, \; ax = \pi \Rightarrow x_2 = \frac{\pi}{a} \text{ und } ax = 2\pi \Rightarrow x_3 = \frac{2\pi}{a}$$

Setzt man den kleinsten positiven x-Wert, also $x_2 = \frac{\pi}{a}$ in $f_a'''(x)$ ein, ergibt sich:

$$f_a'''\left(\frac{\pi}{a}\right) = -a^4 \cdot \cos\left(a \cdot \frac{\pi}{a}\right) = a^4 \neq 0$$

Wegen $f_a'''\left(\frac{\pi}{a}\right) = a^4 \neq 0$ handelt es sich um eine Wendestelle.
Den zugehörigen y-Wert erhält man, indem man $x = \frac{\pi}{a}$ in $f_a(x)$ einsetzt:

$$y = f_a\left(\frac{\pi}{a}\right) = a \cdot \sin\left(a \cdot \frac{\pi}{a}\right) + a = 0 + a = a$$

Damit hat der Wendepunkt W_a die Koordinaten:

$$W_a\left(\frac{\pi}{a} \mid a\right)$$

c) Den Flächeninhalt A zwischen dem Graphen K_a und der Geraden $y = a$ zwischen zwei benachbarten Wendestellen erhält man mithilfe eines Integrals. Da im Intervall $\left[0; \frac{\pi}{a}\right]$ der

Graph K_a oberhalb der Geraden $y = a$ verläuft, ergibt sich:

$$\begin{aligned}
A &= \int_0^{\frac{\pi}{a}} (f_a(x) - a)\,\mathrm{d}x \\
&= \int_0^{\frac{\pi}{a}} (a \cdot \sin(ax) + a - a)\,\mathrm{d}x \\
&= \int_0^{\frac{\pi}{a}} a \cdot \sin(ax)\mathrm{d}x \\
&= \left[\frac{a \cdot (-\cos(ax))}{a}\right]_0^{\frac{\pi}{a}} \\
&= [-\cos(ax)]_0^{\frac{\pi}{a}} \\
&= -\cos\left(a \cdot \frac{\pi}{a}\right) - (-\cos(a \cdot 0) \\
&= -\cos(\pi) + \cos(0) \\
&= -(-1) + 1 \\
&= 2
\end{aligned}$$

Der Flächeninhalt beträgt 2 FE und ist damit unabhängig von a.

d) Leitet man f_a viermal ab, ergibt sich:

$$\begin{aligned}
f_a{}'(x) &= a^2 \cdot \cos(ax) \\
f_a{}''(x) &= -a^3 \cdot \sin(ax) \\
f_a{}'''(x) &= -a^4 \cdot \cos(ax) \\
f_a{}^{(4)}(x) &= a^5 \cdot \sin(ax)
\end{aligned}$$

Man kann erkennen, dass der Vorfaktor der n-ten Ableitung a^{n+1} ist und dass bei geraden Ableitungen $\sin(ax)$ auftaucht. Bei jeder 4. Ableitung ist das Vorzeichen vor dem Vorfaktor positiv.

Führt man diese Ableitungsreihe weiter, ergibt sich damit:

$$\begin{aligned}
f_a{}^{(96)}(x) &= a^{97} \cdot \sin(ax) \\
f_a{}^{(97)}(x) &= a^{98} \cdot \cos(ax) \\
f_a{}^{(98)}(x) &= -a^{99} \cdot \sin(ax) \\
f_a{}^{(99)}(x) &= -a^{100} \cdot \cos(ax)
\end{aligned}$$

Somit hat die 99. Ableitung von f_a den Term: $f_a{}^{(99)}(x) = -a^{100} \cdot \cos(ax)$

3 Regen

Aufgabe A 3.1

Es ist $f(x) = \frac{4}{x^2} - \frac{4}{x^3} + 2\,;\, x \neq 0$.

a) Die Gleichung der senkrechten Asymptote erhält man, indem man die Nenner der Brüche gleich Null setzt: $x^2 = 0$ und $x^3 = 0$ führen jeweils zu $x = 0$.
Die Gleichung der waagrechten Asymptote erhält man, indem man das Verhalten von f für $x \to \pm\infty$ betrachtet:
Für $x \to \pm\infty$ gehen die Brüche $\frac{4}{x^2}$ und $\frac{4}{x^3}$ jeweils gegen Null, also geht $f(x)$ gegen 2, also ist $y = 2$ eine waagrechte Asymptote.
Somit hat K die Asymptoten $x = 0$ und $y = 2$.
Die Koordinaten des Hochpunkts von K erhält man mithilfe der 1. und 2. Ableitung von f. Mit $f(x) = \frac{4}{x^2} - \frac{4}{x^3} + 2 = 4x^{-2} - 4x^{-3} + 2$ ergibt sich:

$$f'(x) = -8x^{-3} + 12x^{-4} = -\frac{8}{x^3} + \frac{12}{x^4}$$
$$f''(x) = 24x^{-4} - 48x^{-5} = \frac{24}{x^4} - \frac{48}{x^5}$$

Als notwendige Bedingung löst man die Gleichung $f'(x) = 0$ nach x auf:

$$-\frac{8}{x^3} + \frac{12}{x^4} = 0$$
$$-8x + 12 = 0$$
$$x = 1,5$$

Setzt man $x = 1,5$ in $f''(x)$ ein, ergibt sich:

$$f''(1,5) = \frac{24}{1,5^4} - \frac{48}{1,5^5} = -\frac{128}{81} < 0 \Rightarrow \text{Hochpunkt}$$

Den zugehörigen y-Wert erhält man, indem man $x = 1,5$ in $f(x)$ einsetzt:

$$y = f(1,5) = \frac{4}{1,5^2} - \frac{4}{1,5^3} + 2 = \frac{70}{27} \approx 2,59$$

Somit hat der Hochpunkt von K die Koordinaten $H\left(1,5 \mid \frac{70}{27}\right)$.

Damit kann man in der Abbildung die Skalierungen der Koordinatenachsen ergänzen:

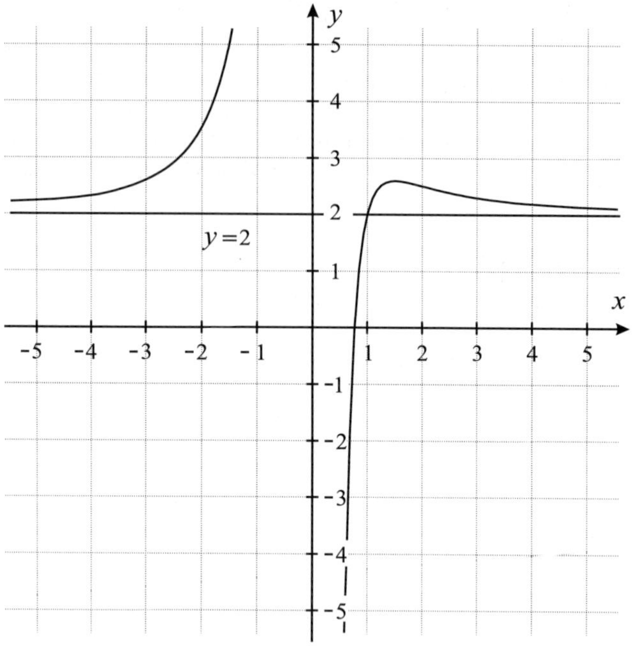

Um das Monotonieverhalten von f für $x < 0$ zu untersuchen, betrachtet man die Ableitung $f'(x) = -\frac{8}{x^3} + \frac{12}{x^4}$:

Für $x < 0$ ist $x^3 < 0$ und damit der Bruch $-\frac{8}{x^3} > 0$.

Für $x < 0$ ist der Bruch $\frac{12}{x^4} > 0$, damit gilt:

$$f'(x) > 0 \text{ für } x < 0$$

Somit ist f für $x < 0$ streng monoton wachsend.

Um das Krümmungsverhalten des Graphen von f für $x < 0$ zu untersuchen, betrachtet man $f''(x) = \frac{24}{x^4} - \frac{48}{x^5}$:

Für $x < 0$ ist der Bruch $\frac{24}{x^4} > 0$.

Für $x < 0$ ist $x^5 < 0$ und damit der Bruch $-\frac{48}{x^5} > 0$, damit gilt:

$$f''(x) > 0 \text{ für } x < 0$$

Somit ist der Graph von f für $x < 0$ linksgekrümmt.

Um ohne weitere Rechnung anzugeben, für welche Werte von c die Gleichung $f(x) = c$ keine, eine oder mehrere Lösungen hat, bestimmt man anhand der gegebenen Abbildung und der berechneten Werte die Schnittstellen des Graphen von f mit der Geraden $y = c$, die parallel zur x-Achse verläuft:

Für $c \leqslant 2$ gibt es eine Schnittstelle, für $2 < c < \frac{70}{27}$ gibt es drei Schnittstellen, für $c = \frac{70}{27}$ gibt es zwei Schnittstellen und für $c > \frac{70}{27}$ gibt es wieder eine Schnittstelle.
Somit hat die gegebene Gleichung für $xc \leqslant 2$ oder $c > \frac{70}{27}$ eine Lösung, für $2 < c < \frac{70}{27}$ drei Lösungen und für $c = \frac{70}{27}$ zwei Lösungen.

b) Die Tangente t und die Normale n an K an der Stelle $x = 1$ erhält man, indem man den zugehörigen y-Wert und die Steigungen von t und n bestimmt. Den y-Wert erhält man, indem man $x = 1$ in $f(x)$ einsetzt:

$$y = f(1) = \frac{4}{1^2} - \frac{4}{1^3} + 2 = 2 \Rightarrow \mathrm{B}(1 \mid 2)$$

Die Steigung m_t in B erhält man, indem man den x-Wert von B in $f'(x)$ einsetzt:

$$m_t = f'(1) = -\frac{8}{1^3} + \frac{12}{1^4} = 4$$

Setzt man $m_t = 4$ und die Koordinaten von $\mathrm{B}(1 \mid 2)$ in die Tangentengleichung $y = f'(u) \cdot (x - u) + f(u)$ ein, ergibt sich:

$$t\colon y = 4 \cdot (x - 1) + 2$$
$$t\colon y = 4x - 2$$

Die Steigung m_n der Normalen ist der negative Kehrwert der Steigung der Tangente:

$$m_n = -\frac{1}{m_t} = -\frac{1}{4}$$

Setzt man $m_n = -\frac{1}{4}$ und die Koordinaten von $\mathrm{B}(1 \mid 2)$ in die Normalengleichung

$$y = -\frac{1}{f'(u)} \cdot (x - u) + f(u)$$

ein, ergibt sich:

$$n\colon y = -\frac{1}{4} \cdot (x - 1) + 2$$
$$n\colon y = -\frac{1}{4}x + 2{,}25$$

Die Schnittpunkte S_1 bzw. S_2 von t bzw. n mit der y-Achse erhält man, indem man jeweils $x = 0$ in die entsprechenden Gleichungen einsetzt:

$$y_1 = 4 \cdot 0 - 2 = -2 \Rightarrow \mathrm{S}_1(0 \mid -2)$$
$$y_2 = -\frac{1}{4} \cdot 0 + 2{,}25 = 2{,}25 \Rightarrow \mathrm{S}_2(0 \mid 2{,}25)$$

Damit erhält man folgendes Dreieck:

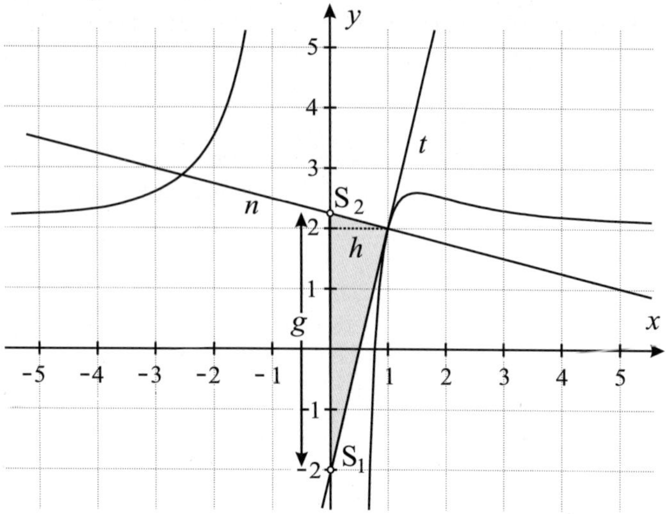

Den Flächeninhalt A dieses Dreiecks erhält man mit der Formel $\mathrm{A} = \frac{g \cdot h}{2}$.
Mit $g = \overline{\mathrm{S}_1\mathrm{S}_2} = 4,25$ und $h = 1$ ergibt sich:

$$\mathrm{A} = \frac{4,25 \cdot 1}{2} = \frac{17}{8} = 2,125$$

Das Dreieck hat einen Flächeninhalt von 2,125 FE.

c) Den Flächeninhalt A der Fläche, die K mit der Geraden $y = 2$ und der Geraden $x = 2$ begrenzt, erhält man mithilfe eines Integrals. Da K oberhalb von der Geraden verläuft, gilt:

$$\begin{aligned}
\mathrm{A} &= \int_1^2 (f(x) - 2)\,\mathrm{d}x \\
&= \int_1^2 \left(\frac{4}{x^2} - \frac{4}{x^3} + 2 - 2\right)\mathrm{d}x \\
&= \int_1^2 \left(4x^{-2} - 4x^{-3}\right)\mathrm{d}x \\
&= \left[\frac{4}{-1}x^{-1} - \frac{4}{-2}x^{-2}\right]_1^2 \\
&= \left[-\frac{4}{x} + \frac{2}{x^2}\right]_1^2 \\
&= -\frac{4}{2} + \frac{2}{2^2} - \left(-\frac{4}{1} + \frac{2}{1^2}\right) \\
&= \frac{1}{2}
\end{aligned}$$

Der Flächeninhalt beträgt 0,5 FE.

Den Flächeninhalt $\mathrm{A}(u)$ der Fläche, die K mit der Geraden $y = 2$ und der Geraden $x = u$ $(u > 1)$ begrenzt, erhält man ebenfalls mithilfe eines Integrals. Da K oberhalb von der Geraden verläuft, gilt:

$$
\begin{aligned}
\mathrm{A} &= \int_1^u (f(x) - 2)\,\mathrm{d}x \\
&= \int_1^u \left(\frac{4}{x^2} - \frac{4}{x^3} + 2 - 2\right)\mathrm{d}x \\
&= \int_1^u \left(4x^{-2} - 4x^{-3}\right)\mathrm{d}x \\
&= \left[\frac{4}{-1}x^{-1} - \frac{4}{-2}x^{-2}\right]_1^u \\
&= \left[-\frac{4}{x} + \frac{2}{x^2}\right]_1^u \\
&= -\frac{4}{u} + \frac{2}{u^2} - \left(-\frac{4}{1} + \frac{2}{1^2}\right) \\
&= 2 - \frac{4}{u} + \frac{2}{u^2}
\end{aligned}
$$

Um u so zu bestimmen, dass diese Fläche den Inhalt 1 FE hat, löst man die Gleichung $\mathrm{A}(u) = 1$ nach u auf:

$$
\begin{aligned}
2 - \frac{4}{u} + \frac{2}{u^2} &= 1 \\
u^2 - 4u + 2 &= 0
\end{aligned}
$$

Mithilfe der *abc*-Formel erhält man folgende Lösungen:

$$u_1 = 2 + \sqrt{2} \approx 3{,}41 \text{ und } u_2 = 2 - \sqrt{2} \approx 0{,}59$$

Wegen $u > 1$ kommt nur $u \approx 3{,}41$ als Lösung in Frage.
Somit hat die Fläche für $u \approx 3{,}41$ einen Flächeninhalt von 1 FE.
Um zu ermitteln, wie groß die nach rechts ins Unendliche reichende Fläche maximal werden kann, bestimmt man den Grenzwert von $\mathrm{A}(u) = 2 - \frac{4}{u} + \frac{2}{u^2}$ für $u \to \infty$. Da die beiden Brüche für $u \to \infty$ gegen Null gehen, geht $\mathrm{A}(u)$ gegen 2. Somit kann die Fläche maximal einen Flächeninhalt von 2 FE haben.

d) Um K an der Geraden $y = 2$ zu spiegeln, verschiebt man zuerst K um 2 LE nach unten, spiegelt an der x-Achse und verschiebt den gespiegelten Graphen anschließend wieder um 2 LE nach oben.
Damit erhält man für die Funktion g folgenden Term:

$$g(x) = -(f(x) - 2) + 2 = -\left(\frac{4}{x^2} - \frac{4}{x^3} + 2 - 2\right) + 2 = -\frac{4}{x^2} + \frac{4}{x^3} + 2$$

Aufgabe A 3.2

Die Funktion f beschreibt die Niederschlagsrate eines Dauerregens, die Funktion g die Wasserabflussrate (t in Stunden seit Einsetzen des Regens , $f(t)$ und $g(t)$ in Liter pro m^2 pro Stunde).

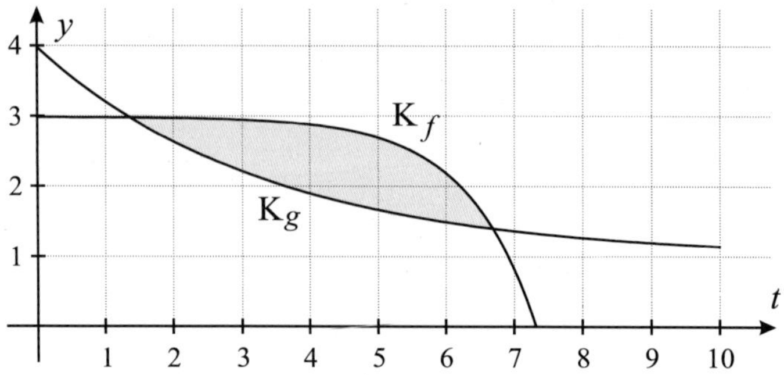

a) Anhand des Graphen von f kann man erkennen, dass der Regen etwa die ersten fünf Stunden nahezu gleichbleibend stark ist mit einer Niederschlagsrate von etwa 3 Liter pro m^2 pro Stunde, anschließend lässt er recht schnell nach.
Etwa nach 7,3 Stunden hört der Regen auf, da die Nullstelle von f bei $t \approx 7,3$ ist.
Die gesamte Niederschlagsmenge M während des Regens kann man mithilfe eines Integrals bestimmen, da alle Niederschlagsraten während des Regens summiert werden:

$$\mathrm{M} = \int_0^{7,3} f(t)\,\mathrm{d}t$$

b) Die Graphen von f und g haben näherungsweise die Schnittstellen $t_1 \approx 1,4$ und $t_2 \approx 6,7$. Da der Graph von f oberhalb des Graphen von g verläuft, ist in diesem Zeitraum die Niederschlagsrate größer als die Wasserabflussrate. Somit bilden sich Pfützen. Die schraffierte Fläche, die von den beiden Graphen eingeschlossen wird, kann näherungsweise durch das Integral $\mathrm{W} = \int_{1,4}^{6,7} (f(t) - g(t))\,\mathrm{d}t$ berechnet werden und beschreibt die Wassermenge W, die zwischen 1,4 und 6,7 Stunden nicht abfließen konnte.
Eine Gleichung, mit der man berechnen kann, zu welchem Zeitpunkt T alle Pfützen verschwunden sind, erhält man mithilfe von Integralen. Im Zeitraum von 6,7 bis 7,3 Stunden kann der Abfluss durch $\mathrm{A}_1 = \int_{6,7}^{7,3} (g(t) - f(t))\,\mathrm{d}t$ beschrieben werden. Wenn der Regen aufgehört hat, kann der Abfluss bis zu einem Zeitpunkt T durch $\mathrm{A}_2 = \int_{7,3}^{\mathrm{T}} g(t)\,\mathrm{d}t$ beschrieben werden. Da die Wassermenge W, die sich zwischen 1,4 und 6,7 Stunden gebildet hat, vollständig bis zum Zeitpunkt T abfließen soll, muss gelten:

$$\mathrm{W} = \mathrm{A}_1 + \mathrm{A}_2$$

$$\int_{1,4}^{6,7} (f(t) - g(t))\,\mathrm{d}t = \int_{6,7}^{7,3} (g(t) - f(t))\,\mathrm{d}t + \int_{7,3}^{\mathrm{T}} g(t)\,\mathrm{d}t$$

c) Die Funktion g mit $g(t) = 3 \cdot e^{-k \cdot t} + 1$ mit $k > 0$ hat die Definitionsmenge $D_g = \mathbb{R}$ und die Wertemenge $W_g =]\,1\,;\infty\,[$.
Um zu zeigen, dass g umkehrbar ist, verwendet man die 1. Ableitung von g, die man mithilfe der Kettenregel erhält:

$$g'(t) = 3 \cdot e^{-k \cdot t} \cdot (-k) = -3k \cdot e^{-k \cdot t} < 0$$

Wegen $g'(t) < 0$ ist g streng monoton fallend und es existiert eine Umkehrfunktion $\overline{g}$.
Löst man $y = g(t) = 3 \cdot e^{-k \cdot t} + 1$ nach t auf, so erhält man:

$$\begin{aligned} y &= 3 \cdot e^{-k \cdot t} + 1 \\ y - 1 &= 3 \cdot e^{-k \cdot t} \\ \frac{y-1}{3} &= e^{-k \cdot t} \\ \ln\left(\frac{y-1}{3}\right) &= -k \cdot t \\ -\frac{1}{k} \ln\left(\frac{y-1}{3}\right) &= t \end{aligned}$$

Vertauscht man die Variablen t und y, so ergibt sich

$$-\frac{1}{k} \ln\left(\frac{t-1}{3}\right) = y$$

Somit ist

$$\overline{g}(x) = -\frac{1}{k} \ln\left(\frac{t-1}{3}\right);\ t > 1$$

die Umkehrfunktion von g.
Die Definitionsmenge von $\overline{g}$ ist $D_{\overline{g}} =]\,1\,;\infty\,[$, die Wertemenge von $\overline{g}$ ist $W_{\overline{g}} = \mathbb{R}$.

4 Straße

Aufgabe A 4.1

Es ist $f(x) = -0,1x^3 - 0,3x^2 + 0,4x + 3,2$.

a) Die Koordinaten des nördlichsten Punktes der Umgehungsstraße erhält man, indem man mithilfe der 1. und 2. Ableitung von f den Hochpunkt des Graphen von f bestimmt:

$$f'(x) = -0,3x^2 - 0,6x + 0,4$$
$$f''(x) = -0,6x - 0,6$$

Als notwendige Bedingung löst man die Gleichung $f'(x) = 0$ nach x auf:

$$-0,3x^2 - 0,6x + 0,4 = 0$$

mithilfe der *abc*-Formel erhält man die Lösungen $x_1 \approx 0,53$ und $x_2 \approx -2,53$.
Setzt man $x_1 \approx 0,53$ und $x_2 \approx -2,53$ in $f''(x)$ ein, ergibt sich:

$$f''(0,53) = -0,6 \cdot 0,53 - 0,6 \approx -0,92 < 0 \Rightarrow \text{Hochpunkt}$$
$$f''(-2,53) = -0,6 \cdot (-2,53) - 0,6 \approx 0,92 > 0 \Rightarrow \text{Tiefpunkt}$$

Den zum Hochpunkt zugehörigen y-Wert erhält man, indem man $x_1 \approx 0,53$ in $f(x)$ einsetzt:

$$y = f(0,53) = -0,1 \cdot 0,53^3 - 0,3 \cdot 0,53^2 + 0,4 \cdot 0,53 + 3,2 \approx 3,31$$

Somit hat der nördlichste Punkt der Umgehungsstraße die Koordinaten $\mathrm{H}(0,53 \mid 3,31)$.
Die Entfernung d von $\mathrm{H}(0,53 \mid 3,31)$ zu $\mathrm{M}(0 \mid 0,5)$ erhält man mithilfe der Formel $d = \sqrt{(x_2 - x_1)^2 + (y_2 - y_1)^2}$ für den Abstand zweier Punkte:

$$d = \sqrt{(0 - 0,53)^2 + (0,5 - 3,31)^2} \approx 2,86$$

Der nördlichste Punkt H ist also etwa 2,86 km vom Ortsmittelpunkt M entfernt.
Der Punkt, in welchem eine Linkskurve in eine Rechtskurve übergeht, ist der Wendepunkt.
Diesen erhält man mithilfe der 2. und 3. Ableitung von $f(x)$:

$$f'(x) = -0,3x^2 - 0,6x + 0,4$$
$$f''(x) = -0,6x - 0,6$$
$$f'''(x) = -0,6$$

Die notwendige Bedingung $f''(x) = 0$ führt zu:

$$-0,6x - 0,6 = 0 \Rightarrow x = -1$$

Wegen $f'''(-1) \neq 0$ handelt es sich um eine Wendestelle.
Den zugehörigen y-Wert erhält man, indem man $x = -1$ in $f(x)$ einsetzt:

$$y = f(-1) = -0,1 \cdot (-1)^3 - 0,3 \cdot (-1)^2 + 0,4 \cdot (-1) + 3,2 = 2,6$$

Damit hat der Wendepunkt die Koordinaten $W(-1 \mid 2,6)$.
Um zu zeigen, dass die Umgehungsstraße im Punkt A ohne Knick in die Ortsdurchfahrt einmündet, berechnet man mithilfe von $f'(x)$ die Steigung m_A der Kurve im Punkt A:

$$m_A = f'(-3) = -0,3 \cdot (-3)^2 - 0,6 \cdot (-3) + 0,4 = -0,5$$

Die Steigung m_{AB} der Geraden durch $A(-3 \mid 2)$ und $B(3 \mid -1)$ erhält man mithilfe der Formel $m = \frac{y_2 - y_1}{x_2 - x_1}$ für die Steigung zwischen zwei Punkten:

$$m_{AB} = \frac{-1-2}{3-(-3)} = \frac{-3}{6} = -0,5$$

Es ist $m_A = m_{AB}$, daher mündet die Umgehungsstraße ohne Knick in die Ortsdurchfahrt ein.

b) Den Flächeninhalt A_1 der Fläche zwischen dem Schaubild von $f(x)$ und der Geraden AB erhält man mithilfe eines Integrals.
Die Gleichung der Geraden g durch A und B erhält man mithilfe der Punkt-Steigungsform (PSF) $y = m \cdot (x - x_Q) + y_Q$. Setzt man die Koordinaten von A und m_{AB} in die PSF ein, ergibt sich:

$$g\colon y = -0,5 \cdot (x - (-3)) + 2$$
$$g\colon y = -0,5x - 1,5 + 2$$
$$g\colon y = -0,5x + 0,5$$

Da das Schaubild von $f(x)$ oberhalb der Geraden verläuft, erhält man:

$$\begin{aligned}
A_1 &= \int_{-3}^{3} (f(x) - (-0,5x + 0,5))\,dx \\
&= \int_{-3}^{3} \left(-0,1x^3 - 0,3x^2 + 0,4x + 3,2 - (-0,5x + 0,5)\right) dx \\
&= \int_{-3}^{3} \left(-0,1x^3 - 0,3x^2 + 0,9x + 2,7\right) dx \\
&= \left[-0,025x^4 - 0,1x^3 + 0,45x^2 + 2,7x\right]_{-3}^{3} \\
&= \left(-0,025 \cdot 3^4 - 0,1 \cdot 3^3 + 0,45 \cdot 3^2 + 2,7 \cdot 3\right) \\
&\quad - \left(-0,025 \cdot (-3)^4 - 0,1 \cdot (-3)^3 + 0,45 \cdot (-3)^2 + 2,7 \cdot (-3)\right) \\
&= 10,8
\end{aligned}$$

Das Gemeindegebiet zwischen der Umgehungsstraße und der Ortsdurchfahrt ist ein Halbkreis mit Radius $r = 1,5$. Damit gilt für den Flächeninhalt A_2 des Halbkreises:

$$A_2 = \frac{1}{2} \cdot \pi \cdot r^2 = \frac{1}{2} \cdot \pi \cdot 1,5^2 \approx 3,53$$

Den Flächeninhalt A_3 der Fläche, die von den beiden Straßen eingeschlossen wird, jedoch außerhalb des Gemeindegebiets liegt, erhält man durch:

$$A_3 = A_1 - A_2 \approx 10,8 - 3,53 = 7,27$$

Den prozentualen Anteil von A_3 zu A_1 erhält man, indem man A_3 durch A_1 teilt:

$$\frac{A_3}{A_1} = \frac{7,27}{10,8} \approx 0,67 = 67\,\%$$

Somit liegen etwa 67 % der Fläche außerhalb des Gemeindegebiets.

c) Um zu zeigen, dass der Fahrer die Windkraftanlage im Punkt $Q(2 \mid 2)$ genau in Fahrtrichtung vor sich sieht, stellt man die Gleichung der Tangente t im Punkt $Q(2 \mid 2)$ auf. Die Steigung m_t in Q erhält man, indem man den x-Wert von Q in $f'(x)$ einsetzt:

$$m_t = f'(2) = -0,3 \cdot 2^2 - 0,6 \cdot 2 + 0,4 = -2$$

Setzt man $m_t = -2$ und die Koordinaten von $Q(2 \mid 2)$ in die Tangentengleichung $y = f'(u) \cdot (x-u) + f(u)$ ein, ergibt sich:

$$t\colon\ y = -2 \cdot (x-2) + 2$$
$$t\colon\ y = -2x + 6$$

Um zu prüfen, ob der Punkt $P(1,5 \mid 3)$ auf t liegt, setzt man die Koordinaten von P in die Tangentengleichung ein:

$$3 = -2 \cdot 1,5 + 6 \Leftrightarrow 3 = 3$$

Aufgrund der wahren Aussage liegt P auf t.
Somit sieht der Fahrer die Windkraftanlage im Punkt $Q(2 \mid 2)$ genau in Fahrtrichtung vor sich.

Die Gerade AB der Ortsdurchfahrt hat die Steigung $m_{AB} = -0,5$.
Im Punkt R, in welchem ein Fahrzeug parallel zur Ortsdurchfahrt fährt, muss die Steigung ebenfalls $-0,5$ betragen.
Also löst man die Gleichung $f'(x) = -0,5$ nach x auf:

$$-0,3x^2 - 0,6x + 0,4 = -0,5$$
$$-0,3x^2 - 0,6x + 0,9 = 0$$

Mithilfe der *abc*-Formel erhält man die Lösungen $x_1 = 1$ und $x_2 = -3$.
Da $x_2 = -3$ der x-Wert des Punktes A ist, kommt nur $x_1 = 1$ als Lösung in Frage.
Den y-Wert des Punktes R erhält man, indem man $x = 1$ in $f(x)$ einsetzt:

$$y = f(1) = -0{,}1 \cdot 1^3 - 0{,}3 \cdot 1^2 + 0{,}4 \cdot 1 + 3{,}2 = 3{,}2$$

Somit hat der Punkt R die Koordinaten $R\,(1 \mid 3{,}2)$.

Aufgabe A 4.2

Gegeben ist die Funktionenschar f_n mit $f_n(x) = (x+1)^n \cdot e^x$ mit $n \in \mathbb{N}$ und $n > 1$.

a) Die Nullstelle des Graphen von f_n erhält man, indem man die Gleichung $f_n(x) = 0$ nach x auflöst:

$$(x+1)^n \cdot e^x = 0$$
$$(x+1)^n = 0$$
$$x+1 = 0$$
$$x = -1$$

Den y-Achsenabschnitt des Graphen von f_n erhält man, indem man $x = 0$ in $f_n(x)$ einsetzt:

$$f_n(0) = (0+1)^n \cdot e^0 = 1^n \cdot 1 = 1$$

Da die Nullstelle und der y-Achsenabschnitt unabhängig von n sind, besitzen alle Graphen von f_n dieselbe Nullstelle und denselben y-Achsenabschnitt.
Die Schnittpunkte mit den Koordinatenachsen sind damit $N(-1 \mid 0)$ und $S(0 \mid 1)$.
Da $N(-1 \mid 0)$ und $S(0 \mid 1)$ auf allen Graphen der Funktionenschar f_n liegen, kann man die Achsen skalieren:

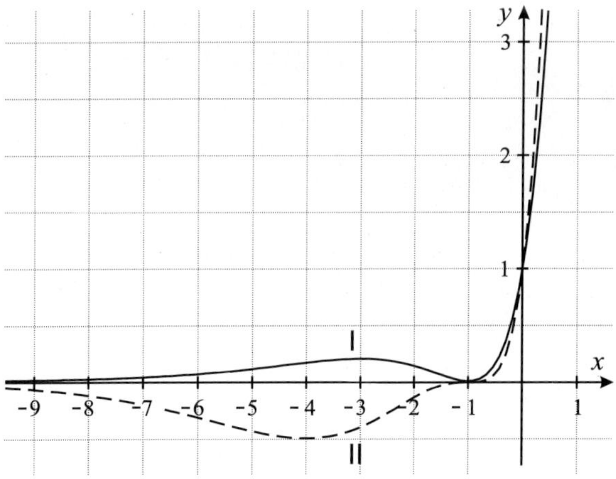

Für $x \to -\infty$ geht e^x gegen Null, und damit geht auch $f_n(x) = (x+1)^n \cdot e^x$ gegen Null.

Somit nähern sich die Graphen von f_n der x-Achse an.
Graph I im Material nähert sich von oben an die x-Achse an, Graph II von unten.
Die Funktionswerte von Graph I sind für $x < -1$ stets positiv, für Graph II negativ.
Da e^x stets positiv ist, lässt sich dies anhand des Funktionsterms nur dadurch erklären, dass n entweder gerade oder ungerade ist:
Für $x < -1$ und n gerade gilt: $x+1 < 0$ und $(x+1)^n > 0$, also $f_n(x) = (x+1)^n \cdot e^x > 0$.
Für $x < -1$ und n ungerade gilt: $x+1 < 0$ und $(x+1)^n < 0$, also $f_n(x) = (x+1)^n \cdot e^x < 0$.
Also hat Graph I ein gerades n im Funktionsterm, und Graph II ein ungerades n.

b) Die Ableitungsfunktion $f_n{}'$ erhält man mit der Produktregel:

$$f_n{}'(x) = n \cdot (x+1)^{n-1} \cdot e^x + (x+1)^n \cdot e^x$$

Mit $f_{n-1}(x) = (x+1)^{n-1} \cdot e^x$ ergibt sich:

$$\begin{aligned} f_n{}'(x) &= n \cdot (x+1)^{n-1} \cdot e^x + (x+1)^n \cdot e^x \\ &= n \cdot f_{n-1}(x) + (x+1)^n \cdot e^x \\ &= n \cdot f_{n-1}(x) + (x+1) \cdot (x+1)^{n-1} \cdot e^x \\ &= n \cdot f_{n-1}(x) + (x+1) \cdot f_{n-1}(x) \\ &= (n+x+1) \cdot f_{n-1}(x) \end{aligned}$$

Somit gilt:

$$f_n{}'(x) = (x+1+n) \cdot f_{n-1}(x)$$

c) Die möglichen Extremstellen von f_n erhält man, indem man die Gleichung $f_n{}'(x) = 0$ nach x auflöst:

$$\begin{aligned} f_n{}'(x) &= 0 \\ (x+1+n) \cdot f_{n-1}(x) &= 0 \\ (x+1+n) \cdot (x+1)^{n-1} \cdot e^x &= 0 \\ (x+1+n) \cdot (x+1)^{n-1} &= 0 \end{aligned}$$

Mit dem Satz vom Nullprodukt erhält man aus $x+1+n = 0$ die Lösung $x_1 = -1-n$ und aus $(x+1)^{n-1} = 0$ bzw. $x+1 = 0$ die Lösung $x_2 = -1$.
Die möglichen Extremstellen sind somit $x_1 = -1-n$ und $x_2 = -1$.
Der Graph I hat einen Extrempunkt bei $x = -3$, also gilt: $-3 = -1-n \Rightarrow n = 2$.
Der Graph II hat einen Extrempunkt bei $x = -4$, also gilt: $-4 = -1-n \Rightarrow n = 3$.

d) Um die Aussage, dass an der Stelle $x = -1$ die Graphen der Funktionenschar f_n für gerade Werte von n einen Extrempunkt und für ungerade Werte von n einen Sattelpunkt besitzen, zu begründen, betrachtet man, ob $f_n{}'(x) = (x+1+n) \cdot (x+1)^{n-1} \cdot e^x$ bei $x = -1$ das Vorzeichen wechselt oder nicht.

Da e^x stets positiv ist und auch $x+1+n$ in der Umgebung von $x=-1$ wegen $n>1$ positiv ist, genügt es, den Term $(x+1)^{n-1}$ zu betrachten.
Für $x<-1$ ist $x+1<0$. Für gerades n ist damit

$$(x+1)^{n-1}<0$$

und für ungerades n ist

$$(x+1)^{n-1}>0$$

Für $x>-1$ ist $x+1>0$ und damit auch stets

$$(x+1)^{n-1}>0$$

Dies ist unabhängig von n.
Somit hat $f_n{}'(x)$ bei $x=-1$ nur für gerades n einen Vorzeichenwechsel von $-$ nach $+$, so dass die Graphen von f_n bei $x=-1$ für gerades n einen Extrempunkt (Tiefpunkt) besitzen, für ungerades n hingegen einen Sattelpunkt.

5 Medikament

Aufgabe A 5.1

a) Es ist $f(t) = 130 \cdot \left(e^{-0,2 \cdot t} - e^{-0,8 \cdot t}\right)$; $0 \leqslant t \leqslant 24$.

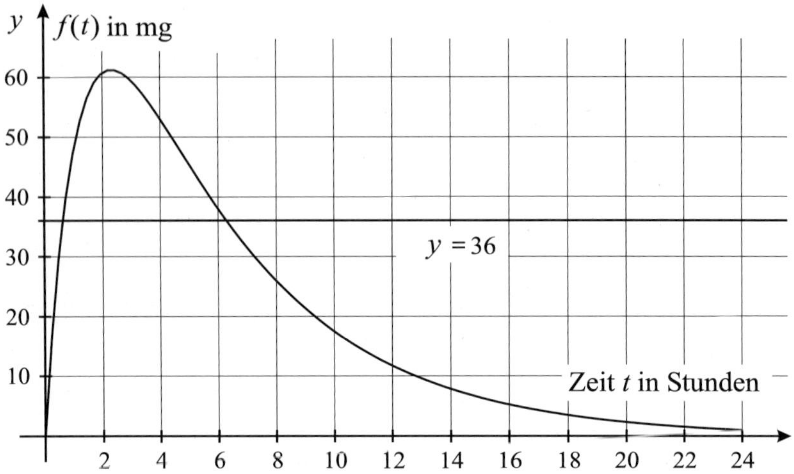

Um den Zeitraum zu bestimmen, in dem das Medikament wirkt, bestimmt man mithilfe der gegebenen Abbildung die Schnittstellen des Graphen von f mit der Geraden $y = 36$. Man erhält: $t_1 \approx 0,6$ und $t_2 \approx 6,3$.
Wegen $t_2 - t_1 \approx 6,3 - 0,6 = 5,7$ wirkt das Medikament in einem Zeitraum von etwa $5,7$ Stunden.

Die Abnahme der Wirkstoffmenge im Blut nach 5 Stunden erhält man mithilfe der 1. Ableitung von f, die man mit der Kettenregel bestimmt:

$$f'(t) = 130 \cdot \left(e^{-0,2 \cdot t} \cdot (-0,2) - e^{-0,8 \cdot t} \cdot (-0,8)\right) = 130 \cdot \left(-0,2 \cdot e^{-0,2 \cdot t} + 0,8 \cdot e^{-0,8 \cdot t}\right)$$

Setzt man $t = 5$ in $f'(t)$ ein, ergibt sich:

$$f'(5) = 130 \cdot \left(-0,2 \cdot e^{-0,2 \cdot 5} + 0,8 \cdot e^{-0,8 \cdot 5}\right) \approx -7,66$$

Somit beträgt die Abnahme der Wirkstoffmenge im Blut nach 5 Stunden etwa $7,7$ mg pro Stunde.

Da ab dem Zeitpunkt $t = 5$ die Wirkstoffmenge im Blut näherungsweise durch die Tangente an das Schaubild von f an der Stelle $t = 5$ beschrieben wird, kann man die Tangente mit der Steigung $m = f'(5) \approx -7,7$ in die gegebene Abbildung einzeichnen:

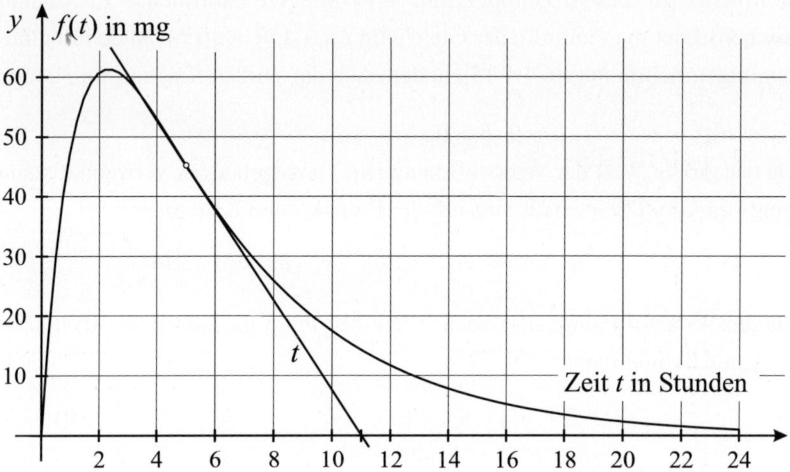

.

Der Zeitpunkt, zu dem kein Wirkstoff mehr vorhanden ist, ist die Schnittstelle der Tangente mit der t-Achse: $t \approx 11$.
Somit ist nach etwa 11 Stunden kein Wirkstoff mehr vorhanden.

b) Es ist $g(t) = 80 \cdot \left(1 - e^{-0,05 \cdot t}\right) = 80 - 80 \cdot e^{-0,05 \cdot t}$; $t \geqslant 0$.
Für $t \to \infty$ geht $e^{-0,05 \cdot t}$ gegen Null, somit geht $g(t)$ für $t \to \infty$ gegen 80.
Die langfristige Wirkstoffmenge im Blut beträgt damit annähernd 80 mg.
Um zu zeigen, dass die Wirkstoffmenge im Blut ständig zunimmt, bestimmt man die 1. Ableitung von $g(t) = 80 \cdot \left(1 - e^{-0,05 \cdot t}\right) = 80 - 80 \cdot e^{-0,05 \cdot t}$ mit der Kettenregel:

$$g'(t) = 0 - 80 \cdot e^{-0,05 \cdot t} \cdot (-0,05) = 4 \cdot e^{-0,05 \cdot t}$$

Wegen $e^{-0,05 \cdot t} > 0$ gilt: $g'(t) > 0$. Also ist g streng monoton wachsend.
Somit nimmt die Wirkstoffmenge ständig zu.
Den Zeitpunkt, zu dem die momentane Änderungsrate der Wirkstoffmenge im Blut 1 $\frac{\text{mg}}{\text{min}}$ beträgt, erhält man, indem man die Gleichung $g'(t) = 1$ nach t auflöst:

$$\begin{aligned} 4 \cdot e^{-0,05 \cdot t} &= 1 \\ e^{-0,05 \cdot t} &= 0,25 \\ -0,05 \cdot t &= \ln(0,25) \\ t &= \frac{\ln(0,25)}{-0,05} \\ t &\approx 27,73 \end{aligned}$$

Somit beträgt etwa nach 28 Minuten die Änderungsrate der Wirkstoffmenge im Blut 1 $\frac{\text{mg}}{\text{min}}$.

In der gegebenen Gleichung beschreibt t einen bestimmten Zeitpunkt, $g(t)$ die Wirkstoffmenge zu diesem Zeitpunkt, $g(t+15)$ die Wirkstoffmenge 15 Minuten später. Somit berechnet man mithilfe der Gleichung $g(t+15) = g(t) + 30$ den Beginn (t) eines 15-minütigen Zeitraumes $[t\,; t+15]$, in dem sich die Wirkstoffmenge um 30 mg vergrößert.

c) Es ist $h(t) = at \cdot e^{-bt}$; $a > 0,\ b > 0$.
Da der größte Wert der Wirkstoffmenge $h(t)$ angegeben ist, verwendet man die 1. Ableitung von $h(t)$. Diese erhält man mit der Produkt- und Kettenregel:

$$h'(t) = a \cdot e^{-bt} + ate^{-bt} \cdot (-b) = (a - abt) \cdot e^{-bt}$$

Da die Wirkstoffmenge $h(t)$ nach 4 Stunden ihren größten Wert 10 mg annimmt, gelten folgende Bedingungen:

$$\begin{array}{llcccrcl} \text{I} & h(4) & = & 10 & \Rightarrow & 4a \cdot e^{-4b} & = & 10 \\ \text{II} & h'(4) & = & 0 & \Rightarrow & (a - 4ab) \cdot e^{-4b} & = & 0 \end{array}$$

Löst man Gleichung II, so ergibt sich wegen $a > 0$:

$$\begin{aligned} a - 4ab &= 0 \\ a \cdot (1 - 4b) &= 0 \\ 1 - 4b &= 0 \\ 1 &= 4b \\ b &= 0{,}25 \end{aligned}$$

Setzt man $b = 0{,}25$ in Gleichung I ein, so ergibt sich:

$$4a \cdot e^{-4 \cdot 0{,}25} = 10 \Rightarrow a = 2{,}5e$$

Die Wirkstoffmenge erreicht 4 Stunden nach der Einnahme ihren größten Wert 10 mg, wenn die Konstanten $a = 2{,}5e$ und $b = 0{,}25$ für die neue Zusammensetzung gewählt werden.

Aufgabe A 5.2

a) Es ist $f(x) = \frac{2}{x} = 2 \cdot x^{-1}$ mit $f'(x) = -2 \cdot x^{-2} = -\frac{2}{x^2}$. Der Punkt B $(u \mid f(u))$ mit $0 < u < 1$ hat die Koordinaten B $\left(u \mid \frac{2}{u}\right)$. Die Tangente t in B $(u \mid f(u))$ hat die Steigung

$$m = f'(u) = -\frac{2}{u^2}$$

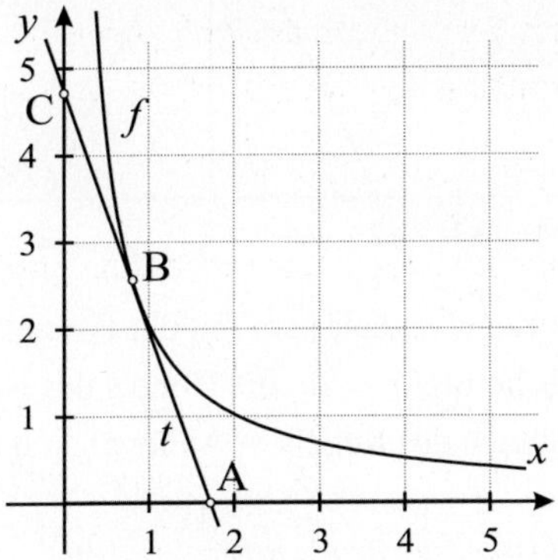

Setzt man B und m in die Tangentengleichung

$$y = f'(u) \cdot (x-u) + f(u)$$

ein, erhält man:

$$\begin{aligned} t: y &= -\frac{2}{u^2} \cdot (x-u) + \frac{2}{u} \\ &= -\frac{2}{u^2} \cdot x + \frac{4}{u} \end{aligned}$$

Den Schnittpunkt A der Tangente t mit der x-Achse erhält man durch $y = 0$.
Dies führt zu:

$$0 = -\frac{2}{u^2} \cdot x + \frac{4}{u}$$

$$x = 2u$$

Damit hat der Punkt A die Koordinaten A $(2u \mid 0)$.
Den Schnittpunkt C der Tangente t mit der y-Achse erhält man, indem man $x = 0$ in t einsetzt:

$$y = -\frac{2}{u^2} \cdot 0 + \frac{4}{u} = \frac{4}{u}$$

Damit hat der Punkt C die Koordinaten C $\left(0 \mid \frac{4}{u}\right)$.
Um zu zeigen, dass der Flächeninhalt A des Dreiecks OAC unabhängig von u ist, berechnet man diesen mithilfe der Formel $A = \frac{g \cdot h}{2}$. Als Grundlinie g verwendet man $g = \overline{OA} = 2u$, die zugehörige Höhe h ist $h = \overline{OC} = \frac{4}{u}$. Damit ergibt sich:

$$A = \frac{2u \cdot \frac{4}{u}}{2} = 4$$

Der Flächeninhalt des Dreiecks OAC beträgt 4 FE, unabhängig von u.

b) Wenn das Dreieck OAC um die y-Achse rotiert, entsteht ein Kegel:

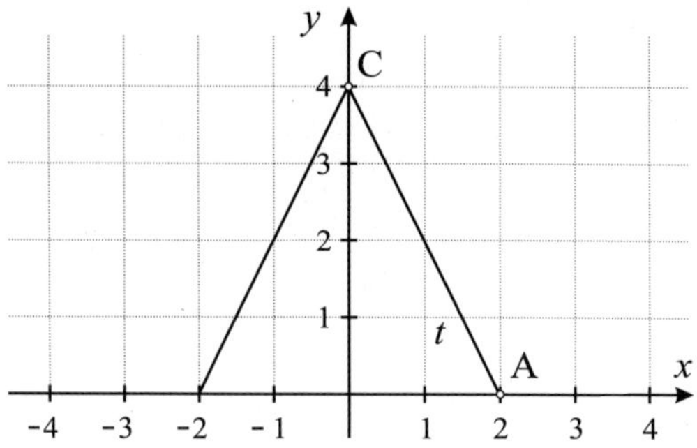

Das Volumen V eines Kegels erhält man mit der Formel $V = \frac{1}{3} \cdot \pi \cdot r^2 \cdot h$.
Der Radius des Kegels beträgt $r = 2u$, die Höhe h des Kegels ist $h = \frac{4}{u}$.
Damit gilt für das Volumen des Kegels in Abhängigkeit von u:

$$V(u) = \frac{1}{3} \cdot \pi \cdot r^2 \cdot h = \frac{1}{3} \cdot \pi \cdot (2u)^2 \cdot \frac{4}{u} = \frac{16}{3} \cdot \pi \cdot u$$

Da das Volumen des Rotationskörpers 16 VE beträgt, löst man die Gleichung $V(u) = 16$ nach u auf:

$$16 = \frac{16}{3} \cdot \pi \cdot u \Rightarrow u = \frac{3}{\pi}$$

Den y-Wert des Punktes B erhält man, indem man $u = \frac{3}{\pi}$ in $f(x)$ einsetzt:

$$f\left(\frac{3}{\pi}\right) = \frac{2}{\frac{3}{\pi}} = \frac{2}{3}\pi$$

Damit hat der Punkt B die Koordinaten $B\left(\frac{3}{\pi} \mid \frac{2}{3}\pi\right)$.

c) Zuerst bestimmt man die ersten vier Ableitungen von $f(x) = \frac{2}{x} = 2x^{-1}$ und formt sie geeignet um:

$$f'(x) = -2 \cdot x^{-2} = -2 \cdot (1!)x^{-2}$$
$$f''(x) = 4x^{-3} = 2 \cdot 2x^{-3} = 2 \cdot (2!)x^{-3}$$
$$f'''(x) = -12x^{-4} = -2 \cdot 6x^{-4} = -2 \cdot (3!)x^{-4}$$
$$f^{(4)}(x) = 48x^{-5} = 2 \cdot 24x^{-5} = 2 \cdot (4!)x^{-5}$$

Die geraden Ableitungen von f sind immer positiv, die ungeraden negativ.
Damit ergibt sich für die 100. Ableitung von f:

$$f^{(100)}(x) = 2 \cdot (100!)x^{-101}$$

Für die n-te Ableitung von f ergibt sich analog:

$$f^{(n)}(x) = 2 \cdot (-1)^n \cdot (n!)x^{-(n+1)}$$

6 Virus

Aufgabe A 6.1

Es ist $f(t) = 150 \cdot t^2 \cdot e^{-0,2t}$; $t \geqslant 0$ (Zeit t in Wochen seit Beobachtungsbeginn).

a) Um nachzuweisen, dass 10 Wochen nach Beobachtungsbeginn die Anzahl der Neuerkrankungen am höchsten ist, verwendet man die 1. Ableitung von f, die man mithilfe der Produkt- und Kettenregel bestimmt:

$$\begin{aligned} f'(t) &= 300 \cdot t \cdot e^{-0,2t} + 150 \cdot t^2 \cdot e^{-0,2t} \cdot (-0,2) \\ &= \left(300 \cdot t - 30 \cdot t^2\right) \cdot e^{-0,2t} \\ &= 30t \cdot (10 - t) \cdot e^{-0,2t} \end{aligned}$$

Setzt man $t = 10$ in $f'(t)$ ein, ergibt sich:

$$f'(10) = \left(300 \cdot 10 - 30 \cdot 10^2\right) \cdot e^{-0,2 \cdot 10} = 0$$

Da $f'(t)$ bei $t = 10$ das Vorzeichen von $+$ nach $-$ wechselt, handelt es sich um ein Maximum.
Also ist 10 Wochen nach Beobachtungsbeginn die Anzahl der Neuerkrankungen am höchsten.
Den Maximalwert an Neuerkrankungen erhält man, indem man $t = 10$ in $f(t)$ einsetzt:

$$f(10) = 150 \cdot 10^2 \cdot e^{-0,2 \cdot 10} \approx 2030$$

Somit gibt es maximal etwa 2030 Neuerkrankungen pro Woche.
Um zu zeigen, dass ab diesem Zeitpunkt die momentane Erkrankungsrate rückläufig ist, betrachtet man

$$f'(t) = \left(300 \cdot t - 30 \cdot t^2\right) \cdot e^{-0,2t} = 30t \cdot (10 - t) \cdot e^{-0,2t}$$

Es ist $e^{-0,2t}$ stets größer als Null. Der Term $30t \cdot (10 - t)$ ist für $t < 0$ oder $t > 10$ negativ. Somit gilt für $t > 10$:

$$f'(t) < 0$$

Damit ist für $t > 10$ die Funktion f streng monoton fallend und die momentane Erkrankungsrate ist nach 10 Wochen rückläufig.

Den Zeitraum, in welchem es mehr als 1500 Neuerkrankungen pro Woche gibt, erhält man, indem man die Gerade $y = 1500$ mit dem Graphen von f schneidet:

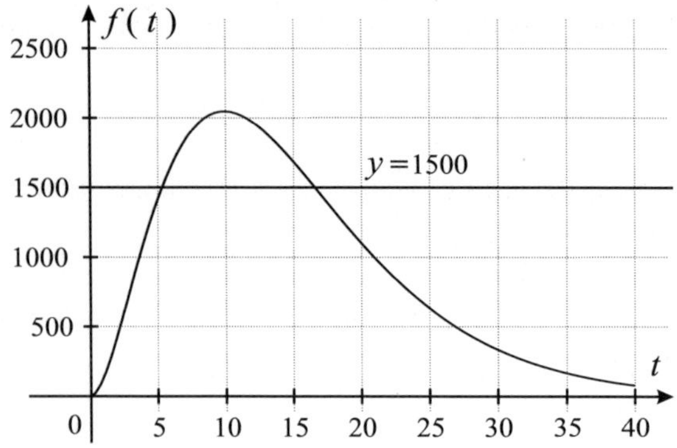

Anhand der gegebenen Abbildung ergeben sich die Schnittstellen $t_1 \approx 5$ und $t_2 \approx 17$. Somit gibt es im Zeitraum von etwa 5 Wochen bis etwa 17 Wochen mehr als 1500 Neuerkrankungen pro Woche.

Mithilfe des angegebenen Gleichung $\int_x^{x+10} f(t)\,\mathrm{d}t = 15\,000$ wird der Beginn (x) eines Zeitraums von 10 Wochen berechnet, in welchem die Anzahl der Neuerkrankungen 15 000 beträgt.

b) Um zu zeigen, dass die Funktion F mit $\mathrm{F}(t) = -750 \cdot \left(t^2 + 10t + 50\right) \cdot e^{-0,2t}$ eine Stammfunktion von f ist, bestimmt man mithilfe der Produkt- und Kettenregel die 1. Ableitung von F:

$$\begin{aligned}
\mathrm{F}'(t) &= -750 \cdot \left((2t+10) \cdot e^{-0,2t} + \left(t^2 + 10t + 50\right) \cdot e^{-0,2t} \cdot (-0,2)\right) \\
&= -750 \cdot \left(\left(2t + 10 - 0,2t^2 - 2t - 10\right) \cdot e^{-0,2t}\right) \\
&= -750 \cdot \left(-0,2t^2 \cdot e^{-0,2t}\right) \\
&= 150 \cdot t^2 \cdot e^{-0,2t} \\
&= f(t)
\end{aligned}$$

Wegen $\mathrm{F}'(t) = f(t)$ ist F eine Stammfunktion von f.

Die Anzahl $\mathrm{A}(t)$ der Personen, die nach t Wochen insgesamt krank gemeldet sind, erhält man mithilfe der gegebenen Stammfunktion $\mathrm{F}(t) = -750 \cdot \left(t^2 + 10 \cdot t + 50\right) \cdot e^{-0,2t}$ und der Nebenbedingung, dass zu Beginn 100 Personen erkrankt sind. Als Ansatz verwendet man:

$$\mathrm{A}(t) = \mathrm{F}(t) + c$$

Mit der Nebenbedingung $\mathrm{A}(0) = 100$ ergibt sich:

$$\begin{aligned}
\mathrm{A}(0) &= \mathrm{F}(0) + c \\
100 &= -750 \cdot \left(0^2 + 10 \cdot 0 + 50\right) \cdot e^{-0,2 \cdot 0} + c \\
100 &= -37\,500 + c \\
37\,600 &= c
\end{aligned}$$

Damit erhält man für die Anzahl $\mathrm{A}(t)$ der Personen, die nach t Wochen insgesamt krank gemeldet sind:

$$\mathrm{A}(t) = -750 \cdot \left(t^2 + 10t + 50\right) \cdot e^{-0,2t} + 37\,600$$

Die Anzahl der Personen, die nach 12 Wochen insgesamt krank gemeldet sind, erhält man, indem man $t = 12$ in $\mathrm{A}(t)$ einsetzt:

$$\begin{aligned} \mathrm{A}(12) &= -750 \cdot \left(12^2 + 10 \cdot 12 + 50\right) \cdot e^{-0,2 \cdot 12} + 37\,600 \\ &\approx 16236 \end{aligned}$$

Nach 12 Wochen sind insgesamt etwa 16 236 Personen krank gemeldet.

Um nachzuweisen, dass die Anzahl der Meldungen unter 40 000 bleiben wird, bestimmt man den Grenzwert von $\mathrm{A}(t)$ für $t \to \infty$. Wegen $\mathrm{A}'(t) = f(t) > 0$ für $t > 0$ ist $\mathrm{A}(t)$ streng monoton wachsend. Da $e^{-0,2t}$ für $t \to \infty$ gegen Null geht, gilt:

$$\lim_{t \to \infty} \mathrm{A}(t) = 37\,600 < 40\,000$$

Damit wird die Anzahl der Meldungen unter 40 000 bleiben.

c) Es ist $\mathrm{B}(t) = \mathrm{a} - b \cdot e^{-0,1 \cdot t}$.

Da im Laufe der Zeit alle 30 000 Einwohner von der Krankheit erfasst werden können, geht $\mathrm{B}(t)$ für $t \to \infty$ gegen 30000. Da $b \cdot e^{-0,1 \cdot t}$ für $t \to \infty$ gegen Null und somit $\mathrm{B}(t)$ gegen a geht, muss gelten: $a = 30\,000$.

Damit erhält man:

$$\mathrm{B}(t) = 30\,000 - b \cdot e^{-0,1 \cdot t}$$

Mit der Nebenbedingung, dass zu Beginn $(t = 0)$ bereits die Hälfte der Einwohner $(15\,000)$ an diesem Virus erkrankt ist, gilt:

$$\begin{aligned} \mathrm{B}(0) &= 15\,000 \\ 30\,000 - b \cdot e^{-0,1 \cdot 0} &= 15\,000 \\ 15\,000 &= b \end{aligned}$$

Damit ergibt sich als Funktion, welche die Anzahl der von der Krankheit erfassten Personen beschreibt:

$$\mathrm{B}(t) = 30\,000 - 15\,000 \cdot e^{-0,1 \cdot t}$$

Den Zeitpunkt, zu dem 95% aller Einwohner von der Krankheit erfasst sind, erhält man, indem man die Gleichung $\mathrm{B}(t) = 0,95 \cdot 30\,000$ nach t auflöst:

$$\begin{aligned} 30\,000 - 15\,000 \cdot e^{-0,1 \cdot t} &= 0,95 \cdot 30\,000 \\ 30\,000 - 0,95 \cdot 30\,000 &= 15\,000 \cdot e^{-0,1 \cdot t} \\ 1500 &= 15\,000 \cdot e^{-0,1 \cdot t} \end{aligned}$$

$$\begin{aligned} 0,1 &= e^{-0,1\cdot t} \\ \ln(0,1) &= -0,1\cdot t \\ \frac{\ln(0,1)}{-0,1} &= t \\ t &\approx 23 \end{aligned}$$

Nach etwa 23 Wochen sind 95% aller Einwohner von der Krankheit erfasst.

Aufgabe A 6.2

Es ist $f(x) = \sqrt{3+2x}$.

a) Die Funktion f mit $f(x) = \sqrt{3+2x} = (3+2x)^{\frac{1}{2}}$ hat wegen $x \geqslant -1,5$ die Definitionsmenge $D_f = [-1,5;\infty[$ und die Wertemenge $W_f = [0;\infty[$.
Die Nullstelle von f erhält man durch Lösen der Gleichung $f(x) = 0$.
Dies führt zu:

$$\begin{aligned} \sqrt{3+2x} &= 0 \\ 3+2x &= 0 \\ x &= -1,5 \end{aligned}$$

Somit hat f die Nullstelle $x = -1,5$.
Um zu zeigen, dass f umkehrbar ist, verwendet man die 1. Ableitung von f, die man mit der Kettenregel bestimmt:

$$f'(x) = \frac{1}{2}\cdot(3+2x)^{-\frac{1}{2}}\cdot 2 = \frac{1}{\sqrt{3+2x}} > 0 \text{ für } x > -1,5$$

Wegen $f'(x) > 0$ ist f streng monoton wachsend und es existiert eine Umkehrfunktion $\bar{f}$.

b) Die Koordinaten des Schnittpunkts P des Graphen von f mit der 1. Winkelhalbierenden erhält man durch Lösen der Gleichung $f(x) = x$:

$$\begin{aligned} \sqrt{3+2x} &= x \\ 3+2x &= x^2 \\ 0 &= x^2 - 2x - 3 \end{aligned}$$

Mithilfe der *pq*- oder *abc*-Formel erhält man die Lösungen $x_1 = 3$ und $x_2 = -1$.
Da P im 1. Feld liegen soll, kommt nur $x = 3$ als Lösung in Frage. Den y-Wert für $x = 3$ erhält man mittels Einsetzen von $x = 3$ in $f(x)$. Somit hat der Punkt P die Koordinaten $P(3 \mid 3)$.
Die Gleichung der Tangente t an den Graphen von f im Punkt P erhält man mit der Tangentenformel $y = f'(u)\cdot(x-u) + f(u)$.

Die Steigung m_t der Tangente t erhält man, indem man $x = 3$ in $f'(x)$ einsetzt:

$$m_t = f'(3) = \frac{1}{\sqrt{3+2\cdot 3}} = \frac{1}{\sqrt{9}} = \frac{1}{3}$$

Setzt man $m_t = \frac{1}{3}$ und die Koordinaten von P in die Tangentenformel ein, ergibt sich:

$$t: y = \frac{1}{3}\cdot(x-3)+3$$
$$t: y = \frac{1}{3}\cdot x+2$$

Somit hat die Tangente t die Gleichung $y = \frac{1}{3}\cdot x+2$.
Eine Gleichung der Tangente $\overline{t}$ an den Graphen der Umkehrfunktion $\overline{f}$ im Punkt P erhält man (ohne Kenntnis der Gleichung der Umkehrfunktion) folgendermaßen:
Da der Graph der Umkehrfunktion $\overline{f}$ durch Spiegelung des Graphen von f an der 1. Winkelhalbierenden hervorgeht, wird auch die Tangente t an der 1. Winkelhalbierenden gespiegelt. Für die Steigung $m_{\overline{t}}$ von $\overline{t}$ im Punkt P gilt damit:

$$m_{\overline{t}} = \frac{1}{m_t} = \frac{1}{\frac{1}{3}} = 3$$

Setzt man $m_{\overline{t}} = 3$ und die Koordinaten von P in die Tangentenformel ein, ergibt sich:

$$\overline{t}: y = 3\cdot(x-3)+3$$
$$\overline{t}: y = 3\cdot x-6$$

Damit hat die Tangente $\overline{t}$ die Gleichung $y = 3\cdot x-6$.

c) Die Gleichung der Umkehrfunktion $\overline{f}$ erhält man folgendermaßen:
Löst man $y = f(x) = \sqrt{3+2x}$ für alle $x \geqslant -1{,}5$ nach x auf, erhält man:

$$y = \sqrt{3+2x}$$
$$y^2 = 3+2x$$
$$y^2 - 3 = 2x$$
$$\frac{1}{2}y^2 - \frac{3}{2} = x$$

Vertauscht man die Variablen x und y, so ist

$$\frac{1}{2}x^2 - \frac{3}{2} = y$$

Somit ist

$$\overline{f}(x) = \frac{1}{2}x^2 - \frac{3}{2}\ ;\ x \geqslant 0$$

die Umkehrfunktion von f.
Die Definitionsmenge von $\overline{f}$ ist $D_{\overline{f}} = [0;\infty[$, die Wertemenge von $\overline{f}$ ist $W_{\overline{f}} = [-1{,}5;\infty[$.

d) Um den Inhalt A der Fläche, die die Graphen von f und $\overline{f}$ mit der x-Achse einschließen, zu berechnen, skizziert man zuerst die Graphen von f und $\overline{f}$ und die gesuchte Fläche:

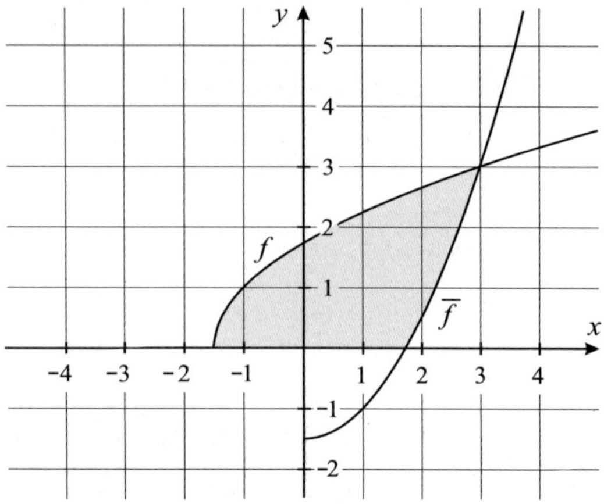

Die Nullstellen von $\overline{f}$ erhält man durch Lösen der Gleichung $\overline{f}(x) = 0$. Dies führt zu:

$$\frac{1}{2}x^2 - \frac{3}{2} = 0$$
$$x^2 = 3$$
$$x_{1,2} = \pm\sqrt{3}$$

Damit erhält man den Flächeninhalt A mithilfe von Integralen:

$$\begin{aligned}
\mathrm{A} &= \int_{-1,5}^{3} f(x)\mathrm{d}x - \int_{\sqrt{3}}^{3} \overline{f}(x)\mathrm{d}x \\
&= \int_{-1,5}^{3} \sqrt{3+2x}\,\mathrm{d}x - \int_{\sqrt{3}}^{3} \left(\frac{1}{2}x^2 - \frac{3}{2}\right)\mathrm{d}x \\
&= \int_{-1,5}^{3} (3+2x)^{\frac{1}{2}}\,\mathrm{d}x - \int_{\sqrt{3}}^{3} \left(\frac{1}{2}x^2 - \frac{3}{2}\right)\mathrm{d}x \\
&= \left[\frac{\frac{1}{\frac{3}{2}}(3+2x)^{\frac{3}{2}}}{2}\right]_{-1,5}^{3} - \left[\frac{1}{6}x^3 - \frac{3}{2}x\right]_{\sqrt{3}}^{3} \\
&= \left[\frac{1}{3}(3+2x)^{\frac{3}{2}}\right]_{-1,5}^{3} - \left[\frac{1}{6}x^3 - \frac{3}{2}x\right]_{\sqrt{3}}^{3} \\
&= \left[\frac{1}{3}\cdot\sqrt{(3+2x)^3}\right]_{-1,5}^{3} - \left[\frac{1}{6}x^3 - \frac{3}{2}x\right]_{\sqrt{3}}^{3} \\
&= \frac{1}{3}\cdot\sqrt{(3+2x)^3} - \frac{1}{3}\cdot\sqrt{(3+2(-1,5))^3} - \left(\frac{1}{6}\cdot 3^3 - \frac{3}{2}\cdot 3 - \left(\frac{1}{6}\cdot\sqrt{3^3} - \frac{3}{2}\cdot\sqrt{3}\right)\right) \\
&= 9 - \sqrt{3} \approx 7,27
\end{aligned}$$

Der Flächeninhalt beträgt $9 - \sqrt{3}$ FE.

7 Lufttemperatur

Aufgabe A 7.1

a) Aus den in der Aufgabe gegebenen Werten ist die Funktion $g(t) = a \cdot \sin\left(\frac{1}{12}\pi \cdot (t-b)\right) + c$ und damit die Parameter a, b und c zu bestimmen. Die Temperatur schwankt zwischen 16°C und 26°C und damit um einen Mittelwert von $\frac{16°C+26°C}{2} = 21°C$. Damit ergibt sich $c = 21$. Die Temperatur schwankt um 10°C, das ist die doppelte Amplitude der Funktion. Damit ist $a = 5$. Für die Periodenlänge p gilt:

$$p = \frac{2\pi}{\frac{1}{12}\pi} = 24$$

Eine Sinusfunktion, die nicht verschoben ist und die Periode $p = 24$ besitzt, hat einen Tiefpunkt bei $t_1 = -\frac{1}{4} \cdot 24 = -6$ und bei $t_2 = \frac{3}{4} \cdot 24 = 18$. Um den Parameter b, d.h. die Verschiebung der Funktion in x-Richtung, zu ermitteln, verwendet man, dass der erste Tiefpunkt der Funktion g bei $t = 4$ liegt. Damit muss gelten:

$$4 - b = -6 \Rightarrow b = 10 \text{ oder } 4 - b = 18 \Rightarrow b = -14$$

Somit erhält man:

$$g(t) = 5 \cdot \sin\left(\frac{1}{12}\pi(t-10)\right) + 21 \text{ oder } g(t) = 5 \cdot \sin\left(\frac{1}{12}\pi(t+14)\right) + 21$$

Eine weitere Alternative ergibt sich, wenn man die Amplitude mit $a = -5$ wählt.
Dann gilt:

$$4 - b = \frac{1}{4} \cdot 24 \Rightarrow b = -2$$

Man erhält also alternativ die Funktion:

$$g(t) = -5 \cdot \sin\left(\frac{1}{12}\pi(t+2)\right) + 21$$

Die Bedeutung der Paramater im Sachzusammenhang kann wie folgt beschrieben werden:
a gibt die maximale Abweichung der Temperatur vom Mittelwert an.
b gibt die zeitliche Verschiebung an.
c gibt den Mittelwert der Temperatur an.

b) Zur Bestimmung der Extremstellen, d.h. der Tageshöchst- und -tiefsttemperatur, sind zunächst die ersten beiden Ableitungen zu ermitteln. Mithilfe der Kettenregel und der Ableitungsregeln für trigonometrische Funktionen ergibt sich:

$$\begin{aligned} h(t) &= -6 \cdot \sin\left(\frac{\pi}{12}t + \frac{\pi}{12}\right) + 0{,}4t + 10{,}5 \\ h'(t) &= -6 \cdot \frac{\pi}{12} \cdot \cos\left(\frac{\pi}{12}t + \frac{\pi}{12}\right) + 0{,}4 \\ &= -\frac{\pi}{2} \cdot \cos\left(\frac{\pi}{12}t + \frac{\pi}{12}\right) + 0{,}4 \end{aligned}$$

Für $h''(t)$ folgt:

$$\begin{aligned} h''(t) &= -\frac{\pi}{2} \cdot \frac{\pi}{12} \cdot \left(-\sin\left(\frac{\pi}{12}t + \frac{\pi}{12}\right)\right) \\ &= \frac{\pi^2}{24} \cdot \sin\left(\frac{\pi}{12}t + \frac{\pi}{12}\right) \end{aligned}$$

Als notwendige Bedingung für Extremstellen löst man die Gleichung $h'(t) = 0$ nach t auf:

$$\begin{aligned} h'(t) &= 0 \\ -\frac{\pi}{2} \cdot \cos\left(\frac{\pi}{12}t + \frac{\pi}{12}\right) + 0,4 &= 0 \\ \cos\left(\frac{\pi}{12}t + \frac{\pi}{12}\right) &= \frac{0,8}{\pi} \end{aligned}$$

Substituiert man $z = \frac{\pi}{12}t + \frac{\pi}{12}$, folgt:

$$\cos(z) = \frac{0,8}{\pi} \Rightarrow z_1 \approx 1,31$$

Eine zweite Lösung z_2 erhält man, indem man überlegt, an welchen Stellen die Gerade mit der Gleichung $y = \frac{0,8}{\pi}$ den Graphen mit der Gleichung $\cos(z)$ schneidet:

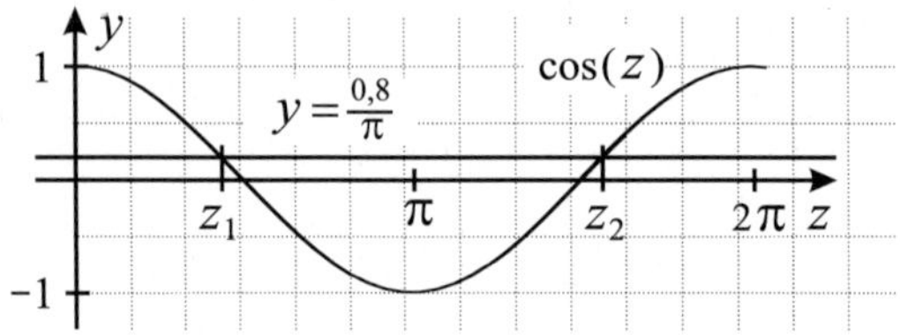

Damit ergibt sich:

$$z_2 = 2\pi - z_1 \approx 4,97$$

Durch Resubstitution erhält man aus

$$\frac{\pi}{12}t + \frac{\pi}{12} = 1,31$$

die Lösung $t_1 \approx 4$ und aus der Gleichung

$$\frac{\pi}{12}t + \frac{\pi}{12} = 4,97$$

die Lösung $t_2 \approx 18$.
Setzt man $t_1 = 4$ und $t_2 = 18$ in $h''(t)$ ein, ergibt sich:

$$\begin{aligned} h''(4) &\approx \frac{\pi^2}{24} \cdot \sin\left(\frac{\pi}{12} \cdot 4 + \frac{\pi}{12}\right) \approx 0,4 > 0 \Rightarrow \text{Minimum} \\ h''(18) &\approx \frac{\pi^2}{24} \cdot \sin\left(\frac{\pi}{12} \cdot 18 + \frac{\pi}{12}\right) \approx -0,4 < 0 \Rightarrow \text{Maximum} \end{aligned}$$

An der Stelle $t_1 \approx 4$ liegt ein Tiefpunkt und an der Stelle $t_2 \approx 18$ liegt ein Hochpunkt des Graphen von h vor. Die Tagestiefsttemperatur wird an diesem Tag damit etwa um 4.00 Uhr erreicht, die Tageshöchsttemperatur etwa um 18.00 Uhr.

c) Aus der Aufgabenstellung lässt sich ablesen, dass gilt: $T_0 = h(0)$, $T_6 = h(6)$ usw.
Damit lässt sich T_L berechnen durch:

$$\begin{aligned} T_L &= \frac{1}{4}(T_0 + T_6 + T_{12} + T_{18}) \\ &= \frac{1}{4}(h(0) + h(6) + h(12) + h(18)) \\ &\approx \frac{1}{4}(8{,}95 + 7{,}10 + 16{,}85 + 23{,}50) \\ &\approx \frac{1}{4} \cdot 56{,}4 \\ &= 14{,}1 \end{aligned}$$

Die mittlere Tagestemperatur T_L ermittelt über die «synoptischen Stunden» an diesem Tag beträgt etwa 14,1°C.
Das angegebene Integral berechnet man mithilfe des Hauptsatzes der Differential- und Integralrechnung:

$$\begin{aligned} \overline{T} &= \frac{1}{24}\int_0^{24} h(t)\,\mathrm{d}t \\ &= \frac{1}{24}\int_0^{24} \left(-6 \cdot \sin\left(\frac{\pi}{12}t + \frac{\pi}{12}\right) + 0{,}4t + 10{,}5\right) \mathrm{d}t \\ &= \frac{1}{24} \cdot \left[\frac{6 \cdot \cos\left(\frac{\pi}{12}t + \frac{\pi}{12}\right)}{\frac{\pi}{12}} + 0{,}2t^2 + 10{,}5t\right]_0^{24} \\ &= \frac{1}{24} \cdot \left[\frac{72}{\pi} \cdot \cos\left(\frac{\pi}{12}t + \frac{\pi}{12}\right) + 0{,}2t^2 + 10{,}5t\right]_0^{24} \\ &= \frac{1}{24} \cdot \left(\left(\frac{72}{\pi} \cdot \cos\left(\frac{\pi}{12} \cdot 24 + \frac{\pi}{12}\right) + 0{,}2 \cdot 24^2 + 10{,}5 \cdot 24\right)\right. \\ &\quad \left. - \left(\frac{72}{\pi} \cdot \cos\left(\frac{\pi}{12} \cdot 0 + \frac{\pi}{12}\right) + 0{,}2 \cdot 0^2 + 10{,}5 \cdot 0\right)\right) \\ &= 15{,}3 \end{aligned}$$

Die mittlere Tagestemperatur $\overline{T}$ an diesem Tag beträgt 15,3°C.
Um zu berechnen, wie sehr die mittels «synoptischer Stunden» ermittelte Tagesmitteltemperatur von der hier ermittelten Tagesmitteltemperatur $\overline{T}$ abweicht, wird zunächst die Differenz der beiden Werte T_L und $\overline{T}$ gebildet und diese ins Verhältnis zu $\overline{T}$ gesetzt:

$$\frac{\overline{T} - T_L}{\overline{T}} = \frac{15{,}3 - 14{,}1}{15{,}3} = \frac{1{,}2}{15{,}3} \approx 0{,}078 = 7{,}8\%$$

Damit beträgt die prozentuale Abweichung etwa 7,8 %.

Aufgabe A 7.2

Es ist $f_k(x) = (k-x)\cdot e^x$.

a) Die Nullstelle von f_k erhält man, indem man die Gleichung $f_k(x) = 0$ nach x auflöst:

$$(k-x)\cdot e^x = 0$$
$$k-x = 0$$
$$x = k$$

Den Schnittpunkt mit der y-Achse erhält man, indem man $x = 0$ in $f_k(x)$ einsetzt:

$$f_k(0) = (k-0)\cdot e^0 = k \Rightarrow \mathrm{S}_k\,(0\mid k)$$

Um den gegebenen Graphen ihre Parameter zuzuordnen, vergleicht man die Nullstelle $x = k$ von $f_k(x)$ mit den abgelesenen Nullstellen:
Die obere Kurve hat die Nullstelle bei $x = 2 \Rightarrow k = 2$ ist der zugehörige Parameter.

Die mittlere Kurve hat die Nullstelle bei $x = 1 \Rightarrow k = 1$ ist der zugehörige Parameter.

Die untere Kurve hat die Nullstelle bei $x = 0 \Rightarrow k = 0$ ist der zugehörige Parameter.

Alternativ könnte man auch den y-Achsenabschnitt $y = k$ von $f_k(x)$ verwenden und jeweils den y-Achsenabschnitt der gegebenen Graphen ablesen: die obere Kurve hat $y = 2$, die mittlere Kurve $y = 1$ und die untere Kurve $y = 0$ als y-Achsenabschnitt.
Der Schnittpunkt S_k des Graphen von f_k mit der y-Achse hat die Koordinaten $\mathrm{S}_k(0\mid k)$.
Die Steigung m_k der Tangente t_k im Punkt S_k erhält man, indem man $x = 0$ in

$$f_k{}'(x) = -1\cdot e^x + (k-x)\cdot e^x = (-1+k-x)\cdot e^x$$

einsetzt:

$$m_k = f_k{}'(0) = (-1+k-0)\cdot e^0 = k-1$$

Setzt man S_k und m_k in die Tangentengleichung $y = f'(u)\cdot(x-u)+f(u)$ ein, so erhält man die Gleichung der Tangente t_k an den Graphen von f_k im Punkt S_k :

$$t_k:\ y = (k-1)\cdot(x-0)+k \Rightarrow t_k:\ y = (k-1)\cdot x+k$$

Um den gemeinsamen Punkt der Tangenten t_k zu bestimmen, setzt man z.B. $k = 1$ und $k = 2$ in t_k ein und berechnet den Schnittpunkt durch Gleichsetzen der Tangentengleichungen:

$$(1-1)\cdot x+1 = (2-1)\cdot x+2 \Leftrightarrow 1 = x+2 \Rightarrow x = -1$$

Setzt man $x = -1$ in t_1 oder t_2 ein, erhält man: $y = 1$.
Somit hat der Schnittpunkt von t_1 und t_2 die Koordinaten: $\mathrm{S}\,(-1\mid 1)$.
Um zu zeigen, dass S auf allen Tangenten t_k liegt, setzt man die Koordinaten von S in t_k ein (Punktprobe):

$$1 = (k-1)\cdot(-1)+k \Rightarrow 1 = 1$$

Aufgrund der wahren Aussage schneiden sich alle Tangenten im Punkt $\mathrm{S}\,(-1\mid 1)$.

b) Die ersten drei Ableitungen von f_k erhält man mit der Produktregel:

$$f_k{}'(x) = -1 \cdot e^x + (k-x) \cdot e^x = (-1+k-x) \cdot e^x$$
$$f_k{}''(x) = -1 \cdot e^x + (-1+k-x) \cdot e^x = (-2+k-x) \cdot e^x$$
$$f_k{}'''(x) = -1 \cdot e^x + (-2+k-x) \cdot e^x = (-3+k-x) \cdot e^x$$

Die ersten drei Ableitungen von f_k unterscheiden sich nur durch einen Summanden innerhalb des Faktors vor e^x.
Da zum Faktor von e^x in der ersten Ableitung -1, in der 2. Ableitung -2 und in der 3. Ableitung -3 addiert wird, kann man vermuten, dass für die n-te Ableitung von f_k gilt:

$$f_k{}^{(n)}(x) = (-n+k-x) \cdot e^x$$

Setzt man obiges Bildungsgesetz nun in die andere Richtung zur Stammfunktion von f_k hin fort, so erhält man:

$$\begin{aligned} f_k{}''(x) &= (-2+k-x) \cdot e^x \\ f_k{}'(x) &= (-1+k-x) \cdot e^x \\ f_k(x) &= (0+k-x) \cdot e^x \\ \mathrm{F}_k(x) &= (1+k-x) \cdot e^x \end{aligned}$$

Setzt man $k = 2$ in $\mathrm{F}_k(x)$ ein, erhält man damit vermutlich eine Stammfunktion F_2 von f_2:

$$\mathrm{F}_2(x) = (1+2-x) \cdot e^x = (3-x) \cdot e^x$$

Zur Kontrolle kann man $\mathrm{F}_2(x) = (3-x) \cdot e^x$ mit der Produktregel ableiten:

$$\mathrm{F}_2{}'(x) = -1 \cdot e^x + (3-x) \cdot e^x = (2-x) \cdot e^x = f_2(x)$$

c) Um k näherungsweie so zu bestimmen, dass der Flächeninhalt zwischen dem Graphen von f_k und der x- und y-Achse im 1. Feld 16 FE beträgt, berechnet man zuerst den Flächeninhalt $\mathrm{A}(k)$ in Abhängigkeit von k mithilfe eines Integrals. Die Integrationsgrenzen sind $x_1 = 0$ und $x_2 = k$ (Nullstelle von f_k):

$$\begin{aligned} \mathrm{A}(k) &= \int_0^k f_k(x)\mathrm{d}x \\ &= \Big[\mathrm{F}_k(x)\Big]_0^k \\ &= \Big[(1+k-x) \cdot e^x\Big]_0^k \\ &= (1+k-k) \cdot e^k - (1+k-0) \cdot e^0 \\ &= e^k - (1+k) \end{aligned}$$

Erstellt man für $\mathrm{A}(k)$ eine Wertetabelle, ergibt sich:

k	1	2	3	2,99
$\mathrm{A}(k)$	0,72	4,39	16,09	15,90

Somit beträgt für $k \approx 3,0$ der gesuchte Flächeninhalt 16 FE.

Geometrie

8 Kiste

a)

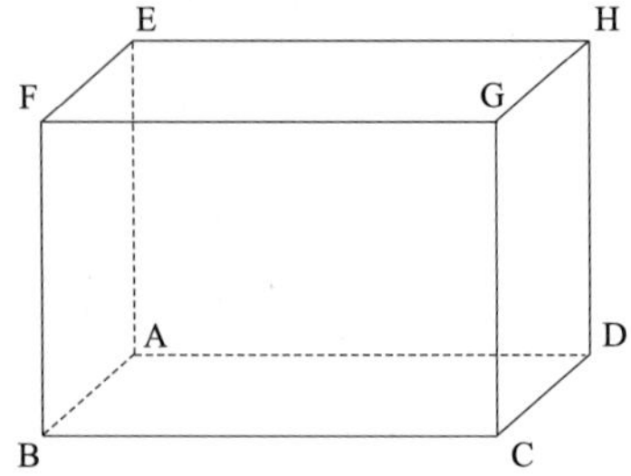

Die Koordinaten der Eckpunkte der Kiste sind A(0 | 0 | 0), B(3 | 0 | 0), C(3 | 5 | 0), D(0 | 5 | 0), E(0 | 0 | 4), F(3 | 0 | 4), G(3 | 5 | 4) und H(0 | 5 | 4).
Den Abstand zwischen den Kanten AB und GH erhält man, indem man die Entfernung der Punkte A und H berechnet, da die Kiste quaderförmig ist :

$$\overline{\mathrm{AH}} = |\overrightarrow{\mathrm{AH}}| = \left|\begin{pmatrix} 0 \\ 5 \\ 4 \end{pmatrix}\right| = \sqrt{0^2+5^2+4^2} = \sqrt{41} \approx 6{,}4$$

Der Abstand der Kanten AB und GH beträgt etwa 6,4 LE.

Um zu zeigen, dass die Gerade g durch E und H in jeder Ebene $\mathrm{E}_t: tx_1 - x_3 = -4$ liegt, stellt man die Geradengleichung von g auf und setzt sie in E_t ein. Man erhält:

$$g: \vec{x} = \begin{pmatrix} 0 \\ 0 \\ 4 \end{pmatrix} + s \cdot \begin{pmatrix} 0 \\ 1 \\ 0 \end{pmatrix}; s \in \mathbb{R}$$

Einsetzen von g in E_t ergibt: $t \cdot 0 - (4 + s \cdot 0) = -4$ bzw. $-4 = -4$.
Aufgrund der wahren Aussage liegt die Gerade g in jeder der Ebenen E_t.

Bei geschlossener Kiste liegt der Punkt F(3 | 0 | 4) auf dem Deckel. Setzt man die Koordinaten von F in E_t ein, so erhält man: $t \cdot 3 - 4 = -4 \Rightarrow t = 0$.
Somit liegt der Deckel bei geschlossener Kiste in der Ebene $\mathrm{E}_0: -x_3 = -4$ bzw. $x_3 = 4$.

Wird der Deckel um 90° geöffnet, so geht der Eckpunkt F des geschlossenen Deckels in den Eckpunkt $\overline{\mathrm{F}}(0 \mid 0 \mid 7)$ über.
Setzt man die Koordinaten von $\overline{\mathrm{F}}$ in E_t ein, so erhält man: $t \cdot 0 - 7 = -4 \Rightarrow -7 = -4$.
Aufgrund des Widerspruchs liegt der um 90° geöffnete Deckel in keiner der Ebenen E_t.

b) 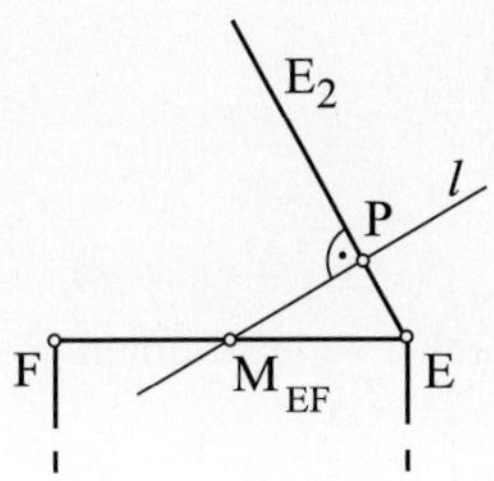

Der Punkt P ist der Schnittpunkt der Lotgeraden l und der Ebene E_2.
Die Ebene E_2 hat die Gleichung $E_2: \; 2x_1 - x_3 = -4$.
Der Mittelpunkt der Kante EF hat die Koordinaten $M_{EF}(1{,}5 \mid 0 \mid 4)$. Die Lotgerade l geht durch den Punkt M_{EF} und ist orthogonal zu E_2 (der Richtungsvektor von l ist somit der Normalenvektor von E_2):

$$l\colon \vec{x} = \begin{pmatrix} 1{,}5 \\ 0 \\ 4 \end{pmatrix} + r \cdot \begin{pmatrix} 2 \\ 0 \\ -1 \end{pmatrix}; \; r \in \mathbb{R}$$

Schneidet man l mit E_2, so ergibt sich: $2 \cdot (1{,}5 + 2r) - (4 - r) = -4 \Rightarrow r = -0{,}6$.
Setzt man $r = -0{,}6$ in l ein, so erhält man den gesuchten Punkt $P(0{,}3 \mid 0 \mid 4{,}6)$, in welchem der Stützstab auf den Deckel trifft.

c) Um den Öffnungswinkel α zu bestimmen, wenn der Deckel in E_2 liegt, berechnet man den Winkel zwischen dem Normalenvektor $\overrightarrow{n_2} = \begin{pmatrix} 2 \\ 0 \\ -1 \end{pmatrix}$ von E_2 und dem Normalenvektor $\overrightarrow{n_1} = \begin{pmatrix} 0 \\ 0 \\ 1 \end{pmatrix}$ der Ebene EFGH. Man erhält:

$$\cos\alpha = \frac{|\overrightarrow{n_1} \cdot \overrightarrow{n_2}|}{|\overrightarrow{n_1}| \cdot |\overrightarrow{n_2}|} = \frac{\left| \begin{pmatrix} 0 \\ 0 \\ 1 \end{pmatrix} \cdot \begin{pmatrix} 2 \\ 0 \\ -1 \end{pmatrix} \right|}{\left| \begin{pmatrix} 0 \\ 0 \\ 1 \end{pmatrix} \right| \cdot \left| \begin{pmatrix} 2 \\ 0 \\ -1 \end{pmatrix} \right|} = \frac{|-1|}{\sqrt{1} \cdot \sqrt{5}} = \frac{1}{\sqrt{5}} \Rightarrow \alpha \approx 63{,}4^\circ$$

Wenn der Deckel in E_2 liegt, beträgt der Öffnungswinkel etwa 63,4°.

Bei einem Öffnungswinkel von $\alpha = 60^\circ$ erhält man:

$$\cos(60) = \frac{|\overrightarrow{n_1} \cdot \overrightarrow{n_t}|}{|\overrightarrow{n_1}| \cdot |\overrightarrow{n_t}|} = \frac{\left| \begin{pmatrix} 0 \\ 0 \\ 1 \end{pmatrix} \cdot \begin{pmatrix} t \\ 0 \\ -1 \end{pmatrix} \right|}{\left| \begin{pmatrix} 0 \\ 0 \\ 1 \end{pmatrix} \right| \cdot \left| \begin{pmatrix} t \\ 0 \\ -1 \end{pmatrix} \right|} = \frac{|-1|}{\sqrt{1} \cdot \sqrt{t^2 + (-1)^2}} = \frac{1}{\sqrt{t^2 + 1}}$$

Da $\cos(60) = \frac{1}{2}$ ist, gilt:

$$\frac{1}{2} = \frac{1}{\sqrt{t^2 + 1}} \Rightarrow \sqrt{t^2 + 1} = 2$$

Daraus folgt:

$$t^2+1=4 \Rightarrow t=+\sqrt{3}$$

Dies ist einzige Lösung wegen $t \geqslant 0$.
Somit liegt der um 60° geöffnete Deckel in der Ebene $E_{\sqrt{3}}: \sqrt{3}x_1 - x_3 = -4$.
Um den Parameter t in Abhängigkeit vom Öffnungswinkel α zu bestimmen, löst man die Gleichung

$$\cos(\alpha) = \frac{|\overrightarrow{n_1} \cdot \overrightarrow{n_t}|}{|\overrightarrow{n_1}| \cdot |\overrightarrow{n_t}|} = \frac{1}{\sqrt{t^2+1}}$$

nach t auf. Wegen $\alpha < 90°$ ist $\cos(\alpha) \neq 0$ und man erhält:

$$\begin{aligned}
\frac{1}{\sqrt{t^2+1}} &= \cos(\alpha) \\
\frac{1}{\cos(\alpha)} &= \sqrt{t^2+1} \\
\frac{1}{(\cos(\alpha))^2} &= t^2+1 \\
\frac{1}{(\cos(\alpha))^2} - 1 &= t^2 \\
t_{1,2} &= \pm\sqrt{\frac{1}{(\cos(\alpha))^2} - 1}
\end{aligned}$$

Wegen $t \geqslant 0$ ist $t = \sqrt{\frac{1}{(\cos\alpha)^2} - 1}$ die einzige Lösung.

9 Geradenschar

Gegeben sind E: $3x_1+6x_2+4x_3=16$ und $g_a: \vec{x}=\begin{pmatrix}5\\1\\1\end{pmatrix}+t\cdot\begin{pmatrix}a\\1\\0\end{pmatrix}$; $a,t\in\mathbb{R}$.

a) Den Schnittpunkt der Geraden $g_4: \vec{x}=\begin{pmatrix}5\\1\\1\end{pmatrix}+t\cdot\begin{pmatrix}4\\1\\0\end{pmatrix}$ mit der Ebene E erhält man, indem man den allgemeinen Punkt $P_t\,(5+4t\mid 1+t\mid 1)$ von g_4 in die Ebenengleichung einsetzt:

$$3\cdot(5+4t)+6\cdot(1+t)+4\cdot 1=16 \Rightarrow t=-\frac{1}{2}$$

Setzt man $t=-\frac{1}{2}$ in P_t ein, erhält man den Schnittpunkt $S\left(3\mid\frac{1}{2}\mid 1\right)$.
Die Gerade g_a ist parallel zu E, wenn der Richtungsvektor $\vec{u}_a$ von g_a orthogonal zum Normalenvektor von E ist, d.h. wenn das Skalarprodukt dieser beiden Vektoren Null ergibt:

$$\begin{aligned}\vec{u}_a\cdot\vec{n}&=0\\ \begin{pmatrix}a\\1\\0\end{pmatrix}\cdot\begin{pmatrix}3\\6\\4\end{pmatrix}&=0\\ a\cdot 3+1\cdot 6+0\cdot 4&=0\\ a&=-2\end{aligned}$$

Somit ist für $a=-2$ die Gerade g_{-2} parallel zu E.

Eine Gerade der Schar ist orthogonal zu g_4, wenn der Richtungsvektor $\vec{u}_a=\begin{pmatrix}a\\1\\0\end{pmatrix}$ der Geradenschar orthogonal zum Richtungsvektor $\overrightarrow{u_4}=\begin{pmatrix}4\\1\\0\end{pmatrix}$ von g_4 ist, d.h. wenn das Skalarprodukt dieser beiden Vektoren Null ergibt:

$$\begin{aligned}\overrightarrow{u_a}\cdot\overrightarrow{u_4}&=0\\ \begin{pmatrix}a\\1\\0\end{pmatrix}\cdot\begin{pmatrix}4\\1\\0\end{pmatrix}&=0\\ a\cdot 4+1\cdot 1+0\cdot 0&=0\\ a&=-\frac{1}{4}\end{aligned}$$

Somit ist die Gerade $g_{-\frac{1}{4}}: \vec{x} = \begin{pmatrix} 5 \\ 1 \\ 1 \end{pmatrix} + t \cdot \begin{pmatrix} -\frac{1}{4} \\ 1 \\ 0 \end{pmatrix}$ der Geradenschar orthogonal zu g_4.

b) Den Schnittwinkel α von g_4 und E erhält man mit der Formel $\sin(\alpha) = \frac{|\overrightarrow{u_4} \cdot \vec{n}|}{|\overrightarrow{u_4}| \cdot |\vec{n}|}$, wobei $\vec{n} = \begin{pmatrix} 3 \\ 6 \\ 4 \end{pmatrix}$ ein Normalenvektor von E und $\overrightarrow{u_4} = \begin{pmatrix} 4 \\ 1 \\ 0 \end{pmatrix}$ der Richtungsvektor von g_4 ist.

Damit erhält man:

$$\sin(\alpha) = \frac{|\overrightarrow{u_4} \cdot \vec{n}|}{|\overrightarrow{u_4}| \cdot |\vec{n}|} = \frac{\left| \begin{pmatrix} 4 \\ 1 \\ 0 \end{pmatrix} \cdot \begin{pmatrix} 3 \\ 6 \\ 4 \end{pmatrix} \right|}{\left| \begin{pmatrix} 4 \\ 1 \\ 0 \end{pmatrix} \right| \cdot \left| \begin{pmatrix} 3 \\ 6 \\ 4 \end{pmatrix} \right|} = \frac{|4 \cdot 3 + 1 \cdot 6 + 0 \cdot 4|}{\sqrt{4^2 + 1^2 + 0^2} \cdot \sqrt{3^2 + 6^2 + 4^2}} = \frac{18}{\sqrt{17} \cdot \sqrt{61}}$$

$$\Rightarrow \alpha \approx 33{,}98^\circ$$

Der Winkel α zwischen g_4 und E beträgt etwa 34°.

Man könnte vermuten, dass mithilfe der Gleichung

$$\sin(10) = \frac{|3a + 6|}{\sqrt{a^2 + 1} \cdot \sqrt{61}}$$

diejenigen Werte von a berechnet werden, für die der Schnittwinkel von g_a und E die Weite $\alpha = 10^\circ$ hat. Um dies zu bestätigen, erstellt man eine Gleichung für den Winkel zwischen g_a und E (entsprechend der vorherigen Aufgabe):

$$\sin(\alpha) = \frac{|\overrightarrow{u_a} \cdot \vec{n}|}{|\overrightarrow{u_a}| \cdot |\vec{n}|}$$

$$\sin(10) = \frac{\left| \begin{pmatrix} a \\ 1 \\ 0 \end{pmatrix} \cdot \begin{pmatrix} 3 \\ 6 \\ 4 \end{pmatrix} \right|}{\left| \begin{pmatrix} a \\ 1 \\ 0 \end{pmatrix} \right| \cdot \left| \begin{pmatrix} 3 \\ 6 \\ 4 \end{pmatrix} \right|}$$

$$\sin(10) = \frac{|a \cdot 3 + 1 \cdot 6 + 0 \cdot 5|}{\sqrt{a^2 + 1^2 + 0^2} \cdot \sqrt{3^2 + 6^2 + 4^2}}$$

$$\sin(10) = \frac{|3a + 6|}{\sqrt{a^2 + 1} \cdot \sqrt{61}}$$

Somit werden mithilfe der Gleichung $\sin(10) = \frac{|3a+6|}{\sqrt{a^2+1} \cdot \sqrt{61}}$ diejenigen Werte von a berechnet, für die der Schnittwinkel von g_a und E die Weite $\alpha = 10^\circ$ hat.

c) Um zu begründen, dass alle Geraden g_a in der Ebene $\mathrm{F}\colon x_3 = 1$ liegen, setzt man den allgemeinen Punkt $\mathrm{P}_t\,(5+t\cdot a \mid 1+t \mid 1)$ von g_a in F ein und man erhält:

$$1 = 1$$

Aufgrund der wahren Aussage liegen alle Geraden g_a in der Ebene F.
Alternativ kann man sich auch Folgendes überlegen:
Der Stützpunkt $\mathrm{P}(5 \mid 1 \mid 1)$ von g_a liegt in F, da der x_3-Wert 1 beträgt. Außerdem ist der Richtungsvektor $\overrightarrow{u_a} = \begin{pmatrix} a \\ 1 \\ 0 \end{pmatrix}$ orthogonal zum Normalenvektor $\overrightarrow{n_\mathrm{F}} = \begin{pmatrix} 0 \\ 0 \\ 1 \end{pmatrix}$, da das Skalarprodukt der beiden Vektoren Null ergibt:

$$\overrightarrow{u_a}\cdot\overrightarrow{n_\mathrm{F}} = \begin{pmatrix} a \\ 1 \\ 0 \end{pmatrix}\cdot\begin{pmatrix} 0 \\ 0 \\ 1 \end{pmatrix} = a\cdot 0 + 1\cdot 0 + 0\cdot 1 = 0$$

Somit liegen alle Geraden g_a in der Ebene F.

Der Richtungsvektor $\overrightarrow{u_h} = \begin{pmatrix} x \\ y \\ z \end{pmatrix}$ der Geraden h, die durch den Punkt $\mathrm{P}(5 \mid 1 \mid 1)$ geht und in F liegt, aber nicht zur Schar gehört, muss folgende beiden Bedingungen erfüllen:

$\overrightarrow{u_h}$ muss orthogonal zum Normalenvektor $\overrightarrow{n_\mathrm{F}} = \begin{pmatrix} 0 \\ 0 \\ 1 \end{pmatrix}$ von F sein, d.h. das Skalarprodukt der beiden Vektoren muss Null ergeben:

$$\overrightarrow{u_h}\cdot\overrightarrow{n_\mathrm{F}} = 0 \Rightarrow \begin{pmatrix} x \\ y \\ z \end{pmatrix}\cdot\begin{pmatrix} 0 \\ 0 \\ 1 \end{pmatrix} = 0 \Rightarrow z = 0$$

Außerdem darf $\overrightarrow{u_h} = \begin{pmatrix} x \\ y \\ 0 \end{pmatrix}$ kein Vielfaches von $\overrightarrow{u_a} = \begin{pmatrix} a \\ 1 \\ 0 \end{pmatrix}$ sein. Dies ist nur dann der Fall, wenn $y = 0$ ist. Somit kann man $x = 1$ und damit $\overrightarrow{u_h} = \begin{pmatrix} 1 \\ 0 \\ 0 \end{pmatrix}$ als Richtungsvektor wählen.

Damit hat die Gerade h beispielsweise die Gleichung: $h\colon \vec{x} = \begin{pmatrix} 5 \\ 1 \\ 1 \end{pmatrix} + t\cdot\begin{pmatrix} 1 \\ 0 \\ 0 \end{pmatrix}$.

10 Flugzeug

Gegeben ist die Flugbahn $f_1: \vec{x} = \begin{pmatrix} 7 \\ 29 \\ 7 \end{pmatrix} + t \cdot \begin{pmatrix} 3 \\ -2 \\ -1 \end{pmatrix}$ eines Flugzeugs F_1

(t in Minuten nach 7.00 Uhr, Koordinatenangaben in km).

a) Die Uhrzeit 7.01 Uhr entspricht $t = 1$; setzt man $t = 1$ in f_1 ein, erhält man:

$$\vec{q} = \begin{pmatrix} 7 \\ 29 \\ 7 \end{pmatrix} + 1 \cdot \begin{pmatrix} 3 \\ -2 \\ -1 \end{pmatrix} = \begin{pmatrix} 10 \\ 27 \\ 6 \end{pmatrix} \Rightarrow \mathrm{Q}(10 \mid 27 \mid 6)$$

Also befindet sich das Flugzeug um 7.01 Uhr im Punkt $\mathrm{Q}(10 \mid 27 \mid 6)$.

Man kann erkennen, dass sich das Flugzeug im Sinkflug befindet, da die x_3-Komponente des Richtungsvektors der Flugbahn negativ ist.

Die Geschwindigkeit v des Flugzeugs erhält man, indem man die in der ersten Minute zurückgelegte Wegstrecke $\overline{\mathrm{PQ}}$ durch die benötigte Zeit $\left(\frac{1}{60}\text{ Stunde}\right)$ teilt:

$$v = \frac{\overline{\mathrm{PQ}}}{\frac{1}{60}} = \frac{\left|\overrightarrow{\mathrm{PQ}}\right|}{\frac{1}{60}} = \frac{\left|\begin{pmatrix} 3 \\ -2 \\ -1 \end{pmatrix}\right|}{\frac{1}{60}} = \frac{\sqrt{3^2 + (-2)^2 + (-1)^2}}{\frac{1}{60}} = 60 \cdot \sqrt{14} \approx 224,5$$

Das Flugzeug hat damit eine Geschwindigkeit von etwa $224,5\,\frac{\text{km}}{\text{h}}$.

Den Neigungswinkel α zwischen der Flugbahn f_1 und der x_1x_2-Ebene erhält man mithilfe des Richtungsvektors $\vec{u}_1 = \begin{pmatrix} 3 \\ -2 \\ -1 \end{pmatrix}$ von f_1 und des Normalenvektors $\vec{n} = \begin{pmatrix} 0 \\ 0 \\ 1 \end{pmatrix}$ der x_1x_2-Ebene:

$$\sin(\alpha) = \frac{|\overrightarrow{u_1} \cdot \vec{n}|}{|\overrightarrow{u_1}| \cdot |\vec{n}|} = \frac{\left|\begin{pmatrix} 3 \\ -2 \\ -1 \end{pmatrix} \cdot \begin{pmatrix} 0 \\ 0 \\ 1 \end{pmatrix}\right|}{\left|\begin{pmatrix} 3 \\ -2 \\ -1 \end{pmatrix}\right| \cdot \left|\begin{pmatrix} 0 \\ 0 \\ 1 \end{pmatrix}\right|} = \frac{|3 \cdot 0 + (-2) \cdot 0 + (-1) \cdot 1|}{\sqrt{3^2 + (-2)^2 + (-1)^2} \cdot 1} = \frac{|-1|}{\sqrt{14}} = \frac{1}{\sqrt{14}}$$

$$\Rightarrow \alpha \approx 15,5^\circ$$

Das Flugzeug fliegt etwa unter einem Winkel von $15,5^\circ$ auf den Boden zu.

Schneidet man f_1 mit der x_1x_2-Ebene ($x_3 = 0$), erhält man: $7 - t = 0 \Rightarrow t = 7$

Setzt man $t = 7$ in f_1 ein, ergibt sich:

$$\vec{s} = \begin{pmatrix} 7 \\ 29 \\ 7 \end{pmatrix} + 7 \cdot \begin{pmatrix} 3 \\ -2 \\ -1 \end{pmatrix} = \begin{pmatrix} 28 \\ 15 \\ 0 \end{pmatrix} \Rightarrow \mathrm{S}\,(28 \mid 15 \mid 0)$$

Also würde das Flugzeug um 7.07 Uhr im Punkt S (28 | 15 | 0) auf dem Boden aufsetzen.

b) Es ist zu prüfen, ob f_1, R_1 und R_2 in einer Ebene liegen, damit der Anflug optimal ist.

Die Ebene E, in der R_1 und f_1 liegen, hat die Spannvektoren

$$\vec{v_1} = \vec{u_1} = \begin{pmatrix} 3 \\ -2 \\ -1 \end{pmatrix} \text{ und } \vec{v_2} = \overrightarrow{PR_1} = \begin{pmatrix} -1 \\ -26 \\ -7 \end{pmatrix}.$$

Damit lautet die Parametergleichung:

$$\mathrm{E}\colon \vec{x} = \begin{pmatrix} 7 \\ 29 \\ 7 \end{pmatrix} + t \cdot \begin{pmatrix} 3 \\ -2 \\ -1 \end{pmatrix} + s \cdot \begin{pmatrix} -1 \\ -26 \\ -7 \end{pmatrix}, \; s,\, t \in \mathbb{R}$$

Um zu prüfen, ob $R_2\,(17 \mid 9 \mid 0)$ auch in der Ebene E liegt, setzt man den Ortsvektor von R_2 in E ein und erhält folgendes lineares Gleichungssystem:

$$\begin{array}{llcllll} \text{I} & 17 & = & 7 & + & 3t & - & s \\ \text{II} & 9 & = & 29 & - & 2t & - & 26s \\ \text{III} & 0 & = & 7 & - & t & - & 7s \end{array}$$

Subtrahiert man das 2-fache von Gleichung III von Gleichung II, erhält man:

$$9 = 15 - 12s \Rightarrow s = 0{,}5$$

Setzt man $s = 0{,}5$ in Gleichung II ein, ergibt sich: $9 = 29 - 2t - 26 \cdot 0{,}5 \Rightarrow t = 3{,}5$

Setzt man $s = 0{,}5$ und $t = 3{,}5$ in Gleichung I ein, erhält man:

$$17 = 7 + 3 \cdot 3{,}5 - 0{,}5 \Rightarrow 17 = 17$$

Aufgrund der wahren Aussage liegt auch R_2 in der Ebene E und damit ist der Anflug optimal.

Das Flugzeug F_1 entfernt sich von R_1 ab demjenigen Zeitpunkt, an dem der Abstand von R_1 zu f_1 minimal ist.

Hierzu stellt man eine zu f_1 orthogonale Hilfsebene E_H auf, die den Punkt R_1 enthält und deren Normalenvektor der Richtungsvektor $\overrightarrow{u_1}$ von f_1 ist:

$$E_H: \left(\vec{x} - \begin{pmatrix} 6 \\ 3 \\ 0 \end{pmatrix}\right) \cdot \begin{pmatrix} 3 \\ -2 \\ -1 \end{pmatrix} = 0$$

$$E_H: (x_1 - 6) \cdot 3 + (x_2 - 3) \cdot (-2) + (x_3 - 0) \cdot (-1) = 0$$

$$E_H: 3x_1 - 2x_2 - x_3 = 12$$

Alternativ kann man auch die Koordinaten des Punktes $R_1(6 \mid 3 \mid 0)$ in den Ansatz $3x_1 - 2x_2 - x_3 = d$ einsetzen:

$$3 \cdot 6 - 2 \cdot 3 - 0 = d \Rightarrow d = 12$$

Damit erhält man die Koordinatengleichung: $E_H:\ 3x_1 - 2x_2 - x_3 = 12$.

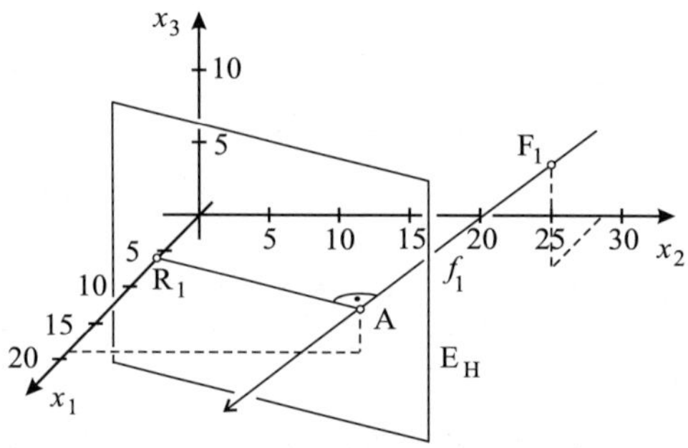

Schneidet man E_H mit f_1 ergibt sich der Schnittpunkt A zum gesuchten Zeitpunkt t:

$$3 \cdot (7 + 3t) - 2 \cdot (29 - 2t) - (7 - t) = 12 \Rightarrow t = 4$$

Damit übernimmt die Radarstation R_2 um 7.04 Uhr die Flugüberwachung.

c) Um zu bestimmen, wie weit die Flugzeuge F_1 und F_2 um 7.04 Uhr voneinander entfernt sind, setzt man $t = 4$ in f_1 und f_2 ein und berechnet den Abstand d der beiden zugehörigen Punkte A und B:

$$\vec{a} = \begin{pmatrix} 7 \\ 29 \\ 7 \end{pmatrix} + 4 \cdot \begin{pmatrix} 3 \\ -2 \\ -1 \end{pmatrix} = \begin{pmatrix} 19 \\ 21 \\ 3 \end{pmatrix} \Rightarrow A(19 \mid 21 \mid 3)$$

$$\vec{b} = \begin{pmatrix} 18 \\ 11 \\ 7 \end{pmatrix} + 4 \cdot \begin{pmatrix} 2 \\ 2 \\ 0 \end{pmatrix} = \begin{pmatrix} 26 \\ 19 \\ 7 \end{pmatrix} \Rightarrow B(26 \mid 19 \mid 7)$$

$$d = |\overrightarrow{AB}| = \left| \begin{pmatrix} 7 \\ -2 \\ 4 \end{pmatrix} \right| = \sqrt{7^2 + (-2)^2 + 4^2} = \sqrt{69} \approx 8,31$$

Die beiden Flugzeuge sind um 7.04 Uhr etwa 8,3 km voneinander entfernt.

Um zu berechnen, zu welchem Zeitpunkt die beiden Flugzeuge einen Abstand von 10 km haben, wird zuerst der Abstand $d(t)$ der beiden Positionen $A_t\,(7+3t \mid 29-2t \mid 7-t)$ von F_1 und $B_t\,(18+2t \mid 11+2t \mid 7)$ von F_2 zum Zeitpunkt t bestimmt:

$$d(t) = |\overrightarrow{A_tB_t}| = \left| \begin{pmatrix} 11-t \\ -18+4t \\ t \end{pmatrix} \right| = \sqrt{(11-t)^2 + (-18+4t)^2 + t^2}$$

Anschließend löst man die Gleichung $d(t) = 10$ durch Quadrieren nach t auf:

$$\begin{aligned} \sqrt{(11-t)^2 + (-18+4t)^2 + t^2} &= 10 \\ (11-t)^2 + (-18+4t)^2 + t^2 &= 100 \\ 121 - 22t + t^2 + 324 - 144t + 16t^2 + t^2 &= 100 \\ 18t^2 - 166t + 345 &= 0 \end{aligned}$$

Mithilfe der *abc*-Formel erhält man $t_1 \approx 3,16$ und $t_2 \approx 6,06$.
Somit haben die beiden Flugzeuge etwa um 7.03 Uhr und um 7.06 Uhr einen Abstand von 10 km.
Die minimale Entfernung der beiden Flugbahnen erhält man, indem man den Abstand der beiden windschiefen Geraden f_1 und f_2 berechnet. Dazu bestimmt man mithilfe des Vektorprodukts einen Vektor $\vec{n}$, der auf beiden Richtungsvektoren von f_1 und f_2 senkrecht steht:

$$\vec{n} = \begin{pmatrix} 3 \\ -2 \\ -1 \end{pmatrix} \times \begin{pmatrix} 2 \\ 2 \\ 0 \end{pmatrix} = \begin{pmatrix} 2 \\ -2 \\ 10 \end{pmatrix}$$

Mithilfe der Formel $\mathrm{d}(g,h) = |(\vec{q} - \vec{p}) \cdot \vec{n_0}| = \frac{|(\vec{q}-\vec{p})\cdot\vec{n}|}{|\vec{n}|}$ erhält man:

$$\mathrm{d}(f_1, f_2) = \frac{\left| \left(\begin{pmatrix} 18 \\ 11 \\ 7 \end{pmatrix} - \begin{pmatrix} 7 \\ 29 \\ 7 \end{pmatrix} \right) \cdot \begin{pmatrix} 2 \\ -2 \\ 10 \end{pmatrix} \right|}{\left| \begin{pmatrix} 2 \\ -2 \\ 10 \end{pmatrix} \right|}$$

$$= \frac{\left| \begin{pmatrix} 11 \\ -18 \\ 0 \end{pmatrix} \cdot \begin{pmatrix} 2 \\ -2 \\ 10 \end{pmatrix} \right|}{\sqrt{2^2 + (-2)^2 + 10^2}}$$

$$= \frac{|11 \cdot 2 + (-18) \cdot (-2) + 0 \cdot 10|}{\sqrt{108}}$$

$$= \frac{58}{\sqrt{108}}$$

$$\approx 5,58$$

Die beiden Flugbahnen haben eine minimale Entfernung von etwa $5,58\,\mathrm{km}$.

11 Pyramide

Gegeben sind die Punkte A (5 | −5 | 0), B (5 | 5 | 0), C (−5 | 5 | 0), D (−5 | −5 | 0) sowie S (0 | 0 | 12).

a) Die Ebene E, in der die Punkte B (5 | 5 | 0), C (−5 | 5 | 0) und S (0 | 0 | 12) liegen, hat beispielsweise den Stützpunkt B und die Spannvektoren $\overrightarrow{BC} = \begin{pmatrix} -10 \\ 0 \\ 0 \end{pmatrix} = -10 \cdot \begin{pmatrix} 1 \\ 0 \\ 0 \end{pmatrix}$ und $\overrightarrow{BS} = \begin{pmatrix} -5 \\ -5 \\ 12 \end{pmatrix}$. Damit hat E die Parametergleichung:

$$E\colon \vec{x} = \begin{pmatrix} 5 \\ 5 \\ 0 \end{pmatrix} + s \cdot \begin{pmatrix} 1 \\ 0 \\ 0 \end{pmatrix} + t \cdot \begin{pmatrix} -5 \\ -5 \\ 12 \end{pmatrix};\ s,t \in \mathbb{R}$$

Einen Normalenvektor $\vec{n}$ von S erhält man mithilfe des Vektorprodukts (siehe Seite 49) der Spannvektoren $\begin{pmatrix} 1 \\ 0 \\ 0 \end{pmatrix}$ und $\begin{pmatrix} -5 \\ -5 \\ 12 \end{pmatrix}$:

$$\begin{pmatrix} 1 \\ 0 \\ 0 \end{pmatrix} \times \begin{pmatrix} -5 \\ -5 \\ 12 \end{pmatrix} = \begin{pmatrix} 0 \\ -12 \\ -5 \end{pmatrix} = -1 \cdot \begin{pmatrix} 0 \\ 12 \\ 5 \end{pmatrix} \Rightarrow \vec{n} = \begin{pmatrix} 0 \\ 12 \\ 5 \end{pmatrix}$$

Alternativ kann man $\vec{n}$ auch mithilfe des Skalarprodukts bestimmen, da $\vec{n}$ auf beiden Spannvektoren senkrecht steht. Damit gilt:

$$\begin{pmatrix} n_1 \\ n_2 \\ n_3 \end{pmatrix} \cdot \begin{pmatrix} 1 \\ 0 \\ 0 \end{pmatrix} = 0$$

und

$$\begin{pmatrix} n_1 \\ n_2 \\ n_3 \end{pmatrix} \cdot \begin{pmatrix} -5 \\ -5 \\ 12 \end{pmatrix} = 0$$

Daraus ergibt sich das lineare Gleichungssystem:

$$\begin{array}{lrcrcrcl} \text{I} & n_1 & + & 0 \cdot n_2 & + & 0 \cdot n_3 & = & 0 \\ \text{II} & -5n_1 & - & 5n_2 & + & 12n_3 & = & 0 \end{array}$$

Aus Gleichung I erhält man: $n_1 = 0$.
Setzt man $n_1 = 0$ in Gleichung II ein, ergibt sich: $-5n_2 + 12n_3 = 0$.
Wählt man in Gleichung II z.B. $n_3 = 5$, erhält man: $-5n_2 + 12 \cdot 5 = 0 \Rightarrow n_2 = 12$.

Damit ergibt sich ein Normalenvektor $\vec{n} = \begin{pmatrix} 0 \\ 12 \\ 5 \end{pmatrix}$.

Eine Koordinatengleichung von E erhält man mithilfe der Punkt-Normalenform:

$$\begin{aligned}
&\text{E:}\ \left(\vec{x}-\vec{b}\right)\cdot\vec{n}=0\\
&\text{E:}\ \left(\vec{x}-\begin{pmatrix} 5 \\ 5 \\ 0 \end{pmatrix}\right)\cdot\begin{pmatrix} 0 \\ 12 \\ 5 \end{pmatrix}=0\\
&\text{E:}\ (x_1-5)\cdot 0+(x_2-5)\cdot 12+(x_3-0)\cdot 5=0\\
&\text{E:}\ 12x_2-60+5x_3=0\\
&\text{E:}\ 12x_2+5x_3=60
\end{aligned}$$

Alternativ kann man auch die Koordinaten des Punktes B $(5 \mid 5 \mid 0)$ in den Ansatz $12x_2+5x_3=d$ einsetzen:

$$12\cdot 5+5\cdot 0=d \Rightarrow d=60$$

Die Ebene E hat somit die Koordinatengleichung E: $12x_2+5x_3=60$.

Den Winkel α, der von der Seitenfläche BCS und der Grundfläche der Pyramide (x_1x_2-Ebene) eingeschlossen wird, erhält man mithilfe der Formel $\cos\alpha = \frac{|\vec{n}_1\cdot\vec{n}_2|}{|\vec{n}_1|\cdot|\vec{n}_2|}$, wobei $\vec{n}_1 = \begin{pmatrix} 0 \\ 12 \\ 5 \end{pmatrix}$ ein Normalenvektor von E und $\vec{n}_2 = \begin{pmatrix} 0 \\ 0 \\ 1 \end{pmatrix}$ ein Normalenvektor der x_1x_2-Ebene ist. Damit erhält man:

$$\cos(\alpha) = \frac{|\vec{n}_1\cdot\vec{n}_2|}{|\vec{n}_1|\cdot|\vec{n}_2|} = \frac{\left|\begin{pmatrix} 0 \\ 12 \\ 5 \end{pmatrix}\cdot\begin{pmatrix} 0 \\ 0 \\ 1 \end{pmatrix}\right|}{\left|\begin{pmatrix} 0 \\ 12 \\ 5 \end{pmatrix}\right|\cdot\left|\begin{pmatrix} 0 \\ 0 \\ 1 \end{pmatrix}\right|} = \frac{|0\cdot 0+12\cdot 0+5\cdot 1|}{\sqrt{0^2+12^2+5^2}\cdot\sqrt{0^2+0^2+1^2}} = \frac{5}{13}$$

$$\alpha = \cos^{-1}\left(\frac{5}{13}\right) \approx 67{,}4^\circ$$

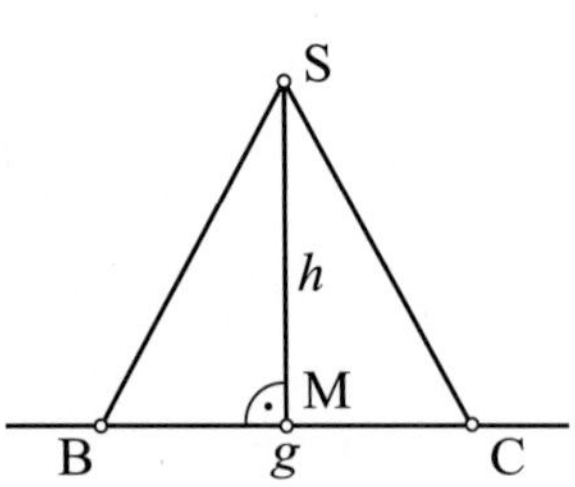

Der Winkel α zwischen den beiden Ebenen beträgt etwa $67{,}4^\circ$.

Das Dreieck BCS ist gleichschenklig. Den Flächeninhalt A des gleichschenkligen Dreiecks BCS erhält man mithilfe der Formel $A = \frac{1}{2}\cdot g\cdot h$.

Als Grundseite g des Dreiecks BCS verwendet man $g = \overline{BC} = 10$.

Die zugehörige Höhe h ist die Entfernung vom Mittelpunkt M $(0 \mid 5 \mid 0)$ der Punkte B und C zur Spitze S:

$$h = \overline{\mathrm{MS}} = \left|\overrightarrow{\mathrm{MS}}\right| = \left|\begin{pmatrix} 0 \\ -5 \\ 12 \end{pmatrix}\right| = \sqrt{0^2 + (-5)^2 + 12^2} = \sqrt{169} = 13$$

Damit erhält man:

$$\mathrm{A} = \frac{10 \cdot 13}{2} = 65$$

Alternativ kann man den Flächeninhalt A des Dreiecks BCS auch mit dem Vektorprodukt bestimmen:

$$\mathrm{A} = \frac{1}{2} \cdot \left|\overrightarrow{\mathrm{BC}} \times \overrightarrow{\mathrm{BS}}\right| = \frac{1}{2} \cdot \left|\begin{pmatrix} -10 \\ 0 \\ 0 \end{pmatrix} \times \begin{pmatrix} -5 \\ -5 \\ 12 \end{pmatrix}\right| = \frac{1}{2} \cdot \left|\begin{pmatrix} 0 \\ 120 \\ 50 \end{pmatrix}\right| = \frac{1}{2} \cdot \sqrt{0^2 + 120^2 + 50^2} = 65$$

Der Flächeninhalt des Dreiecks BCS beträgt 65 FE.

b) Aus Symmetriegründen liegt der Punkt R im Innern der Pyramide, der von allen Seitenflächen und von der Grundfläche genau gleich weit entfernt, auf der x_3-Achse und hat die Koordinaten $\mathrm{R}(0 \mid 0 \mid t)$ mit $0 < t < 12$.

Der Abstand d_1 von R zur Bodenfläche der Pyramide entspricht der x_3-Koordinate von R, also $\mathrm{d}_1 = t$.

Den Abstand d_2 von R zur Seitenfläche BCS mit der Gleichung $\mathrm{E}\colon\ 12x_2 + 5x_3 = 60$ erhält man mit der Abstandsformel:

$$\mathrm{d}_2 = \frac{|12 \cdot 0 + 5 \cdot t - 60|}{\sqrt{0^2 + 12^2 + 5^2}} = \frac{|5t - 60|}{13}$$

Da R von der Bodenfläche und von den Seitenflächen genau gleich weit entfernt ist, gilt:

$$\begin{aligned} \mathrm{d}_1 &= \mathrm{d}_2 \\ t &= \frac{|5t - 60|}{13} \\ 13t &= |5t - 60| \end{aligned}$$

Diese Betragsgleichung löst man durch Fallunterscheidung:

I) $5t - 60 = 13t$ führt zu $t_1 = -7,5$.

II) $5t - 60 = -13t$ führt zu $t_2 = \frac{10}{3}$.

Wegen $0 < t < 12$ kommt nur $t = \frac{10}{3}$ als Lösung in Frage. Somit hat der Punkt R die Koordinaten $\mathrm{R}\left(0 \mid 0 \mid \frac{10}{3}\right)$.

c) Die Situation von Pyramide und Quader kann anhand der nebenstehenden Zeichnung veranschaulicht werden.
Das Volumen V eines Quaders erhält man mithilfe der Formel $V = a \cdot b \cdot c$. Ein Quader mit dem Eckpunkt $Q(2{,}5 \mid 2{,}5 \mid 0)$ hat die Grundseiten $a = 5$ und $b = 5$.
Der Eckpunkt T oberhalb von Q liegt auf der Kante BS, und damit auf der Geraden g durch B und S. Diese hat die Gleichung:

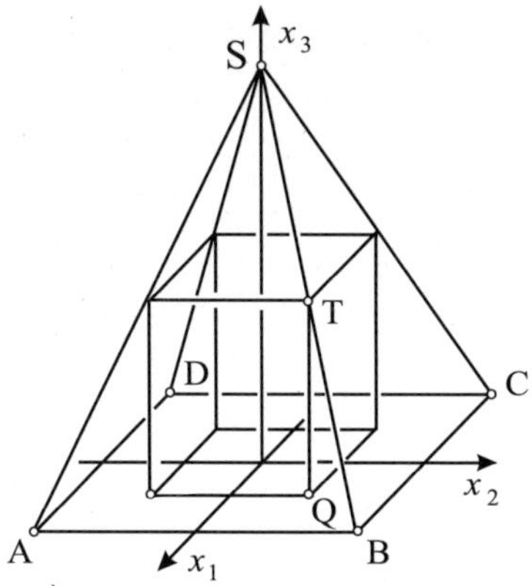

$$g\colon \vec{x} = \begin{pmatrix} 5 \\ 5 \\ 0 \end{pmatrix} + t \cdot \begin{pmatrix} -5 \\ -5 \\ 12 \end{pmatrix}$$

Der Eckpunkt T liegt auch auf der Lotgeraden l, die durch Q geht und orthogonal zur Grundfläche ist. Als Richtungsvektor von l verwendet man den Normalenvektor der x_1x_2-Ebene. Damit hat die Lotgerade l die Gleichung:

$$l\colon \vec{x} = \begin{pmatrix} 2{,}5 \\ 2{,}5 \\ 0 \end{pmatrix} + r \cdot \begin{pmatrix} 0 \\ 0 \\ 1 \end{pmatrix}$$

Die Koordinaten von T erhält man, indem man g und l schneidet:

$$\begin{pmatrix} 5 \\ 5 \\ 0 \end{pmatrix} + t \cdot \begin{pmatrix} -5 \\ -5 \\ 12 \end{pmatrix} = \begin{pmatrix} 2{,}5 \\ 2{,}5 \\ 0 \end{pmatrix} + r \cdot \begin{pmatrix} 0 \\ 0 \\ 1 \end{pmatrix}$$

Dies führt zu folgendem Gleichungssystem:

$$\begin{array}{lccccc} \text{I} & 5 & - & 5t & = & 2{,}5 \\ \text{II} & 5 & - & 5t & = & 2{,}5 \\ \text{III} & & & 12t & = & r \end{array}$$

Aus Gleichung I und II ergibt sich: $5 - 5t = 2{,}5 \Rightarrow t = 0{,}5$
Setzt man $t = 0{,}5$ in Gleichung III ein, erhält man: $12 \cdot 0{,}5 = r \Rightarrow r = 6$
Setzt man $t = 0{,}5$ in g oder $r = 6$ in l ein, erhält man: $T(2{,}5 \mid 2{,}5 \mid 6)$.
Die Höhe c des Quaders ist gleich groß wie die x_3-Koordinate von T, also $c = 6$.
Damit ergibt sich für das Volumen des Quaders:

$$V = 5 \cdot 5 \cdot 6 = 150$$

Der Quader hat ein Volumen von 150 VE.

Der obere rechte Eckpunkt T eines Quaders liegt auf der Geraden g durch B und S, hat also die allgemeinen Koordinaten $T_t\,(5-5t \mid 5-5t \mid 12t)$.
Die x_1- und die x_2-Koordinaten von T_t sind gleich, genau wie beim Punkt Q in der Grundfläche. Die Grundfläche liegt symmetrisch um den Ursprung herum. Damit der Quader ein Würfel ist, muss die x_3-Koordinate von T_t doppelt so groß sein wie die x_1- bzw. x_2-Koordinate. Also muss gelten:

$$12t = 2\cdot(5-5t) \Rightarrow t = \frac{5}{11}$$

Setzt man $t = \frac{5}{11}$ in T_t ein, ergibt sich: $T^*\left(\frac{30}{11} \mid \frac{30}{11} \mid \frac{60}{11}\right)$.
Der Eckpunkt T^* des Würfels auf der Kante BS hat die Koordinaten $T^*\left(\frac{30}{11} \mid \frac{30}{11} \mid \frac{60}{11}\right)$.

12 Platte

Gegeben sind die Punkte A(10 | 6 | 0), B(0 | 6 | 0), C(0 | 0 | 3), D(10 | 0 | 3), F(5 | 6 | 0) und L(8 | 10 | 2).

a) Die Ebene E, in der die Platte mit den Eckpunkten A(10 | 6 | 0), B(0 | 6 | 0) und C(0 | 0 | 3) liegt, hat beispielsweise den Stützpunkt A und die Spannvektoren

$$\overrightarrow{AB} = \begin{pmatrix} -10 \\ 0 \\ 0 \end{pmatrix} = -10 \cdot \begin{pmatrix} 1 \\ 0 \\ 0 \end{pmatrix} \text{ und } \overrightarrow{AC} = \begin{pmatrix} -10 \\ -6 \\ 3 \end{pmatrix}.$$

Damit hat E die Parametergleichung:

$$E\colon \vec{x} = \begin{pmatrix} 10 \\ 6 \\ 0 \end{pmatrix} + s \cdot \begin{pmatrix} 1 \\ 0 \\ 0 \end{pmatrix} + t \cdot \begin{pmatrix} -10 \\ -6 \\ 3 \end{pmatrix};\ s,t \in \mathbb{R}$$

Einen Normalenvektor $\vec{n}$ von E erhält man mithilfe des Vektorprodukts (siehe Seite 49) der Spannvektoren $\begin{pmatrix} 1 \\ 0 \\ 0 \end{pmatrix}$ und $\begin{pmatrix} -10 \\ -6 \\ 3 \end{pmatrix}$:

$$\begin{pmatrix} 1 \\ 0 \\ 0 \end{pmatrix} \times \begin{pmatrix} -10 \\ -6 \\ 3 \end{pmatrix} = \begin{pmatrix} 0 \\ -3 \\ -6 \end{pmatrix} = -3 \cdot \begin{pmatrix} 0 \\ 1 \\ 2 \end{pmatrix} \Rightarrow \vec{n} = \begin{pmatrix} 0 \\ 1 \\ 2 \end{pmatrix}$$

Alternativ kann man $\vec{n}$ auch mithilfe des Skalarprodukts bestimmen, da $\vec{n}$ auf beiden Spannvektoren senkrecht steht. Damit gilt:

$$\begin{pmatrix} n_1 \\ n_2 \\ n_3 \end{pmatrix} \cdot \begin{pmatrix} 1 \\ 0 \\ 0 \end{pmatrix} = 0$$

und

$$\begin{pmatrix} n_1 \\ n_2 \\ n_3 \end{pmatrix} \cdot \begin{pmatrix} -10 \\ -6 \\ 3 \end{pmatrix} = 0$$

Daraus ergibt sich das lineare Gleichungssystem:

$$\begin{array}{lrcrcrcl} \text{I} & n_1 & + & 0 \cdot n_2 & + & 0 \cdot n_3 & = & 0 \\ \text{II} & -10n_1 & - & 6n_2 & + & 3n_3 & = & 0 \end{array}$$

Aus Gleichung I ergibt sich: $n_1 = 0$.
Setzt man $n_1 = 0$ in Gleichung II ein, erhält man: $-6n_2 + 3n_3 = 0$.
Wählt man in Gleichung II z.B. $n_3 = 2$, erhält man: $-6n_2 + 3 \cdot 2 = 0 \Rightarrow n_2 = 1$

Damit ergibt sich ein Normalenvektor $\vec{n} = \begin{pmatrix} 0 \\ 1 \\ 2 \end{pmatrix}$.

Eine Koordinatengleichung von E erhält man mithilfe der Punkt-Normalenform:

$$\text{E}: (\vec{x} - \vec{a}) \cdot \vec{n} = 0$$

$$\text{E}: \left(\vec{x} - \begin{pmatrix} 10 \\ 6 \\ 0 \end{pmatrix}\right) \cdot \begin{pmatrix} 0 \\ 1 \\ 2 \end{pmatrix} = 0$$

$$\text{E}: (x_1 - 10) \cdot 0 + (x_2 - 6) \cdot 1 + (x_3 - 0) \cdot 2 = 0$$

$$\text{E}: x_2 - 6 + 2x_3 = 0$$

$$\text{E}: x_2 + 2x_3 = 6$$

Alternativ kann man auch die Koordinaten des Punktes A $(10 \mid 6 \mid 0)$ in den Ansatz $x_2 + 2x_3 = d$ einsetzen:

$$6 + 2 \cdot 0 = d \Rightarrow d = 6$$

Die Ebene E hat die Koordinatengleichung E: $x_2 + 2x_3 = 6$.

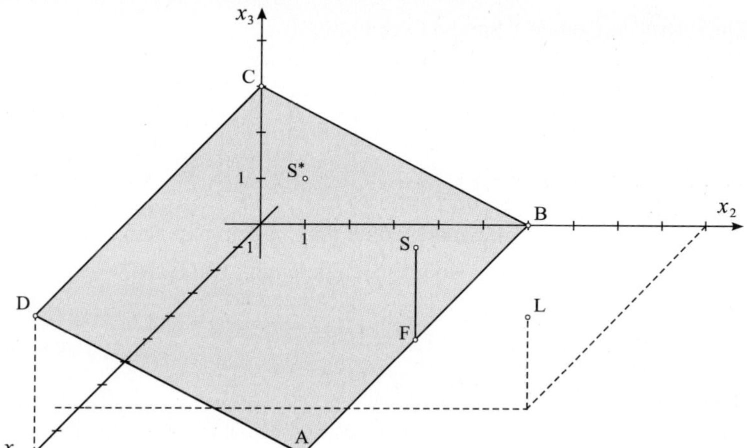

Das obere Ende des Stabes hat die Koordinaten S $(5 \mid 6 \mid 2)$.
Den Abstand d des oberen Endes S des Stabes von der Ebene E: $x_2 + 2x_3 = 6$ erhält man mithilfe der Abstandsformel:

$$\text{d} = \frac{|6 + 2 \cdot 2 - 6|}{\sqrt{0^2 + 1^2 + 2^2}} = \frac{4}{\sqrt{5}} \approx 1{,}79$$

Der Abstand des oberen Endes des Stabes von der Ebene E beträgt etwa $1{,}79\,\text{m}$.

Den Winkel zwischen dem Stab und der Platte erhält man mit der Formel $\sin(\alpha) = \frac{|\vec{n}\cdot\vec{r}|}{|\vec{n}|\cdot|\vec{r}|}$, wobei $\vec{n} = \begin{pmatrix} 0 \\ 1 \\ 2 \end{pmatrix}$ ein Normalenvektor von E und $\vec{r} = \begin{pmatrix} 0 \\ 0 \\ 1 \end{pmatrix}$ ein Richtungsvektor der Geraden ist, auf der der Stab liegt. Damit erhält man:

$$\sin(\alpha) = \frac{|\vec{n}\cdot\vec{r}|}{|\vec{n}|\cdot|\vec{r}|} = \frac{\left|\begin{pmatrix} 0 \\ 1 \\ 2 \end{pmatrix}\cdot\begin{pmatrix} 0 \\ 0 \\ 1 \end{pmatrix}\right|}{\left|\begin{pmatrix} 0 \\ 1 \\ 2 \end{pmatrix}\right|\cdot\left|\begin{pmatrix} 0 \\ 0 \\ 1 \end{pmatrix}\right|} = \frac{|0\cdot 0+1\cdot 0+2\cdot 1|}{\sqrt{0^2+1^2+2^2}\cdot\sqrt{0^2+0^2+1^2}} = \frac{2}{\sqrt{5}}$$

$$\alpha = \sin^{-1}\left(\frac{2}{\sqrt{5}}\right) \approx 63{,}4^\circ$$

Der Winkel zwischen dem Stab und der Platte beträgt etwa $63{,}4^\circ$.

b) Das obere Ende des Stabes hat die Koordinaten S (5 | 6 | 2).
Den Schattenpunkt S^* des oberen Endes des Stabes auf der Platte erhält man, indem man die Gerade g durch die Punkte S und L aufstellt und mit der Ebene E, in der die Platte liegt, schneidet. Die Gerade g hat die Gleichung:

$$g: \vec{x} = \begin{pmatrix} 5 \\ 6 \\ 2 \end{pmatrix} + t\cdot\begin{pmatrix} 3 \\ 4 \\ 0 \end{pmatrix}$$

Den Schnittpunkt S^* von g und E erhält man, indem man den allgemeinen Punkt $P_t\,(5+3t \mid 6+4t \mid 2)$ in die Koordinatengleichung von E: $x_2 + 2x_3 = 6$ einsetzt:

$$6+4t+2\cdot 2 = 6 \Rightarrow t = -1$$

Setzt man $t = -1$ in P_t ein, ergibt sich: $S^*\,(2 \mid 2 \mid 2)$.
Der Schattenpunkt des oberen Endes des Stabes hat die Koordinaten $S^*\,(2 \mid 2 \mid 2)$.

Um zu begründen, dass der Schatten vollständig auf der Platte liegt, kann man sich Folgendes überlegen:
Das untere Ende des Stabes, also der Punkt F, liegt auf der Platte, da er der Mittelpunkt der Eckpunkte A und B ist.
Der Punkt $S^*\,(2 \mid 2 \mid 2)$ liegt auf der Platte, da die x_1-Koordinate von S^* zwischen den x_1-Koordinaten der Eckpunkte A und B liegt, die x_2-Koordinate von S^* zwischen den x_2-Koordinaten der Eckpunkte B und C liegt und die x_3-Koordinate von S^* zwischen den x_3-Koordinaten der Eckpunkte A und D bzw. B und C liegt.
Damit liegt der gesamte Schatten des Stabes von F zu S^* auf der Platte.

c) Da sich die Lichtquelle von L aus auf einer zur x_1x_2-Ebene parallelen Kreisbahn bewegt, deren Mittelpunkt das obere Ende des Stabes ist, liegt diese Kreisbahn in der Ebene K: $x_3 = 2$. Die Kollisionspunkte der Kreisbahn mit der Platte liegen also auf der Schnittgeraden h von E und K.
Eine Gleichung von h erhält man durch Lösen des zugehörigen Gleichungssystems:

$$\begin{array}{llcrcl} \text{I} & x_2 & + & 2x_3 & = & 6 \\ \text{II} & & & x_3 & = & 2 \end{array}$$

Setzt man $x_3 = 2$ in Gleichung I ein, ergibt sich: $x_2 + 2 \cdot 2 = 6 \Rightarrow x_2 = 2$.
Wählt man $x_1 = t$, so erhält man:

$$h\colon \vec{x} = \begin{pmatrix} 0 \\ 2 \\ 2 \end{pmatrix} + t \cdot \begin{pmatrix} 1 \\ 0 \\ 0 \end{pmatrix}$$

Die Koordinaten der beiden möglichen Kollisionspunkte erhält man, indem man den Abstand eines allgemeinen Punktes $P_t\,(t \mid 2 \mid 2)$ von h zum Mittelpunkt S des Kreises gleichsetzt mit dem Radius r der Kreisbahn.

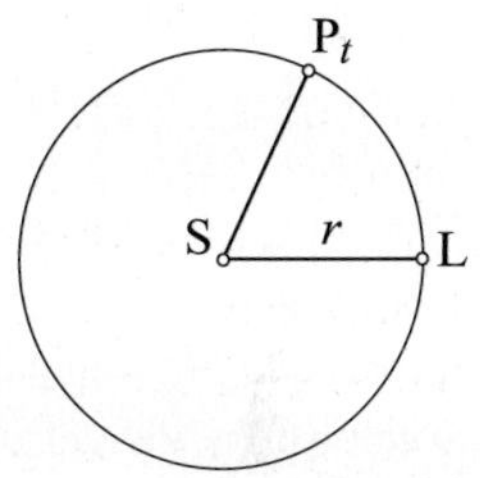

Der Radius r der Kreisbahn ist der Abstand von S zu L:

$$r = \overline{SL} = |\,\overrightarrow{SL}\,| = \left| \begin{pmatrix} 3 \\ 4 \\ 0 \end{pmatrix} \right| = \sqrt{3^2 + 4^2 + 0^2} = \sqrt{25} = 5$$

Der Abstand d_t eines allgemeinen Punktes P_t von h zum Mittelpunkt S des Kreises beträgt:

$$d_t = \overline{P_tS} = |\,\overrightarrow{P_tS}\,| = \left| \begin{pmatrix} 5-t \\ 4 \\ 0 \end{pmatrix} \right| = \sqrt{(5-t)^2 + 4^2 + 0^2} = \sqrt{(5-t)^2 + 16}$$

Die Gleichung $d_t = r$ löst man durch Quadrieren nach t auf:

$$\begin{aligned} \sqrt{(5-t)^2 + 16} &= 5 \\ (5-t)^2 + 16 &= 25 \\ 25 - 10t + t^2 + 16 &= 25 \\ t^2 - 10t + 16 &= 0 \end{aligned}$$

Mithilfe der *abc*- oder *pq*-Formel erhält man die Lösungen $t_1 = 2$ und $t_2 = 8$.
Setzt man $t_1 = 2$ und $t_2 = 8$ in P_t ein, erhält man die Kollisionspunkte $P_1\,(2 \mid 2 \mid 2)$ und $P_2\,(8 \mid 2 \mid 2)$.

13 Rampe

Gegeben sind die Punkte $A\,(6 \mid 0 \mid -1)$, $B\,(7 \mid 2 \mid -1)$, $C\,(1 \mid 5 \mid 0{,}25)$ und $D\,(0 \mid 3 \mid 0{,}25)$.

a) Um zu zeigen, dass die Rampe ABCD ein Rechteck ist, berechnet man zuerst die Vektoren der Seiten des Vierecks ABCD:

$$\overrightarrow{AB} = \begin{pmatrix} 1 \\ 2 \\ 0 \end{pmatrix},\ \overrightarrow{BC} = \begin{pmatrix} -6 \\ 3 \\ 1{,}25 \end{pmatrix},\ \overrightarrow{DC} = \begin{pmatrix} 1 \\ 2 \\ 0 \end{pmatrix},\ \overrightarrow{AD} = \begin{pmatrix} -6 \\ 3 \\ 1{,}25 \end{pmatrix}$$

Wegen $\overrightarrow{AB} = \overrightarrow{DC}$ und $\overrightarrow{BC} = \overrightarrow{AD}$ ist das Viereck ein Parallelogramm.

Um nachzuweisen, dass ein rechter Winkel vorhanden ist, berechnet man das Skalarprodukt der Vektoren $\overrightarrow{AB}$ und $\overrightarrow{AD}$:

$$\overrightarrow{AB} \cdot \overrightarrow{AD} = \begin{pmatrix} 1 \\ 2 \\ 0 \end{pmatrix} \cdot \begin{pmatrix} -6 \\ 3 \\ 1{,}25 \end{pmatrix} = 1 \cdot (-6) + 2 \cdot 3 + 0 \cdot 1{,}25 = -6 + 6 + 0 = 0$$

Da das Skalarprodukt Null ergibt, ist bei A ein rechter Winkel.

Somit ist das Viereck ABCD ein Rechteck.

Eine Koordinatengleichung der Ebene E, in der die Rampe liegt, hat beispielsweise den Stützpunkt A und die Spannvektoren

$$\overrightarrow{AB} = \begin{pmatrix} 1 \\ 2 \\ 0 \end{pmatrix} \text{ und } \overrightarrow{AD} = \begin{pmatrix} -6 \\ 3 \\ 1{,}25 \end{pmatrix}.$$

Damit hat E die Parametergleichung:

$$E\colon \vec{x} = \begin{pmatrix} 6 \\ 0 \\ -1 \end{pmatrix} + s \cdot \begin{pmatrix} 1 \\ 2 \\ 0 \end{pmatrix} + t \cdot \begin{pmatrix} -6 \\ 3 \\ 1{,}25 \end{pmatrix};\ s,t \in \mathbb{R}$$

Einen Normalenvektor $\vec{n}$ von E erhält man mithilfe des Vektorprodukts (siehe Seite 49) der

Spannvektoren $\begin{pmatrix} 1 \\ 2 \\ 0 \end{pmatrix}$ und $\begin{pmatrix} -6 \\ 3 \\ 1{,}25 \end{pmatrix}$:

$$\begin{pmatrix} 1 \\ 2 \\ 0 \end{pmatrix} \times \begin{pmatrix} -6 \\ 3 \\ 1{,}25 \end{pmatrix} = \begin{pmatrix} 2{,}5 \\ -1{,}25 \\ 15 \end{pmatrix} = 1{,}25 \cdot \begin{pmatrix} 2 \\ -1 \\ 12 \end{pmatrix} \Rightarrow \vec{n} = \begin{pmatrix} 2 \\ -1 \\ 12 \end{pmatrix}$$

Eine Koordinatengleichung von E erhält man mithilfe der Punkt-Normalenform:

$$
\begin{aligned}
&E\colon (\vec{x}-\vec{a})\cdot\vec{n}=0\\
&E\colon \left(\vec{x}-\begin{pmatrix}6\\0\\-1\end{pmatrix}\right)\cdot\begin{pmatrix}2\\-1\\12\end{pmatrix}=0\\
&E\colon (x_1-6)\cdot 2+(x_2-0)\cdot(-1)+(x_3+1)\cdot 12=0\\
&E\colon 2x_1-12-x_2+12x_3+12=0\\
&E\colon 2x_1-x_2+12x_3=0
\end{aligned}
$$

Alternativ kann man auch die Koordinaten des Punktes $A\,(6\mid 0\mid -1)$ in den Ansatz $2x_1-x_2+12x_3=d$ einsetzen:

$$2\cdot 6-0+12\cdot(-1)=d\ \Rightarrow\ d=0$$

Die Ebene E hat die Koordinatengleichung $E\colon\ 2x_1-x_2+12x_3=0$.
Den Steigungswinkel α der Rampe gegenüber der x_1x_2-Ebene erhält man, indem man den Winkel zwischen der Ebene E und der x_1x_2-Ebene mit der Formel $\cos(\alpha)=\frac{|\vec{n}_1\cdot\vec{n}_2|}{|\vec{n}_1|\cdot|\vec{n}_2|}$ berechnet, wobei $\vec{n}_1=\begin{pmatrix}2\\-1\\12\end{pmatrix}$ der Normalenvektor der Ebene E und $\vec{n}_2=\begin{pmatrix}0\\0\\1\end{pmatrix}$ der Normalenvektor der x_1x_2-Ebene ist:

$$
\begin{aligned}
\cos(\alpha)&=\frac{\left|\begin{pmatrix}2\\-1\\12\end{pmatrix}\cdot\begin{pmatrix}0\\0\\1\end{pmatrix}\right|}{\left|\begin{pmatrix}2\\-1\\12\end{pmatrix}\right|\cdot\left|\begin{pmatrix}0\\0\\1\end{pmatrix}\right|}\\
\cos(\alpha)&=\frac{12}{\sqrt{149}}\\
\alpha&=\cos^{-1}\left(\frac{12}{\sqrt{149}}\right)\\
\alpha&\approx 10{,}56^\circ
\end{aligned}
$$

Der Winkel zwischen der Rampe gegenüber der x_1x_2-Ebene beträgt etwa $10{,}56^\circ$.

b) Das obere Ende des Masts hat die Koordinaten $S\,(5\mid -4{,}5\mid 2{,}5)$.
Den Schattenpunkt S^* des oberen Endes des Stabes auf der Rampe erhält man, indem man die Gerade g durch die Punkte S und $L\,(6\mid -7{,}5\mid 3{,}5)$ aufstellt und mit der Ebene E, in

der die Rampe liegt, schneidet. Die Gerade g hat die Gleichung:

$$g\colon \vec{x} = \begin{pmatrix} 5 \\ -4,5 \\ 2,5 \end{pmatrix} + t \cdot \begin{pmatrix} 1 \\ -3 \\ 1 \end{pmatrix}$$

Den Schnittpunkt S* von g und E erhält man, indem man den allgemeinen Punkt $\mathrm{P}_t\,(5+t \mid -4,5-3t \mid 2,5+t)$ in die Koordinatengleichung von $\mathrm{E}\colon\ 2x_1 - x_2 + 12x_3 = 0$ einsetzt:

$$2 \cdot (5+t) - (-4,5-3t) + 12 \cdot (2,5+t) = 0 \ \Rightarrow\ t = -\frac{89}{34}$$

Setzt man $t = -\frac{89}{34}$ in P_t ein, ergibt sich: $\mathrm{S}^*\left(\frac{81}{34} \mid \frac{57}{17} \mid -\frac{2}{17}\right)$.
Der Schattenpunkt des oberen Endes des Stabes hat die Koordinaten $\mathrm{S}^*\left(\frac{81}{34} \mid \frac{57}{17} \mid -\frac{2}{17}\right)$.

Um zu ermitteln, ob der Schattenpunkt S* auf der Rampe liegt, kann man sich Folgendes überlegen:
Der Punkt $\mathrm{S}^*\left(\frac{81}{34} \mid \frac{57}{17} \mid -\frac{2}{17}\right)$ liegt auf der Rampe, da die x_1-Koordinate von S* zwischen den x_1-Koordinaten der Eckpunkte B und C liegt, die x_2-Koordinate von S* zwischen den x_2-Koordinaten der Eckpunkte B und C liegt und die x_3-Koordinate von S* zwischen den x_3-Koordinaten der Eckpunkte B und C liegt.
Damit liegt der Schattenpunkt der Spitze S des Stabes auf der Rampe.

c) Gegeben ist die folgende Geradenschar g_a mit

$$g_a\colon \vec{x} = \begin{pmatrix} 6 \\ -7,5 \\ 3,5 \end{pmatrix} + r \cdot \left(\begin{pmatrix} 5 \\ -4,5 \\ -1+a \end{pmatrix} - \begin{pmatrix} 6 \\ -7,5 \\ 3,5 \end{pmatrix} \right) \ ;\ 0 \leqslant a \leqslant 3,5\ ;\ 0 \leqslant r.$$

Der Stützvektor $\begin{pmatrix} 6 \\ -7,5 \\ 3,5 \end{pmatrix}$ der Geradenschar g_a ist der Ortsvektor des Punktes L (Lichtquelle), d.h. alle Geraden der Geradenschar gehen wegen $0 \leqslant r$ vom Punkt L aus.
Der Richtungsvektor

$$\begin{pmatrix} 5 \\ -4,5 \\ -1+a \end{pmatrix} - \begin{pmatrix} 6 \\ -7,5 \\ 3,5 \end{pmatrix}$$

der Geradenschar g_a geht für $a = 3,5$ von Punkt L zu Punkt S, für $a = 0$ von Punkt L zu Punkt F. Für $0 \leqslant a \leqslant 3,5$ geht der Richtungsvektor vom Punkt L zu allen Punkten des Masts. Dies bedeutet im Sachzusammenhang, dass durch die Geradenschar g_a alle Punkte des Masts von der Lampe L aus geradlinig beleuchtet werden.

14 Ebenenschar

a) Eine Gerade ist orthogonal zu einer Ebene, wenn der Richtungsvektor $\vec{u}$ der Geraden und der Normalenvektor $\vec{n}_a$ der Ebene linear abhängig, d.h. ein Vielfaches voneinander sind:

$$\begin{pmatrix} a \\ 8-a \\ 8 \end{pmatrix} = k \cdot \begin{pmatrix} 1 \\ 1 \\ 2 \end{pmatrix}; k \in \mathbb{R} \text{ führt zu } \begin{array}{rclcrcl} a & = & k & & & & \\ 8-a & = & k & \Rightarrow & a & = & 4 \\ 8 & = & 2k & \Rightarrow & k & = & 4 \end{array}$$

Für $a = 4$ sind g und E_a orthogonal.
Um zu zeigen, dass g für keinen Wert von a in E_a enthalten ist, setzt man den allgemeinen Punkt $P_t\,(1+t \mid 1+t \mid 3+2t)$ in die Gleichung von E_a ein:

$$a \cdot (1+t) + (8-a) \cdot (1+t) + 8 \cdot (3+2t) - 4 = 0 \Rightarrow t = -\frac{7}{6}$$

Da sich für t ein konkreter Wert ergibt, haben g und E_a unabhängig von a immer genau einen Schnittpunkt, d.h. g kann für keinen Wert von a in E_a enthalten sein.
Alternativ kann man sich auch folgendes überlegen: Wenn g in E_a enthalten wäre, so müssten der Richtungsvektor $\vec{u}$ der Geraden und der Normalenvektor $\vec{n}_a$ der Ebene E_a orthogonal sein, d.h. das Skalarprodukt wäre Null:

$$\begin{pmatrix} a \\ 8-a \\ 8 \end{pmatrix} \cdot \begin{pmatrix} 1 \\ 1 \\ 2 \end{pmatrix} = a + 8 - a + 16 = 24$$

Da das Skalarprodukt für keinen Wert von a Null ergibt, kann g für keinen Wert von a in E_a enthalten sein.

b) Den Winkel zwischen der Geraden g und der Ebene E_a berechnet man mit folgender Formel:

$$\sin(\alpha) = \frac{|\vec{u} \cdot \vec{n}_a|}{|\vec{u}| \cdot |\vec{n}_a|} = \frac{\left| \begin{pmatrix} 1 \\ 1 \\ 2 \end{pmatrix} \cdot \begin{pmatrix} a \\ 8-a \\ 8 \end{pmatrix} \right|}{\left| \begin{pmatrix} 1 \\ 1 \\ 2 \end{pmatrix} \right| \cdot \left| \begin{pmatrix} a \\ 8-a \\ 8 \end{pmatrix} \right|} = \frac{24}{\sqrt{1^2+1^2+2^2} \cdot \sqrt{a^2+(8-a)^2+8^2}}$$

$$= \frac{24}{\sqrt{6} \cdot \sqrt{2a^2 - 16a + 128}}.$$

Da $\sin(30) = \frac{1}{2}$ ist, erhält man folgende Gleichung:

$$\frac{24}{\sqrt{6}\cdot\sqrt{2a^2-16a+128}} = \frac{1}{2}$$

$$\begin{aligned}
48 &= \sqrt{6}\cdot\sqrt{2a^2-16a+128}\\
48^2 &= 6\cdot\left(2a^2-16a+128\right)\\
384 &= 2a^2-16a+128\\
192 &= a^2-8a+64\\
0 &= a^2-8a-128
\end{aligned}$$

Mithilfe der *pq*- oder *abc*-Formel erhält man die Lösungen $a_1 = 16$ und $a_2 = -8$.
Wenn E_a und E_{a^*} orthogonal zueinander sind, muss das Skalarprodukt der Normalenvektoren Null ergeben:

$$\begin{pmatrix} a \\ 8-a \\ 8 \end{pmatrix} \cdot \begin{pmatrix} a^* \\ 8-a^* \\ 8 \end{pmatrix} = 0$$

$$\begin{aligned}
a\cdot a^* + (8-a)\cdot(8-a^*) + 8\cdot 8 &= 0\\
a\cdot a^* + 64 - 8a^* - 8a + a\cdot a^* + 64 &= 0\\
2\cdot a\cdot a^* + 128 - 8a^* - 8a &= 0\\
a\cdot a^* + 64 - 4a^* - 4a &= 0\\
a\cdot(a^*-4) &= 4a^* - 64\\
a &= \frac{4a^*-64}{a^*-4};\ \text{mit } a^* \neq 4
\end{aligned}$$

c) Den Abstand des Ursprungs zu E_a berechnet man mithilfe der Abstandsformel:

$$d\left(\mathrm{O};\mathrm{E}_a\right) = \frac{|a\cdot 0 + (8-a)\cdot 0 + 8\cdot 0 - 4|}{\sqrt{a^2+(8-a)^2+8^2}} = \frac{4}{\sqrt{2a^2-16a+128}}$$

Setzt man diesen mit $\frac{1}{8}\sqrt{8}$ gleich, so erhält man folgende Gleichung:

$$\frac{4}{\sqrt{2a^2-16a+128}} = \frac{1}{8}\sqrt{8}$$

$$\begin{aligned}
32 &= \sqrt{8}\cdot\sqrt{2a^2-16a+128}\\
1024 &= 8\cdot\left(2a^2-16a+128\right)\\
128 &= 2a^2-16a+128\\
64 &= a^2-8a+64\\
0 &= a^2-8a\\
0 &= a\cdot(a-8)
\end{aligned}$$

Mithilfe des Satzes vom Nullprodukt erhält man die Lösungen $a_1 = 0$ und $a_2 = 8$.
Um die Ebene mit maximalen Abstand zum Ursprung zu bestimmen, betrachtet man die Abstandsfunktion

$$d(a) = \frac{4}{\sqrt{2a^2 - 16a + 128}}$$

Das Maximum der Funktion $d(a)$ erhält man, indem man das Minimum des Nenners bzw. des Terms $g(a) = 2a^2 - 16a + 128$ unter der Wurzel bestimmt.
Die Ableitungen von $g(a)$ sind:

$$g'(a) = 4a - 16$$
$$g''(a) = 4$$

Als notwendige Bedingung löst man die Gleichung $g'(a) = 0$ nach a auf:

$$4a - 16 = 0 \Rightarrow a = 4$$

Wegen $g''(4) = 4 > 0$ handelt es sich um ein Minumum von $g(a)$.
Damit hat $d(a)$ für $a = 4$ ein Maximum.
Somit hat die Ebene E_4 vom Ursprung den maximalen Abstand.

15 Lichtstrahl

Es sind die Punkte A(2|7|4), B(3|2|−2) und C(13|4|10) gegeben.

a) Die Längen der Vektoren $\overrightarrow{BA}$ und $\overrightarrow{BC}$ erhält man, indem man ihre Beträge berechnet:

$$|\overrightarrow{BA}| = \left|\begin{pmatrix}-1\\5\\6\end{pmatrix}\right| = \sqrt{(-1)^2+5^2+6^2} = \sqrt{62}$$

$$|\overrightarrow{BC}| = \left|\begin{pmatrix}10\\2\\12\end{pmatrix}\right| = \sqrt{10^2+2^2+12^2} = \sqrt{248} = 2\cdot\sqrt{62}$$

Damit gilt: $|\overrightarrow{BC}| = 2\cdot|\overrightarrow{BA}|$

Den Vektor $\vec{v}$, die Richtung des Einfallslots, erhält man durch Einsetzen von $\overrightarrow{BA}$ und $\overrightarrow{BC}$ in $\vec{v} = \overrightarrow{BA} + \frac{1}{2}\overrightarrow{BC}$:

$$\vec{v} = \overrightarrow{BA} + \frac{1}{2}\overrightarrow{BC} = \begin{pmatrix}-1\\5\\6\end{pmatrix} + \frac{1}{2}\cdot\begin{pmatrix}10\\2\\12\end{pmatrix} = \begin{pmatrix}4\\6\\12\end{pmatrix}$$

Den Einfallswinkel α erhält man durch Einsetzen von $\vec{v}$ und $\overrightarrow{BA}$ in die Winkelformel:

$$\begin{aligned}\cos(\alpha) &= \frac{\overrightarrow{BA}\cdot\vec{v}}{|\overrightarrow{BA}|\cdot|\vec{v}|}\\ &= \frac{\begin{pmatrix}-1\\5\\6\end{pmatrix}\cdot\begin{pmatrix}4\\6\\12\end{pmatrix}}{\left|\begin{pmatrix}-1\\5\\6\end{pmatrix}\right|\cdot\left|\begin{pmatrix}4\\6\\12\end{pmatrix}\right|}\\ &= \frac{-4+30+72}{\sqrt{62}\cdot 14}\\ &= \frac{7}{\sqrt{62}}\\ \alpha &= \cos^{-1}\left(\frac{7}{\sqrt{62}}\right) \approx 27{,}25^\circ\end{aligned}$$

Einfalls- und Reflexionswinkel haben eine Größe von etwa $\alpha = 27{,}25^\circ$.

Um die Koordinatenform der Spiegelebene F zu erhalten, stellt man zunächst ihre Normalenform auf. Dabei ist $\vec{v}$ und damit auch $\vec{v}\,' = \frac{1}{2}\vec{v} = \begin{pmatrix}2\\3\\6\end{pmatrix}$ ein Normalenvektor von F.

Setzt man die Koordinaten des Punktes B(3 | 2 | −2) in die Normalenform ein, erhält man eine Koordinatengleichung von F:

$$\text{F: } \left[\vec{x} - \begin{pmatrix} 3 \\ 2 \\ -2 \end{pmatrix}\right] \cdot \begin{pmatrix} 2 \\ 3 \\ 6 \end{pmatrix} = 0$$

$$\text{F: } (x_1 - 3) \cdot 2 + (x_2 - 2) \cdot 3 + (x_3 + 2) \cdot 6 = 0$$

$$\text{F: } 2x_1 - 6 + 3x_2 - 6 + 6x_3 + 12 = 0$$

$$\text{F: } 2x_1 + 3x_2 + 6x_3 = 0$$

Alternativ kann man auch die Koordinaten des Punktes B(3|2| − 2) in den Ansatz $2x_1 + 3x_2 + 6x_3 = d$ einsetzen:

$$2 \cdot 3 + 3 \cdot 2 + 6 \cdot (-2) = d \Rightarrow d = 0$$

Damit erhält man die Koordinatengleichung: F: $2x_1 + 3x_2 + 6x_3 = 0$.

b) Der Stützvektor von g entspricht dem Ortsvektor des Punktes B. Daher schneiden sich die Gerade $g: \vec{x} = \begin{pmatrix} 3 \\ 2 \\ -2 \end{pmatrix} + r \cdot \begin{pmatrix} 12 \\ 18 \\ -13 \end{pmatrix}$ und die Ebene E, in der die Punkte A, B und C liegen, im Punkt B.

Um zu untersuchen, ob g die Ebene E orthogonal schneidet, prüft man, ob die Skalarprodukte des Richtungsvektors von g mit den Spannvektoren $\overrightarrow{BA}$ und $\overrightarrow{BC}$ der Ebene gleich Null sind:

$$\overrightarrow{BA} \cdot \begin{pmatrix} 12 \\ 18 \\ -13 \end{pmatrix} = \begin{pmatrix} -1 \\ 5 \\ 6 \end{pmatrix} \cdot \begin{pmatrix} 12 \\ 18 \\ -13 \end{pmatrix} = -12 + 90 - 78 = 0$$

$$\overrightarrow{BC} \cdot \begin{pmatrix} 12 \\ 18 \\ -13 \end{pmatrix} = \begin{pmatrix} 10 \\ 2 \\ 12 \end{pmatrix} \cdot \begin{pmatrix} 12 \\ 18 \\ -13 \end{pmatrix} = 120 + 36 - 156 = 0$$

Beide Spannvektoren der Ebene E sind orthogonal zum Richtungsvektor der Geraden. Damit schneidet die Gerade g die Ebene E rechtwinklig im Punkt B.

Alternativ kann man auch den Normalenvektor der Ebene E mithilfe des Vektorprodukts von $\overrightarrow{BA}$ und $\overrightarrow{BC}$ bestimmen und mit dem Richtungsvektor der Geraden g vergleichen:

$$\overrightarrow{BA} \times \overrightarrow{BC} = \begin{pmatrix} -1 \\ 5 \\ 6 \end{pmatrix} \times \begin{pmatrix} 10 \\ 2 \\ 12 \end{pmatrix} = \begin{pmatrix} 48 \\ 72 \\ -52 \end{pmatrix} = 4 \cdot \begin{pmatrix} 12 \\ 18 \\ -13 \end{pmatrix}$$

Da man mithilfe des Vektorprodukts der beiden Spannvektoren einen Normalenvektor der Ebene E erhält und dieser ein Vielfaches des Richtungsvektors der Geraden g ist, schneidet die Gerade g die Ebene E rechtwinklig in B.
In Zeile (I) ist eine Gerade k dargestellt. Der Stützvektor der Geraden k ist der Ortsvektor des Punktes B. Beim Richtungsvektor von k handelt es sich um ein Vielfaches des Vektors $\vec{v}$, der Richtung des Einfallslots. Damit stellt k die Gerade des Einfallslots dar.
In Zeile (II) ist die Normalenform einer Ebene H angegeben, die durch den Punkt A verläuft und parallel zur Spiegelebene F liegt. Damit ist sie ebenfalls orthogonal zur Geraden k.
In Zeile (III) wird der Schnittpunkt der Ebene H mit der Geraden k berechnet und mit D bezeichnet.
In Zeile (IV) wird der Ortsvektor eines Punktes P mithilfe einer Vektorkette berechnet.
Wegen $\vec{a}+2\cdot\overrightarrow{\mathrm{AD}}=\begin{pmatrix}2\\7\\4\end{pmatrix}+2\cdot\begin{pmatrix}3\\-2\\0\end{pmatrix}=\begin{pmatrix}8\\3\\4\end{pmatrix}$ erhält man den Punkt P, der durch Spiegelung des Punktes A am Einfallslot entsteht.

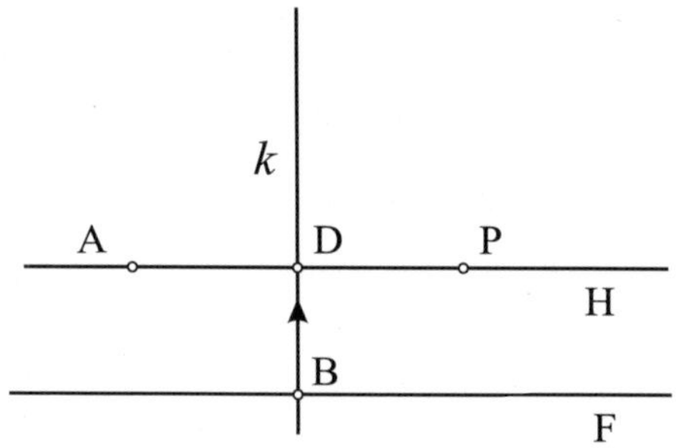

c) Um zu zeigen, dass g in F und E_a liegt, setzt man die Koordinaten eines allgemeinen Punktes $P_r(3+12r\,|\,2+18r\,|\,-2-13r)$ der Geraden g in beide Ebenengleichungen ein:

$$\begin{aligned}\text{F: } & 2(3+12r)+3(2+18r)+6(-2-13r)=0\\ & 6+24r+6+54r-12-78r=0\\ & 0=0\end{aligned}$$

Für E_a gilt:

$$\begin{aligned}E_a: & (4{,}5+3a)(3+12r)+(4{,}5a-3)(2+18r)+9a(-2-13r)=7{,}5\\ & 13{,}5+9a+54r+36ar+9a-6+81ar-54r-18a-117ar=7{,}5\\ & 7{,}5=7{,}5\end{aligned}$$

Aufgrund der wahren Aussagen liegt g in beiden Ebenen.

Würde F zu E_a gehören, gäbe es ein a, so dass man F als E_a darstellen könnte. Dies bestimmt man durch einen Koeffizientenvergleich. Es muss gelten:

$$2 = 4,5 + 3a \Leftrightarrow a = -\frac{5}{6}$$
$$3 = 4,5a - 3 \Leftrightarrow a = \frac{4}{3}$$
$$6 = 9a \Leftrightarrow a = \frac{2}{3}$$
$$0 = 7,5$$

Aufgrund der Widersprüche gibt es kein a, so dass F und E_a gleich sind, also gehört F nicht zur Ebenenschar.

d) Damit der Lichtstrahl von A nach B in sich selbst reflektiert wird, muss seine Richtung mit der des Einfallslots übereinstimmen. Die Richtung des Einfallslots entspricht dem Normalenvektor der Ebene E_a. Es muss also gelten $s \cdot \overrightarrow{BA} = \overrightarrow{n_{E_a}}$:

$$s \cdot \begin{pmatrix} -1 \\ 5 \\ 6 \end{pmatrix} = \begin{pmatrix} 4,5 + 3a \\ 4,5a - 3 \\ 9a \end{pmatrix}.$$

Man erhält also ein überbestimmtes lineares Gleichungssystem:

$$\begin{array}{lrcrcr} \text{I} & -s & = & 4,5 & + & 3a \\ \text{II} & 5s & = & 4,5a & - & 3 \\ \text{III} & 6s & = & 9a & & \end{array}$$

Aus Gleichung III ergibt sich: $s = \frac{3}{2}a$.
Setzt man $s = \frac{3}{2}a$ in Gleichung I ein, erhält man:

$$-\frac{3}{2}a = 4,5 + 3a \Rightarrow a = -1$$

Damit gilt: $s = \frac{3}{2}a = \frac{3}{2} \cdot (-1) = -\frac{3}{2}$.
Setzt man $s = -\frac{3}{2}$ und $a = -1$ in Gleichung II ein, ergibt sich:

$$5 \cdot \left(-\frac{3}{2}\right) = 4,5 \cdot (-1) - 3 \Rightarrow -\frac{15}{2} = -7,5$$

Somit ist das lineare Gleichungssystem eindeutig lösbar.

Setzt man $a = -1$ in E_a ein, ergibt sich: $E_{-1} : 1,5x_1 - 7,5x_2 - 9x_3 = 7,5$.
Damit wird der Lichtstrahl von A nach B dann in sich selbst reflektiert, wenn die Spiegelebene die Gleichung $E_{-1} : 1,5x_1 - 7,5x_2 - 9x_3 = 7,5$ hat.

Stochastik

16 Bildschirm

a) Legt man X als Zufallsgröße für die Anzahl der fehlerhaften Bildschirme fest, so ist X binomialverteilt mit den Parametern $n = 50$ und $p = \frac{1}{5} = 0,2$.
Die Wahrscheinlichkeit des Ereignisses A: «Von 50 zufällig ausgewählten Bildschirmen sind höchstens 8 fehlerhaft.» erhält man mithilfe der kumulierten Binomialverteilung:

frv.tv/df

$$P(A) = P(X \leqslant 8) \approx 0,3073$$

Die Wahrscheinlichkeit für das Ereignis A beträgt etwa 30,73 %.

Legt man Y als Zufallsgröße für die Anzahl der fehlerhaften Bildschirme fest, so ist Y binomialverteilt mit den Parametern $n = 200$ und $p = \frac{1}{5} = 0,2$. Die Wahrscheinlichkeit des Ereignisses B: «Von 200 zufällig ausgewählten Bildschirmen sind mehr als 15% (30 Stück) und weniger als 25% (20 Stück) fehlerhaft.» erhält man mithilfe der kumulierten Binomialverteilung:

frv.tv/df

$$P(B) = P(30 < Y < 50) = P(Y \leqslant 49) - P(Y \leqslant 30) \approx 0,9506 - 0,0430 = 0,9076$$

Die Wahrscheinlichkeit für das Ereignis B beträgt etwa 90,76 %.

Legt man Z als Zufallsgröße für die Anzahl der fehlerhaften Bildschirme fest, so ist Z binomialverteilt mit den Parametern $n = 10$ und $p = \frac{1}{5} = 0,2$. Den Erwartungswert von Z erhält man durch $E(Z) = n \cdot p = 10 \cdot 0,2 = 2$. Die Wahrscheinlichkeit des Ereignisses C: «Von 10 zufällig ausgewählten Bildschirmen sind genauso viele fehlerhaft, wie zu erwarten ist.» erhält man mithilfe der Binomialverteilung:

frv.tv/de

$$P(C) = P(Z = 2) \approx 0,3020$$

Die Wahrscheinlichkeit für das Ereignis C beträgt etwa 30,20 %.

b) Bezeichnet man mit D: Das Display ist defekt und mit N: Das Netzteil ist defekt, so kann man anhand der gegebenen Angaben folgende Werte bestimmmen:
Da die Wahrscheinlichkeit dafür, dass das Display defekt ist, 10,7 % beträgt, gilt:

$$P(D) = 0,107$$

Da die Wahrscheinlichkeit dafür, dass das Display und das Netzteil defekt sind, 1 % beträgt, gilt:

$$P(D \cap N) = 0,01$$

Da die Wahrscheinlichkeit dafür, dass weder das Display noch das Netzteil defekt sind, 87,3 % beträgt, gilt:

$$P\left(\overline{D} \cap \overline{N}\right) = 0,873$$

Trägt man diese Werte in eine Vierfeldertafel ein und ergänzt sie durch Differenzen- und Summenbildung, ergibt sich:

	D	$\overline{D}$	
N	0,01	0,02	0,03
$\overline{N}$	0,097	0,873	0,97
	0,107	0,893	1

Die Wahrscheinlichkeit dafür, dass entweder (nur) das Display oder (nur) das Netzteil defekt ist, erhält man mithilfe der Vierfeldertafel:

$$P\left(D\cap\overline{N}\right)+P\left(\overline{D}\cap N\right)=0,097+0,02=0,117$$

Die Wahrscheinlichkeit beträgt $11,7\,\%$.

Die Wahrscheinlichkeit dafür, dass ein Bildschirm mit einem defekten Netzteil ein nichtdefektes Display hat, erhält man mithilfe der bedingten Wahrscheinlichkeit:

$$P_N\left(\overline{D}\right)=\frac{P\left(N\cap\overline{D}\right)}{P(N)}=\frac{0,02}{0,03}=\frac{2}{3}\approx 0,667$$

Die Wahrscheinlichkeit beträgt etwa $66,7\,\%$.

Um zu untersuchen, ob die beiden betrachteten Defekte unabhängig voneinander auftreten, vergleicht man $P(D\cap N)$ mit $P(D)\cdot P(N)$.

Es gilt:

$$P(D\cap N)=0,01$$
$$P(D)\cdot P(N)=0,107\cdot 0,03=0,00321$$

Wegen $P(D\cap N)\neq P(D)\cdot P(N)$ sind die beiden Defekte nicht unabhängig voneinander.

c) Die Nullhypothese lautet: «Im Mittel ist einer von fünf Bildschirmen fehlerhaft», also $H_0: p=0,2$. Da ein Mitarbeiter der Firma bezweifelt, dass im Mittel einer von fünf Bildschirmen fehlerhaft ist, lautet die Alternativhypothese: «Es sind im Mittel entweder mehr oder weniger als einer von fünf Bildschirmen fehlerhaft », d.h. $H_1: p<0,2$ oder $H_1: p>0,2$. Also ist die Nullhypothese zweiseitig zu testen. Für den Ablehnungsbereich gilt:

$$\overline{A}=\{0,...,k_1\}\cup\{k_2,...,180\}$$

Das Signifikanzniveau beträgt $\alpha=5\%$. Für jeden Teilbereich des Ablehnungsbereichs beträgt das Signifikanzniveau damit $\frac{\alpha}{2}=2,5\%$.

Legt man X als Zufallsvariable für die Anzahl der defekten Bildschirme fest, so ist X bi-

nomialverteilt mit den Parametern $n = 180$ und $p = 0,2$.
Man wird die Nullhypothese verwerfen, wenn bei den 180 Bildschirmen entweder deutlich weniger oder deutlich mehr als 36 Bildschirme defekt sind. (Hierbei beträgt der Erwartungswert $E(X) = n \cdot p = 180 \cdot 0,2 = 36$.)
Also ist einerseits ein maximales $k_1 \in \mathbb{N}$ und damit ein Ablehnungsbereich $\overline{A}_1 = \{0, ..., k_1\}$ so zu bestimmen, dass gilt:

$$P(X \in A_1) \leqslant \frac{\alpha}{2}$$
$$P(X \leqslant k_1) \leqslant 0,025$$

frv.tv/df

Mithilfe der kumulierten Binomialverteilung und durch Ausprobieren ergibt sich:

$$P(X \leqslant 26) \approx 0,0346$$
$$P(X \leqslant 25) \approx 0,0217$$

Also ist $k_1 = 25$ das maximale $k_1 \in \mathbb{N}$ und man erhält damit den Ablehnungsbereich $\overline{A}_1 = \{0, ..., 25\}$.
Andererseits ist ein minimales $k_2 \in \mathbb{N}$ und damit ein Ablehnungsbereich $\overline{A}_2 = \{k_2, ..., 180\}$ der Nullhypothese so zu bestimmen, dass gilt:

$$P(X \in A_2) \leqslant \frac{\alpha}{2}$$
$$P(X \geqslant k_2) \leqslant 0,025$$
$$1 - P(X \leqslant k_2 - 1) \leqslant 0,025$$
$$0,975 \leqslant P(X \leqslant k_2 - 1)$$

frv.tv/df

Mithilfe der kumulierten Binomialverteilung ergibt sich:

$$P(X \leqslant 46) \approx 0,9720$$
$$P(X \leqslant 47) \approx 0,9815$$

Also ist $k_2 - 1 = 47$ und somit $k_2 = 48$ das minimale $k_2 \in \mathbb{N}$ und man erhält den Ablehnungsbereich $\overline{A}_2 = \{48, ..., 180\}$.
Damit erhält man den Ablehnungsbereich der Nullhypothese:

$$\overline{A} = \{0, ..., 25\} \cup \{48, ..., 180\}$$

Da in der Stichprobe 27 Bildschirme fehlerhaft sind und 27 nicht im Ablehnungsbereich der Nullhypothese liegt, kann der Mitarbeiter die Nullhypothese nicht verwerfen.
Da sich der Mitarbeiter bei diesem Hypothesentest aber mit (höchstens) 5% irrt, können die Zweifel des Mitarbeiters nicht vollständig ausgeräumt werden.

d) Bezeichnet man mit B: Der Bildschirm ist fehlerhaft und mit FF: Der Bildschirm wird als fehlerfrei eingestuft, so kann man anhand der gegebenen Angaben folgende Werte bestimmmen: $P(B) = 0,2$ und $P(\overline{B}) = 1 - 0,2 = 0,8$.
Da alle fehlerfreien Bildschirme auch als fehlerfrei eingestuft werden, gilt: $P_{\overline{B}}(FF) = 1$.
Die Wahrscheinlichkeit dafür, dass ein fehlerhafter Bildschirm als fehlerhaft eingestuft wird, wird mit x bezeichnet, also gilt: $P_B(\overline{FF}) = x$.
Damit erhält man folgendes Baumdiagramm:

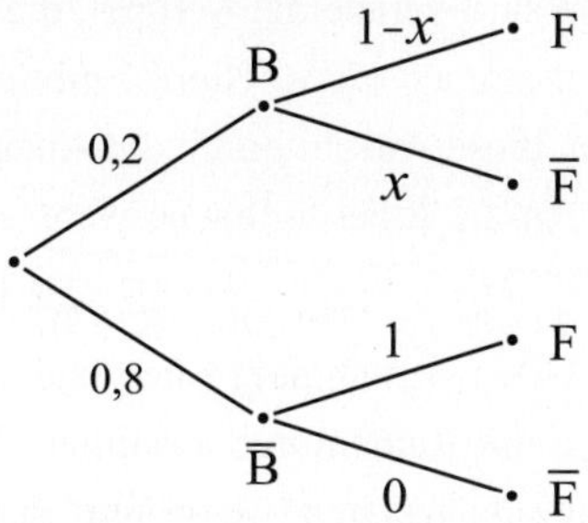

Um den Wert von x so zu bestimmen, dass die Wahrscheinlichkeit dafür, dass ein als fehlerfrei eingestufter Bildschirm fehlerhaft ist, höchstens 5% beträgt, löst man folgende Ungleichung mithilfe der bedingten Wahrscheinlichkeit und der Pfadregeln:

$$
\begin{aligned}
P_F(B) &\leqslant 0,05 \\
\frac{P(FF \cap B)}{P(FF)} &\leqslant 0,05 \\
\frac{P(FF \cap B)}{P(B \cap FF) + P(\overline{B} \cap FF)} &\leqslant 0,05 \\
\frac{0,2 \cdot (1-x)}{0,2 \cdot (1-x) + 0,8 \cdot 1} &\leqslant 0,05 \\
\frac{0,2 - 0,2x}{0,2 - 0,2x + 0,8} &\leqslant 0,05 \\
\frac{0,2 - 0,2x}{1 - 0,2x} &\leqslant 0,05 \\
0,2 - 0,2x &\leqslant 0,05 \cdot (1 - 0,2x) \\
0,2 - 0,2x &\leqslant 0,05 - 0,01x \\
0,15 &\leqslant 0,19x \\
\frac{15}{19} &\leqslant x
\end{aligned}
$$

Somit beträgt der kleinstmögliche Wert $x = \frac{15}{19}$.

e) Der Ansatz A: $P(E) = \frac{\binom{577}{5}\cdot\binom{346}{3}}{\binom{923}{8}}$ liefert die exakte Lösung zur Berechnung der Wahrscheinlichkeit des Ereignisses E. Da die Wahrscheinlichkeit für das Ziehen jeder ungeordneten Stichprobe von 8 aus den insgesamt $577 + 346 = 923$ Personen gleich ist, nämlich $\frac{1}{\binom{923}{8}}$, handelt es sich um ein Laplace-Experiment. Bei Laplace-Experimenten ist die Wahrscheinlichkeit eines Ereignisses gleich der Zahl der für dieses Ereignis günstigen Ergebnisse, dividiert durch die Zahl der insgesamt möglichen Ergebnisse.

Die günstigen Ergebnisse sind gerade die 8-Tupel, die sich aus genau 5 der 577 Frauen und 3 der 346 Männer zusammensetzen. Hierfür gibt es $\binom{577}{5} \cdot \binom{346}{3}$ verschiedene Kombinationen. Dividiert man diese Anzahl durch die Anzahl aller möglichen Ergebnisse, so erhält man gerade die in Ansatz A beschriebene Wahrscheinlichkeit.

Der Ansatz B: $P(E) = \frac{577}{923} \cdot \frac{576}{922} \cdot \ldots \cdot \frac{573}{919} \cdot \frac{346}{918} \cdot \frac{345}{917} \cdot \frac{344}{916}$ berücksichtigt die Reihenfolge der ausgewählten Personen. Diese Berechnung kann man beispielsweise durch ein 8-maliges Ziehen ohne Zurücklegen mit Reihenfolge aus einer Urne mit den 2 verschiedenen Kugelsorten «Mann» und «Frau» erklären, wobei fünf mal eine Kugel «Frau» und drei mal eine Kugel «Mann» gezogen wird. Durch den immer um 1 kleiner werdenden Nenner ist aber in der Berechnung schon automatisch festgelegt, welches die erste, zweite, dritte, etc. Kugel ist. Durch das Festlegen der Reihenfolge wird nur genau eine mögliche Kombination ausgewählt. Da die Reihenfolge aber für das Ereignis E nicht relevant ist, ist diese Berechnung falsch.

Bei Ansatz C: $P(E) = \binom{8}{5} \cdot \left(\frac{577}{923}\right)^5 \cdot \left(\frac{346}{923}\right)^3$ handelt es sich um eine Näherungslösung. In der Berechnung kann man die Bernoulliformel für eine binomialverteilte Zufallsvariable X mit den Parametern $n = 8$, $p = \frac{577}{923}$ und $k = 5$ erkennen. Die Bernoulliformel wird für «Ziehen mit Zurücklegen» verwendet. Da es sich aber um «Ziehen ohne Zurücklegen» handelt und sich die Trefferwahrscheinlichkeiten bei jeder Wiederholung verändern, liefert die Formel kein korrektes Ergebnis. Durch die große Gesamtanzahl der Personen und die nur kleine Anzahl der Auszuwählenden ist die Veränderung der Wahrscheinlichkeiten allerdings nur sehr gering, so dass man näherungsweise doch von einer Bernoullikette ausgehen kann. Dadurch erhält man allerdings keinen exakten Wert, sondern lediglich eine Näherung der Wahrscheinlichkeit erhält.

17 Weizen

a) Da aus einem großen Behälter 200 Weizenkörner entnommen werden, ist die Wahrscheinlichkeit zu keimen für jedes entnommene Weizenkorn gleich groß, nämlich $p = 0,8$. Legt man X als Zufallsgröße für die Anzahl der keimenden Weizenkörner fest, so ist X binomialverteilt mit den Parametern $n = 200$ und $p = 0,8$.
Die Wahrscheinlichkeit für das Ereignis A: «Es keimen mehr als 150 Weizenkörner.» erhält man mithilfe der Wahrscheinlichkeit des Gegenereignisses und der kumulierten Binomialverteilung:

frv.tv/df

$$P(A) = P(X > 150) = 1 - P(X \leqslant 150) \approx 1 - 0,049 = 0,951$$

Die Wahrscheinlichkeit für das Ereignis A beträgt etwa 95,1 %.
Wenn höchstens 15 % der entnommenen Weizenkörner nicht keimen, so ist dies gleichbedeutend damit, dass mindestens 85 % der entnommenen Weizenkörner keimen, also dass mindestens 170 Weizenkörner keimen.
Damit erhält man die Wahrscheinlichkeit des Ereignisses B: «Es keimen höchstens 15 % der entnommenen Weizenkörner nicht.» mithilfe der Wahrscheinlichkeit des Gegenereignisses und der kumulierten Binomialverteilung:

frv.tv/df

$$P(B) = P(X \geqslant 170) = 1 - P(X \leqslant 169) \approx 1 - 0,957 = 0,043$$

Die Wahrscheinlichkeit für das Ereignis B beträgt etwa 4,3 %.
Zur Bestimmung der Wahrscheinlichkeit des Ereignisses C: «Es keimen genau so viele Weizenkörner, wie man erwarten würde.» berechnet man zuerst den Erwartungswert von X:

$$E(X) = \mu = n \cdot p = 200 \cdot 0,8 = 160$$

Damit ergibt sich mithilfe der Binomialverteilung:

frv.tv/de

$$P(C) = P(X = 160) \approx 0,070$$

Die Wahrscheinlichkeit für das Ereignis C beträgt etwa 7,0 %.

b) Die Zufallsgröße X beschreibt die Anzahl der keimenden Weizenkörner von 200 entnommenen Weizenkörnern. X ist binomialverteilt mit den Parametern $n = 200$ und $p = 0,8$.
Der Erwartungswert μ von X beträgt $\mu = 160$.
Mithilfe der kumulierten Binomialverteilung erhält man für Intervalle $I_c = [\mu - c\,; \mu + c]$, die zum Erwartungswert $\mu = 160$ von X symmetrisch sind, durch Ausprobieren die fol-

genden Wahrscheinlichkeiten:

$$P(150 \leqslant X \leqslant 170) = P(X \leqslant 170) - P(X \leqslant 149) \approx 0,972 - 0,034 = 0,938$$
$$P(149 \leqslant X \leqslant 171) = P(X \leqslant 171) - P(X \leqslant 148) \approx 0,982 - 0,024 = 0,958$$

Somit ist das kleinstmögliche Intervall, in dem die Anzahl der keimenden Weizenkörner mit einer Wahrscheinlichkeit von mindestens 95% liegt, das Intervall: $[149; 171]$.
Damit gilt: $c = 171 - 160 = 11$.
Somit ist $c = 11$ die kleinstmögliche Zahl.

c) Legt man X als Zufallsgröße für die Anzahl der keimenden Weizenkörner fest, so ist X binomialverteilt mit den Parametern $p = 0,8$ und $n = 500$, da es sich um eine Bernoullikette handelt.
Die Nullhypothese (Angabe des Großhändlers) lautet: $H_0: p \geqslant 0,8$ bei Treffer «Weizenkorn keimt». Die zugehörige Alternativhypothese lautet $H_1: p < 0,8$.
Wegen $H_1: p < 0,8$ handelt es sich um einen linksseitigen Test mit Signifikanzniveau (maximale Irrtumswahrscheinlichkeit) $\alpha^* = 10\%$.
Man wird die Nullhypothese verwerfen, wenn bei den 500 Weizenkörnern deutlich weniger als 400 (Erwartungswert $E(X) = n \cdot p = 500 \cdot 0,8 = 400$) keimen.
Also ist ein maximales $g \in \mathbb{N}$ und damit ein Ablehnungsbereich $\overline{A} = \{0, ..., g\}$ der Nullhypothese so zu bestimmen, dass gilt:

$$P(X \in \overline{A}) \leqslant \alpha^*$$
$$P(X \leqslant g) \leqslant 0,1$$

frv.tv/df

Für $n = 500$ und $p = 0,8$ ergibt sich durch Ausprobieren:

$$P(X \leqslant 387) \approx 0,0826$$
$$P(X \leqslant 388) \approx 0,1004$$

Also ist $g = 387$ das maximale $g \in \mathbb{N}$ und man erhält damit den Ablehnungsbereich:

$$\overline{A} = \{0, ..., 387\}$$

Damit ergibt sich folgende Entscheidungsregel:
Wenn bei 500 Weizenkörner höchstens 387 keimen, wird die Nullhypothese verworfen. Mit einer Irrtumswahrscheinlichkeit von höchstens 10 % kann der Verdacht bestätigt werden, dass die Wahrscheinlichkeit p für «Weizenkorn keimt» geringer als 80 % ist.
Keimen mehr als 387 Weizenkörner, wird der Verdacht nicht bestätigt.

Wenn die tatsächliche Keimfähigkeit des Saatguts 82 % beträgt, legt man Y als binomialverteilte Zufallsgröße für die Anzahl der keimenden Weizenkörner mit den Parametern $p^* = 0,82$ und $n = 500$ fest.

Die Wahrscheinlichkeit, dass bei obigem Test die Nullhypothese fälschlicherweise verworfen wird, erhält man, indem man die Wahrscheinlichkeit berechnet, dass Y im Ablehnungsbereich $\overline{A} = \{0, ..., 387\}$ liegt. Mit $p^* = 0,82$ und $n = 500$ ergibt sich:

frv.tv/df

$$P(Y \leqslant 387) \approx 0,005$$

Die Wahrscheinlichkeit, dass in diesem Fall die Nullhypothese fälschlicherweise verworfen wird, beträgt etwa $0,5\,\%$.

d) Die Zufallsgröße X beschreibt das Gewicht eines Weizenkorns und ist normalverteilt mit dem Erwartungswert $\mu = 50$mg und der Standardabweichung $\sigma = 6,5$mg.
Die Wahrscheinlichkeit des Ereignisses D: «Das Gewicht eines Weizenkorns ist kleiner als 56mg.» erhält man mithilfe der kumulierten Normalverteilung (untere Grenze z.B. -1000, obere Grenze 56):

$$P(D) = P(X < 56) \approx 0,822 = 82,2\%$$

10% des Erwartungswerts sind $0,1 \cdot 50 = 5$. Da das Gewicht eines Weizenkorns um mehr als 10% vom Erwartungswert abweichen soll, kann es kleiner als 45 mg oder größer als 55 mg sein.
Die Wahrscheinlichkeit des Ereignisses E: «Das Gewicht eines Weizenkorns weicht um mehr als 10% vom Erwartungswert ab.» erhält man ebenfalls mithilfe der kumulierten Normalverteilung (untere Grenze z.B. -1000, obere Grenze 45 bzw. untere Grenze 55, obere Grenze z.B. 1000):

$$\begin{aligned} P(E) = P(X < 45) \text{ und } P(X > 55) &= P(X < 45) + P(X > 55) \\ &\approx 0,221 + 0,221 \\ &= 0,442 \\ &= 44,2\% \end{aligned}$$

18 Bleistifte

a) Bei der Entnahme eines Bleistiftes handelt es sich um ein Bernoulli-Experiment, da es nur die beiden Ausgänge «fehlerhaft» und «nicht fehlerhaft» gibt. Da der Anteil fehlerhafter Stifte erfahrungsgemäß 5 % beträgt, gilt $p = 0,05$ bei Treffer «Stift ist fehlerhaft».
Die Zufallsgröße X, welche die Anzahl der fehlerhaften Stifte in einer Stichprobe von 800 Bleistiften angibt, ist damit binomialverteilt mit den Parametern $n = 800$ und $p = 0,05$.
Die Wahrscheinlichkeit $P(X \leqslant 30)$, also dass höchstens 30 Stifte fehlerhaft sind, erhält man mithilfe der kumulierten Binomialverteilung:

frv.tv/df

$$P(X \leqslant 30) \approx 0,057 = 5,7\%$$

Die Wahrscheinlichkeit $P(X > 40)$, also dass mehr als 40 Stifte fehlerhaft sind, erhält man mithilfe der Wahrscheinlichkeit des Gegenereignisses und der kumulierten Binomialverteilung:

$$P(X > 40) = 1 - P(X \leqslant 40) \approx 1 - 0,542 = 0,458 = 45,8\%$$

frv.tv/df

Um zu berechnen, mit welcher Wahrscheinlichkeit der Wert von X um weniger als 10 vom Erwartungswert von X abweicht, bestimmt man zuerst den Erwartungswert von X:

$$E(X) = n \cdot p = 800 \cdot 0,05 = 40$$

Damit gilt für die Werte von X:

$$31 \leqslant X \leqslant 49$$

Die gesuchte Wahrscheinlichkeit erhält man mithilfe der kumulierten Binomialverteilung:

frv.tv/df

$$P(31 \leqslant X \leqslant 49) = P(X \leqslant 49) - P(X \leqslant 30) \approx 0,935 - 0,057 = 0,878$$

Die Wahrscheinlichkeit beträgt etwa 87,8 %.

b) Die Zufallsgröße X, welche die Anzahl der fehlerhaften Stifte in einer Stichprobe von n Bleistiften angibt, ist binomialverteilt mit den Parametern n und $p = 0,05$. Um zu bestimmen, wie viele Stifte vom Qualitätsprüfer der Produktion mindestens entnommen werden müssen, damit mit einer Wahrscheinlichkeit von mehr als 98 % mindestens 10 fehlerhafte Stifte gefunden werden, löst man folgende Ungleichung mithilfe der Wahrscheinlichkeit des Gegenereignisses:

$$\begin{aligned} P(X \geqslant 10) &> 0,98 \\ 1 - P(X \leqslant 9) &> 0,98 \\ 0,02 &> P(X \leqslant 9) \\ P(X \leqslant 9) &< 0,02 \end{aligned}$$

Durch Ausprobieren ergibt sich:

frv.tv/dh

$$n = 345: P(X \leqslant 9) \approx 0,0205$$

$$n = 346: P(X \leqslant 9) \approx 0,0199$$

Somit müssen mindestens 346 Stifte entnommen werden.

c) Da behauptet wird, dass höchstens 2% der produzierten Bleistifte fehlerhaft sind, lautet die Nullhypothese: $H_0: p \leqslant 0,02$ bei Treffer «Stift ist fehlerhaft» und $n = 800$.
Legt man X als Zufallsgröße für die Anzahl der fehlerhaften Stifte fest, so ist X binomialverteilt mit den Parametern $p = 0,02$ und $n = 800$.
Die zugehörige Alternativhypothese lautet $H_1: p > 0,02$.
Wegen $H_1: p > 0,02$ handelt es sich um einen rechtsseitigen Test mit der maximalen Irrtumswahrscheinlichkeit $\alpha^* = 5\%$.
Man wird die Nullhypothese verwerfen, wenn bei der Stichprobe g oder mehr fehlerhafte Stifte vorkommen.
Also ist ein minimales $g \in \mathbb{N}$ und damit ein Ablehnungsbereich $\overline{A} = \{g, ..., n\}$ der Nullhypothese so zu bestimmen, dass gilt:

$$\begin{aligned} P(X \in \overline{A}) &\leqslant \alpha^* \\ P(X \geqslant g) &\leqslant 0,05 \\ 1 - P(X \leqslant g-1) &\leqslant 0,05 \\ 0,95 &\leqslant P(X \leqslant g-1) \end{aligned}$$

Für $n = 800$ und $p = 0,02$ erhält man durch Ausprobieren:

frv.tv/df

$$\begin{aligned} P(X \leqslant 22) &\approx 0,944 \\ P(X \leqslant 23) &\approx 0,965 \end{aligned}$$

Also ist $g - 1 = 23 \Rightarrow g = 24$ das minimale $g \in \mathbb{N}$ und man erhält damit den Ablehnungsbereich:

$$\overline{A} = \{24, ..., 800\}$$

Dies bedeutet, dass man sich bei mindestens 24 fehlerhaften Stiften gegen die Nullhypothese entscheidet.

Beim Fehler 1. Art wird die Nullhypothese verworfen, obwohl sie richtig ist.
Die Wahrscheinlichkeit α für den Fehler 1. Art erhält man, indem man die Wahrscheinlichkeit berechnet, dass X im Ablehnungsbereich liegt:

$$\alpha = P\left(X \in \overline{A}\right) = P(X \geqslant 24) = 1 - P(X \leqslant 23) \approx 1 - 0,965 = 0,035$$

Die Wahrscheinlichkeit für den Fehler 1. Art beträgt etwa $3,5\%$.

Beim Fehler 2. Art wird die Nullhypothese beibehalten, obwohl sie falsch ist, d.h. man geht fälschlicherweise davon aus, dass der Anteil der fehlerhaften Stifte höchstens 2% beträgt, wenn man weniger als 24 fehlerhafte Stifte findet.
Die Wahrscheinlichkeit β für den Fehler 2. Art erhält man, indem man die Wahrscheinlichkeit, dass sich die Anzahl der fehlerhaften Stifte nicht im Ablehnungsbereich befindet, berechnet. Legt man Y als Zufallsgröße für die Anzahl der fehlerhaften Stifte fest, so ist Y binomialverteilt mit den Parametern $n = 800$ und $p = 0,025$ (tatsächlicher Anteil). Damit

gilt:

$$\beta = P\left(Y \notin \overline{A}\right) = P(Y \leqslant 23) \approx 0,790 = 79,0\%$$

Die Wahrscheinlichkeit für den Fehler 2. Art beträgt etwa 79,0 %.

d) Man legt X als normalverteilte Zufallsgröße X für die Länge von Bleistiften mit dem Erwartungswert $\mu = 160\text{mm}$ und der Standardabweichung $\sigma = 2,5\text{mm}$ fest.
Um zu zeigen, dass die Wahrscheinlichkeit, dass ein Bleistift um weniger als 3% vom Erwartungswert abweicht, kleiner als 95% ist, berechnet man zuerst 3% von 160mm: $0,03 \cdot 160\,\text{mm} = 4,8\,\text{mm}$.
Die gesuchte Wahrscheinlichkeit erhält man mithilfe der kumulierten Normalverteilung:

$$P(160 - 4,8 < X < 160 + 4,8) = P(155,2 < X < 164,8) \approx 0,945 = 94,5\%$$

Somit ist die gesuchte Wahrscheinlichkeit kleiner als 95%.

e) Man bezeichnet mit W: Eine Person ist in der Werbeabteilung tätig und mit Z: Eine Person ist mit ihrem Gehalt zufrieden.
Da 77% aller Beschäftigten mit der Höhe ihres Gehalts zufrieden sind, gilt: $P(Z) = 0,77$.
Da 12% aller Beschäftigten der Werbeabteilung angehören, gilt: $P(W) = 0,12$.
Da 5% aller Beschäftigten in der Werbeabeteilung tätig und nicht zufrieden mit der Höhe ihres Gehalts sind, gilt: $P\left(W \cap \overline{Z}\right) = 0,05$. Durch Differenzen- und Summenbildung erhält man folgende Vierfeldertafel:

	Z	$\overline{Z}$	
W	0,07	0,05	0,12
$\overline{W}$	0,70	0,18	0,88
	0,77	0,23	1

Um zu untersuchen, ob der Anteil der Beschäftigten, die mit ihrem Gehalt nicht zufrieden sind, in der Werbeabteilung größer ist als im übrigen Betrieb, verwendet man die bedingte Wahrscheinlichkeit. Den Anteil der Beschäftigten der Werbeabteilung, die mit ihrem Gehalt nicht zufrieden sind, erhält man durch:

$$P_W\left(\overline{Z}\right) = \frac{P\left(W \cap \overline{Z}\right)}{P(W)} = \frac{0,05}{0,12} \approx 0,417 = 41,7\%$$

Den Anteil der nicht in der Werbeabteilung Beschäftigten, die mit ihrem Gehalt nicht zufrieden sind, erhält man durch:

$$P_{\overline{W}}\left(\overline{Z}\right) = \frac{P\left(\overline{W} \cap \overline{Z}\right)}{P\left(\overline{W}\right)} = \frac{0,18}{0,88} \approx 0,205 = 20,5\%$$

Wegen $P_W\left(\overline{Z}\right) > P_{\overline{W}}\left(\overline{Z}\right)$ ist der Anteil der Beschäftigten, die mit ihrem Gehalt nicht zufrieden sind, in der Werbeabteilung größer als im übrigen Betrieb.

19 Hundefutter

a) Legt man X als Zufallsgröße für die Anzahl der gewürfelten Einsen fest, so ist X binomialverteilt mit den Parametern $n = 100$ und $p = \frac{9}{12} = 0,75$.
Die Wahrscheinlichkeit für das Ereignis A: «Bei 100 Würfen fällt genau 77-mal die Zahl 1.» erhält man mithilfe der Binomialverteilung unter Verwendung des Taschenrechners:

$$P(A) = P(X = 77) \approx 0,0847 = 8,47\%$$

frv.tv/de

Die Wahrscheinlichkeit für das Ereignis A beträgt etwa 8,47 %.

Die Wahrscheinlichkeit für das Ereignis B: «Bei 100 Würfen fällt mindestens 73-mal aber höchstens 81-mal die Zahl 1.» erhält man mithilfe der kumulierten Binomialverteilung unter Verwendung des Taschenrechners:

$$\begin{aligned} P(B) &= P(73 \leqslant X \leqslant 81) = P(X \leqslant 81) - P(X \leqslant 72) \\ &\approx 0,9370 - 0,2776 = 0,6594 = 65,94\% \end{aligned}$$

frv.tv/df

Die Wahrscheinlichkeit für das Ereignis B beträgt also etwa 65,94 %.

Die Summe der geworfenen Zahlen ist genau dann gleich 4, wenn bei jedem Wurf eine 1 erscheint. Die Wahrscheinlichkeit dafür beträgt $p_1 = 0,75^4 = \frac{81}{256}$. Die Summe der geworfenen Zahlen ist genau dann gleich 8, wenn bei jedem Wurf eine 2 erscheint. Die Wahrscheinlichkeit dafür beträgt $p_2 = 0,25^4 = \frac{1}{256}$. Es gilt: $p_1 > p_2$. Da die Mehrzahl der Seiten des Spielwürfels mit der Zahl 1 beschriftet ist, ist die Wahrscheinlichkeit dafür, dass die Summe der geworfenen Zahlen 4 beträgt, deutlich größer als die Wahrscheinlichkeit dafür, dass die Summe der geworfenen Zahlen 8 ist.

Einen Hauptpreis erhält eine Spielerin bzw. ein Spieler, wenn die Summe der geworfenen Zahlen mindestens 7 ist, d.h wenn höchstens einmal eine 1 geworfen wird.
Mithilfe der kumulierten Binomialverteilung unter Verwendung des Taschenrechners ergibt sich:

$$P(\text{Hauptpreis}) = P(X \leqslant 1) \approx 0,0508 \approx \frac{1}{20}$$

frv.tv/df

Alternativ kann man die gesuchte Wahrscheinlichkeit auch mithilfe der Pfadregeln berechnen:

$$\begin{aligned} P(\text{Hauptpreis}) &= P(1222) + P(2122) + P(2212) + P(2221) + P(2222) \\ &= 0,75 \cdot 0,25^3 + 0,75 \cdot 0,25^3 + 0,75 \cdot 0,25^3 + 0,75 \cdot 0,25^3 + 0,25^4 \\ &= \frac{13}{256} \approx 0,0508 \\ &\approx \frac{1}{20} \end{aligned}$$

Da die Wahrscheinlichkeit für einen Hauptpreis bei etwa $\frac{1}{20}$ liegt, wird auf lange Sicht im Mittel etwa bei einem von zwanzig Spielen ein Hauptpreis vergeben.

Die Wahrscheinlichkeit, dass man bei vier Würfen genau viermal eine 1 wirft, erhält man mithilfe der Pfadregeln:

$$P(1111) = 0,75^4 = \frac{81}{256}$$

Somit erhält die Spielerin bzw. der Spieler einen Trostpreis, wenn die Summe der geworfenen Zahlen 4 ergibt.

b) Man bezeichnet mit T: «Die Person kauft Trockenfutter.», mit $\overline{T}$: «Die Person kauft Nassfutter.», mit L: «Die Person entscheidet sich für eine der beiden Light-Varianten.» und mit $\overline{L}$: «Die Person entscheidet sich für eine der beiden normalen Varianten.» Da zwei Drittel der Personen Trockenfutter kaufen und 40% davon sich für die Light-Variante entscheiden, und von den Personen, die Nassfutter kaufen, sich nur 25% für die Light-Variante entscheiden, ergibt sich folgendes Baumdiagramm:

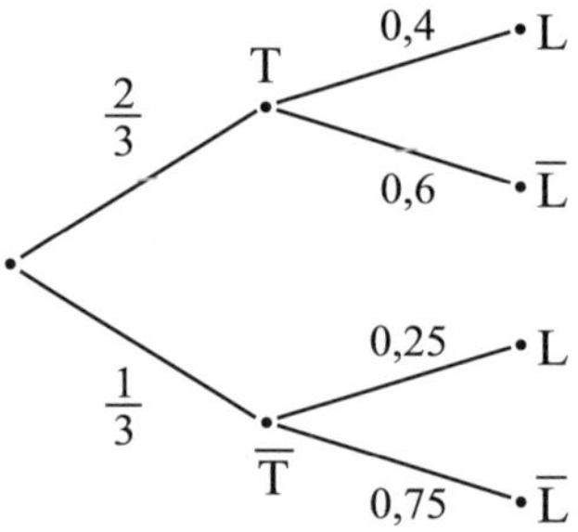

Die Wahrscheinlichkeit dafür, dass das Ereignis L eintritt, erhält man mithilfe der Pfadregeln:

$$\begin{aligned} P(L) &= P(T \cap L) + P(\overline{T} \cap L) \\ &= \frac{2}{3} \cdot 0,4 + \frac{1}{3} \cdot 0,25 \\ &= \frac{7}{20} \\ &= 0,35 \end{aligned}$$

Somit beträgt die Wahrscheinlichkeit, dass das Ereignis L eintritt, 35%.

Die Wahrscheinlichkeit, dass eine Person Trockenfutter kauft unter der Voraussetzung, dass sie sich nicht für eine der beiden Light-Varianten entschieden hat, erhält man mithilfe der bedingten Wahrscheinlichkeit:

$$P_{\overline{L}}(T) = \frac{P(T \cap \overline{L})}{P(\overline{L})} = \frac{P(T \cap \overline{L})}{1 - P(L)} = \frac{\frac{2}{3} \cdot 0,6}{1 - 0,35} = \frac{8}{13} \approx 0,615$$

Die Wahrscheinlichkeit beträgt etwa 61,5 %.

c) Mithilfe eines geeigneten Hypothesentests soll überprüft werden, ob der Anteil der Personen, die Trockenfutter kaufen, gestiegen ist. Da der Leiter vermutet, dass sich der Anteil erhöht hat, lautet die Alternativhypothese: $H_1 : p > \frac{2}{3}$. Damit lautet die Nullhypothese: $H_0 : p \leqslant \frac{2}{3}$. Wegen $H_1 : p > \frac{2}{3}$ handelt es sich um einen rechtsseitigen Test mit dem Ablehnungsbereich $\overline{A} = \{g, ..., 100\}$ und dem Signifikanzniveau $\alpha^* = 5\,\%$. Legt man X als Zufallsgröße für die Anzahl der Käufer von Trockenfutter fest, so ist X binomialverteilt mit den Parametern $n = 100$ und $p = \frac{2}{3}$.
Es ist also ein minimales $g \in \mathbb{N}$ so zu bestimmen, dass die Wahrscheinlichkeit, dass X einen Wert zwischen g und 100 annimmt, kleiner als α^* ist, d.h. dass gilt: $P\left(X \in \overline{A}\right) \leqslant \alpha^*$.
Mithilfe der Wahrscheinlichkeit des Gegenereignisses erhält man:

$$\begin{aligned} P(X \geqslant g) &\leqslant 0,05 \\ 1 - P(X \leqslant g-1) &\leqslant 0,05 \\ 0,95 &\leqslant P(X \leqslant g-1) \end{aligned}$$

Mithilfe der Wahrscheinlichkeit der kumulierten Binomialverteilung unter Verwendung des Taschenrechners ergibt sich:

frv.tv/dg

$$\begin{aligned} P(X \leqslant 73) &\approx 0,9285 \\ P(X \leqslant 74) &\approx 0,9542 \end{aligned}$$

Somit ist $g - 1 = 74 \Rightarrow g = 75$ das minimale g und man erhält den Ablehnungsbereich der Nullhypothese: $\overline{A} = \{75, ..., 100\}$.
Damit ergibt sich folgende Entscheidungsregel:
Wenn unter den 100 Personen, die Futter kaufen, mindestens 75 Personen Trockenfutter kaufen, ist die Nullhypothese zu verwerfen, d.h. der Anteil an Käufern von Trockenfutter hat sich mit einer Irrtumswahrscheinlichkeit von höchstens 5% erhöht.
Beim Fehler 1. Art wird die Nullhypothese verworfen, obwohl sie richtig ist, d.h. man geht fälschlicherweise davon aus, dass sich der Anteil der Personen, die Trockenfutter kaufen, erhöht hat, wenn von 100 Personen mindestens 75 Personen Trockenfutter kaufen.
Die Wahrscheinlichkeit des Fehlers 1. Art erhält man, indem man die Wahrscheinlichkeit berechnet, dass die Anzahl der Personen, die Trockenfutter kaufen, im Ablehnungsbereich ist:

$$\alpha = P\left(X \in \overline{A}\right) = P(X \geqslant 75) = 1 - P(X \leqslant 74) \approx 1 - 0,954 = 0,046 = 4,6\%$$

Die Wahrscheinlichkeit für den Fehler 1. Art beträgt etwa $4,6\,\%$.

d) Es ist c eine positive ganze Zahl. Die Zufallsgröße X_c ist binomialverteilt mit den Parametern $c \cdot n$ und p. Damit gilt für den Erwartungswert von X_1: $E(X_1) = 1 \cdot n \cdot p = n \cdot p$.

Die Aussage (1) ist wahr, denn es gilt:

$$E(X_c) = (c \cdot n) \cdot p = c \cdot (n \cdot p) = c \cdot E(X_1)$$

Die Aussage (2) ist falsch, da man Gegenbeispiele angeben kann:
Die Zufallsgröße X_1 ist binomialverteilt mit den Parametern $n = 64$ und $p = 0,9$.
Für beispielsweise $k = 55$ gilt: $P(X_1 \leqslant 55) \approx 0,1866$.
Die Zufallsgröße X_4 ist binomialverteilt mit den Parametern $n = 4 \cdot 64 = 256$ und $p = 0,9$.
Für $k = 4 \cdot 55 = 220$ gilt: $P(X_4 \leqslant 4 \cdot 55) = P(X_4 \leqslant 220) \approx 0,0234$.
Wegen $P(X_1 \leqslant 55) \neq P(X_4 \leqslant 4 \cdot 55)$ ist die allgemeine Aussage $P(X_1 \leqslant k) = P(X_c \leqslant c \cdot k)$ falsch.
Man kann als Gegenbeispiel auch andere Zahlen wählen.

20 Flugbuchung

a) Legt man X als Zufallsgröße für die Anzahl der Personen, die zu einem Flug erscheinen, fest, so ist X binomialverteilt mit den Parametern $n = 92$ und $p = 0{,}84$.
Die Wahrscheinlichkeit, dass genau 83 Personen zu einem Flug erscheinen, erhält man mithilfe der Binomialverteilung:

$$P(X = 83) \approx 0{,}031 = 3{,}1\%$$

Die Wahrscheinlichkeit, dass höchstens 80 Personen zu einem Flug erscheinen, erhält man mit der kumulierten Binomialverteilung:

$$P(X \leqslant 80) \approx 0{,}8189 = 81{,}89\%$$

Die Wahrscheinlichkeit, dass zu einem Flug mit 92 Buchungen höchstens 80 Personen erscheinen, beträgt also $81{,}89\%$.

Legt man Y als Zufallsgröße für die Anzahl der Flüge, zu denen mehr Personen erscheinen als das Flugzeug Sitzplätze besitzt, fest, so ist Y binomialverteilt mit den Parametern $n = 8$ und $p = 1 - 0{,}8189 = 0{,}1811$ (Gegenwahrscheinlichkeit von $P(X \leqslant 80)$). Die Wahrscheinlichkeit, dass mindestens zu einem dieser acht Flüge mehr Personen zum Flug erscheinen als das Flugzeug Sitzplätze besitzt, erhält man mithilfe der Binomialverteilung und der Wahrscheinlichkeit des Gegenereignisses:

$$P(Y \geqslant 1) = 1 - P(Y = 0) \approx 1 - 0{,}2022 = 0{,}7978$$

Mit einer Wahrscheinlichkeit von 79,78% erscheinen mindestens zu einem dieser acht Flüge mehr Personen als das Flugzeug Sitzplätze hat.

b) Legt man Z als Zufallsgröße für die Anzahl der Flüge, zu denen mehr Personen erscheinen als das Flugzeug Sitzplätze besitzt, fest, so ist Z binomialverteilt mit den Parametern n (unbekannt) und $p = 1 - 0{,}8189 = 0{,}1811$. Um zu berechnen, wie viele Flüge mindestens beobachtet werden müssen, um mit einer Wahrscheinlichkeit von mindestens 95% einen Flug zu beobachten, zu dem mehr Personen erscheinen, als das Flugzeug Sitzplätze hat, löst man folgende Ungleichung mithilfe der Binomialverteilung:

$$\begin{aligned} P(Z \geqslant 1) &\geqslant 0{,}95 \\ 1 - P(Z = 0) &\geqslant 0{,}95 \\ 0{,}05 &\geqslant P(Z = 0) \end{aligned}$$

Durch Ausprobieren erhält man mithilfe des Taschenrechners:

$$n = 15 : P(Z = 0) \approx 0{,}0499$$
$$n = 14 : P(Z = 0) \approx 0{,}0610$$

Man muss also mindestens 15 Flüge beobachten, damit mit einer Wahrscheinlichkeit von mindestens 95% mindestens ein Flug darunter ist, zu dem mehr Personen erscheinen, als das Flugzeug Sitzplätze besitzt.

c) Die Forschungshypothese des Tests lautet: «Der Anteil der pünktlichen Flüge hat sich verringert», die Nullhypothese lautet daher: «Der Anteil der pünktlichen Flüge ist gleich geblieben oder gestiegen.» Daher ergeben sich: $H_0 : p \geqslant 0{,}8$ und $H_1 : p < 0{,}8$.
Legt man X als Zufallsgröße für die Anzahl der pünktlichen Flüge fest, so ist X binomialverteilt mit den Parametern $n = 1000$ und $p = 0{,}8$. Wegen $H_1 : p < 0{,}8$ handelt es sich um einen linksseitigen Test mit dem Ablehnungsbereich $\overline{A} = \{0, ..., g\}$ und dem Signifikanzniveau $\alpha^* = 5\%$. Es ist also ein maximales $g \in \mathbb{N}$ so zu bestimmen, dass die Wahrscheinlichkeit, dass X einen Wert zwischen 0 und g annimmt, kleiner als α^* ist, d.h. dass gilt: $P\left(X \in \overline{A}\right) \leqslant \alpha^*$ bzw. $P(X \leqslant g) \leqslant \alpha^*$. Damit ergibt sich:

$$P(X \leqslant g) \leqslant \alpha^*$$
$$P(X \leqslant g) \leqslant 0{,}05$$

frv.tv/de

Mithilfe der kumulierten Binomialverteilung des Taschenrechners erhält man:

$$P(X \leqslant 778) \approx 0{,}0459$$
$$P(X \leqslant 779) \approx 0{,}0539$$

Somit ist $g = 778$ das maximale g und man erhält den Ablehnungsbereich der Nullhypothese mit $\overline{A} = \{0, ..., 778\}$.
Damit ergibt sich folgende Entscheidungsregel:
Sind 778 oder weniger Flüge pünktlich, wird man H_0 verwerfen und AER muss davon ausgehen, dass sich der Anteil der pünktlichen Flüge tatsächlich verringert hat.
Bei einem Fehler 2. Art wird die Nullhypothese angenommen, obwohl sie falsch ist. Man geht also aufgrund des Testergebnisses fälschlicherweise davon aus, dass der Anteil der pünktlichen Flüge gleich 80% oder sogar größer ist, obwohl er in Wirklichkeit geringer ist.

d) Um für die normalverteilte Zufallsgröße X mit $\mu = 105$ die Standardabweichung σ zu bestimmen, stellt man mit der gegebenen Wahrscheinlichkeit von 10%, dass ein Flug mehr als 110 Minuten dauert, eine Ungleichung auf. Mithilfe der kumulierten Normalverteilung erhält man:

$$P(X > 110) = 0,10$$

Durch Ausprobieren erhält man mithilfe des Taschenrechners (untere Grenze 110, obere Grenze z.B. 1000):

frv.tv/di

$$\sigma = 3,8 : P(X > 110) \approx 0,0941$$
$$\sigma = 3,9 : P(X > 110) \approx 0,0999$$
$$\sigma = 4,0 : P(X > 110) \approx 0,1056$$

Somit beträgt die Standardabweichung $\sigma = 3,9$.
Um die σ-Umgebung zu erhalten, setzt man die bekannten Werte $\mu = 105$ und $\sigma = 3,9$ in das gegebene Intervall $[\mu - \sigma; \mu + \sigma]$ ein.
Man erhält das Intervall

$$[105 - 3,9; 105 + 3,9] = [101,1; 108,9]$$

Damit beträgt die Wahrscheinlichkeit, dass die Flugzeit eines zufällig ausgewählten Fluges von Frankfurt nach London mehr als $101,1$ Minuten und weniger als $108,9$ Minuten beträgt, etwa 68 %.

e) Die Zahl der Fotozellen unter den drei eingebauten, die eine Reaktion zeigen, ist binomialverteilt. Man legt also drei Zufallsvariablen X_1, X_2, X_3 für die Anzahl der eingebauten Fotozellen mit den Parametern $n = 3$ und $p_1 = 0,3$, $p_2 = 0,5$, $p_3 = 0,7$ fest. Die gesuchten Wahrscheinlichkeiten ergeben sich mithilfe der Wahrscheinlichkeit des Gegenereignisses und der kumulierten Binomialverteilung des Taschenrechners:

frv.tv/df

$$P(0,3) = P(X_1 \geqslant 2) = 1 - P(X_1 \leqslant 1) = 1 - 0,784 = 0,216$$
$$P(0,5) = P(X_2 \geqslant 2) = 1 - P(X_2 \leqslant 1) = 1 - 0,5 = 0,5$$
$$P(0,7) = P(X_3 \geqslant 2) = 1 - P(X_1 \leqslant 1) = 1 - 0,216 = 0,784$$

Zur Verbesserung der Zuverlässigkeit kann man die folgenden Überlegungen anstellen:
Es gilt: $P(0,3) = 0,216 < 0,3$ und $P(0,5) = 0,5$ sowie $P(0,7) = 0,784 > 0,7$.
Wegen $P(p_1) < p_1$ kann man vermuten, dass der Einsatz von drei Fotozellen für $p < 0,5$ als ungünstig anzusehen ist, da sich die Wahrscheinlichkeit für ein Warnsignal durch diese Maßnahme verringert.
Wegen $P(p_2) = p_2 = 0,5$ kann man vermuten, dass sich keine Auswirkungen ergeben.
Wegen $P(p_3) > p_3$ kann man vermuten, dass sich für $p > 0,5$ die Wahrscheinlichkeit für ein Warnsignal durch den Einbau von mehreren Fotozellen erhöht.

Legt man X als Zufallsvariable für die Zahl der Fotozellen unter den drei eingebauten, die eine Reaktion zeigen, fest, so ist X binomialverteilt mit den Parametern n = 3 und p. Für die Wahrscheinlichkeit P(p) erhält man also mithilfe der Bernoulli-Formel:

$$\begin{aligned} P(p) &= P(X \geqslant 2) \\ &= P(X = 2) + P(X = 3) \\ &= \binom{3}{2} \cdot p^2 \cdot (1-p)^1 + \binom{3}{3} \cdot p^3 \cdot (1-p)^0 \\ &= 3 \cdot p^2 \cdot (1-p) + p^3 \\ &= -2p^3 + 3p^2 \end{aligned}$$

frv.tv/da

Mithilfe einer Wertetabelle erhält man den Graphen der Funktion P(p):

p	0	0,2	0,3	0,4	0,5	0,6	0,7	0,8	1
P(p)	0	0,104	0,216	0,352	0,5	0,648	0,784	0,896	1

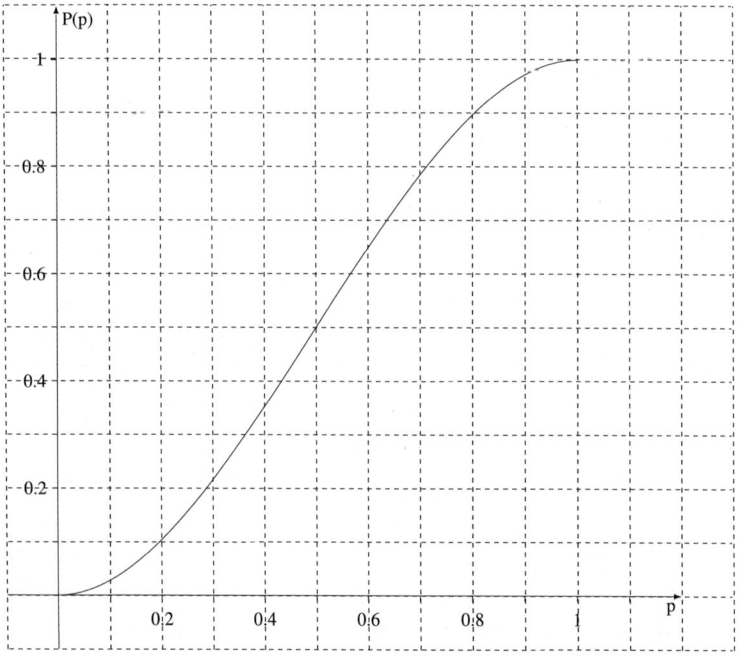

21 Eier

a) Da es bei der Entnahme nur die beiden Möglichkeiten braun oder weiß gibt und die Wahrscheinlichkeit bei jedem Ziehen aufgrund der sehr vielen Eier auf der Hühnerfarm nahezu gleich groß ist, handelt es sich in guter Näherung um eine Bernoulli-Kette.
Ereignis A: Legt man X als Zufallsgröße für die Anzahl der weißen Eier fest, so ist X binomialverteilt mit den Parametern $n = 10$ und $p = 0,30$.
Die Wahrscheinlichkeit für das Ereignis A: «Unter 10 der Produktion zufällig entnommenen Eiern sind genau 3 weiß.» erhält man mithilfe der Binomialverteilung:

$$P(A) = P(X = 3) \approx 0,267 = 26,7\%$$

Ereignis B: Legt man Y als Zufallsgröße für die Anzahl der braunen Eier fest, so ist Y binomialverteilt mit den Parametern $n = 50$ und $p = 0,70$.
Die Wahrscheinlichkeit für das Ereignis B: «Unter 50 der Produktion zufällig entnommenen Eiern sind mindestens 33 braun.» erhält man mithilfe der kumulierten Binomialverteilung und der Wahrscheinlichkeit des Gegenereignisses:

$$P(B) = P(Y \geqslant 33) = 1 - P(Y \leqslant 32) \approx 1 - 0,218 = 0,782 = 78,2\%$$

Ereignis C: Legt man Z als Zufallsgröße für die Anzahl der weißen Eier fest, so ist Z binomialverteilt mit den Parametern $n = 100$ und $p = 0,30$. Den Erwartungswert erhält man durch $\mu = n \cdot p = 100 \cdot 0,30 = 30$.
Die Wahrscheinlichkeit für das Ereignis C: «Bei 100 der Produktion zufällig entnommenen Eiern weicht die Anzahl der weißen Eier um höchstens 3 vom Erwartungswert ab.» erhält man mithilfe der kumulierten Binomialverteilung:

$$P(C) = P(27 \leqslant Z \leqslant 33) = P(Z \leqslant 33) - P(Z \leqslant 26) \approx 0,779 - 0,224 = 0,555 = 55,5\%$$

b) Um zu bestimmen, wie viele Eier man der Produktion mindestens entnehmen muss, damit die Wahrscheinlichkeit, dass mindestens ein weißes Ei darunter war, mindestens 99% beträgt, stellt man eine Ungleichung auf. Legt man X als Zufallsgröße für die Anzahl der weißen Eier fest, so ist X binomialverteilt mit den Parametern n (unbekannt) und $p = 0,30$.
Damit ergibt sich:

$$\begin{aligned} P(X \geqslant 1) &\geqslant 0,99 \\ 1 - P(X = 0) &\geqslant 0,99 \\ 0,01 &\geqslant P(X = 0) \end{aligned}$$

Durch Ausprobieren erhält man mithilfe der Binomialverteilung unter Verwendung des

Taschenrechners:

$$n = 13: P(X = 0) \approx 0,0097$$
$$n = 12: P(X = 0) \approx 0,0138$$

Somit müssen mindestens 13 Eier der Produktion entnommen werden.

c) Da der Betreiber behauptet, dass der Anteil der weißen Eier in seiner Produktion größer als 30% ist, und er seine Vermutung bestätigen möchte, lautet die Alternativhypothese: $H_1 : p > 0,30$. Damit ergibt sich für die Nullhypothese: $H_0 : p \leqslant 0,30$. Wegen $H_1 : p > 0,30$ handelt es sich um einen rechtsseitigen Test mit dem Ablehnungsbereich $\overline{A} = \{g, ..., 200\}$ und dem Signifikanzniveau $\alpha^* = 5\,\%$. Legt man X als Zufallsgröße für die Anzahl weißer Eier fest, so ist X binomialverteilt mit den Parametern $n = 200$ und $p = 0,30$. Man wird die Nullhypothese verwerfen, wenn bei der Stichprobe deutlich mehr weiße Eier vorhanden sind, als man erwartet (Erwartungswert $\mu = n \cdot p = 200 \cdot 0,30 = 60$).
Es ist also ein minimales $g \in \mathbb{N}$ so zu bestimmen, dass die Wahrscheinlichkeit, dass X einen Wert zwischen g und 200 annimmt, kleiner als α^* ist, d.h. dass gilt: $P\left(X \in \overline{A}\right) \leqslant \alpha^*$.
Mithilfe der Wahrscheinlichkeit des Gegenereignisses erhält man:

$$P(X \geqslant g) \leqslant 0,05$$
$$1 - P(X \leqslant g - 1) \leqslant 0,05$$
$$0,95 \leqslant P(X \leqslant g - 1)$$

Mithilfe der Wahrscheinlichkeit der kumulierten Binomialverteilung unter Verwendung des Taschenrechners ergibt sich:

frv.tv/dg

$$P(X \leqslant 70) \approx 0,946$$
$$P(X \leqslant 71) \approx 0,960$$

Somit ist $g - 1 = 71 \Rightarrow g = 72$ das minimale g und man erhält den Ablehnungsbereich der Nullhypothese: $\overline{A} = \{72, \dots, 200\}$.
Damit ergibt sich folgende Entscheidungsregel:
Wenn unter den 200 Eiern mindestens 72 weiße sind, wird die Nullhypothese, also dass der Anteil der weißen Eier höchstens 30% beträgt, verworfen.
Beim Fehler 2. Art wird die Nullhypothese beibehalten, obwohl sie falsch ist, d.h. man geht fälschlicherweise davon aus, dass der Anteil der weißen Eier höchstens 30% beträgt, wenn man höchstens 71 weiße Eier findet.
Die Wahrscheinlichkeit für den Fehler 2. Art erhält man, indem man die Wahrscheinlichkeit dafür berechnet, dass sich die Anzahl der weißen Eier nicht im Ablehnungsbereich befindet. Legt man Y als Zufallsgröße für die Anzahl der weißen Eier festlegt, so ist Y

binomialverteilt mit den Parametern n = 200 und p = 0,35 (tatsächlicher Anteil). Damit gilt:

$$\beta = \mathrm{P}\left(\mathrm{Y} \notin \overline{\mathrm{A}}\right) = \mathrm{P}(\mathrm{Y} \leqslant 71) \approx 0{,}591 = 59{,}1\%$$

d) Die Zufallsgröße X ist normalverteilt mit dem Erwartungswert $\mu = 57$g und der Standardabweichung $\sigma = 4$g. Die Wahrscheinlichkeit für das Ereignis D: «Das Gewicht eines zufällig ausgewählten Eis liegt zwischen 49g und 56g.» erhält man mithilfe der kumulierten Normalverteilung (untere Grenze 49, obere Grenze 56):

$$\mathrm{P(D)} = \mathrm{P}(49 \leqslant \mathrm{X} \leqslant 56) \approx 0{,}379 = 37{,}9\%$$

Die Wahrscheinlichkeit für das Ereignis E: «Das Gewicht eines zufällig ausgewählten Eis beträgt mindestens 50g.» erhält man mithilfe der kumulierten Normalverteilung (untere Grenze 50, obere Grenze z.B. 1000):

$$\mathrm{P(E)} = \mathrm{P}(\mathrm{X} \geqslant 50) \approx 0{,}960 = 96{,}0\%$$

Die Wahrscheinlichkeit für das Ereignis F: «Das Gewicht eines zufällig ausgewählten Eis weicht um mindestens 6g vom Erwartungswert ab.» erhält man ebenfalls mithilfe der kumulierten Normalverteilung (untere Grenze z.B. -1000, obere Grenze 51 bzw. untere Grenze 63, obere Grenze z.B. 1000):

frv.tv/di

$$\mathrm{P(F)} = \mathrm{P}(\mathrm{X} \leqslant 51) + \mathrm{P}(\mathrm{X} \geqslant 63) \approx 0{,}067 + 0{,}067 = 0{,}134 = 13{,}4\%$$

Der Ansatz $1 - \mathrm{P}(\mathrm{X} \leqslant a) \leqslant 0{,}05$ beschreibt die Gegenwahrscheinlichkeit zum Ereignis: «Das Gewicht eines Eis hat höchstens a Gramm.», welche höchtens 5% betragen soll. Somit soll die Wahrscheinlichkeit, dass das Gewicht eines Eis mindestens a Gramm beträgt, höchstens 5% betragen.
Zur Berechnung von a formt man die Ungleichung um:

$$\begin{aligned} 1 - \mathrm{P}(\mathrm{X} \leqslant a) &\leqslant 0{,}05 \\ 0{,}95 &\leqslant \mathrm{P}(\mathrm{X} \leqslant a) \end{aligned}$$

Mithilfe der kumulierten Normalverteilung erhält man durch Ausprobieren mit dem Taschenrechner:

$$\begin{aligned} a = 63 &: \mathrm{P}(\mathrm{X} \leqslant 63) \approx 0{,}933 \\ a = 64 &: \mathrm{P}(\mathrm{X} \leqslant 64) \approx 0{,}960 \end{aligned}$$

Somit ist $a = 64$ der kleinste ganzzahlige Wert, für den die Ungleichung erfüllt ist.

Wahlteil Abitur 2020*

Tipps ab Seite 164, Lösungen ab Seite 171

Mathematik Wahlteil 2020 Analysis A1

Aufgabe A 1.1

Betrachtet wird das Wachstum einer Palme. Ihre Höhe beträgt zu Beobachtungsbeginn einen Meter, die momentane Wachstumsrate ihrer Höhe wird durch die Funktion w mit

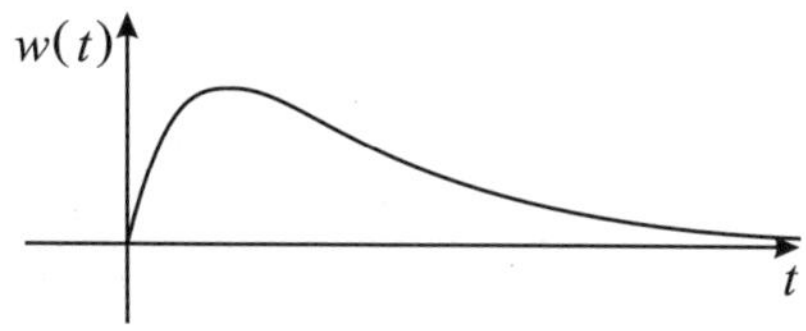

$$w(t) = 4 \cdot \left(e^{-t} - e^{-2t}\right)\ ;\ t \geqslant 0$$

(t in Jahren nach Beobachtungsbeginn, $w(t)$ in Meter pro Jahr) beschrieben.
Die Abbildung zeigt den Graphen von w.

a) Geben Sie die momentane Wachstumsrate zum Zeitpunkt $t = 1$ an.
Begründen Sie anhand des Graphen, dass die Höhe der Palme im abgebildeten Zeitraum nie abnimmt.
Die Funktion w besitzt im abgebildeten Bereich eine Wendestelle.
Beschreiben Sie die Bedeutung dieser Wendestelle im Sachzusammenhang.
Berechnen Sie den Zeitpunkt der maximalen momentanen Wachstumsrate.

(4 VP)

b) Berechnen Sie die Höhenzunahme der Palme im zweiten Jahr nach Beobachtungsbeginn.
Bestimmen Sie einen integralfreien Funktionsterm der Funktion h, der die Höhe der Palme zum Zeitpunkt t angibt.
Ermitteln Sie rechnerisch den Zeitpunkt, ab dem die Palme eine Höhe von $1{,}50\,\text{m}$ hat.
Untersuchen Sie, welche Höhe die Palme maximal erreichen kann.
Formulieren Sie eine Fragestellung im Sachzusammenhang, die auf die Gleichung $\frac{h(t+0{,}5)}{h(t)} = 1{,}5$ führt.

(8 VP)

*Die Aufgaben wurden an die Vorgaben des Abiturs 2023 angepasst

Aufgabe A 1.2

Für jedes $a > 0$ ist eine Funktion f_a gegeben durch $f_a(x) = -\frac{1}{8}x^4 + a^2x^2$.

a) Abgebildet sind drei Graphen.
Begründen Sie, dass zwei dieser Graphen nicht zu einer Funktion f_a gehören.
Der verbleibende Graph gehört zu einer Funktion f_a.
Bestimmen Sie den zugehörigen Wert von a.

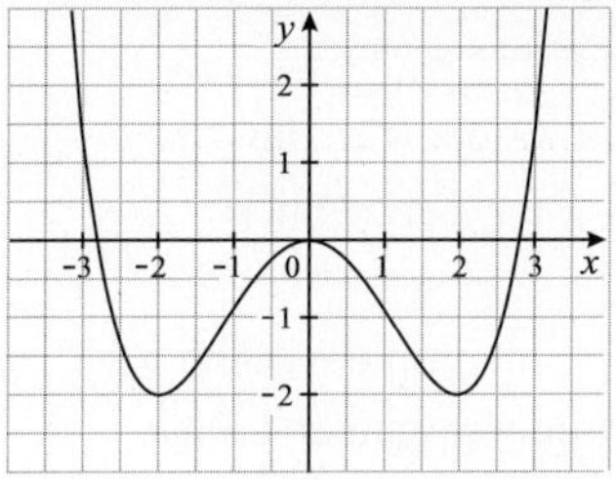

Abb. 1

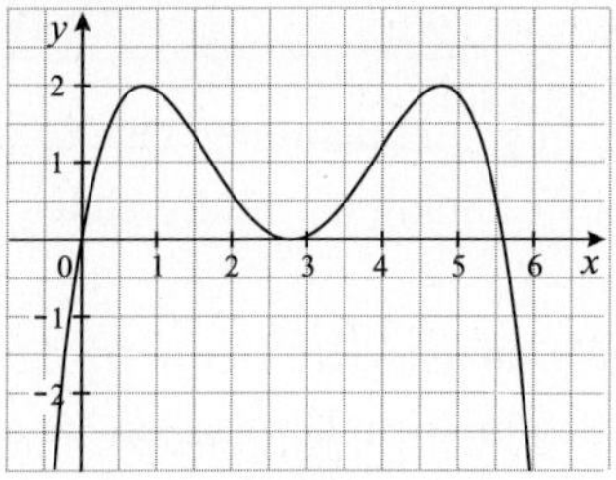

Abb. 2

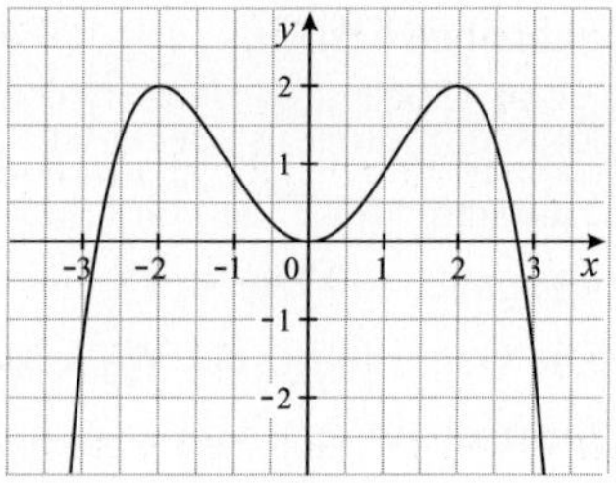

Abb. 3

(3 VP)

b) Jede Funktion f_a besitzt an der Stelle $x_1 = 2a$ ein Maximum.
Zeigen Sie, dass die zugehörigen Hochpunkte aller Graphen von f_a auf der Kurve mit der Gleichung $y = \frac{1}{8}x^4$ liegen.

(2 VP)

c) Der Punkt $O(0 \mid 0)$ sowie die Punkte $P\left(4a \mid -16a^4\right)$ und $Q\left(-4a \mid -16a^4\right)$ des Graphen von f_a bilden ein Dreieck.
Berechnen Sie denjenigen Wert von a, für den dieses Dreieck gleichseitig ist.

(3 VP)

Tipps ab Seite 165, Lösungen ab Seite 176

Mathematik Wahlteil 2020 Analysis A2

Aufgabe A 2.1

Die nebenstehende Abbildung zeigt eine Station in einem Bikepark, die aus zwei seitlichen Wällen und einer Fahrrinne besteht.

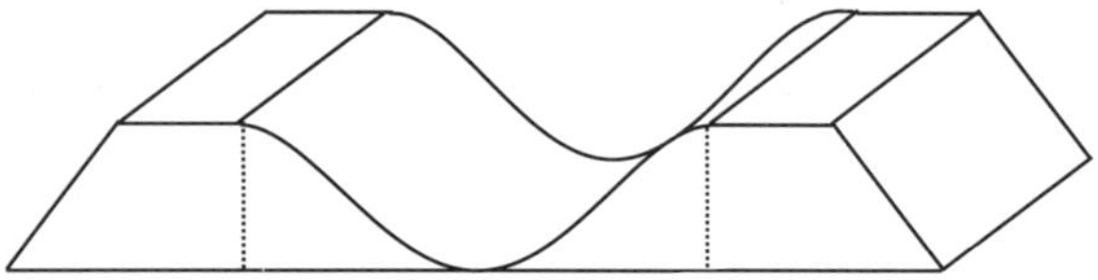

Die Abbildung in der Anlage zeigt modellhaft ihren Querschnitt. Dabei wird die Fahrrinne durch den Graphen einer Funktion f im Bereich $-8 \leqslant x \leqslant 8$ modelliert (Angaben in Meter).
Die Querschnitte der Wälle sind grau markiert. Der horizontale Untergrund wird im Querschnitt durch die x-Achse beschrieben. Die Station hat auf ihrer gesamten Länge den in der Abbildung gezeigten Querschnitt.

a) Bearbeiten Sie die folgenden Augabenstellungen anhand des Graphen in der Anlage.
Bestimmen Sie die Breite der Fahrrinne in einer Höhe von 1 m über dem Untergrund.
Ermitteln Sie die mittlere Steigung zwischen den im Modell mit B und C bezeichneten Punkten.
Bestimmen Sie die maximale Steigung der Fahrrinne.
Begründen Sie, dass f keine ganzrationale Funktion zweiten Grades sein kann.

(4,5 VP)

b) Es ist $f(x) = -\frac{1}{1024}x^4 + \frac{1}{8}x^2$.
Berechnen Sie die Höhe, in der die Fahrrinne eine Breite von 12 m hat.
Das verbaute Material hat ein Gesamtvolumen von $1168\,\text{m}^3$.
Ermitteln Sie die Länge der Station.

(5 VP)

c) Die abgebildete Fahrrinne lässt sich auch näherungsweise durch den Graphen einer trigonometrischen Funktion g modellieren, der die Punkte A, B und C als Extrempunkte besitzt.
Bestimmen Sie einen möglichen Funktionsterm von g.

(2,5 VP)

Abbildung zu Aufgabe A 2.1

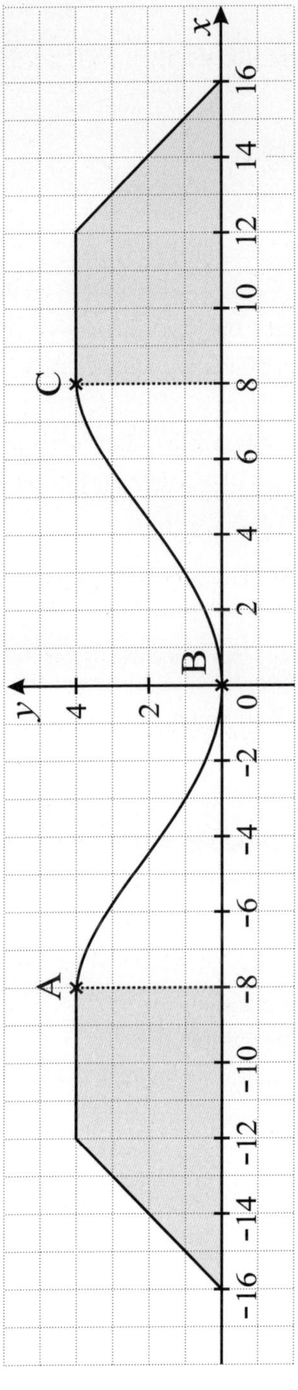

Aufgabe A 2.2

Gegeben ist die Funktion f durch $f(x) = 4 - \frac{4}{x^2}$; $x \neq 0$.
Ihr Graph K sowie die Gerade g: $y = 4$ sind in der nebenstehenden Abbildung dargestellt.

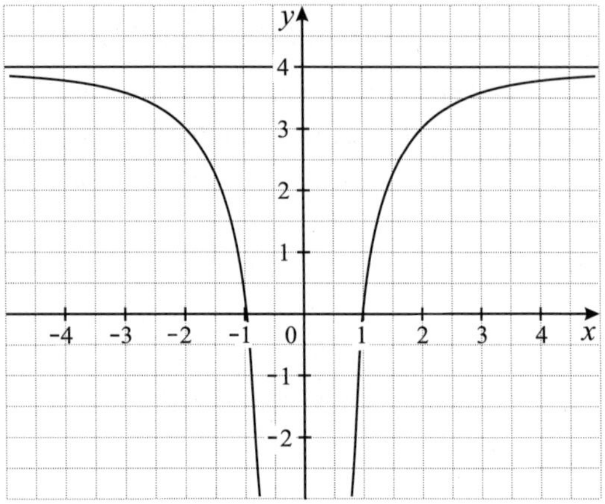

a) Der Punkt $P(u \mid v)$ mit $u > 0$ ist ein Punkt auf K.
Die Punkte P, $Q(u \mid 4)$, $R(0 \mid 4)$ und $S(0 \mid v)$ sind die Ecken eines Rechtecks.
Bei Rotation dieses Rechtecks um die y-Achse entsteht ein Zylinder.
Zeigen Sie, dass das Volumen dieses Zylinders unabhängig von u ist.
Berechnen Sie denjenigen Wert von u, für den der Inhalt der Mantelfläche des Zylinders 4π beträgt.

(4 VP)

b) Für jeden Punkt auf K begrenzen die zugehörige Tangente an K, die Gerade g und die y-Achse ein Dreieck. Für einen solchen Punkt T mit positiver x-Koordinate ist dieses Dreieck gleichschenklig.
Berechnen Sie die x-Koordinate dieses Punktes T.

(2 VP)

c) C ist der Graph der Funktion h mit $h(x) = 1 - \frac{9}{x^2}$.
K geht durch eine Streckung in y-Richtung und eine Streckung in x-Richtung aus C hervor.
Ermitteln Sie die beiden zugehörigen Streckfaktoren.

(2 VP)

Tipps ab Seite 166, Lösungen ab Seite 181

Mathematik Wahlteil 2020 Analytische Geometrie B1

Ein Ausstellungsraum hat die Form einer geraden Pyramide mit quadratischer Grundfläche. Die Eckpunkte des Bodens können in einem kartesischen Koordinatensystem modellhaft durch die Punkte A (18 | 0 | 0), B (18 | 18 | 0), C (0 | 18 | 0) und D (0 | 0 | 0) dargestellt werden (siehe Abbildung). Die Spitze des Raumes wird durch den Punkt S (9 | 9 | 12) beschrieben, die rechte Seitenwand durch das gleichschenklige Dreieck BCS (alle Koordinatenangaben in Meter).

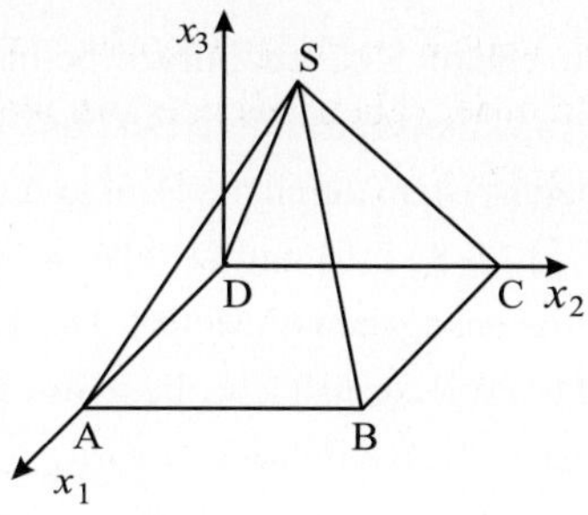

a) Berechnen Sie die Größe des Winkels zwischen den beiden Kanten, die durch die Strecken BC und BS beschrieben werden.
Ermitteln Sie eine Koordinatengleichung der Ebene E, in der das Dreieck BCS liegt.
Bestimmen Sie den Flächeninhalt der rechten Seitenwand.
(Teilergebnis: E: $4x_2 + 3x_3 = 72$) (5 VP)

Eine punktförmige Lampe befindet sich am unteren Ende einer fünf Meter langen Stange, die von der Raumspitze ausgeht und senkrecht nach unten hängt.

b) Die Stange mit der Lampe kann in eine Pendelbewegung versetzt werden.
Diese Pendelbewegung verläuft im Modell in einer Ebene parallel zur x_2x_3-Ebene.
Wenn die Lampe zu stark schwingt, dann trifft sie die rechte Seitenwand.
Der Auftreffpunkt wird im Modell durch den Punkt P beschrieben.
Berechnen Sie die Koordinaten von P. (2 VP)

c) Im Rahmen einer Kunstausstellung wurde ein drei Meter langer Stab senkrecht zum Boden angebracht, der im Modell durch die Strecke FG mit F (11 | 15 | 0) beschrieben wird. Befindet sich die Lampe in der Position, die durch L (9 | 9 | 7) beschrieben wird, so wirft der Stab einen Schatten, dessen Endpunkt auf der rechten Seitenwand durch G^* beschrieben wird.
Berechnen Sie die Koordinaten des Punktes G^*.
Beschreiben Sie ein Verfahren, mit dem man die Gesamtlänge des betrachteten Schattens berechnen kann. (3 VP)

d) Gegeben ist die Ebene E_a durch $E_a\colon 4x_2 + (a-2)x_3 = 72 \,:\, a > 0$.
Zeigen Sie, dass die Gerade durch B und C in E_a enthalten ist.
Berechnen Sie den Wert von a so, dass E_a mit der x_1x_2-Ebene einen Winkel von 45° bildet. (2,5 VP)

Tipps ab Seite 167, Lösungen ab Seite 187

Mathematik Wahlteil 2020 Analytische Geometrie B2

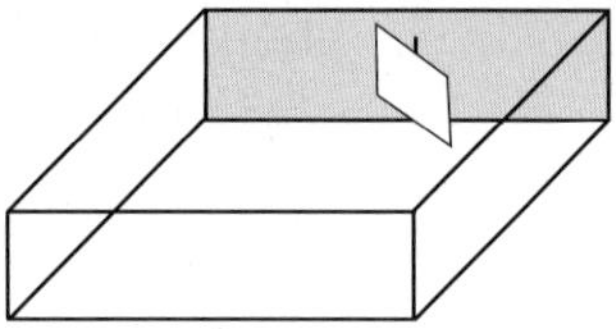

In einem Klassenzimmer befindet sich eine rechteckige Projektionsfläche. Ihre Eckpunkte werden in einem Koordinatensystem durch die Punkte $A(0 \mid 4{,}4 \mid 1)$, $B(1 \mid 6{,}8 \mid 1)$, $C(1 \mid 6{,}8 \mid 2{,}6)$ und $D(0 \mid 4{,}4 \mid 2{,}6)$ dargestellt (alle Koordinatenangaben in Meter). Die Klassenzimmerwand hinter der Projektionsfläche liegt in einer Ebene, die durch die x_2x_3-Ebene beschrieben wird.

a) Berechnen Sie die Länge der Diagonalen der Projektionsfläche.
Die Punkte A, B, C und D liegen in einer Ebene E.
Bestimmen Sie eine Koordinatengleichung von E.
Berechnen Sie die Weite des Winkels, den die Projektionsfläche und die dahinter liegende Wand des Klassenzimmers einschließen.
(Teilergebnis: $E\colon\ 12x_1 - 5x_2 = -22$) (4 VP)

b) Ein Schüler zielt mit einem Laserpointer auf die Projektionsfläche. Die Lichtquelle wird im Modell durch den Punkt $L(4 \mid 2 \mid 1)$ dargestellt,
der Vektor $\vec{v} = \begin{pmatrix} -5 \\ 6 \\ 2 \end{pmatrix}$ beschreibt die Richtung des Laserstrahls.
Überprüfen Sie, ob der Laserstrahl die Projektionsfläche trifft. (2,5 VP)

Die Projektionsfläche ist so befestigt, dass sie sich um eine vertikale Achse drehen lässt. Im Modell lassen sich mögliche Lagen der Projektionsfläche durch Ebenen der Schar

$$E_a\colon\ 12x_1 + 5ax_2 = 28a + 6\,;\ a \in \mathbb{R}$$

beschreiben.

c) Weisen Sie nach, dass der Mittelpunkt der Strecke CD in jeder Ebene der Schar liegt.
Die Drehachse wird im Modell durch eine Strecke beschrieben.
Geben Sie eine Gleichung der Geraden an, die diese Strecke enthält.
Berechnen Sie die Werte von a so, dass E_a mit der hinteren Klassenzimmerwand einen Winkel von 45° bildet. (4 VP)

d) Begründen Sie, dass die Ebene E_1 eine Lage beschreibt, in der die Projektionsfläche an der dahinterliegenden Wand anstößt. (2 VP)

Tipps ab Seite 168, Lösungen ab Seite 192

Mathematik Wahlteil 2020 Stochastik C 1

Auf einer Meeresfarm werden Muscheln zur Perlengewinnung gezüchtet. Erfahrungsgemäß bringen 70% der Muscheln keine Perlen hervor. In den restlichen Muscheln befindet sich jeweils genau eine Perle, aber nur 10% der Perlen entsprechen dem geforderten Qualitätsstandard.

a) Bestimmen Sie für die folgenden Ereignisse jeweils die Wahrscheinlichkeit:
A: In 10 zufällig ausgewählten Muscheln ist keine Perle.
B: In 10 zufällig ausgewählten Muscheln sind insgesamt mindestens zwei Perlen.
C: In 100 zufällig ausgewählten Muscheln sind insgesamt mehr als drei Perlen, die dem geforderten Qualitätsstandard entsprechen.

(3 VP)

b) Ermitteln Sie die Anzahl der Muscheln, die man mindestens öffnen muss, damit mit einer Wahrscheinlichkeit von mindestens 95% mindestens eine Perle zu finden ist.

(2 VP)

c) Ein Muschelzüchter hat eine neue Zuchtmethode entwickelt. Er behauptet, damit die Wahrscheinlichkeit dafür, dass eine Muschel eine Perle hervorbringt, zu erhöhen. Um die Behauptung zu überprüfen, werden 200 Muscheln geöffnet.

Entwickeln Sie einen Hypothesentest auf einem Signifikanzniveau von 5% und formulieren Sie eine Entscheidungsregel im Sachzusammenhang.

Beschreiben Sie den Fehler 2. Art im Sachzusammenhang und bestimmen Sie seine Wahrscheinlichkeit für den Fall, dass der tatsächliche Anteil der Perlen 40% beträgt.

(2,5 VP)

d) Ein Goldschmied hat in einer Schale weiße und schwarze Perlen. Es sind mehr schwarze als weiße Perlen. Insgesamt sind es 21 Perlen. Der Goldschmied zieht zufällig zwei Perlen ohne Zurücklegen aus der Schale. Die Wahrscheinlichkeit dafür, dass sich die Farben der beiden Perlen unterscheiden, beträgt $\frac{8}{21}$.

Bestimmen Sie die Anzahl der schwarzen Perlen, die vor dem Ziehen in der Schale waren.

(2,5 VP)

e) In einer Schale sind 20 Perlen, von denen 17 weiß, zwei schwarz und eine grau sind. Es werden 10 Perlen ohne Zurücklegen gezogen.

Bestimmen Sie die Wahrscheinlichkeiten folgender Ereignisse:
D: «Alle Perlen sind weiß.»

E: «Unter den 10 Perlen ist jede Perlenfarbe mindestens einmal vorhanden.»

(2,5 VP)

Tipps ab Seite 169, Lösungen ab Seite 196

Mathematik Wahlteil 2020 Stochastik C2

In einer Urne befinden sich drei rote, eine weiße und sechs schwarze Kugeln.

a) Es werden nacheinander acht Kugeln mit Zurücklegen gezogen.
Bestimmen Sie für die folgenden Ereignisse jeweils die Wahrscheinlichkeit:
A: Genau drei dieser Kugeln sind rot.
B: Mehr als zwei und weniger als sechs dieser Kugeln sind rot.
C: Die ersten drei Kugeln haben dieselbe Farbe. (3 VP)

b) Geben Sie im Zusammenhang mit der oben beschriebenen Urne ein Zufallsexperiment an, dessen Wahrscheinlichkeit sich mit dem folgenden Term berechnen lässt:

$$\binom{5}{3} \cdot 0{,}6^3 \cdot 0{,}4^2$$

(1,5 VP)

c) Bei einem Spiel werden zwei Kugeln ohne Zurücklegen gezogen. Ist die weiße Kugel dabei, erhält der Spieler seinen Einsatz zurück. Bei zwei Kugeln mit gleicher Farbe erhält er vier Euro ausbezahlt. In allen anderen Fällen gibt es keine Auszahlung.

Bestimmen Sie die Höhe des Einsatzes, so dass das Spiel fair ist. (2,5 VP)

d) In einer anderen Urne befinden sich 200 schwarze und fünf rote Kugeln.
Ein Spieler zieht 15-mal nacheinander eine Kugel und legt sie jeweils direkt wieder zurück. Er gewinnt, wenn er mindestens eine rote Kugel zieht.

Berechnen Sie seine Gewinnwahrscheinlichkeit.

Dem Spieler wird folgendes Angebot gemacht. Er kann auf Züge verzichten, dafür werden weitere rote Kugeln in die Urne gelegt. Der Spieler muss vor dem Ziehen erklären, auf wie viele Züge er verzichtet. Für jeden weggelassenen Zug werden zwei rote Kugeln zusätzlich in die Urne gelegt.

Geben Sie einen Term an, mit dem die Gewinnwahrscheinlichkeit in Abhängigkeit von der Zahl z der weggelassenen Züge berechnet werden kann.

Ermitteln Sie, auf wie viele Züge er verzichten muss, damit seine Gewinnwahrscheinlichkeit am größten ist. (3 VP)

e) Eine Maschine produziert Kugeln mit einem mittleren Durchmesser von 50 mm und einer Standardabweichung von 1,5 mm. Der Durchmesser der Kugeln wird als normalverteilt angesehen. Eine Kugel gilt dann als verwendbar, wenn ihr Durchmesser vom Sollwert nicht mehr als den Betrag c abweicht.

Bestimmen Sie die zulässige Toleranzgröße c, wenn im Mittel höchstens 15 % Ausschuss erzeugt werden soll. (2,5 VP)

Tipps Abitur 2020

Analysis Aufgabe A 1

Aufgabe A 1.1

a) Die momentane Wachstumsrate zu einem Zeitpunkt t erhalten Sie, indem Sie den t-Wert in $w(t)$ einsetzen. Beachten Sie, dass der Graph von w nie unterhalb der t-Achse verläuft und w die Wachstumsrate angibt. Beachten Sie, dass an einer Wendestelle einer Funktion die Änderungsrate bzw. die Steigung der zugehörigen Tangente am kleinsten oder größten ist. Den Zeitpunkt der maximalen momentanen Wachstumsrate erhalten Sie mithilfe der 1. Ableitung von w, die Sie mit der Kettenregel bestimmen. Als notwendige Bedingung lösen Sie die Gleichung $w'(t) = 0$ durch Logarithmieren nach t auf. Klammern Sie dazu e^{-t} aus.

b) Die Höhenzunahme Z der Palme im zweiten Jahr nach Beobachtungsbeginn erhalten Sie mithilfe eines Integrals. Beachten Sie, dass das zweite Jahr den Zeitraum von $t_1 = 1$ bis $t_2 = 2$ umfasst. Verwenden Sie den Hauptsatz der Differential- und Integralrechnung: $\int_a^b f(x)\mathrm{d}x = \Big[\mathrm{F}(x)\Big]_a^b = \mathrm{F}(b) - \mathrm{F}(a)$, wobei F eine Stammfunktion von f ist. Einen integralfreien Funktionsterm der Funktion h, der die Höhe der Palme zum Zeitpunkt t angibt, erhalten Sie mithilfe eines Integrals unter Berücksichtigung der Anfangshöhe. Den Zeitpunkt, ab dem die Palme eine Höhe von $1{,}50\,\mathrm{m}$ hat, erhalten Sie, indem Sie die Gleichung $h(t) = 1{,}5$ nach t auflösen. Substituieren Sie dazu $e^{-t} = z$ und verwenden Sie die *abc*-Formel zur Lösung der entstandenen quadratischen Gleichung. Um zu untersuchen, welche Höhe die Palme maximal erreichen kann, bestimmen Sie den Grenzwert von $h(t)$ für $t \to \infty$, da die Höhe der Palme nie abnimmt. Beachten Sie, welche Terme von $h(t)$ gegen Null gehen. Formen Sie die gegebene Gleichung um und überlegen Sie, welcher Zeitraum betrachtet wird und wie die Funktionswerte sich ändern.

Aufgabe A 1.2

a) Betrachten Sie das Verhalten von $f_a(x)$ für $x \to \pm\infty$ und überlegen Sie, ob der Graph von f_a achsensymmetrisch zur y-Achse ist, um zu bestimmen, welche abgebildeten Graphen damit nicht in Frage kommen. Bestimmen Sie anhand der übrigen Abbildung zu einem x-Wert den zugehörigen Funktionswert, stellen Sie eine Gleichung auf und lösen Sie diese nach a auf. Beachten Sie, dass $a > 0$ sein muss.

b) Berechnen Sie zum gegebenen x-Wert den zugehörigen y-Wert, indem Sie den x-Wert in $f_a(x)$ einsetzen. Dadurch erhalten Sie die Koordinaten des Hochpunkts H_a des Graphen von f_a. Um zu zeigen, dass die zugehörigen Hochpunkte aller Graphen von f_a auf der Kurve mit der Gleichung $y = \frac{1}{8}x^4$ liegen, setzt man die Koordinaten von H_a in die gegebene Kurvengleichung ein. Bei einer wahren Aussage liegen alle H_a auf dieser Kurve.

c) Skizzieren Sie mithilfe der gegebenen Punkte das symmetrische Dreieck OQP. Um denjenigen Wert von a zu berechnen, für den das gleichschenklige (symmetrische) Dreieck OQP gleichseitig ist, berechnen Sie zuerst die Längen $\overline{\text{OP}}$ und $\overline{\text{PQ}}$ mithilfe des Satzes des Pythagoras. Setzen Sie $\overline{\text{OP}} = \overline{\text{PQ}}$ und lösen Sie die zugehörige Gleichung durch Quadrieren und Wurzelziehen nach a auf. Verwenden Sie den Satz vom Nullprodukt. Beachten Sie, dass $a > 0$ sein muss.

Analysis Aufgabe A 2

Aufgabe A 2.1

a) Die Breite b der Fahrrinne in einer Höhe von 1 m über dem Untergrund erhalten Sie, indem Sie die Schnittstellen x_1 und x_2 des Graphen von f mit der Geraden $y = 1$ bestimmen: $b = x_2 - x_1$. Die mittlere Steigung m zwischen den Punkten B und C erhalten Sie mit der Steigungsformel $m = \frac{y_2 - y_1}{x_2 - x_1}$ oder anhand des Steigungsdreiecks. Die maximale Steigung m_{max} der Fahrrinne erhalten Sie, indem Sie an der Wendestelle mit positivem x-Wert eine Tangente einzeichnen und mithilfe eines Steigungsdreiecks die Steigung bestimmen. Beachten Sie, dass f Wendestellen hat.

b) Um die Höhe, in der die Fahrrinne eine Breite von 12 m hat, zu erhalten, setzen Sie $x = 6$ oder $x = -6$ in $f(x)$ ein. Das Gesamtvolumen V der Station erhalten Sie, indem Sie die Querschnittsfläche Q mit der Länge l multiplizieren: $\text{V} = \text{Q} \cdot l$. Beachten Sie, dass die Querschnittsfläche Q aus zwei gleichgroßen Trapezen und der Fläche zwischen dem Graphen von f und der x-Achse im Intervall $[-8; 8]$, welche symmetrisch zur y-Achse ist, besteht. Berechnen Sie daher nur Teilflächen. Eine Trapezfläche erhalten Sie mit der Formel $\text{A} = \frac{a+c}{2} \cdot h$. Bestimmen Sie anhand der Abbildung die parallelen Seiten a und c sowie die zugehörige Höhe h. Den Flächeninhalt der Fläche zwischen dem Graphen von f und der x-Achse im Intervall $[0; 8]$ erhalten Sie mithilfe eines Integrals. Verwenden Sie den Hauptsatz der Differential- und Integralrechnung:
$\int_a^b f(x)\mathrm{d}x = \left[\text{F}(x)\right]_a^b = \text{F}(b) - \text{F}(a)$, wobei F eine Stammfunktion von f ist. Damit können Sie Q bestimmen. Mithilfe des gegebenen Volumens können Sie die Länge l der Station bestimmen, indem Sie die gegebenen Daten in die Volumenformel einsetzen und die Gleichung nach l auflösen.

c) Als Ansatz für eine trigonometrische Funktion g, deren Graph die Punkte A, B und C als Extrempunkte besitzt, können Sie $g(x) = -a \cdot \cos(b \cdot x) + d$ verwenden. Bestimmen Sie die Mittellinie und damit d, die Amplitude a und die Periode p. Verwenden Sie die Formel $p = \frac{2\pi}{b}$, um b zu erhalten.
Alternativ können Sie auch den Ansatz $g(x) = a \cdot \sin(b \cdot (x - c)) + d$ verwenden.
Bestimmen Sie die Mittellinie und damit d, die Amplitude a und die Periode p. Verwenden Sie die Formel $p = \frac{2\pi}{b}$, um b zu erhalten. Überlegen Sie, wie der Graph von g gegenüber der Sinusfunktion verschoben ist, um c zu bestimmen.

Aufgabe A 2.2

a) Da der Punkt $P(u \mid v)$ mit $u > 0$ ein Punkt auf K ist, können Sie den y-Wert von P in Abhängigkeit von u bestimmen. Tragen Sie die Punkte $P(u \mid f(u))$, $Q(u \mid 4)$, $R(0 \mid 4)$ und $S(0 \mid f(u))$ in eine Skizze ein. Bestimmen Sie den Radius r und die Höhe h des entstandenen Zylinders in Abhängigkeit von u. Das Volumen V eines Zylinders erhalten Sie mit der Formel $V = G \cdot h = \pi \cdot r^2 \cdot h$. Setzen Sie r und h ein. Die Mantelfläche M eines Zylinders erhalten Sie mit der Formel $M = 2 \cdot \pi \cdot r \cdot h$. Um denjenigen Wert von u zu berechnen, für den der Inhalt der Mantelfläche M des Zylinders $M = 4\pi$ beträgt, setzen Sie r, h und M in die Formel für die Mantelfläche ein und lösen die entstandene Gleichung nach u auf.

b) Skizzieren Sie die Problemstellung. Beachten Sie, dass das Dreieck rechtwinklig ist und bestimmen Sie die beiden anderen Winkel, wenn es zusätzlich noch gleichschenklig ist. Beachten Sie, dass dann die Tangente t an den Punkt T parallel zur 1. Winkelhalbierenden ist. Bestimmen Sie die Steigung der Tangente in T und stellen Sie mithilfe der 1. Ableitung von f eine Gleichung auf, die Sie nach x durch Wurzelziehen auflösen.

c) Verwenden Sie den Ansatz $f(x) = a \cdot h(\frac{1}{b} \cdot x)$ mit $a, b > 0$, wobei a der Streckfaktor in y-Richtung und b der Streckfaktor in x-Richtung ist. Durch Koeffizientenvergleich können Sie a und damit auch b bestimmen. Beachten Sie, dass $b > 0$ ist.

Analytische Geometrie Aufgabe B 1

a) Die Größe des Winkels α zwischen den beiden Kanten, die durch die Strecken BC und BS beschrieben werden, erhalten Sie, indem Sie den Winkel zwischen den Vektoren $\overrightarrow{BC}$ und $\overrightarrow{BS}$ mithilfe der Formel $\cos(\alpha) = \frac{\vec{a} \cdot \vec{b}}{|\vec{a}| \cdot |\vec{b}|}$ für den Winkel zwischen zwei Vektoren $\vec{a}$ und $\vec{b}$ berechnen.

Verwenden Sie für die Parametergleichung der Ebene E, in der die Punkte B, C und S liegen, beispielsweise den Stützpunkt B und die Spannvektoren $\overrightarrow{BC}$ und $\overrightarrow{BS}$. Einen Normalenvektor $\vec{n}$ von E erhalten Sie mithilfe des Vektorprodukts (siehe Seite 49) der verkürzten Spannvektoren. Alternativ können Sie $\vec{n}$ auch mithilfe des Skalarprodukts bestimmen, da $\vec{n}$ sowohl auf $\overrightarrow{BC}$ als auch auf $\overrightarrow{BS}$ senkrecht steht. Eine Koordinatengleichung von E erhalten Sie mithilfe der Punkt-Normalenform: $\left(\vec{x} - \vec{b}\right) \cdot \vec{n} = 0$.

Alternativ können Sie auch die Koordinaten von Punkt B in den Ansatz $ax_1 + bx_2 + cx_3 = d$ einsetzen, wobei $\vec{n} = \begin{pmatrix} a \\ b \\ c \end{pmatrix}$ ist. Den Flächeninhalt der rechten Seitenwand erhalten Sie, indem Sie den Flächeninhalt A des gleichschenkligen Dreiecks BCS mit der Formel $A = \frac{1}{2} \cdot g \cdot h$ berechnen. Dazu bestimmen Sie zuerst die Koordinaten des Mittelpunkts M der Seite BC mit der Formel $M\left(\frac{b_1+c_1}{2} \mid \frac{b_2+c_2}{2} \mid \frac{b_3+c_3}{2}\right)$. Die Länge der Grundseite $g = \overline{BC}$ erhalten Sie, indem Sie den Betrag des Vektors $\overrightarrow{BC}$ bestimmen. Die zugehörige Höhe $h = \overline{MS}$ erhalten Sie, indem Sie den Betrag des Vektors $\overrightarrow{MS}$ bestimmen.

b) Beachten Sie, dass der Punkt P auf der Verbindungsgeraden von M und S in einer Entfernung von 5 LE von S liegt. Skizzieren Sie die Problemstellung. Die Koordinaten von P erhalten Sie mithilfe einer Vektorkette. Dazu wird zuerst der Vektor $\overrightarrow{SM}$ auf die Länge 1 normiert: $\vec{v}_0 = \frac{1}{\left|\overrightarrow{SM}\right|} \cdot \overrightarrow{SM}$. Anschließend können Sie für den Ortsvektor von P eine geeignete Vektorkette aufstellen. Alternativ können Sie auch die Gleichung der Geraden h durch S und M aufstellen. Bestimmen Sie die Koordinaten eines allgemeinen Punkt P_t auf h zwischen S und M. Da der Abstand von S zu P 5 LE beträgt, lösen Sie die Gleichung $\left|\overrightarrow{SP_t}\right| = 5$ nach t auf.

c) Bestimmen Sie die Koordinaten der Spitze G des Stabs. Den Endpunkt G^* des Schattens, den der Stab auf die rechte Seitenwand wirft, erhalten Sie, indem Sie die Lichtgerade l durch L und G mit der Ebene E schneiden. Stellen Sie die Gleichung von l auf und setzen Sie den allgemeinen Punkt P_t von l in die Koordinatengleichung von E ein. Lösen Sie die entstandene Gleichung nach t auf und setzen Sie den erhaltenen t-Wert in P_t ein. Die Gesamtlänge des betrachteten Schattens erhalten Sie mithilfe von zwei Teilen. Beachten Sie, dass der Schatten des Stabs auf dem Boden von F zu Q und auf der rechten Seitenwand von Q zu G^* verläuft. Überlegen Sie, wie Sie den Punkt Q erhalten könnten.

d) Um zu zeigen, dass die Gerade durch B und C in E_a enthalten ist, setzen Sie die Koordinaten von B und C jeweils in die Gleichung von E_a ein. Falls wahre Aussagen entstehen, liegen B und C in E_a und somit auch auch die Gerade durch B und C. Um den Wert von a so zu berechnen, dass E_a mit der x_1x_2-Ebene einen Winkel von 45° bildet, bestimmen Sie zuerst einen Rechenausdruck für den Winkel φ zwischen E_a mit der x_1x_2-Ebene mit der Formel $\cos(\varphi) = \frac{|\vec{n}_a \cdot \vec{n}_1|}{|\vec{n}_a| \cdot |\vec{n}_1|}$, wobei $\vec{n}_a$ ein Normalenvektor von E_a und $\vec{n}_1$ ein Normalenvektor der x_1x_2-Ebene ist. Anschließend setzen Sie $\varphi = 45°$ in diese Gleichung ein und berechnen a durch Quadrieren und mithilfe der pq- oder abc-Formel. Beachten Sie, dass $a > 0$ ist.

Analytische Geometrie Aufgabe B 2

a) Die Länge l der Diagonalen der Projektionsfläche erhalten Sie, indem Sie beispielsweise die Länge des Vektors $\overrightarrow{AC}$ berechnen. Verwenden Sie für die Parametergleichung der Ebene E, in der die Punkte A, B und C liegen, beispielsweise den Stützpunkt A und die Spannvektoren $\overrightarrow{AB}$ und $\overrightarrow{AC}$. Einen Normalenvektor $\vec{n}$ von E erhalten Sie mithilfe des Vektorprodukts (siehe Seite 49) der Spannvektoren. Alternativ können Sie $\vec{n}$ auch mithilfe des Skalarprodukts bestimmen, da $\vec{n}$ sowohl auf $\overrightarrow{AB}$ als auch auf $\overrightarrow{AC}$ senkrecht steht. Eine Koordinatengleichung von E erhalten Sie mithilfe der Punkt-Normalenform: $(\vec{x} - \vec{a}) \cdot \vec{n} = 0$. Alternativ können Sie auch die Koordinaten eines gegebenen Punktes in den Ansatz $ax_1 + bx_2 + cx_3 = d$ einsetzen und d bestimmen. Die Weite des Winkels α, den die Projektionsfläche und die dahinter liegende Wand des Klassenzimmers einschließen, erhalten Sie, indem Sie den Winkel zwischen den Normalenvektoren $\vec{n}_1$ von E und $\vec{n}_2$ der x_2x_3-Ebene mit der Formel $\cos(\alpha) = \frac{\vec{n}_1 \cdot \vec{n}_2}{|\vec{n}_1| \cdot |\vec{n}_2|}$ für den Winkel zwischen zwei Ebenen berechnen.

b) Stellen Sie zuerst die Lasergerade l auf und schneiden Sie diese mit der Ebene E. Setzen Sie dazu einen allgemeinen Punkt P_t von l in die Gleichung von E ein und lösen Sie die entstandene Gleichung nach t auf. Setzen Sie den erhaltenen t-Wert in P_t ein. Prüfen Sie, ob die Koordinaten des Schnittpunkts S jeweils zwischen den entsprechenden Koordinaten der Punkte A, B, C und D liegen.

c) Um nachzuweisen, dass der Mittelpunkt M der Strecke CD in jeder Ebene der Schar liegt, setzen Sie die Koordinaten von M in die Ebenengleichung ein. Die Koordinaten von M erhalten Sie mit der Mittelpunktsformel $M\left(\frac{c_1+d_1}{2} \mid \frac{c_2+d_2}{2} \mid \frac{c_3+d_3}{2}\right)$. Falls eine wahre Aussage entsteht, liegt M in jeder Ebene der Schar. Beachten Sie, dass die Gerade g, welche die Drehachse enthält, durch M geht und parallel zur x_3-Achse ist. Um die Werte von a so zu berechnen, dass E_a mit der hinteren Klassenzimmerwand einen Winkel von 45° bildet, bestimmen Sie zuerst einen Rechenausruck für den Winkel φ zwischen E_a und der x_2x_3-Ebene mit der Formel $\cos(\varphi) = \frac{|\vec{n}_a \cdot \vec{n}_1|}{|\vec{n}_a| \cdot |\vec{n}_1|}$, wobei $\vec{n}_a$ ein Normalenvektor von E_a und $\vec{n}_1$ ein Normalenvektor der x_2x_3-Ebene ist. Anschließend setzen Sie $\varphi = 45°$ in diese Gleichung ein und lösen sie durch Quadrieren und Wurzelziehen nach a auf.

d) Setzen Sie zuerst $a = 1$ in E_a ein, um die Gleichung von E_1 zu erhalten. Anschließend schneiden Sie die Ebene E_1 mit der x_2x_3-Ebene. Stellen Sie dazu ein Gleichungssystem auf und lösen Sie dieses. Bestimmen Sie daraus die Gleichung der Schnittgeraden s. Überlegen Sie, welche Koordinaten die rechte obere Ecke C^* haben muss, wenn die Projektionsfläche gedreht wird, und C^* auf s liegt. Um nachzuweisen, dass C^* eine mögliche rechte obere Ecke der Projektionsfläche ist, berechnen Sie den Abstand von C^* zu M, indem Sie die Länge des entsprechenden Verbindungsvektors bestimmen und mit dem Abstand von C zu M vergleichen.

Stochastik Aufgabe C 1

a) Bestimmen Sie die Wahrscheinlichkeit dafür, dass in einer Muschel eine Perle ist, und dass sie dem geforderten Qualitätsstandard entspricht. Um die Wahrscheinlichkeit der Ereignisse A und B zu bestimmen, legen Sie X als binomialverteilte Zufallsvariable für die Anzahl der Perlen mit den Parametern n und p fest. Die Wahrscheinlichkeit für das Ereignis A erhalten Sie mithilfe der Binomialverteilung unter Verwendung des WTR. Die Wahrscheinlichkeit für das Ereignis B erhalten Sie mithilfe der kumulierten Binomialverteilung und der Wahrscheinlichkeit des Gegenereignisses unter Verwendung des WTR. Um die Wahrscheinlichkeit des Ereignisses C zu bestimmen, legen Sie Y als binomialverteilte Zufallsvariable für die Anzahl der Perlen mit dem geforderten Qualitätsstandard mit den Parametern n und p fest. Die Wahrscheinlichkeit für das Ereignis C erhalten Sie mithilfe der kumulierten Binomialverteilung und der Wahrscheinlichkeit des Gegenereignisses unter Verwendung des WTR.

b) Legen Sie X als binomialverteilte Zufallsvariable für die Anzahl der Perlen mit den Parametern p und unbekanntem n fest. Da mit einer Wahrscheinlichkeit von mindestens 95%

mindestens eine Perle zu finden ist, lösen Sie mithilfe der Wahrscheinlichkeit des Gegenereignisses die Ungleichung $P(X \geqslant 1) \geqslant 0,95$ durch Ausprobieren mit dem WTR und der Binomialverteilung.

c) Die Vermutung des Muschelzüchters ist die Alternativhypothese: $H_1 : p > \ldots$. Damit ergibt sich für die Nullhypothese: $H_0 : p \leqslant \ldots$. Wegen $H_1 : p > \ldots$ handelt es sich um einen rechtsseitigen Test mit dem Ablehnungsbereich $\overline{A} = \{g, \ldots, 200\}$ und dem Signifikanzniveau $\alpha^* = 5\,\%$. Legen Sie X als binomialverteilte Zufallsgröße für die Anzahl der Perlen mit den Parametern n und p fest. Bestimmen Sie mithilfe der Wahrscheinlichkeit der kumulierten Binomialverteilung unter Verwendung des Taschenrechners ein minimales $g \in \mathbb{N}$ so, dass die Wahrscheinlichkeit, dass X einen Wert zwischen g und 200 annimmt, kleiner als α^* ist, d.h. dass gilt: $P\left(X \in \overline{A}\right) \leqslant \alpha^*$ bzw. $P(X \geqslant g) \leqslant \alpha^*$. Verwenden Sie die Wahrscheinlichkeit des Gegenereignisses. Bestimmen Sie damit den Ablehnungsbereich $\overline{A}$ und formulieren Sie die Entscheidungsregel. Beachten Sie, dass bei einem Fehler 2. Art die Nullhypothese beibehalten wird, obwohl sie falsch ist. Die Wahrscheinlichkeit für den Fehler 2. Art erhalten Sie, indem Sie die Wahrscheinlichkeit, dass sich die Anzahl der Perlen nicht im Ablehnungsbereich befindet, berechnen. Legen Sie Y als binomialverteilte Zufallsgröße für die Anzahl der Perlen mit den Parametern n und p (tatsächlicher Anteil) fest und berechnen Sie $\beta = P\left(Y \notin \overline{A}\right)$.

d) Bezeichnen Sie mit x die Anzahl der schwarzen Perlen und bestimmen Sie die Anzahl der weißen Perlen in Abhängigkeit von x. Erstellen Sie ein Baumdiagramm für zweimaliges Ziehen ohne Zurücklegen. Stellen Sie mithilfe der Pfadregeln eine Gleichung auf und lösen Sie diese mithilfe der *pq*- oder *abc*-Formel nach x auf. Überlegen Sie, welche Lösung in Frage kommt.

e) Die Wahrscheinlichkeit des Ereignisses D erhalten Sie mithilfe der Pfadregeln. Beachten Sie, dass sich die Wahrscheinlichkeit bei jedem Zug ändert. Alternativ können Sie sich auch überlegen, dass von 17 weißen Perlen 10 weiße gezogen werden und von 3 nicht weißen Perlen keine gezogen wird, wobei insgesamt von 20 Perlen 10 gezogen werden. Das Ereignis E setzt sich aus den Ereignissen F: «Es werden acht weiße, eine schwarze und eine graue Perle gezogen.» und G: «Es werden sieben weiße, zwei schwarze und eine graue Perle gezogen.» zusammen. Bestimmen Sie mithilfe der Binomialkoeffizienten jeweils die Wahrscheinlichkeiten der Ereignisse F und G. Damit erhalten Sie $P(E) = P(F) + P(G)$.

Stochastik Aufgabe C 2

a) Bestimmen Sie die Gesamtanzahl der Kugeln und die Wahrscheinlichkeit, eine rote Kugel zu ziehen. Legen Sie X als binomialverteilte Zufallsgröße für die Anzahl der roten Kugeln mit den Parametern n und p fest. Die Wahrscheinlichkeit für das Ereignis A erhalten Sie mithilfe der Binomialverteilung. Die Wahrscheinlichkeit für das Ereignis B erhalten Sie mithilfe der kumulierten Binomialverteilung. Bezeichnen Sie mit r: Kugel ist rot, mit w: Kugel ist weiß und mit s: Kugel ist schwarz, und bestimmen Sie bei einmaligem Ziehen die zugehörigen Wahrscheinlichkeiten P(r), P(w) und P(s). Die Wahrscheinlichkeit für das Ereignis C erhalten Sie mithilfe der Pfadregeln.

b) Vergleichen Sie den Term mit der Bernoulli-Formel $P(X = k) = \binom{n}{k} \cdot p^k \cdot (1-p)^{n-k}$ und bestimmen Sie n, p und k. Formulieren Sie damit das Zufallsexperiment und das zugehörige Ereignis.

c) Erstellen Sie ein Baumdiagramm. Beachten Sie, dass sich beim Ziehen ohne Zurücklegen die Wahrscheinlichkeiten ändern. Die Wahrscheinlichkeit, dass eine weiße Kugel oder zwei Kugeln mit gleicher Farbe gezogen werden, erhalten Sie mithilfe der Pfadregeln. Legen Sie x für die Höhe des Einsatzes fest. Den Erwartungswert E für den Spieler erhalten Sie, indem Sie die jeweiligen Auszahlungsbeträge mit der entsprechenden Wahrscheinlichkeit multiplizieren, die Ergebnisse addieren und den Einsatz x subtrahieren. Da das Spiel fair sein soll, lösen Sie die Gleichung $E = 0$ nach x auf.

d) Legen Sie X als binomialverteilte Zufallsgröße für die Anzahl der roten Kugeln mit den Parametern n und p fest. Die Gewinnwahrscheinlichkeit, also die Wahrscheinlichkeit dafür, dass der Spieler mindestens eine rote Kugel zieht, erhalten Sie mithilfe der Binomialverteilung und der Wahrscheinlichkeit des Gegenereignisses. Alternativ können Sie auch die Pfadregeln verwenden. Bestimmen Sie mithilfe der Pfadregeln und der Wahrscheinlichkeit des Gegenereignisses die Gewinnwahrscheinlichkeit P_1, wenn der Spieler einen Zug weglässt. Beachten Sie die Anzahl der Kugeln insgesamt. Entsprechend bestimmen Sie die Gewinnwahrscheinlichkeit P_2, wenn der Spieler zwei Züge weglässt und allgemein die Gewinnwahrscheinlichkeit P_z, wenn der Spieler z Züge weglässt. Um zu ermitteln, auf wie viele Züge der Spieler verzichten muss, damit seine Gewinnwahrscheinlichkeit am größten ist, erstellen Sie mithilfe des WTR eine Wertetabelle und bestimmen z zum Maximalwert.

e) Legen Sie X als normalverteilte Zufallsgröße für den Durchmesser der Kugeln mit μ und σ fest. Bestimmen Sie die Wahrscheinlichkeit für den Toleranzbereich der Kugeln. Stellen Sie eine Ungleichung auf und bestimmen Sie durch Ausprobieren mithilfe der kumulierten Normalverteilung und des WTR die Toleranzgröße c.

Lösungen Abitur 2020

Analysis Aufgabe A 1

Aufgabe A 1.1

Es ist $w(t) = 4 \cdot \left(e^{-t} - e^{-2t}\right)$; $t \geqslant 0$ (t in Jahren nach Beobachtungsbeginn, $w(t)$ in m pro Jahr).

a) Die momentane Wachstumsrate zum Zeitpunkt $t = 1$ erhält man, indem man $t = 1$ in $w(t)$ einsetzt:

$$w(1) = 4 \cdot \left(e^{-1} - e^{-2\cdot 1}\right) \approx 0,93$$

Somit beträgt die momentane Wachstumsrate nach einem Jahr etwa $0,93$ Meter pro Jahr.

Da der Graph von w nie unterhalb der t-Achse verläuft, ist die momentane Wachstumssrate und damit das Wachstum der Palme nie negativ.
Somit nimmt die Höhe der Palme nie ab.

Die Wendestelle der Funktion w gibt den Zeitpunkt t an, zu dem die Änderungsrate von w bzw. die Steigung der zugehörigen Tangente am kleinsten (negativsten) ist.
Somit nimmt zu diesem Zeitpunkt die Wachstumsrate der Palme am stärksten ab.

Den Zeitpunkt der maximalen momentanen Wachstumsrate erhält man mithilfe der 1. Ableitung von w, die man mit der Kettenregel bestimmt:

$$w'(t) = 4 \cdot \left(e^{-t} \cdot (-1) - e^{-2t} \cdot (-2)\right) = 4 \cdot \left(-e^{-t} + 2 \cdot e^{-2t}\right)$$

Als notwendige Bedingung löst man die Gleichung $w'(t) = 0$ durch Logarithmieren nach t auf. Wegen $e^{-t} \neq 0$ ergibt sich:

$$\begin{aligned}
4 \cdot \left(-e^{-t} + 2 \cdot e^{-2t}\right) &= 0 \\
-e^{-t} + 2 \cdot e^{-2t} &= 0 \\
e^{-t} \cdot \left(-1 + 2 \cdot e^{-t}\right) &= 0 \\
-1 + 2 \cdot e^{-t} &= 0 \\
2 \cdot e^{-t} &= 1 \\
e^{-t} &= \frac{1}{2} \\
-t &= \ln\left(\frac{1}{2}\right) \\
t &= \frac{\ln\left(\frac{1}{2}\right)}{-1} \\
t &\approx 0,69
\end{aligned}$$

Somit ist nach etwa $0,69$ Jahren die momentane Wachstumsrate der Palme maximal.

b) Die Höhenzunahme Z der Palme im zweiten Jahr nach Beobachtungsbeginn erhält man mithilfe eines Integrals. Dabei ist zu beachten, dass das zweite Jahr den Zeitraum von $t_1 = 1$ bis $t_2 = 2$ umfasst:

$$\begin{aligned} Z &= \int_1^2 w(t)\mathrm{d}t \\ &= \int_1^2 \left(4 \cdot \left(e^{-t} - e^{-2t}\right)\right) \mathrm{d}t \\ &= \left[4 \cdot \left(\frac{e^{-t}}{-1} - \frac{e^{-2t}}{-2}\right)\right]_1^2 \\ &= \left[4 \cdot \left(-e^{-t} + \frac{1}{2} \cdot e^{-2t}\right)\right]_1^2 \\ &= 4 \cdot \left(-e^{-2} + \frac{1}{2} \cdot e^{-2\cdot 2} - \left(-e^{-1} + \frac{1}{2} \cdot e^{-2\cdot 1}\right)\right) \\ &\approx 0,70 \end{aligned}$$

Somit beträgt die Höhenzunahme der Palme im zweiten Jahr nach Beobachtungsbeginn etwa 0,70 Meter.

Einen integralfreien Funktionsterm der Funktion h, der die Höhe der Palme zum Zeitpunkt t angibt, erhält man mithilfe eines Integrals unter Berücksichtigung der Anfangshöhe von einem Meter:

$$\begin{aligned} h(t) &= 1 + \int_0^t w(x)\mathrm{dx} \\ &= 1 + \int_0^t \left(4 \cdot \left(e^{-x} - e^{-2x}\right)\right) \mathrm{dx} \\ &= 1 + \left[4 \cdot \left(-e^{-x} + \frac{1}{2} \cdot e^{-2x}\right)\right]_0^t \\ &= 1 + 4 \cdot \left(-e^{-t} + \frac{1}{2} \cdot e^{-2\cdot t} - \left(-e^{-0} + \frac{1}{2} \cdot e^{-2\cdot 0}\right)\right) \\ &= 1 + 4 \cdot \left(-e^{-t} + \frac{1}{2} \cdot e^{-2\cdot t} + 1 - \frac{1}{2}\right) \\ &= 1 - 4 \cdot e^{-t} + 2 \cdot e^{-2t} + 4 - 2 \\ &= 3 - 4 \cdot e^{-t} + 2 \cdot e^{-2t} \end{aligned}$$

Somit erhält man für die Höhe h der Palme in Abhängigkeit von t:

$$h(t) = 3 - 4 \cdot e^{-t} + 2 \cdot e^{-2t}$$

Den Zeitpunkt, ab dem die Palme eine Höhe von 1,50 m hat, erhält man, indem man die

Gleichung $h(t) = 1,5$ nach t auflöst:

$$3 - 4 \cdot e^{-t} + 2 \cdot e^{-2t} = 1,5$$
$$1,5 - 4 \cdot e^{-t} + 2 \cdot e^{-2t} = 0$$

Substituiert man $z = e^{-t}$ ergibt sich:

$$1,5 - 4z + 2 \cdot z^2 = 0$$
$$2z^2 - 4z + 1,5 = 0$$

Mithilfe der *abc*-Formel erhält man die Lösungen $z_1 = 0,5$ und $z_2 = 1,5$.
Die Resubstitution ergibt:

$$e^{-t} = 0,5$$
$$-t = \ln(0,5)$$
$$t_1 = -\ln(0,5)$$
$$t_1 \approx 0,69$$

und

$$e^{-t} = 1,5$$
$$-t = \ln(1,5)$$
$$t_2 = -\ln(1,5)$$
$$t_2 \approx -0,41$$

Wegen $t \geqslant 0$ kommt nur $t \approx 0,69$ als Lösung in Frage.
Somit hat die Palme nach etwa $0,7$ Jahren eine Höhe von $1,50\,\text{m}$.

Um zu untersuchen, welche Höhe die Palme maximal erreichen kann, bestimmt man den Grenzwert von $h(t) = 3 - 4 \cdot e^{-t} + 2 \cdot e^{-2t}$ für $t \to \infty$, da die Höhe der Palme nie abnimmt.
Für $t \to \infty$ gehen e^{-t} und e^{-2t} gegen Null, damit geht $h(t) \to 3$.
Somit kann die Palme eine maximale Höhe von 3 Metern erreichen.
Die Gleichung $\frac{h(t+0,5)}{h(t)} = 1,5$ kann umgeformt werden zu $h(t+0,5) = 1,5 \cdot h(t)$.
Eine Fragestellung, die auf diese Gleichung führt, lautet beispielsweise:
«Nach welchem Halbjahreszeitraum ist die Höhe der Palme $1,5$-mal so groß wie zu Beginn des Zeitraums?» oder: «In welchem Halbjahreszeitraum nimmt die Höhe der Palme um 50% zu?»

Aufgabe A 1.2

Es ist $f_a(x) = -\frac{1}{8}x^4 + a^2x^2$ für $a > 0$.

a) Für $x \to \pm\infty$ geht der Graph von f_a wegen des Minuszeichens vor der höchsten Potenz gegen $-\infty$, damit kommt der Graph von Abbildung 1 nicht als Graph von f_a in Frage.
Da $f_a(x)$ eine ganzrationale Funktion ist, die nur gerade Exponenten hat, ist der Graph von f_a achsensymmetrisch zur y-Achse. Damit kommt der Graph von Abbildung 2 nicht als Graph von f_a in Frage.
Somit gehört der Graph von Abbildung 3 zum Graphen von f_a.
Anhand von Abbildung 3 kann man ablesen, dass $f_a(2) = 2$ ist.
Damit kann man den zugehörigen Wert von a berechnen, indem man die Gleichung $f_a(2) = 2$ nach a auflöst:

$$\begin{aligned} -\frac{1}{8}\cdot 2^4 + a^2\cdot 2^2 &= 2 \\ -2+4a^2 &= 2 \\ a^2 &= 1 \\ a_{1,2} &= \pm 1 \end{aligned}$$

Wegen $a > 0$ kommt nur $a = 1$ als Lösung in Frage.
Somit gehört für $a = 1$ der Graph von Abbildung 3 zu f_a.

b) Da jede Funktion f_a an der Stelle $x_1 = 2a$ ein Maximum besitzt, kann man den zugehörigen y-Wert berechnen, indem man den x-Wert in $f_a(x)$ einsetzt:

$$y = -\frac{1}{8}\cdot(2a)^4 + a^2\cdot(2a)^2 = -\frac{1}{8}\cdot 16a^4 + a^2\cdot 4a^2 = 2a^4$$

Damit hat der Hochpunkt des Graphen von f_a die Koordinaten $\mathrm{H}_a\left(2a \mid 2a^4\right)$.
Um zu zeigen, dass die Hochpunkte $\mathrm{H}_a\left(2a \mid 2a^4\right)$ aller Graphen von f_a auf der Kurve mit der Gleichung $y = \frac{1}{8}x^4$ liegen, setzt man die Koordinaten von H_a in die gegebene Kurvengleichung ein:

$$\begin{aligned} 2a^4 &= \frac{1}{8}\cdot(2a)^4 \\ 2a^4 &= \frac{1}{8}\cdot 16a^4 \\ 2a^4 &= 2a^4 \end{aligned}$$

Aufgrund der wahren Aussage liegen alle H_a auf der Kurve mit der Gleichung $y = \frac{1}{8}x^4$.

c) Der Punkt $\mathrm{O}(0 \mid 0)$ sowie die Punkte $\mathrm{P}\left(4a \mid -16a^4\right)$ und $\mathrm{Q}\left(-4a \mid -16a^4\right)$ des

Graphen von f_a bilden ein symmetrisches (gleichschenkliges) Dreieck OQP, welches man skizzieren kann:

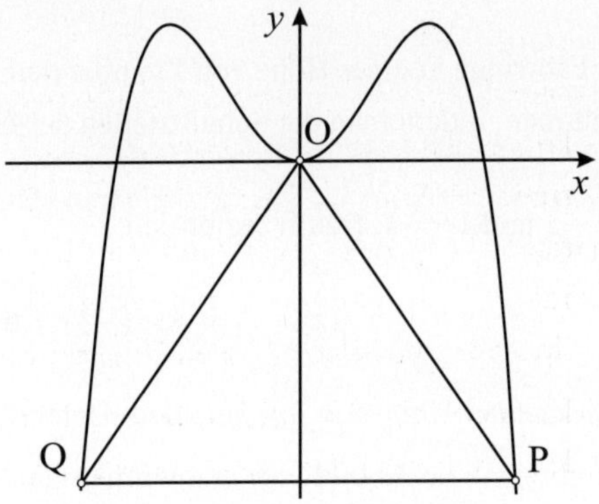

Um denjenigen Wert von a zu berechnen, für den das gleichschenklige Dreieck OQP gleichseitig ist, berechnet man zuerst die Längen $\overline{OP}$ und $\overline{PQ}$ in Abhängigkeit von a :

$$\overline{OP} = \sqrt{(4a-0)^2 + (-16a^4-0)^2} = \sqrt{16a^2 + 256a^8} = \overline{OQ}$$
$$\overline{PQ} = 4a - (-4a) = 8a$$

Da das Dreieck OQP gleichseitig sein soll, setzt man $\overline{OP} = \overline{PQ}$ und löst die zugehörige Gleichung durch Quadrieren nach a auf:

$$\begin{aligned} \sqrt{16a^2+256a^8} &= 8a \\ 16a^2+256a^8 &= 64a^2 \\ 256a^8-48a^2 &= 0 \\ a^2\cdot\left(256a^6-48\right) &= 0 \end{aligned}$$

Mithilfe des Satzes vom Nullprodukt erhält man $a_1 = 0$ und aus $256a^6 - 48 = 0$ bzw. $a^6 = \frac{3}{16}$ die Lösungen $a_{2,3} = \pm\sqrt[6]{\frac{3}{16}}$.

Wegen $a > 0$ kommt nur $a = \sqrt[6]{\frac{3}{16}}$ als Lösung in Frage.

Somit ist für $a = \sqrt[6]{\frac{3}{16}}$ das Dreieck OQP gleichseitig.

Analysis A 2

Aufgabe A 2.1

a) Die Breite b der Fahrrinne in einer Höhe von 1 m über dem Untergrund erhält man, indem man die Schnittstellen des Graphen von f mit der Geraden $y = 1$ bestimmt.
Man erhält $x_1 = -3$ und $x_2 = 3$. Damit ergibt sich:

$$b = x_2 - x_1 = 3 - (-3) = 6$$

Die Fahrrinne hat in einer Höhe von 1 m über dem Untergrund eine Breite von 6 m.

Die mittlere Steigung (linke Abbildung) m zwischen den Punkten $B(0 \mid 0)$ und $C(8 \mid 4)$ erhält man mit der Steigungsformel oder mithilfe des Steigungsdreiecks zwischen B und C:

$$m = \frac{4-0}{8-0} = \frac{4}{8} = \frac{1}{2}$$

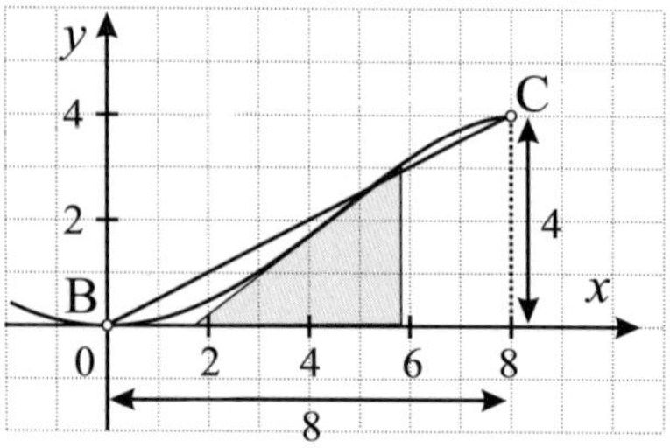

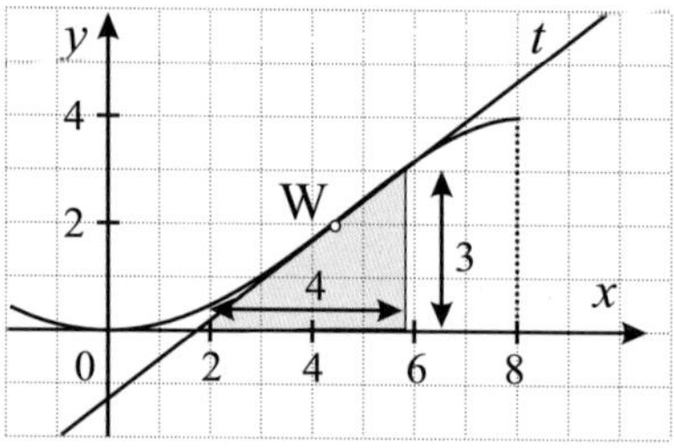

Die maximale Steigung m_{max} der Fahrrinne erhält man, indem man an der Wendestelle $x \approx 4,5$ eine Tangente einzeichnet und mithilfe eines Steigungsdreiecks die Steigung bestimmt:

$$m_{max} \approx \frac{3}{4}$$

Die Funktion f kann keine ganzrationale Funktion zweiten Grades sein, da der Graph von f mindestens zwei Wendestellen besitzt, während eine ganzrationale Funktion zweiten Grades keine Wendestelle hat.

b) Es ist $f(x) = -\frac{1}{1024}x^4 + \frac{1}{8}x^2$.
Die Höhe, in der die Fahrrinne eine Breite von 12 m hat, erhält man, indem man $x = 6$ oder $x = -6$ in $f(x)$ einsetzt:

$$f(6) = -\frac{1}{1024} \cdot 6^4 + \frac{1}{8} \cdot 6^2 \approx 3,23$$

Somit hat die Fahrrinne in einer Höhe von etwa 3,23 m eine Breite von 12 m.

Das Gesamtvolumen V der Station erhält man, indem man die Querschnittsfläche Q mit der Länge l multipliziert:

$$V = Q \cdot l$$

Die Querschnittsfläche Q besteht aus zwei gleichgroßen Trapezen und der Fläche zwischen dem Graphen von f und der x-Achse im Intervall $[-8\,;\,8]$, welche symmetrisch zur y-Achse ist. Daher genügt es, nur Teilflächen zu berechnen. Eine Trapezfläche erhält man mit der Formel $A = \frac{a+c}{2} \cdot h$. Die parallelen Seiten sind $a = 8$ und $c = 4$, die zugehörige Höhe ist $h = 4$. Damit erhält man:

$$A_1 = \frac{8+4}{2} \cdot 4 = 24$$

Den Flächeninhalt der Fläche zwischen dem Graphen von f und der x-Achse im Intervall $[0\,;\,8]$ erhält man mithilfe eines Integrals:

$$\begin{aligned} A_2 &= \int_0^8 f(x)\mathrm{d}x \\ &= \int_0^8 \left(-\frac{1}{1024}x^4 + \frac{1}{8}x^2\right)\mathrm{d}x \\ &= \left[-\frac{1}{5120}x^5 + \frac{1}{24}x^3\right]_0^8 \\ &= -\frac{1}{5120} \cdot 8^5 + \frac{1}{24} \cdot 8^3 - \left(-\frac{1}{5120} \cdot 0^5 + \frac{1}{24} \cdot 0^3\right) \\ &\approx 14{,}93 \end{aligned}$$

Damit ergibt sich für die Querschnittsfläche:

$$\begin{aligned} Q &= 2 \cdot A_1 + 2 \cdot A_2 \\ &\approx 2 \cdot 24 + 2 \cdot 14{,}93 \\ &= 77{,}86 \end{aligned}$$

Die Querschnittsfläche beträgt etwa $77{,}86\,\mathrm{m}^2$.

Da das verbaute Material ein Gesamtvolumen von $V = 1168\,\mathrm{m}^3$ hat, kann man die Länge l der Station bestimmen, indem man die gegebenen Daten in die Volumenformel einsetzt und die Gleichung nach l auflöst:

$$\begin{aligned} V &= Q \cdot l \\ 1168 &= 77{,}86 \cdot l \\ \frac{1168}{77{,}86} &= l \\ l &\approx 15{,}00 \end{aligned}$$

Die Station hat eine Länge von etwa 15 m.

c) Als Ansatz für eine trigonometrische Funktion g, deren Graph die Punkte $A(-8 \mid 4)$, $B(0 \mid 0)$ und $C(8 \mid 4)$ als Extrempunkte besitzt, kann man $g(x) = -a \cdot \cos(b \cdot x) + d$ verwenden, da der Graph von g auf der y-Achse unterhalb der Mittellinie einen Tiefpunkt hat.

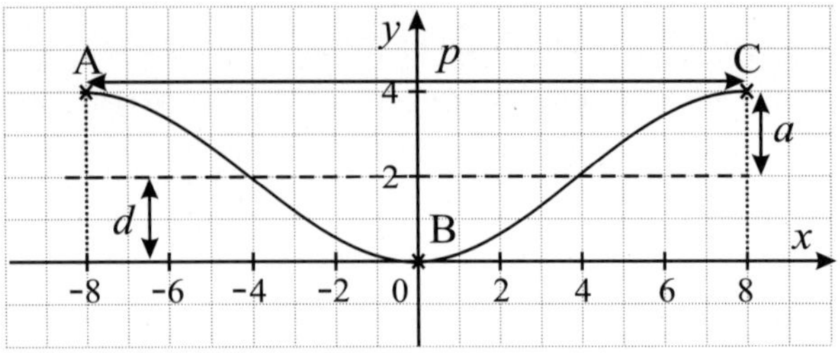

Die Mittellinie ist $y = 2$, also gilt: $d = 2$.
Die Amplitude ist $a = 2$.
Da eine halbe Periodenlänge 8 LE beträgt, gilt für die Periode p:

$$p = 16 = \frac{2\pi}{b} \Rightarrow b = \frac{2\pi}{16} = \frac{\pi}{8}$$

Damit erhält man:

$$g(x) = -2 \cdot \cos\left(\frac{\pi}{8}x\right) + 2$$

Alternativ kann man auch den Ansatz $g(x) = a \cdot \sin(b \cdot (x - c)) + d$ verwenden.
Die Mittellinie ist $y = 2$, also gilt: $d = 2$.
Die Amplitude ist $a = 2$.
Für die Periode p gilt: $p = 16 = \frac{2\pi}{b} \Rightarrow b = \frac{2\pi}{16} = \frac{\pi}{8}$
Der Graph ist gegenüber der Sinusfunktion um 4 LE nach rechts verschoben, also gilt: $c = 4$. Damit ergibt sich:

$$g(x) = 2 \cdot \sin\left(\frac{\pi}{8} \cdot (x - 4)\right) + 2$$

Aufgabe A 2.2

Es ist $f(x) = 4 - \frac{4}{x^2}$; $x \neq 0$ mit Graph K.

a) Da der Punkt $P(u \mid v)$ mit $u > 0$ ein Punkt auf K ist, gilt:
$v = f(u) = 4 - \frac{4}{u^2}$.
Die Punkte $P(u \mid f(u))$, $Q(u \mid 4)$, $R(0 \mid 4)$ und $S(0 \mid f(u))$ können in eine Skizze eingetragen werden:
Wenn das Rechteck PQRS um die y-Achse rotiert, so entsteht ein Zylinder mit dem Radius $r = u$ und der Höhe $h = 4 - f(u)$.

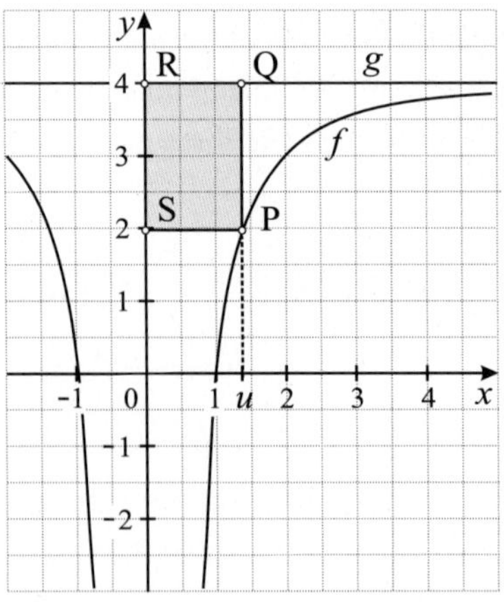

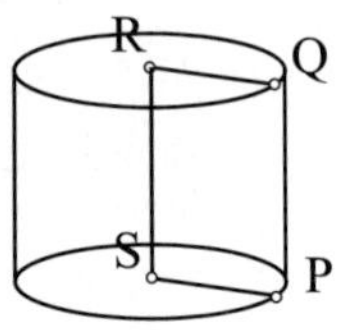

Das Volumen V eines Zylinders erhält man mit der Formel

$$\mathrm{V} = \mathrm{G} \cdot h = \pi \cdot r^2 \cdot h$$

Um zu zeigen, dass das Volumen dieses Zylinders unabhängig von u ist, setzt man $r = u$ und

$$h = 4 - f(u) = 4 - \left(4 - \frac{4}{u^2}\right) = \frac{4}{u^2}$$

in die Volumenformel eines Zylinders ein:

$$\mathrm{V} = \pi \cdot u^2 \cdot \frac{4}{u^2} = 4\pi$$

Das Volumen des Zylinders beträgt 4π VE und ist damit unabhängig von u.

Die Mantelfläche M eines Zylinders erhält man mit der Formel $\mathrm{M} = 2 \cdot \pi \cdot r \cdot h$.
Um denjenigen Wert von u zu berechnen, für den die Mantelfläche M des Zylinders $\mathrm{M} = 4\pi$ beträgt, setzt man $r = u$, $h = \frac{4}{u^2}$ und $\mathrm{M} = 4\pi$ in die Formel für die Mantelfläche ein und löst die entstandene Gleichung nach u auf:

$$\begin{aligned} \mathrm{M} &= 2 \cdot \pi \cdot r \cdot h \\ 4\pi &= 2 \cdot \pi \cdot u \cdot \frac{4}{u^2} \\ 4\pi &= \frac{8\pi}{u} \\ u &= 2 \end{aligned}$$

Somit hat die Mantelfläche des Zylinders für $u = 2$ einen Inhalt von 4π FE.

b) Wenn das (rechtwinklige) Dreieck, das durch die zugehörige Tangente t an einen Punkt von K, die Gerade g und die y-Achse begrenzt wird, gleichschenklig sein soll, müssen die beiden anderen Winkel 45° betragen.
Damit ist die Tangente t an den Punkt T parallel zur 1. Winkelhalbierenden und hat die Steigung $m = 1$.
Die Steigung der Tangente erhält

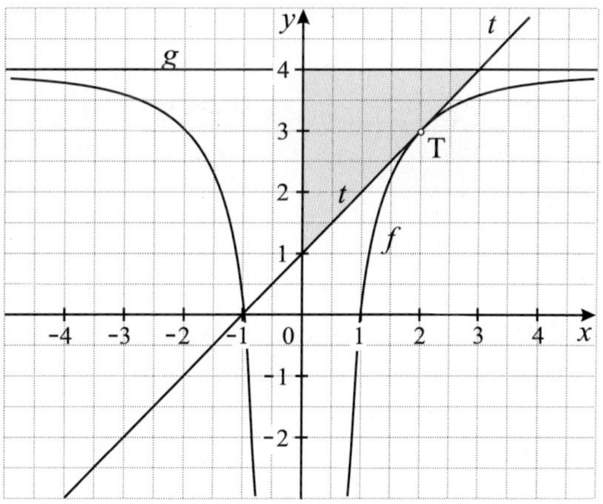

man mit der 1. Ableitung von $f(x) = 4 - \frac{4}{x^2} = 4 - 4 \cdot x^{-2}$, die man mit der Potenzregel erhält:

$$f'(x) = 0 - 4 \cdot (-2) \cdot x^{-3} = \frac{8}{x^3}$$

Also löst man die Gleichung $f'(x) = 1$ durch Wurzelziehen nach x auf:

$$\begin{aligned} \frac{8}{x^3} &= 1 \\ 8 &= x^3 \\ \sqrt[3]{8} &= x \\ x &= 2 \end{aligned}$$

Somit hat der Punkt T die x-Koordinate $x = 2$.

c) Es ist C der Graph der Funktion h mit $h(x) = 1 - \frac{9}{x^2}$.
Wenn K durch eine Streckung in y-Richtung und eine Streckung in x-Richtung aus C hervorgeht, so kann man den Ansatz $f(x) = a \cdot h\left(\frac{1}{b} \cdot x\right)$ mit $a, b > 0$ verwenden, wobei a der Streckfaktor in y-Richtung und b der Streckfaktor in x-Richtung ist. Damit ergibt sich:

$$\begin{aligned} 4 - \frac{4}{x^2} &= a \cdot \left(1 - \frac{9}{\left(\frac{1}{b} \cdot x\right)^2}\right) \\ 4 - \frac{4}{x^2} &= a - \frac{9a}{\frac{1}{b^2} \cdot x^2} \\ 4 - \frac{4}{x^2} &= a - \frac{9a \cdot b^2}{x^2} \end{aligned}$$

Durch Koeffizientenvergleich erhält man: $4 = a$ und $4 = 9a \cdot b^2$.
Setzt man $a = 4$ in die Gleichung $4 = 9a \cdot b^2$ ein, ergibt sich:

$$\begin{aligned} 4 &= 9 \cdot 4 \cdot b^2 \\ \frac{1}{9} &= b^2 \\ b_{1,2} &= \pm\frac{1}{3} \end{aligned}$$

Wegen $b > 0$ kommt nur $b = \frac{1}{3}$ als Lösung in Frage.
Somit geht K durch eine Streckung mit Faktor 4 in y-Richtung und eine Streckung mit Faktor $\frac{1}{3}$ in x-Richtung aus C hervor.

Analytische Geometrie B 1

Gegeben sind die Punkte A (18 | 0 | 0), B (18 | 18 | 0), C (0 | 18 | 0), D (0 | 0 | 0) und S (9 | 9 | 12).

a) Die Größe des Winkels α zwischen den beiden Kanten, die durch die Strecken BC und BS beschrieben werden, erhält man, indem man den Winkel zwischen den Vektoren $\overrightarrow{BC}$ und $\overrightarrow{BS}$ mithilfe der Formel $\cos(\alpha) = \frac{\vec{a}\cdot\vec{b}}{|\vec{a}|\cdot|\vec{b}|}$ für den Winkel zwischen zwei Vektoren $\vec{a}$ und $\vec{b}$ berechnet:

$$\begin{aligned}\cos(\alpha) &= \frac{\overrightarrow{BC}\cdot\overrightarrow{BS}}{\left|\overrightarrow{BC}\right|\cdot\left|\overrightarrow{BS}\right|}\\ &= \frac{\begin{pmatrix}-18\\0\\0\end{pmatrix}\cdot\begin{pmatrix}-9\\-9\\12\end{pmatrix}}{\left|\begin{pmatrix}-18\\0\\0\end{pmatrix}\right|\cdot\left|\begin{pmatrix}-9\\-9\\12\end{pmatrix}\right|}\\ &= \frac{(-18)\cdot(-9)+0\cdot(-9)+0\cdot 12}{\sqrt{(-18)^2+0^2+0^2}\cdot\sqrt{(-9)^2+(-9)^2+12^2}}\\ &= \frac{162}{18\cdot\sqrt{306}}\\ &= \frac{9}{\sqrt{306}}\\ \Rightarrow\ \alpha &= \cos^{-1}\left(\frac{9}{\sqrt{306}}\right)\\ \alpha &\approx 59{,}04^\circ\end{aligned}$$

Der Winkel zwischen den Kanten BC und BS beträgt etwa 59°.

Die Ebene E enthält die Punkte B (18 | 18 | 0), C (0 | 18 | 0) und S (9 | 9 | 12). Sie hat beispielsweise den Stützpunkt B und die Spannvektoren $\overrightarrow{BC} = \begin{pmatrix}-18\\0\\0\end{pmatrix} = -18\cdot\begin{pmatrix}1\\0\\0\end{pmatrix}$ und $\overrightarrow{BS} = \begin{pmatrix}-9\\-9\\12\end{pmatrix} = -3\cdot\begin{pmatrix}3\\3\\-4\end{pmatrix}$. Damit hat E die Parametergleichung:

$$E\colon \vec{x} = \begin{pmatrix}18\\18\\0\end{pmatrix} + s\cdot\begin{pmatrix}1\\0\\0\end{pmatrix} + t\cdot\begin{pmatrix}3\\3\\-4\end{pmatrix};\ s,t\in\mathbb{R}$$

Einen Normalenvektor $\vec{n}$ von E kann man mithilfe des Vektorprodukts der Spannvektoren erhalten (siehe Seite 49):

$$\begin{pmatrix}1\\0\\0\end{pmatrix}\times\begin{pmatrix}3\\3\\-4\end{pmatrix}=\begin{pmatrix}0\\4\\3\end{pmatrix}\Rightarrow\vec{n}=\begin{pmatrix}0\\4\\3\end{pmatrix}$$

Alternativ kann man $\vec{n}$ auch mithilfe des Skalarprodukts bestimmen, da $\vec{n}$ auf beiden Spannvektoren senkrecht steht. Damit gilt:

$$\begin{pmatrix}n_1\\n_2\\n_3\end{pmatrix}\cdot\begin{pmatrix}1\\0\\0\end{pmatrix}=0$$

und

$$\begin{pmatrix}n_1\\n_2\\n_3\end{pmatrix}\cdot\begin{pmatrix}3\\3\\-4\end{pmatrix}=0$$

Daraus ergibt sich das lineare Gleichungssystem:

$$\begin{array}{lccccccc} \text{I} & n_1 & + & 0\cdot n_2 & + & 0\cdot n_3 & = & 0\\ \text{II} & 3\cdot n_1 & + & 3\cdot n_2 & - & 4\cdot n_3 & = & 0\end{array}$$

Aus Gleichung I ergibt sich: $n_1=0$.
Setzt man $n_1=0$ in Gleichung II ein, erhält man: II $3n_2-4n_3=0$.
Wählt man in Gleichung II geschickterweise z.B. $n_3=3$, erhält man:

$$3n_2-4\cdot 3=0\ \Rightarrow\ n_2=4$$

Damit ergibt sich ein Normalenvektor $\vec{n}=\begin{pmatrix}0\\4\\3\end{pmatrix}$.

Eine Koordinatengleichung von E erhält man mithilfe der Punkt-Normalenform:

$$\text{E: }\left(\vec{x}-\vec{b}\right)\cdot\vec{n}=0$$

$$\text{E: }\left(\begin{pmatrix}x_1\\x_2\\x_3\end{pmatrix}-\begin{pmatrix}18\\18\\0\end{pmatrix}\right)\cdot\begin{pmatrix}0\\4\\3\end{pmatrix}=0$$

$$\text{E: }(x_1-18)\cdot 0+(x_2-18)\cdot 4+(x_3-0)\cdot 3=0$$

$$\text{E: }4x_2-72+3x_3-0=0$$

$$\text{E: }4x_2+3x_3=72$$

Alternativ kann man auch die Koordinaten des Punktes B $(18\mid 18\mid 0)$ in den Ansatz $4x_2+3x_3=d$ einsetzen:

$$4\cdot 18+3\cdot 0=d\ \Rightarrow\ d=72$$

Die Ebene E hat somit die Koordinatengleichung E: $4x_2 + 3x_3 = 72$.
Den Flächeninhalt der rechten Seitenwand erhält man, indem man den Flächeninhalt A des gleichschenkligen Dreiecks BCS mit der Formel $A = \frac{1}{2} \cdot g \cdot h$ berechnet.
Dazu bestimmt man zuerst die Koordinaten des Mittelpunkts M der Seite BC mit der Mittelpunktsformel:

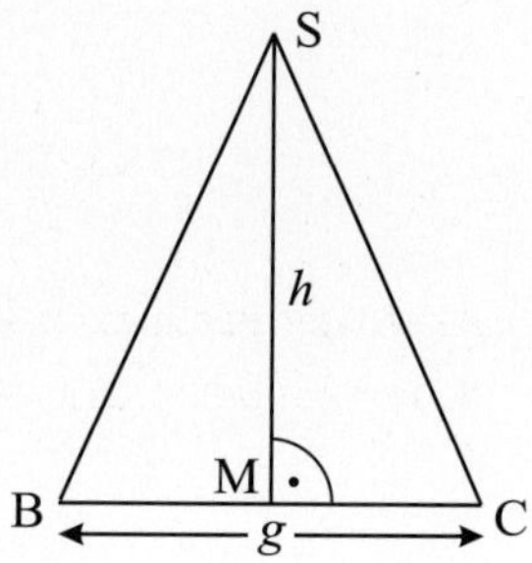

$$M\left(\frac{18+0}{2} \mid \frac{18+18}{2} \mid \frac{0+0}{2}\right) = M(9 \mid 18 \mid 0)$$

Die Länge der Grundseite $g = \overline{BC}$ erhält man, indem man den Betrag des Vektors $\overrightarrow{BC}$ bestimmt:

$$g = \left|\overrightarrow{BC}\right| = \left|\begin{pmatrix} -18 \\ 0 \\ 0 \end{pmatrix}\right| = \sqrt{(-18)^2 + 0^2 + 0^2} = 18$$

Die zugehörige Höhe h ist der Abstand von M zu S:

$$h = \overline{MS} = \left|\overrightarrow{MS}\right| = \left|\begin{pmatrix} 0 \\ -9 \\ 12 \end{pmatrix}\right| = \sqrt{0^2 + (-9)^2 + 12^2} = 15$$

Damit ergibt sich:

$$A = \frac{1}{2} \cdot g \cdot h = \frac{1}{2} \cdot 18 \cdot 15 = 135$$

Somit beträgt der Flächeninhalt der rechten Seitenwand $135\,\text{m}^2$.

b) Wenn die Stange mit der Lampe in eine Pendelbewegung versetzt wird, die im Modell in einer Ebene parallel zur x_2x_3-Ebene verläuft, und sie dann auf die rechte Seitenwand im Punkt P trifft, so liegt dieser Punkt P auf der Verbindungsgeraden von M und S.
Der Punkt P liegt 5 LE von S entfernt, da die Lampe an einer 5 Meter langen Stange befestigt ist.
Die Koordinaten von P erhält man mithilfe einer Vektorkette. Dazu wird zuerst der Vektor $\overrightarrow{SM} = \begin{pmatrix} 0 \\ 9 \\ -12 \end{pmatrix}$ auf die Länge 1 normiert:

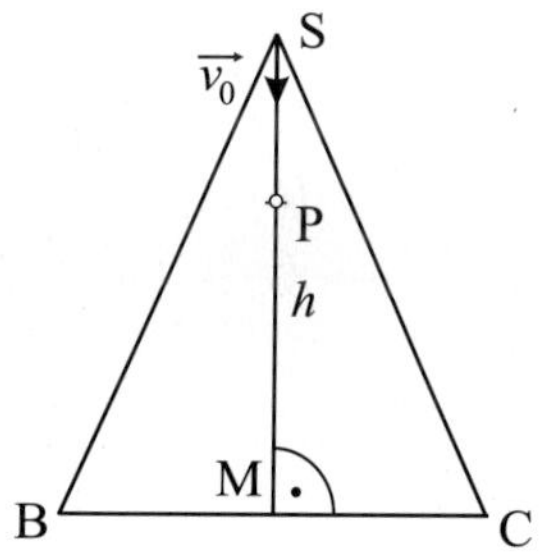

$$\overrightarrow{v_0} = \frac{1}{\left|\overrightarrow{SM}\right|} \cdot \overrightarrow{SM}$$

$$= \frac{1}{\left|\begin{pmatrix} 0 \\ 9 \\ -12 \end{pmatrix}\right|} \cdot \begin{pmatrix} 0 \\ 9 \\ -12 \end{pmatrix}$$

$$= \frac{1}{\sqrt{0^2+9^2+(-12)^2}} \cdot \begin{pmatrix} 0 \\ 9 \\ -12 \end{pmatrix}$$

$$= \frac{1}{15} \cdot \begin{pmatrix} 0 \\ 9 \\ -12 \end{pmatrix}$$

Anschließend kann man für den Ortsvektor von P eine Vektorkette aufstellen:

$$\overrightarrow{OP} = \overrightarrow{OS} + 5 \cdot \overrightarrow{v_0}$$

$$= \begin{pmatrix} 9 \\ 9 \\ 12 \end{pmatrix} + 5 \cdot \frac{1}{15} \cdot \begin{pmatrix} 0 \\ 9 \\ -12 \end{pmatrix}$$

$$= \begin{pmatrix} 9 \\ 9 \\ 12 \end{pmatrix} + \frac{1}{3} \cdot \begin{pmatrix} 0 \\ 9 \\ -12 \end{pmatrix}$$

$$= \begin{pmatrix} 9 \\ 9 \\ 12 \end{pmatrix} + \begin{pmatrix} 0 \\ 3 \\ -4 \end{pmatrix}$$

$$= \begin{pmatrix} 9 \\ 12 \\ 8 \end{pmatrix}$$

Alternativ kann man auch die Gerade h durch S und M aufstellen:

$$h\colon \vec{x} = \begin{pmatrix} 9 \\ 9 \\ 12 \end{pmatrix} + t \cdot \begin{pmatrix} 0 \\ 9 \\ -12 \end{pmatrix}$$

Liegt ein allgemeiner Punkt auf h zwischen S und M, so hat er die Koordinaten:

$$\mathrm{P}_t(9 \mid 9+9t \mid 12-12t)\ ;\ 0 \leqslant t \leqslant 1$$

Da der Abstand von S zu P 5 LE beträgt, muss gelten: $|\overrightarrow{\mathrm{SP}_t}| = 5$. Die zugehörige Gleichung wird durch Wurzelziehen nach t aufgelöst:

$$\left|\begin{pmatrix} 0 \\ 9t \\ -12t \end{pmatrix}\right| = 5$$

$$\sqrt{0^2+(9t)^2+(-12t)^2} = 5$$

$$\sqrt{225t^2} = 5$$

$$15 \cdot |t| = 5$$

$$|t| = \frac{1}{3}$$

$$t_{1,2} = \pm\frac{1}{3}$$

Wegen $0 \leqslant t \leqslant 1$ kommt nur $t = \frac{1}{3}$ als Lösung in Frage. Setzt man $t = \frac{1}{3}$ in P_t ein, ergibt sich der Punkt $(9 \mid 12 \mid 8)$. Somit hat der Punkt P die Koordinaten $P(9 \mid 12 \mid 8)$.

c) Der drei Meter lange, senkrecht zum Boden angebrachte Stab, besitzt den Bodenpunkt $F(11 \mid 15 \mid 0)$ und die Spitze $G(11 \mid 15 \mid 3)$. Den Endpunkt G^* des Schattens, den der Stab auf die rechte Seitenwand wirft, erhält man, indem man die Lichtgerade l durch L und G mit der Ebene E schneidet. Die Gerade l durch die Punkte L und G hat die Gleichung:

$$l\colon \vec{x} = \begin{pmatrix} 9 \\ 9 \\ 7 \end{pmatrix} + t \cdot \begin{pmatrix} 2 \\ 6 \\ -4 \end{pmatrix}$$

Setzt man den allgemeinen Punkt $P_t(9+2t \mid 9+6t \mid 7-4t)$ von l in E: $4x_2+3x_3 = 72$ ein, ergibt sich:

$$4 \cdot (9+6t) + 3 \cdot (7-4t) = 72 \;\Rightarrow\; t = \frac{5}{4}$$

Setzt man $t = \frac{5}{4}$ in P_t ein, erhält man den Punkt $(11{,}5 \mid 16{,}5 \mid 2)$.

Also hat der Punkt G^* die Koordinaten $G^*(11{,}5 \mid 16{,}5 \mid 2)$.

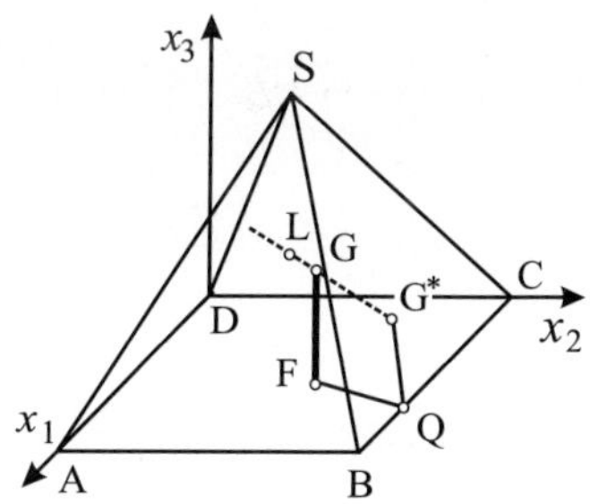

Um zu beschreiben, wie man die Gesamtlänge des betrachteten Schattens berechnen kann, kann man sich Folgendes überlegen:

Mithilfe der Punkte L, F und G stellt man eine Ebene H auf und schneidet diese mit der Geraden durch die Punkte B und C, sodass man einen Punkt Q erhält. Der Schatten des Stabs verläuft auf dem Boden von F zu Q und auf der rechten Seitenwand von Q zu G^*.

Damit erhält man die Gesamtlänge des Schattens, indem man die Längen der entsprechenden Verbindungsvektoren addiert:

$$|\,\overrightarrow{FQ}\,| + |\,\overrightarrow{QG^*}\,|$$

d) Es ist $E_a\colon 4x_2+(a-2)x_3=72\ :\ a>0$.

Um zu zeigen, dass die Gerade durch B und C in E_a enthalten ist, setzt man die Koordinaten von B (18 | 18 | 0) und C (0 | 18 | 0) jeweils in die Gleichung von E_a ein:

$$\text{B}:\ 4\cdot 18+(a-2)\cdot 0=72 \Leftrightarrow 72=72$$

$$\text{C}:\ 4\cdot 18+(a-2)\cdot 0=72 \Leftrightarrow 72=72$$

Aufgrund der wahren Aussagen liegen B und C in E_a, damit ist auch die Gerade durch B und C in E_a enthalten.

Um den Wert von a so zu berechnen, dass E_a mit der x_1x_2-Ebene einen Winkel von 45° bildet, bestimmt man zuerst einen Rechenausruck für den Winkel φ zwischen E_a mit der x_1x_2-Ebene mit der Formel $\cos(\varphi)=\frac{|\vec{n}_a\cdot\vec{n}_1|}{|\vec{n}_a|\cdot|\vec{n}_1|}$, wobei $\vec{n}_a=\begin{pmatrix}0\\4\\a-2\end{pmatrix}$ ein Normalenvektor von E_a und $\vec{n}_1=\begin{pmatrix}0\\0\\1\end{pmatrix}$ ein Normalenvektor der x_1x_2-Ebene ist:

$$\cos(\varphi)=\frac{\left|\begin{pmatrix}0\\4\\a-2\end{pmatrix}\cdot\begin{pmatrix}0\\0\\1\end{pmatrix}\right|}{\left|\begin{pmatrix}0\\4\\a-2\end{pmatrix}\right|\cdot\left|\begin{pmatrix}0\\0\\1\end{pmatrix}\right|}$$

$$\cos(\varphi)=\frac{|a-2|}{\sqrt{0^2+4^2+(a-2)^2}\cdot\sqrt{0^2+0^2+1^2}}$$

$$\cos(\varphi)=\frac{|a-2|}{\sqrt{16+(a-2)^2}}$$

Setzt man $\varphi=45°$ in diese Gleichung ein, ergibt sich:

$$\begin{aligned}\cos(45°)&=\frac{|a-2|}{\sqrt{16+(a-2)^2}}\\ \frac{\sqrt{2}}{2}&=\frac{|a-2|}{\sqrt{16+(a-2)^2}}\\ \sqrt{2}\cdot\sqrt{16+(a-2)^2}&=2\cdot|a-2|\\ 2\cdot\left(16+(a-2)^2\right)&=4\cdot(a-2)^2\\ 16+(a-2)^2&=2\cdot(a-2)^2\\ 16&=(a-2)^2\\ 16&=a^2-4a+4\\ 0&=a^2-4a-12\end{aligned}$$

Mithilfe der *pq*- oder *abc*-Formel erhält man die Lösungen $a_1=6$ und $a_2=-2$.

Wegen $a>0$ kommt nur $a=6$ als Lösung in Frage.

Somit bildet E_a mit der x_1x_2-Ebene für $a=6$ einen Winkel von 45°.

Analytische Geometrie B 2

Gegeben sind die Punkte $A(0 \mid 4{,}4 \mid 1)$, $B(1 \mid 6{,}8 \mid 1)$, $C(1 \mid 6{,}8 \mid 2{,}6)$ und $D(0 \mid 4{,}4 \mid 2{,}6)$.

a) Die Länge l der Diagonalen der Projektionsfläche erhält man, indem man beispielsweise die Länge des Vektors $\overrightarrow{AC}$ berechnet:

$$l = \overline{AC} = \left|\overrightarrow{AC}\right| = \left|\begin{pmatrix} 1 \\ 2{,}4 \\ 1{,}6 \end{pmatrix}\right| = \sqrt{1^2 + 2{,}4^2 + 1{,}6^2} \approx 3{,}05$$

Die Länge der Diagonalen der Projektionsfläche beträgt etwa 3,05 m.
Die Ebene E enthält die Punkte $A(0 \mid 4{,}4 \mid 1)$, $B(1 \mid 6{,}8 \mid 1)$ und $C(1 \mid 6{,}8 \mid 2{,}6)$. Sie hat beispielsweise den Stützpunkt A und die Spannvektoren $\overrightarrow{AB} = \begin{pmatrix} 1 \\ 2{,}4 \\ 0 \end{pmatrix}$ und $\overrightarrow{AC} = \begin{pmatrix} 1 \\ 2{,}4 \\ 1{,}6 \end{pmatrix}$. Damit hat E die Parametergleichung:

$$E\colon \vec{x} = \begin{pmatrix} 0 \\ 4{,}4 \\ 1 \end{pmatrix} + s \cdot \begin{pmatrix} 1 \\ 2{,}4 \\ 0 \end{pmatrix} + t \cdot \begin{pmatrix} 1 \\ 2{,}4 \\ 1{,}6 \end{pmatrix};\ s,t \in \mathbb{R}$$

Einen Normalenvektor $\vec{n}$ von E erhält man mithilfe des Vektorprodukts (siehe Seite 49) der Spannvektoren:

$$\begin{pmatrix} 1 \\ 2{,}4 \\ 0 \end{pmatrix} \times \begin{pmatrix} 1 \\ 2{,}4 \\ 1{,}6 \end{pmatrix} = \begin{pmatrix} 3{,}84 \\ -1{,}6 \\ 0 \end{pmatrix} = 1{,}6 \cdot \begin{pmatrix} \frac{12}{5} \\ -1 \\ 0 \end{pmatrix} = 0{,}32 \cdot \begin{pmatrix} 12 \\ -5 \\ 0 \end{pmatrix} \Rightarrow \vec{n} = \begin{pmatrix} 12 \\ -5 \\ 0 \end{pmatrix}$$

Alternativ kann man $\vec{n}$ auch mithilfe des Skalarprodukts bestimmen, da $\vec{n}$ auf beiden Spannvektoren senkrecht steht. Damit gilt:

$$\begin{pmatrix} n_1 \\ n_2 \\ n_3 \end{pmatrix} \cdot \begin{pmatrix} 1 \\ 2{,}4 \\ 0 \end{pmatrix} = 0$$

und

$$\begin{pmatrix} n_1 \\ n_2 \\ n_3 \end{pmatrix} \cdot \begin{pmatrix} 1 \\ 2{,}4 \\ 1{,}6 \end{pmatrix} = 0$$

Daraus ergibt sich das lineare Gleichungssystem:

$$\begin{array}{lccccccc} \text{I} & 1 \cdot n_1 & + & 2{,}4 \cdot n_2 & + & 0 \cdot n_3 & = & 0 \\ \text{II} & 1 \cdot n_1 & + & 2{,}4 \cdot n_2 & + & 1{,}6 \cdot n_3 & = & 0 \end{array}$$

Subtrahiert man Gleichung II von Gleichung I, ergibt sich: $-1,6 \cdot n_3 = 0 \Rightarrow n_3 = 0$.
Wählt man in Gleichung I geschickterweise z.B. $n_2 = -5$ ergibt sich:
$n_1 + 2,4 \cdot (-5) = 0 \Rightarrow n_1 = 12$.
Damit ergibt sich ein Normalenvektor $\vec{n} = \begin{pmatrix} 12 \\ -5 \\ 0 \end{pmatrix}$.

Eine Koordinatengleichung von E erhält man mithilfe der Punkt-Normalenform:

$$\text{E: } (\vec{x} - \vec{a}) \cdot \vec{n} = 0$$

$$\text{E: } \left(\begin{pmatrix} x_1 \\ x_2 \\ x_3 \end{pmatrix} - \begin{pmatrix} 0 \\ 4,4 \\ 1 \end{pmatrix} \right) \cdot \begin{pmatrix} 12 \\ -5 \\ 0 \end{pmatrix} = 0$$

$$\text{E: } (x_1 - 0) \cdot 12 + (x_2 - 4,4) \cdot (-5) + (x_3 - 1) \cdot 0 = 0$$

$$\text{E: } 12x_1 - 5x_2 + 22 = 0$$

$$\text{E: } 12x_1 - 5x_2 = -22$$

Alternativ kann man auch die Koordinaten des Punktes $A\,(0 \mid 4,4 \mid 1)$ in den Ansatz $12x_1 - 5x_2 = d$ einsetzen:

$$12 \cdot 0 - 5 \cdot 4,4 = d \Rightarrow d = -22$$

Somit hat die Ebene E die Koordinatengleichung E: $12x_1 - 5x_2 = -22$.

Die Weite des Winkels α, den die Projektionsfläche und die dahinter liegende Wand des Klassenzimmers einschließen, erhält man, indem man den Winkel zwischen den Normalenvektoren $\vec{n}_1 = \begin{pmatrix} 12 \\ -5 \\ 0 \end{pmatrix}$ und $\vec{n}_2 = \begin{pmatrix} 1 \\ 0 \\ 0 \end{pmatrix}$ der x_2x_3-Ebene mit der Formel $\cos(\alpha) = \frac{\vec{n}_1 \cdot \vec{n}_2}{|\vec{n}_1| \cdot |\vec{n}_2|}$ für den Winkel zwischen zwei Ebenen berechnet:

$$\begin{aligned}
\cos(\alpha) &= \frac{\vec{n}_1 \cdot \vec{n}_2}{|\vec{n}_1| \cdot |\vec{n}_2|} \\
&= \frac{\begin{pmatrix} 12 \\ -5 \\ 0 \end{pmatrix} \cdot \begin{pmatrix} 1 \\ 0 \\ 0 \end{pmatrix}}{\left| \begin{pmatrix} 12 \\ -5 \\ 0 \end{pmatrix} \right| \cdot \left| \begin{pmatrix} 1 \\ 0 \\ 0 \end{pmatrix} \right|} \\
&= \frac{12 \cdot 1 + (-5) \cdot 0 + 0 \cdot 0}{\sqrt{12^2 + (-5)^2 + 0^2} \cdot \sqrt{1^2 + 0^2 + 0^2}} \\
&= \frac{12}{13}
\end{aligned}$$

$$\Rightarrow \alpha = \cos^{-1}\left(\frac{12}{13}\right)$$
$$\alpha \approx 22{,}62^\circ$$

Der Winkel zwischen der Projektionsfläche und der hinteren Wand beträgt etwa $22{,}6^\circ$.

b) Um zu überprüfen, ob der Laserstrahl durch den Punkt $L(4 \mid 2 \mid 1)$ mit der Richtung $\vec{v} = \begin{pmatrix} -5 \\ 6 \\ 2 \end{pmatrix}$ die Projektionsfläche trifft, stellt man zuerst die Lasergerade l auf und schneidet diese mit der Ebene E. Die Lasergerade l hat die Gleichung:

$$l\colon \vec{x} = \begin{pmatrix} 4 \\ 2 \\ 1 \end{pmatrix} + t \cdot \begin{pmatrix} -5 \\ 6 \\ 2 \end{pmatrix}$$

Setzt man den allgemeinen Punkt $P_t(4-5t \mid 2+6t \mid 1+2t)$ von l in $E\colon\ 12x_1 - 5x_2 = -22$ ein, ergibt sich:

$$12 \cdot (4-5t) - 5 \cdot (2+6t) = -22 \Rightarrow t = \frac{2}{3}$$

Setzt man $t = \frac{2}{3}$ in P_t ein, erhält man den Schnittpunkt $S\left(\frac{2}{3} \mid 6 \mid \frac{7}{3}\right)$.
Wegen $0 < \frac{2}{3} < 1$ und $4{,}4 < 6 < 6{,}8$ sowie $1 < \frac{7}{3} < 2{,}6$ liegen die Koordinaten von S jeweils zwischen den entsprechenden Koordinaten der Punkte A, B, C und D, sodass S innerhalb des Rechtecks ABCD liegt.
Somit trifft der Laserstrahl die Projektionsfläche.

c) Um nachzuweisen, dass der Mittelpunkt M der Strecke CD in jeder Ebene der Schar $E_a\colon\ 12x_1 + 5ax_2 = 28a + 6$ liegt, setzt man die Koordinaten von M in die Ebenengleichung ein.
Die Koordinaten von M erhält man mit der Mittelpunktsformel:

$$M\left(\frac{1+0}{2} \mid \frac{6{,}8+4{,}4}{2} \mid \frac{2{,}6+2{,}6}{2}\right) = M(0{,}5 \mid 5{,}6 \mid 2{,}6)$$

Setzt man die Koordinaten von M in die Gleichung von E_a ein, ergibt sich:

$$12 \cdot 0{,}5 + 5a \cdot 5{,}6 = 28a + 6$$
$$6 + 28a = 28a + 6$$

Aufgrund der wahren Aussage liegt der Mittelpunkt der Strecke CD in jeder Ebene der Schar.

Die Gerade g, welche die Drehachse enthält, geht durch $M(0{,}5 \mid 5{,}6 \mid 2{,}6)$ und ist parallel zur x_3-Achse.

Damit hat die Gerade g die Gleichung:

$$g: \vec{x} = \begin{pmatrix} 0,5 \\ 5,6 \\ 2,6 \end{pmatrix} + t \cdot \begin{pmatrix} 0 \\ 0 \\ 1 \end{pmatrix}$$

Um die Werte von a so zu berechnen, dass E_a mit der hinteren Klassenzimmerwand einen Winkel von 45° bildet, bestimmt man zuerst einen Rechenausruck für den Winkel φ zwischen E_a und der x_2x_3-Ebene mit der Formel $\cos(\varphi) = \frac{|\vec{n}_a \cdot \vec{n}_1|}{|\vec{n}_a| \cdot |\vec{n}_1|}$, wobei $\vec{n}_a = \begin{pmatrix} 12 \\ 5a \\ 0 \end{pmatrix}$ ein Normalenvektor von E_a und $\vec{n}_1 = \begin{pmatrix} 1 \\ 0 \\ 0 \end{pmatrix}$ ein Normalenvektor der x_2x_3-Ebene ist:

$$\cos(\varphi) = \frac{\left|\begin{pmatrix} 12 \\ 5a \\ 0 \end{pmatrix} \cdot \begin{pmatrix} 1 \\ 0 \\ 0 \end{pmatrix}\right|}{\left|\begin{pmatrix} 12 \\ 5a \\ 0 \end{pmatrix}\right| \cdot \left|\begin{pmatrix} 1 \\ 0 \\ 0 \end{pmatrix}\right|}$$

$$\cos(\varphi) = \frac{|12 \cdot 1 + 5a \cdot 0 + 0 \cdot 0|}{\sqrt{12^2 + (5a)^2 + 0^2} \cdot \sqrt{1^2 + 0^2 + 0^2}}$$

$$\cos(\varphi) = \frac{12}{\sqrt{144 + 25a^2}}$$

Setzt man $\varphi = 45°$ in diese Gleichung ein, ergibt sich:

$$\cos(45°) = \frac{12}{\sqrt{144 + 25a^2}}$$

$$\frac{\sqrt{2}}{2} = \frac{12}{\sqrt{144 + 25a^2}}$$

$$\sqrt{2} \cdot \sqrt{144 + 25a^2} = 24$$

$$2 \cdot \left(144 + 25a^2\right) = 24^2$$

$$288 + 50a^2 = 576$$

$$a^2 = \frac{144}{25}$$

$$a_{1,2} = \pm\frac{12}{5}$$

Somit bildet E_a mit der hinteren Klasssenzimmerwand für $a_{1,2} = \pm\frac{12}{5}$ einen Winkel von 45°.

d) Um zu begründen, dass die Ebene E_1 eine Lage beschreibt, in der die Projektionsfläche an der dahinterliegenden Wand anstößt, setzt man zuerst $a = 1$ in E_a ein. Damit hat die Ebene E_1 die Gleichung:

$$E_1: 12x_1 + 5x_2 = 34$$

Anschließend schneidet man die Ebene E_1 mit der x_2x_3-Ebene.
Dies führt zu folgendem Gleichungssystem:

$$\begin{array}{lcccl} \text{I} & 12x_1 & + & 5x_2 & = & 34 \\ \text{II} & x_1 & & & = & 0 \end{array}$$

Aus Gleichung II erhält man $x_1 = 0$.
Setzt man $x_1 = 0$ in Gleichung I ein, ergibt sich: $12 \cdot 0 + 5x_2 = 34 \Rightarrow x_2 = 6{,}8$
Wählt man $x_3 = t$, so hat die Schnittgerade s die Gleichung:

$$s: \vec{x} = \begin{pmatrix} 0 \\ 6{,}8 \\ 0 \end{pmatrix} + t \cdot \begin{pmatrix} 0 \\ 0 \\ 1 \end{pmatrix}$$

Wenn die Projektionsfläche gedreht wird, hat beispielsweise die rechte obere Ecke die Koordinaten $C^*(x \mid y \mid 2{,}6)$.
Wenn C^* auf s liegt, so hat C^* die Koordinaten $C^*(0 \mid 6{,}8 \mid 2{,}6)$.
Um nachzuweisen, dass $C^*(0 \mid 6{,}8 \mid 2{,}6)$ eine mögliche rechte obere Ecke der Projektionsfläche ist, berechnet man den Abstand von C^* zu $M(0{,}5 \mid 5{,}6 \mid 2{,}6)$, indem man die Länge des entsprechenden Verbindungsvektors bestimmt und mit dem Abstand von $C(1 \mid 6{,}8 \mid 2{,}6)$ zu M vergleicht:

$$|\overrightarrow{MC^*}| = \left| \begin{pmatrix} -0{,}5 \\ 1{,}2 \\ 0 \end{pmatrix} \right| = \sqrt{(-0{,}5)^2 + 1{,}2^2 + 0^2} = 1{,}3$$

$$|\overrightarrow{MC}| = \left| \begin{pmatrix} 0{,}5 \\ 1{,}2 \\ 0 \end{pmatrix} \right| = \sqrt{0{,}5^2 + 1{,}2^2 + 0^2} = 1{,}3$$

Wegen $|\overrightarrow{MC^*}| = |\overrightarrow{MC}|$ ist C^* eine mögliche rechte obere Ecke der Projektionsfläche, die gleichzeitig auf der Schnittgeraden s von E_1 und der x_2x_3-Ebene liegt.
Somit beschreibt E_1 eine Lage, in der die Projektionsfläche an der dahinterliegenden Wand anstößt.

Stochastik C 1

a) Die Wahrscheinlichkeit, dass in einer Muschel keine Perle ist, beträgt 70%. Also beträgt die Wahrscheinlichkeit, dass eine Perle vorhanden ist, 30%. Da nur 10% der Perlen dem geforderten Qualitätsstandard entsprechen, beträgt die Wahrscheinlichkeit dafür 10% von 30%, also 3%.

Um die Wahrscheinlichkeit des Ereignisses A: «In 10 zufällig ausgewählten Muscheln ist keine Perle.» zu bestimmen, legt man X als Zufallsvariable für die Anzahl der Perlen fest. Die Zufallsvariable X ist binomialverteilt mit den Parametern $n = 10$ und $p = 0,30$. Damit gilt mithilfe der Binomialverteilung:

frv.tv/de

$$P(A) = P(X = 0) \approx 0,028 = 2,8\% \text{ (WTR)}$$

Um die Wahrscheinlichkeit des Ereignisses B: «In 10 zufällig ausgewählten Muscheln sind insgesamt mindestens zwei Perlen.» zu bestimmen, legt man wieder X als Zufallsvariable für die Anzahl der Perlen fest. Die Zufallsvariable X ist binomialverteilt mit den Parametern $n = 10$ und $p = 0,30$. Damit gilt mithilfe der kumulierten Binomialverteilung und der Wahrscheinlichkeit des Gegenereignisses:

frv.tv/df

$$P(B) = P(X \geqslant 2) = 1 - P(X \leqslant 1) \approx 1 - 0,149 = 0,851 = 85,1\% \text{ (WTR)}$$

Um die Wahrscheinlichkeit des Ereignisses C: «In 100 zufällig ausgewählten Muscheln sind insgesamt mehr als drei Perlen, die dem geforderten Qualitätsstandard entsprechen.» zu bestimmen, legt man Y als Zufallsvariable für die Anzahl der Perlen mit dem geforderten Qualitätsstandard fest. Die Zufallsvariable Y ist binomialverteilt mit den Parametern $n = 100$ und $p = 0,30 \cdot 0,10 = 0,03$. Damit gilt mithilfe der kumulierten Binomialverteilung und der Wahrscheinlichkeit des Gegenereignisses:

frv.tv/df

$$P(C) = P(Y > 3) = 1 - P(Y \leqslant 3) \approx 1 - 0,647 = 0,353 = 35,3\% \text{ (WTR)}$$

b) Legt man X als Zufallsvariable für die Anzahl der Perlen fest, so ist X binomialverteilt mit den Parametern $p = 0,30$ und unbekanntem n. Da mit einer Wahrscheinlichkeit von mindestens 95% mindestens eine Perle zu finden ist, löst man mithilfe der Wahrscheinlichkeit des Gegenereignisses folgende Ungleichung:

$$\begin{aligned} P(X \geqslant 1) &\geqslant 0,95 \\ 1 - P(X = 0) &\geqslant 0,95 \\ 0,05 &\geqslant P(X = 0) \end{aligned}$$

Mithilfe des WTR ergibt sich durch Ausprobieren:

frv.tv/dg

$$n = 8: \ P(X = 0) \approx 0,058$$
$$n = 9: \ P(X = 0) \approx 0,040$$

Somit muss man mindestens 9 Muscheln öffnen.

c) Da der Muschelzüchter behauptet, dass der Anteil der Perlen in seiner Züchtung größer als 30% ist, und er seine Vermutung bestätigen möchte, lautet die Alternativhypothese: $H_1: p > 0,30$. Damit ergibt sich für die Nullhypothese: $H_0: p \leqslant 0,30$. Wegen $H_1: p > 0,30$ handelt es sich um einen rechtsseitigen Test mit dem Ablehnungsbereich $\overline{A} = \{g, ..., 200\}$ und dem Signifikanzniveau $\alpha^* = 5\,\%$. Legt man X als Zufallsgröße für die Anzahl der Perlen fest, so ist X im Extremfall binomialverteilt mit den Parametern $n = 200$ und $p = 0,30$. Man wird die Nullhypothese verwerfen, wenn bei der Stichprobe deutlich mehr Perlen vorhanden sind, als man erwartet (Erwartungswert $\mu = n \cdot p = 200 \cdot 0,30 = 60$).
Es ist also ein minimales $g \in \mathbb{N}$ so zu bestimmen, dass die Wahrscheinlichkeit, dass X einen Wert zwischen g und 200 annimmt, kleiner als α^* ist, d.h. dass gilt: $P\left(X \in \overline{A}\right) \leqslant \alpha^*$.
Mithilfe der Wahrscheinlichkeit des Gegenereignisses erhält man:

$$\begin{aligned} P(X \geqslant g) &\leqslant 0,05 \\ 1 - P(X < g) &\leqslant 0,05 \\ 1 - P(X \leqslant g-1) &\leqslant 0,05 \\ 0,95 &\leqslant P(X \leqslant g-1) \end{aligned}$$

Mithilfe der Wahrscheinlichkeit der kumulierten Binomialverteilung unter Verwendung des Taschenrechners ergibt sich:

frv.tv/dg

$$P(X \leqslant 70) \approx 0,946$$
$$P(X \leqslant 71) \approx 0,960$$

Somit ist

$$g - 1 = 71 \Rightarrow g = 72$$

das minimale g und man erhält den Ablehnungsbereich der Nullhypothese: $\overline{A} = \{72, ..., 200\}$.
Damit ergibt sich folgende Entscheidungsregel:
Wenn bei 200 Muscheln mindestens 72 Perlen gefunden werden, so wird die Nullhypothese abgelehnt, d.h. man lehnt ab, dass der Anteil der Perlen höchstens 30% beträgt. Ansonsten kann die Nullhypothese nicht abgelehnt werden.
Beim Fehler 2. Art wird die Nullhypothese beibehalten, obwohl sie falsch ist, d.h. man geht fälschlicherweise davon aus, dass der Anteil der Perlen höchstens 30% beträgt, wenn man höchstens 71 Perlen findet.

Die Wahrscheinlichkeit für den Fehler 2. Art (β) erhält man, indem man die Wahrscheinlichkeit dafür berechnet, dass sich die Anzahl der Perlen nicht im Ablehnungsbereich befindet. Legt man Y als Zufallsgröße für die Anzahl der Perlen fest, so ist Y binomialverteilt mit den Parametern $n = 200$ und $p = 0{,}40$ (tatsächlicher Anteil). Damit gilt für die Wahrscheinlichkeit des Fehlers 2. Art:

$$\beta = P\left(Y \notin \overline{A}\right) = P(Y \leqslant 71) \approx 0{,}109 = 10{,}9\%$$

d) Bezeichnet man mit *x* die Anzahl der schwarzen Perlen, so gibt es $21 - x$ weiße Perlen, da es insgesamt 21 Perlen gibt. Da zweimal ohne Zurücklegen gezogen wird, kann man folgendes Baumdiagramm erstellen:

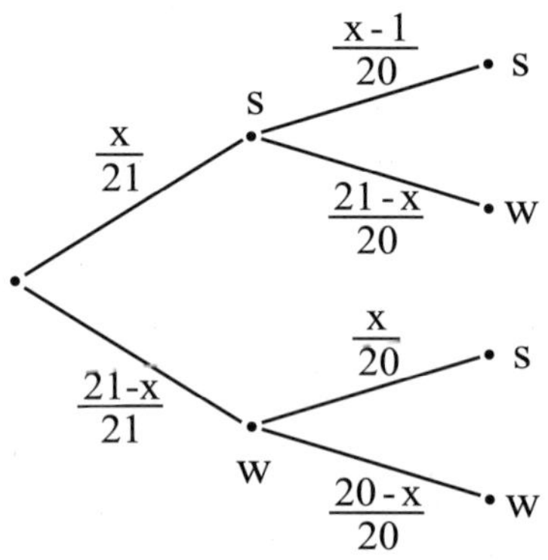

Da die Wahrscheinlichkeit dafür, dass sich die Farben der beiden Perlen bei zweimaligem Ziehen ohne Zurücklegen unterscheiden, $\frac{8}{21}$ beträgt, ergibt sich mithilfe der Pfadregeln folgende Gleichung:

$$\begin{aligned} P(sw) + P(ws) &= \frac{8}{21} \\ \frac{x}{21} \cdot \frac{21-x}{20} + \frac{21-x}{21} \cdot \frac{x}{20} &= \frac{8}{21} \\ \frac{2 \cdot x \cdot (21-x)}{21 \cdot 20} &= \frac{8}{21} \\ \frac{2 \cdot x \cdot (21-x)}{20} &= 8 \\ x \cdot (21-x) &= 80 \\ 21x - x^2 &= 80 \\ 0 &= x^2 - 21x + 80 \end{aligned}$$

Mithilfe der *pq*- oder *abc*-Formel erhält man die Lösungen $x_1 = 16$ und $x_2 = 5$.
Da die Anzahl der schwarzen Perlen größer als die Anzahl der weißen Perlen ist, kommt nur $x = 16$ als Lösung in Frage.
Somit waren 16 schwarze Perlen vor dem Ziehen in der Schale.

e) Die Wahrscheinlichkeit des Ereignisses D: «Alle 10 Perlen sind weiß.» erhält man mithilfe der Pfadregeln:

$$P(D) = \frac{17}{20} \cdot \frac{16}{19} \cdot \frac{15}{18} \cdot \frac{14}{17} \cdot \frac{13}{16} \cdot \frac{12}{15} \cdot \frac{11}{14} \cdot \frac{10}{13} \cdot \frac{9}{12} \cdot \frac{8}{11} = \frac{2}{19} \approx 0,1053$$

Alternativ kann man auch sich auch überlegen, dass von 17 weißen Perlen 10 weiße gezogen werden und von 3 nicht weißen Perlen keine gezogen wird. Damit erhält man:

$$P(D) = \frac{\binom{17}{10} \cdot \binom{3}{0}}{\binom{20}{10}} = \frac{2}{19} \approx 0,1053$$

Die Wahrscheinlichkeit, dass alle Perlen weiß sind, beträgt etwa $10,5\,\%$.

Das Ereignis E: «Unter den 10 Perlen ist jede Perlenfarbe mindestens einmal vorhanden.» setzt sich aus den Ereignissen F: «Es werden acht weiße, eine schwarze und eine graue Perle gezogen.» und G: «Es werden sieben weiße, zwei schwarze und eine graue Perle gezogen.» zusammen. Die Wahrscheinlichkeit des Ereignisses F ergibt sich folgendermaßen: Wenn von 17 weißen Perlen 8 weiße, von 2 schwarzen Perlen eine schwarze und von einer grauen Perle eine graue gezogen werden, erhält man:

$$P(F) = \frac{\binom{17}{8} \cdot \binom{2}{1} \cdot \binom{1}{1}}{\binom{20}{10}} = \frac{5}{19}$$

Die Wahrscheinlichkeit des Ereignisses G ergibt sich folgendermaßen: Wenn von 17 weißen Perlen 7 weiße, von 2 schwarzen Perlen zwei schwarze und von einer grauen Perle eine graue gezogen werden, erhält man:

$$P(G) = \frac{\binom{17}{7} \cdot \binom{2}{2} \cdot \binom{1}{1}}{\binom{20}{10}} = \frac{2}{19}$$

Damit gilt:

$$P(E) = P(F) + P(G) = \frac{5}{19} + \frac{2}{19} = \frac{7}{19} \approx 0,3684$$

Die Wahrscheinlichkeit, dass unter den 10 Perlen jede Perlenfarbe mindestens einmal vorhanden ist, beträgt etwa $36,8\,\%$.

Stochastik C 2

a) In der Urne befinden sich drei rote, eine weiße und sechs schwarze Kugeln, also insgesamt 10 Kugeln.

Die Wahrscheinlichkeit, eine rote Kugel zu ziehen, beträgt $\frac{3}{10} = 0,3$. Da nacheinander acht Kugeln mit Zurücklegen gezogen werden und man nur die Anzahl der roten Kugeln betrachtet, handelt es sich jeweils um ein Bernoulli-Experiment. Legt man X als Zufallsgröße für die Anzahl der roten Kugeln fest, so ist X binomialverteilt mit den Parametern $n = 8$ und $p = 0,3$.

Die Wahrscheinlichkeit für das Ereignis A: «Genau drei dieser Kugeln sind rot.» erhält man mithilfe der Binomialverteilung:

frv.tv/de

$$\begin{aligned} P(A) &= P(X = 3) \\ &\approx 0,254 \\ &= 25,4\% \end{aligned}$$

Die Wahrscheinlichkeit für das Ereignis B: «Mehr als zwei und weniger als sechs dieser Kugeln sind rot.» erhält man mithilfe der kumulierten Binomialverteilung:

frv.tv/df

$$\begin{aligned} P(B) &= P(2 < X < 6) \\ &= P(X \leqslant 5) - P(X \leqslant 2) \\ &\approx 0,989 - 0,552 \\ &= 0,437 \\ &= 43,7\% \end{aligned}$$

Bezeichnet man mit r: Kugel ist rot, mit w: Kugel ist weiß und mit s: Kugel ist schwarz, so gelten bei einmaligem Ziehen folgende Wahrscheinlichkeiten: $P(r) = \frac{3}{10}$, $P(w) = \frac{1}{10}$ und $P(s) = \frac{6}{10}$.

Die Wahrscheinlichkeit für das Ereignis C: «Die ersten drei Kugeln haben dieselbe Farbe» erhält man mithilfe der Pfadregeln:

$$\begin{aligned} P(C) &= P(rrr) + P(www) + P(sss) \\ &= \frac{3}{10} \cdot \frac{3}{10} \cdot \frac{3}{10} + \frac{1}{10} \cdot \frac{1}{10} \cdot \frac{1}{10} + \frac{6}{10} \cdot \frac{6}{10} \cdot \frac{6}{10} \\ &= 0,244 \\ &= 24,4\% \end{aligned}$$

b) Vergleicht man den gegebenen Term mit der Bernoulli-Formel $P(X=k)=\binom{n}{k}\cdot p^k\cdot(1-p)^{n-k}$, so kann man $n=5$, $k=3$ und $p=0{,}6$ bestimmen. Das Zufallsexperiment lautet damit: Es wird fünf Mal mit Zurücklegen gezogen. In der Urne befinden sich 10 Kugeln, davon sechs schwarze. Die Wahrscheinlichkeit, eine schwarze Kugel zu ziehen, beträgt bei einem Zug: $p=\frac{6}{10}=0{,}6$. Legt man X als Zufallsvariable für die Anzahl der gezogenen schwarzen Kugeln fest, so ist X binomialverteilt mit den Parametern $n=5$ und $p=0{,}6$ und es gilt mit der Bernoulli-Formel:

$$P(X=3)=\binom{5}{3}\cdot 0{,}6^3\cdot 0{,}4^2$$

Somit lässt sich mit der gegebenen Wahrscheinlichkeit das Ereignis: «Es werden genau drei schwarze Kugeln gezogen.» berechnen.

c) Wenn bei einem Spiel zwei Kugeln ohne Zurücklegen gezogen werden, ergibt sich folgendes Baumdiagramm:

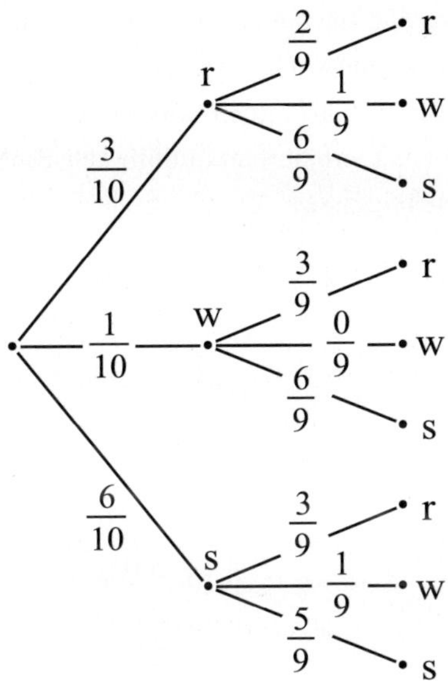

Die Wahrscheinlichkeit, dass dabei eine weiße Kugel gezogen wird, erhält man mithilfe der Pfadregeln:

$$P(\text{weiße Kugel})=P(rw)+P(w)+P(sw)=\frac{3}{10}\cdot\frac{1}{9}+\frac{1}{10}+\frac{6}{10}\cdot\frac{1}{9}=\frac{1}{5}$$

Die Wahrscheinlichkeit, dass zwei Kugeln mit gleicher Farbe gezogen werden, erhält man ebenfalls mithilfe der Pfadregeln:

$$P(\text{gleiche Farbe}) = P(\text{rr}) + P(\text{ss}) = \frac{3}{10} \cdot \frac{2}{9} + \frac{6}{10} \cdot \frac{5}{9} = \frac{2}{5}$$

Den Erwartungswert E für den Spieler erhält man, indem man die jeweiligen Auszahlungsbeträge mit der entsprechenden Wahrscheinlichkeit multipliziert, die Ergebnisse addiert und den Einsatz x subtrahiert:

$$E = x \text{€} \cdot \frac{1}{5} + 4 \text{€} \cdot \frac{2}{5} - x \text{€} = \left(-\frac{4}{5}x + \frac{8}{5} \right) \text{€}$$

Da das Spiel fair sein soll, löst man die Gleichung $E = 0$ nach x auf:

$$-\frac{4}{5}x + \frac{8}{5} = 0 \Rightarrow x = 2$$

Somit beträgt die Höhe des Einsatzes 2 Euro.

d) Legt man X als Zufallsgröße für die Anzahl der gezogenen roten Kugeln fest, so ist X binomialverteilt mit den Parametern $n = 15$ und $p = \frac{5}{205} = \frac{1}{41}$.
Die Gewinnwahrscheinlichkeit, also die Wahrscheinlichkeit dafür, dass der Spieler mindestens eine rote Kugel zieht, erhält man mithilfe der Binomialverteilung und der Wahrscheinlichkeit des Gegenereignisses:

frv.tv/de

$$P(X \geqslant 1) = 1 - P(X = 0) \approx 1 - 0{,}690 = 0{,}310 = 31{,}0\%$$

Alternativ ergibt sich mithilfe der Pfadregeln:

$$\begin{aligned} P(X \geqslant 1) &= 1 - P(X = 0) \\ &= 1 - P(\text{sss sss sss sss sss}) \\ &= 1 - \left(\frac{200}{205} \right)^{15} \\ &\approx 1 - 0{,}690 \\ &= 0{,}310 \\ &= 31{,}0\% \end{aligned}$$

Lässt der Spieler einen Zug weg, so sind in der Urne insgesamt 207 Kugeln, davon 7 rote und 200 schwarze.
Wenn er also nur 14-mal zieht, so beträgt die Gewinnwahrscheinlichkeit:

$$P_1 = 1 - P(\text{ss sss sss sss sss}) = 1 - \left(\frac{200}{207} \right)^{14}$$

Lässt der Spieler zwei Züge weg, so sind in der Urne insgesamt 209 Kugeln, davon 9 rote und 200 schwarze.
Wenn er also nur 13-mal zieht, so beträgt die Gewinnwahrscheinlichkeit:

$$P_2 = 1 - P(s\,sss\,sss\,sss\,sss) = 1 - \left(\frac{200}{209}\right)^{13}$$

Lässt der Spieler z Züge weg, so sind in der Urne insgesamt $205+2z$ Kugeln, davon $5+2z$ rote und 200 schwarze.
Wenn er also nur $(15-z)$-mal zieht, so beträgt die Gewinnwahrscheinlichkeit:

$$P_z = 1 - \left(\frac{200}{205+2z}\right)^{15-z}$$

Somit beschreibt der Term $P_z = 1 - \left(\frac{200}{205+2z}\right)^{15-z}$ für $z \in \{0, 1, 2, ..., 15\}$ die Gewinnwahrscheinlichkeit in Abhängigkeit von der Zahl z der weggelassenen Züge.
Um zu ermitteln, auf wie viele Züge er verzichten muss, damit seine Gewinnwahrscheinlichkeit am größten ist, erstellt man mithilfe des WTR eine Wertetabelle:

z	0	1	2	3	4	5	6	7
P_z	0,310	0,382	0,436	0,474	0,500	0,515	0,520	0,516

z	8	9	10	11	12	13	14	15
P_z	0,503	0,480	0,445	0,397	0,334	0,250	0,142	0

Bei $z = 6$ ist die Gewinnwahrscheinlichkeit P_z am größten.
Somit muss der Spieler auf 6 Züge verzichten, damit seine Gewinnwahrscheinlichkeit am größten ist.

e) Legt man X als Zufallsgröße für den Durchmesser der Kugeln fest, so ist X normalverteilt mit $\mu = 50$ und $\sigma = 1,5$ (Angaben in mm).
Wenn der Durchmesser der Kugeln vom Sollwert $\mu = 50$ nicht mehr als den Betrag c abweichen soll und im Mittel höchstens 15 % Ausschuss erzeugt werden soll, so müssen 85 % der Kugeln im Toleranzbereich liegen.
Damit ist c so zu bestimmen, dass gilt:

$$P(50-c \leqslant X \leqslant 50+c) \geqslant 0,85$$

Durch Ausprobieren erhält man mithilfe der kumulierten Normalverteilung und des WTR:

frv.tv/di

$$c = 2,2 \quad P(47,8 \leqslant X \leqslant 52,2) \approx 0,858$$
$$c = 2,1 \quad P(47,9 \leqslant X \leqslant 52,1) \approx 0,838$$

Somit beträgt die zulässige Toleranzgröße $c = 2,2\,\text{mm}$.

Wahlteil Abitur 2021*

Tipps ab Seite 210, Lösungen ab Seite 8 ☐

Mathematik Wahlteil 2021 Analysis A1

Aufgabe A 1.1

Das Gelände eines Abenteuerspielplatzes besteht aus einer Hochfläche, an die sich ein Hang mit einer Senke anschließt. Die Profillinie des Geländes wird für $-3 \leqslant x \leqslant 0$ durch die Gerade mit der Gleichung $y = 5$ und für $0 \leqslant x \leqslant 11$ durch den Graphen der Funktion f mit $f(x) = 0,0008x^4 - 0,12x^2 + 5$ beschrieben.

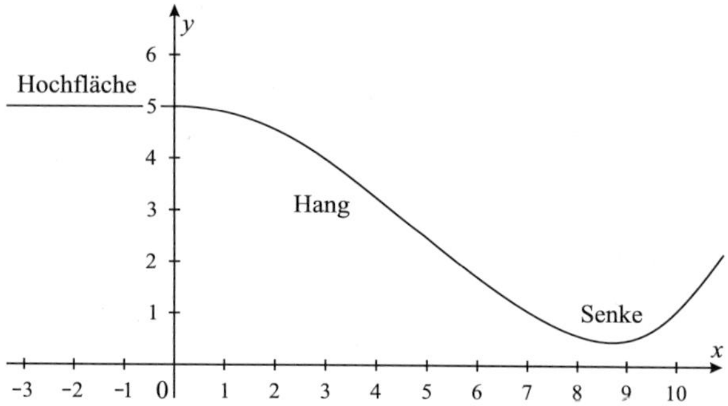

Die Abbildung zeigt diese Profillinie (1 LE entspricht 1 m.)

a) Berechnen Sie die Koordinaten des tiefsten Punkts der Profillinie. (2 VP)
Weisen Sie rechnerisch nach, dass der Hang zwischen Hochfläche und Senke an der Stelle $x = 5$ am steilsten abfällt und dort ein Gefälle von 80 % hat. (2 VP)
Zeigen Sie, dass die Profillinie beim Übergang von der Hochfläche zum Hang knickfrei ist. (1 VP)
(Teilergebnis: Der tiefste Punkt hat die y-Koordinate $0,5$.)

b) Zwischen zwei Befestigungspunkten, die im Modell durch $P(5 \mid f(5))$ und $Q(10 \mid f(10))$ dargestellt werden, wird ein Seil straff gespannt.
Berechnen Sie die Länge des Seils. (1,5 VP)
Beschreiben Sie ein Verfahren, mit dem man die maximale vertikale Höhe des Seils über dem Gelände berechnen kann. (2 VP)

c) Auf der Hochfläche, einen Meter vom Übergang zum Hang entfernt, steht ein vertikaler Lichtmast, von dem aus das gesamte Gelände ausgeleuchtet werden kann.
Berechnen Sie die Mindestlänge dieses Lichtmasts. (2,5 VP)

*Die Aufgaben wurden an die Vorgaben des Abiturs 2023 angepasst

d) Bei einem Umbau soll die Senke auf 5 m Länge so mit Sand aufgefüllt werden, dass eine horizontale rechteckige Fläche entsteht, die 0,5 m oberhalb des tiefsten Punkts der Senke liegt.

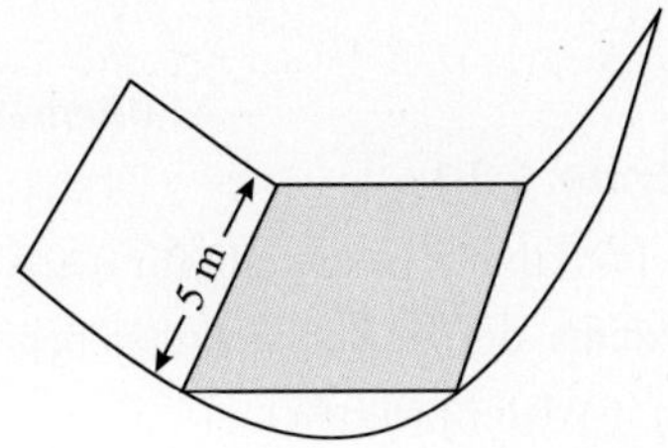

Berechnen Sie das Volumen des dafür benötigten Sandes. (3,5 VP)

Aufgabe A 1.2

Abgebildet sind die Graphen G_u und G_v zweier Funktionen u und v.
Die Funktion f ist gegeben durch $f(x) = v(u(x))$.
Bestimmen Sie $f(-1)$. (1 VP)

Ermitteln Sie die Anzahl der Nullstellen von f im abgebildeten Bereich. (1,5 VP)

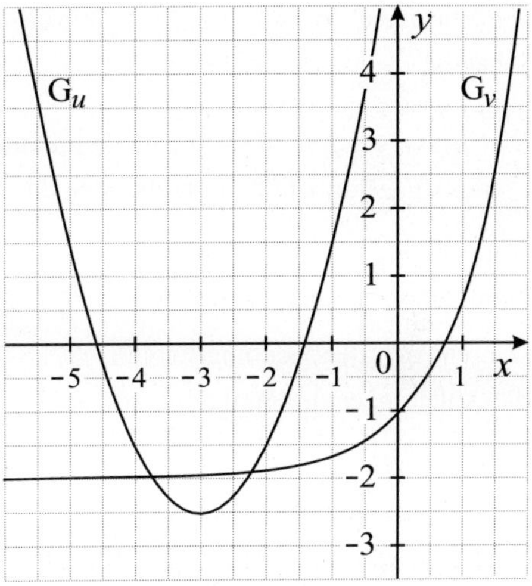

Aufgabe A 1.3

Die Funktion w ist auf $\mathbb{R}$ definiert und zweimal differenzierbar.
Für die Funktion g gilt: $g(x) = e^{w(x)} - 2$.
Zeigen Sie: Wenn x_0 eine Wendestelle von w und von g ist, dann hat der Graph von w bei x_0 eine waagrechte Tangente. (3 VP)

Tipps ab Seite 211, Lösungen ab Seite 223 ☐

Mathematik Wahlteil 2021 Analysis A2

Aufgabe A 2.1

Die Funktion f beschreibt für $0 \leqslant t \leqslant 8$ modellhaft die Wachstumsgeschwindigkeit eines Apfelbaums, der zu Beobachtungsbeginn $0,8\,\text{m}$ hoch ist (t in Jahren nach Beobachtungsbeginn, $f(t)$ in Meter pro Jahr).

a) Die Abbildung in der Anlage zeigt den Graphen G_f von f.
Bestimmen Sie die Länge des Zeitraums, in dem die Wachstumsgeschwindigkeit des Apfelbaums größer als $0,5$ Meter pro Jahr ist. (1 VP)
Bestimmen Sie die Höhe des Apfelbaums zwei Jahre nach Beobachtungsbeginn. (2 VP)

Die Wachstumsgeschwindigkeit eines Birnbaums, der zu Beobachtungsbeginn $1,2\,\text{m}$ hoch ist, wird für $0 \leqslant t \leqslant 8$ modellhaft beschrieben durch die Funktion g mit

$$g(t) = t^2 \cdot e^{-t}$$

(t in Jahren nach Beobachtungsbeginn, $g(t)$ in Meter pro Jahr).
Für die Ableitungen der Funktion g gilt:

$$g'(t) = 2t \cdot e^{-t} - t^2 \cdot e^{-t}\ , \quad g''(t) = 2e^{-t} - 4t \cdot e^{-t} + t^2 \cdot e^{-t}$$

b) Berechnen Sie den Zeitpunkt, zu dem die Wachstumsgeschwindigkeit des Birnbaums am größten ist, und geben Sie diese Wachstumsgeschwindigkeit an. (2 VP)
Begründen Sie, dass der Birnbaum ab diesem Zeitpunkt weiterhin wächst, die Wachstumsgeschwindigkeit jedoch ständig abnimmt. (2 VP)
Formulieren Sie eine Frage im Sachzusammenhang, die auf die Gleichung $\int_x^{x+5} g(t)\,\mathrm{d}t = 0,5$ führt. (1,5 VP)

c) Zeigen Sie, dass für $0 \leqslant t \leqslant 8$ die Funktion h mit

$$h(t) = \left(-t^2 - 2t - 2\right) \cdot e^{-t} + 3,2$$

die Höhe des Birnbaums beschreibt (t in Jahren nach Beobachtungsbeginn, $h(t)$ in Meter). (2 VP)

d) Durch die Zugabe eines Düngers wird das Wachstum von Birnbäumen beeinflusst. Die Höhe eines gedüngten Birnbaums wird durch die Funktion k beschrieben mit

$$k(t) = -2,3e^{-t} + 3,5$$

($t \geqslant 0$ in Jahren nach Beobachtungsbeginn, $k(t)$ in Meter).
Die Höhe eines ungedüngten Birnbaums wird weiterhin durch die Funktion h beschrieben. Beide Birnbäume haben zu Beobachtungsbeginn dieselbe Höhe.
Berechnen Sie den Zeitpunkt, bis zu dem die Wachstumsgeschwindigkeit des gedüngten Birnbaums größer ist als die des ungedüngten Birnbaums. (2 VP)
Untersuchen Sie rechnerisch, welcher der beiden Bäume zuerst eine Höhe von $3,1\,\text{m}$ erreicht. (1,5 VP)

Aufgabe A 2.2

Für jedes $t > 0$ ist eine Funktion f_t gegeben durch $f_t(x) = -4x^3 + 12tx^2$.

a) Bestimmen Sie die Nullstellen von f_t. (1 VP)
Der Graph von f_t schließt mit der x-Achse eine Fläche mit dem Inhalt A_t ein.
Ermitteln Sie denjenigen Wert von t, für den $A_t = \frac{16}{3}$ gilt. (2,5 VP)

b) Für $t = \frac{2}{3}$ gibt es Tangenten an den Graphen von f_t, die den Punkt $S(3 \mid 0)$ enthalten. Berechnen Sie die x-Koordinaten der zugehörigen Berührpunkte. (2,5 VP)

Abbildung zu Aufgabe A 2.1

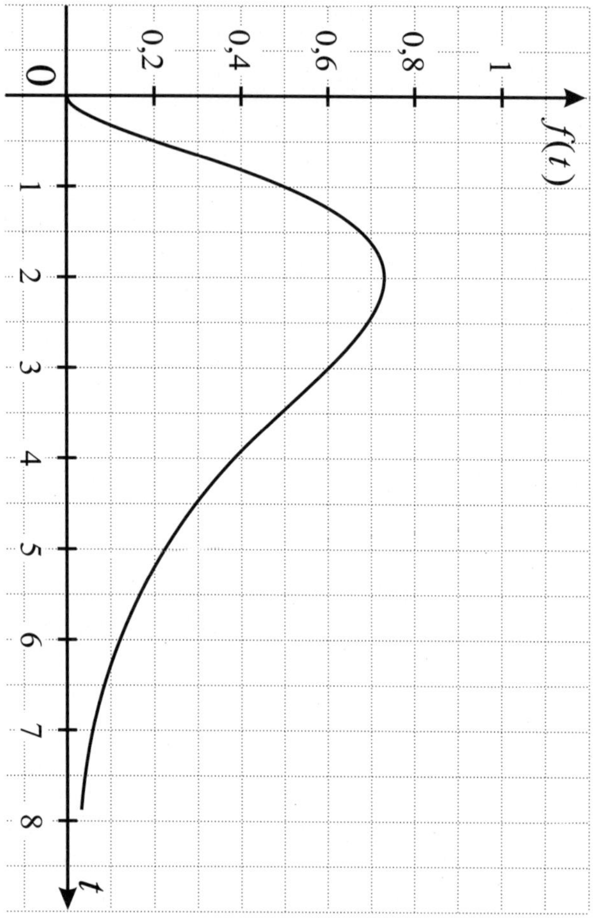

Tipps ab Seite 212, Lösungen ab Seite 228 □

Mathematik Wahlteil 2021 Analytische Geometrie B1

Gegeben ist eine gerade Pyramide mit quadratischer Grundfläche. Die Eckpunkte der Grundfläche sind $A(-3 \mid -3 \mid 0)$, $B(3 \mid -3 \mid 0)$, $C(3 \mid 3 \mid 0)$ und D, die Spitze ist $S(0 \mid 0 \mid 6)$.
Die Ebene E enthält die Punkte A, B und S.

a) Stellen Sie die Pyramide in einem geeigneten Koordinatensystem dar. (1 VP)

Bestimmen Sie eine Koordinatengleichung der Ebene E. (2 VP)

Berechnen Sie den Oberflächeninhalt der Pyramide. (2 VP)
(Teilergebnis: $E\colon\ 2x_2 - x_3 = -6$)

b) Innerhalb der Pyramide gibt es einen Punkt, dessen Abstand von der Grundfläche der Pyramide $\sqrt{5}$-mal so groß ist wie sein Abstand zu den Seitenflächen.

Berechnen Sie die Koordinaten dieses Punktes. (2,5 VP)

c) Betrachtet wird für jedes $a > 0$ die gerade Pyramide mit den folgenden Eigenschaften:

- $A(-a \mid -a \mid 0)$, $B(a \mid -a \mid 0)$, $C(a \mid a \mid 0)$ und D sind die Eckpunkte der quadratischen Grundfläche.
- Die x_3-Koordinate der Spitze S ist positiv.
- Die Höhe der Pyramide stimmt mit der Kantenlänge der Grundfläche überein.

M_1 ist die Kantenmitte von AB, M_2 die Kantenmitte von DS.

Berechnen Sie denjenigen Wert von a, für den die Strecke M_1M_2 eine Länge von 7 LE hat.

(2 VP)

d) Gegeben sind für $k \in \mathbb{R}$ die Ebenenschar E_k mit $E_k\colon\ 4x_2 - kx_3 + 12 = 0$ sowie die Geradenschar g_k durch $g_k\colon\ \vec{x} = \begin{pmatrix} 4 \\ 0 \\ 0 \end{pmatrix} + t \cdot \begin{pmatrix} 1 \\ 1 \\ k \end{pmatrix}$; $t \in \mathbb{R}$.

Zeigen Sie, dass die Ebene E eine Ebene der Ebenenschar E_k ist.
Geben Sie die besondere Lage von E_k im Koordinatensystem an.
Bestimmen Sie diejenigen Werte von k, für die E_k und g_k einen gemeinsamen Punkt haben.

(3 VP)

Tipps ab Seite 214, Lösungen ab Seite 233 ☐

Mathematik Wahlteil 2021 Analytische Geometrie B2

Eine Firma stellt Gewächshäuser her. Die Ecken der Grundfläche dieser Gewächshäuser können modellhaft durch die Punkte $A(8 \mid 0 \mid 0)$, $B(8 \mid 7 \mid 0)$, $C(0 \mid 7 \mid 0)$ und $D(0 \mid 0 \mid 0)$ beschrieben werden. In diesen Ecken stehen senkrecht zur Grundfläche Pfosten, die das Dach des Gewächshauses tragen (alle Koordinatenangaben in Meter).

a) Bei einem dieser Gewächshäuser können die Ecken der Dachfläche durch die Punkte $E(8 \mid 0 \mid 4)$, $F(8 \mid 7 \mid 5)$, $G(0 \mid 7 \mid 5)$ und $H(0 \mid 0 \mid 4)$ beschrieben werden.

Stellen Sie dieses Gewächshaus in einem geeigneten Koordinatensystem dar. (1 VP)

Berechnen Sie den Rauminhalt dieses Gewächshauses. (1,5 VP)

Ermitteln Sie eine Koordinatengleichung der Ebene, die die Lage der Dachfläche beschreibt. (2 VP)

b) Eine Stromleitung l geht durch den Punkt $P(10 \mid 10 \mid 9)$ und ist parallel zur x_1-Achse.
Berechnen Sie den Abstand der Dachkante FG zur Stromleitung. (2,5 VP)

c) Die Firma bietet die Gewächshäuser mit unterschiedlichen Neigungen der Dachfläche an. Die Lage jeder dieser Dachflächen kann durch eine Ebene beschrieben werden, die zur Schar $E_a: ax_2 - 7x_3 = 7a - 35$ mit $a \geqslant 0$ gehört.

Berechnen Sie den Wert von a, für den die Neigung der Dachfläche $30°$ beträgt. (2 VP)

Es gibt eine Gerade g, die in allen Ebenen der Schar liegt.
Bestimmen Sie eine Gleichung dieser Geraden g. (1,5 VP)

Untersuchen Sie, für welche Werte von a im gesamten Gewächshaus eine Mindesthöhe von 2 m gegeben ist. (2 VP)

Tipps ab Seite 215, Lösungen ab Seite 238 □

Mathematik Wahlteil 2021 Stochastik C1

Ein Unternehmen füllt Honig in Gläser mit der Aufschrift 250 g ab. Die Füllmenge X eines Glases wird als normalverteilt angenommen mit dem Erwartungswert $\mu = 252$ und der Standardabweichung $\sigma = 2$ (alle Angaben in g).

a) Ein Glas wird zufällig ausgewählt. Bestimmen Sie die Wahrscheinlichkeit dafür, dass weniger als 250 g in diesem Glas sind. (0,5 VP)

Ermitteln Sie die Wahrscheinlichkeit dafür, dass die Füllmenge dieses Glases um höchstens 2% von 250 g abweicht. (1,5 VP)

b) Gesucht ist ein Wert $a \neq 245$ mit $P(a \leqslant X \leqslant a+5) = P(245 \leqslant X \leqslant 250)$. Begründen Sie, dass es solch einen Wert von a gibt, und geben Sie diesen Wert an. (1,5 VP)

c) Bei einer neuen Abfüllanlage beträgt die Standardabweichung der Füllmenge 1 g. Bei ihr kann man durch einen Regler den Erwartungswert der Füllmenge mit einer Genauigkeit von $0,1$ g einstellen. Die Wahrscheinlichkeit dafür, dass ein zufällig ausgewähltes Glas weniger als 250 g enthält, soll höchstens 15% betragen. Ermitteln Sie, auf welchen Wert der Erwartungswert der Füllmenge mindestens eingestellt werden muss. (1,5 VP)

Bei einer Sonderaktion wird jedes fünfte Glas auf der Deckelinnenseite mit einem von außen nicht sichtbaren Gutschein versehen.

d) Lena kauft während der Sonderaktion sechs Gläser und stellt sie in einer Reihe auf.
Bestimmen Sie die Wahrscheinlichkeiten der folgenden Ereignisse:
A: «Genau drei dieser Gläser enthalten jeweils einen Gutschein.» (0,5 VP)
B: «Die beiden ersten Gläser enthalten jeweils einen Gutschein.» (1 VP)
C: «In genau zwei Gläsern befindet sich jeweils ein Gutschein, und diese Gläser stehen nicht unmittelbar nebeneinander.» (1,5 VP)

e) Die Gläser werden in Kartons abgepackt und an Lebensmittelgeschäfte ausgeliefert. Jeder Karton enthält 30 Gläser. Ein Kunde nimmt drei Gläser aus dem Karton und hofft, mit einer Wahrscheinlichkeit von mindestens 50% mindestens einen Gutschein zu erhalten.

Ermitteln Sie die Anzahl der Gläser mit Gutschein, die sich dafür mindestens in dem Karton befinden müssten. (2 VP)

f) Beim Abfüllen der Honiggläser treten Fehler am häufigsten in Form eines defekten Etiketts oder in Form eines defekten Deckels auf. Für ein zufällig ausgewähltes Honigglas beträgt die Wahrscheinlichkeit dafür, dass

- das Etikett defekt ist, $3,5\,\%$
- das Etikett und der Deckel defekt sind, $1,5\,\%$
- weder das Etikett noch der Deckel defekt ist, $95,5\,\%$.

Stellen Sie den Sachverhalt in einer vollständig ausgefüllten Vierfeldertafel dar.
Berechnen Sie die Wahrscheinlichkeit dafür, dass ein Honigglas mit einem defekten Deckel ein nicht-defektes Etikett hat.
Untersuchen Sie, ob die beiden betrachteten Defekte unabhängig voneinander auftreten. (2,5 VP)

Tipps ab Seite 216, Lösungen ab Seite 241 ☐

Mathematik Wahlteil 2021 Stochastik C2

Aufgabe C 2.1

Bei einem Glücksrad gibt es drei farbige Sektoren. Beim einmaligen Drehen beträgt die Wahrscheinlichkeit für rot 60%, für blau 30% und für grün 10%.

a) Das Glücksrad wird 20-mal gedreht. Bestimmen Sie für folgende Ereignisse jeweils die Wahrscheinlichkeit:
A: «Genau 15-mal erscheint rot.» (0,5 VP)
B: «Bei den ersten zehn Drehungen erscheint genau zweimal blau, insgesamt erscheint höchstens fünfmal blau.» (2 VP)

b) Bei einem Glücksspiel darf man für einen Einsatz von 6 € das Glücksrad zweimal drehen. Wenn dabei genau einmal rot erscheint, dann erhält man einen bestimmten Auszahlungsbetrag. Wenn zweimal rot erscheint, dann erhält man das Siebenfache dieses Auszahlungsbetrags. Andernfalls erfolgt keine Auszahlung. Das Spiel ist fair. Bestimmen Sie den Auszahlungsbetrag für den Fall, dass genau einmal rot erscheint. (2,5 VP)

c) Jemand vermutet, dass die Wahrscheinlichkeit für rot in Wirklichkeit geringer als 60% ist. Deshalb soll ein Hypothesentest durchgeführt werden. Dabei soll möglichst vermieden werden, dass irrtümlich von einer zu hohen Wahrscheinlichkeit für rot ausgegangen wird. Formulieren Sie eine Nullhypothese, die dieser Zielsetzung entspricht, und begründen Sie Ihre Wahl. (1,5 VP)

d) Betrachtet werden zwei Ereignisse A und B eines Zufallsexperiments, deren Wahrscheinlichkeiten jeweils ungleich Null sind.
Beweisen Sie folgende Aussage:
Wenn $P(A)\cdot P\left(\overline{B}\right) = P\left(A\cap\overline{B}\right)$ ist, dann ist auch $P(A)\cdot P(B) = P(A\cap B)$. (2,5 VP)

Aufgabe C 2.2

Bei einem Spielautomaten wird vermutet, dass die Gewinnwahrscheinlichkeit p größer als 10% ist. Die Vermutung wird mithilfe eines Hypothesentests mit dem Stichprobenumfang von $n = 200$ und einem Signifikanzniveau von 5% getestet.
Als Nullhypothese wird $H_0:\ p \geqslant 0{,}1$ gewählt.

Formulieren Sie die Entscheidungsregel. (2,5 VP)

Tatsächlich gilt $p = 0{,}08$.
Bestimmen Sie die Wahrscheinlichkeit für den Fehler zweiter Art. (1 VP)

Tipps Abitur 2021

Analysis Aufgabe A 1

Aufgabe A 1.1

a) Die Koordinaten des tiefsten Punkts erhalten Sie mithilfe der 1. und 2. Ableitung von f, die Sie mit der Potenzregel bestimmen. Als notwendige Bedingung lösen Sie die Gleichung $f'(x) = 0$ nach x auf. Verwenden Sie den Satz vom Nullprodukt. Beachten Sie, dass $x > 0$ sein muss. Setzen Sie den erhaltenen x-Wert in $f''(x)$ ein. Falls $f''(x) > 0$, handelt es sich um einen Tiefpunkt. Den zugehörigen y-Wert erhalten Sie, indem Sie den x-Wert in $f(x)$ einsetzen. Um nachzuweisen, dass der Hang zwischen Hochfläche und Senke an der Stelle $x = 5$ am steilsten abfällt, berechnen Sie die Wendestelle von f mithilfe der 2. und 3. Ableitung. Als notwendige Bedingung lösen Sie die Gleichung $f''(x) = 0$ nach x auf. Beachten Sie, dass $x > 0$ sein muss. Setzen Sie den erhaltenen x-Wert in $f'''(x)$ ein. Falls $f'''(x) \neq 0$, handelt es sich um eine Wendestelle. Das zugehörige Gefälle (Steigung m) erhalten Sie, indem Sie $x = 5$ in $f'(x)$ einsetzen. Um zu zeigen, dass die Profillinie beim Übergang von der Hochfläche zum Hang knickfrei ist, setzen Sie $x = 0$ in $f(x)$ und $f'(x)$ ein. Falls der Funktionswert und die Steigung von f und der Geraden $y = 5$ an der Stelle $x = 0$ übereinstimmen, ist die Profillinie beim Übergang von der Hochfläche zum Hang knickfrei.

b) Die Koordinaten von P und Q erhalten Sie, indem Sie $x = 5$ bzw. $x = 10$ in $f(x)$ einsetzen. Die Länge der Strecke PQ erhalten Sie mit der Abstandsformel bzw. dem Satz des Pythagoras. Als Verfahren stellen Sie eine Funktion g durch P und Q auf und bestimmen eine «Höhenfunktion», welche die Höhenunterschiede zwischen g und f angibt.

c) Bestimmen Sie die Koordinaten des Fußpunkts L des Lichtmasts. Skizzieren Sie die Problemstellung. Stellen Sie die Gleichung der Tangente t im Wendepunkt P auf, dessen Koordinaten und Steigung in Aufgabenteil a) bereits berechnet wurden. Setzen Sie die Koordinaten von P und m in die Tangentengleichung $y = f'(u) \cdot (x - u) + f(u)$ ein. Alternativ kann man die Koordinaten von P und m auch in den Ansatz $y = mx + c$ einsetzen. Die Mindestlänge des Lichtmasts erhalten Sie, indem Sie zuerst den x-Wert des Fußpunkts des Lichtmasts in die Tangentengleichung einsetzen. Anschließend muss man noch den y-Wert von L vom erhaltenen Wert subtrahieren.

d) Das Volumen V erhalten Sie mit der Formel $V = Q \cdot l$. Die Querschnittsfläche Q erhalten Sie mithilfe eines Integrals. Dazu bestimmen Sie zuerst die Schnittstellen der Geraden $y = 1$ (Höhe des Sandes über der Senke) mit dem Graphen von f, indem Sie die Gleichung $f(x) = 1$ nach x auflösen. Substituieren Sie $x^2 = z$ und bestimmen Sie die Lösungen der erhaltenen Gleichung mithilfe der *abc*-Formel. Durch Resubstitution erhalten Sie die zugehörigen x-Werte. Beachten Sie, dass $x > 0$ sein muss. Berücksichtigen Sie, dass die Gerade

$y = 1$ oberhalb des Graphen von f verläuft. Verwenden Sie zur Bestimmung von Q den Hauptsatz der Differential- und Integralrechnung: $\int_a^b f(x)\mathrm{d}x = \left[\mathrm{F}(x)\right]_a^b = \mathrm{F}(b) - \mathrm{F}(a)$, wobei F eine Stammfunktion von f ist.

Aufgabe A 1.2

Um $f(-1) = v(u(-1))$ zu bestimmen, ermitteln Sie anhand der gegebenen Abbildung $u(-1)$ und anschließend $v(u(-1))$. Beachten Sie, dass für die Nullstellen von f gilt: $f(x) = 0$ und damit $v(u(x)) = 0$. Bestimmen Sie anhand der gegebenen Abbildung näherungsweise die Nullstelle x_0 von v. Anschließend überlegen Sie, wie viele Lösungen die Gleichung $u(x) = x_0$ haben muss.

Aufgabe A 1.3

Um zu zeigen, dass der Graph von w bei x_0 eine waagrechte Tangente hat, wenn x_0 eine Wendestelle von w und von g ist, muss $w'(x_0) = 0$ nachgewiesen werden. Bestimmen Sie hierzu zuerst die 1. und 2. Ableitung von g mit der Produkt- und Kettenregel. Setzen Sie x_0 in $g''(x)$ ein. Verwenden Sie $w''(x_0) = 0$ und $g''(x_0) = 0$, da x_0 eine Wendestelle von w und g ist. Stellen Sie eine Gleichung auf und lösen Sie diese nach $w'(x_0)$ auf. Falls $w'(x_0) = 0$ gilt, hat w bei x_0 eine waagrechte Tangente.

Analysis Aufgabe A 2

Aufgabe A 2.1

a) Schneiden Sie die Gerade mit der Gleichung $y = 0,5$ mit G_f und bestimmen Sie anhand der gegeben Abbildung die Schnittstellen t_1 und t_2. Den gesuchten Zeitraum erhalten Sie durch $t_2 - t_1$. Die Höhe H des Apfelbaums zwei Jahre nach Beobachtungsbeginn erhalten Sie mithilfe eines Integrals unter Berücksichtigung der Anfangshöhe von $0,8\,\text{m}$. Beachten Sie, dass das Integral dem Flächeninhalt der Fläche zwischen G_f und der t-Achse über dem Intervall $[0;2]$ entspricht. Anhand der gegeben Abbildung erhalten Sie den Flächeninhalt durch Kästchenzählen. Beachten Sie, dass einem Kästchen eine Fläche von $0,05$ entspricht.

b) Den Zeitpunkt, zu dem die Wachstumsgeschwindigkeit $g(t)$ des Birnbaums am größten ist, erhalten Sie mithilfe der 1. und 2. Ableitung von g, die gegeben sind. Als notwendige Bedingung lösen Sie die Gleichung $g'(t) = 0$ nach t auf. Beachten Sie, dass $e^{-t} \neq 0$ ist und verwenden Sie den Satz vom Nullprodukt. Setzen Sie die erhaltenen t-Werte in $g''(t)$ ein. Falls $g''(t) < 0$ handelt es sich um ein lokales Maximum. Die zugehörige Wachstumsgeschwindigkeit erhalten Sie, indem Sie den t-Wert in $g(t)$ einsetzen. Um zu prüfen, ob es sich um ein absolutes Maximum handelt, betrachten Sie die Randwerte $g(0)$ und $g(8)$. Um zu begründen, dass der Birnbaum ab diesem Zeitpunkt weiterhin wächst, weisen Sie nach, dass $g(t) > 0$ ist. Um zu begründen, dass die Wachstumsgeschwindigkeit ständig abnimmt, weisen Sie nach, dass $g'(t) < 0$ ist. Beachten Sie, dass durch das Integral $\int_a^b g(t)\mathrm{d}t$ die Höhenzunahme im Intervall $[a; b]$ berechnet wird.

c) Setzen Sie zuerst $t = 0$ in $h(t)$ ein und bestimmen Sie die Anfangshöhe des Birnbaums. Anschließend bestimmen Sie die 1. Ableitung von h, welche die Wachstumsgeschwindigkeit angibt, mithilfe der Produkt- und Kettenregel. Falls $h(0) = 1{,}2$ und $h'(t) = g(t)$ gilt, beschreibt die Funktion h die Höhe des Birnbaums.

d) Um den Zeitpunkt zu bestimmen, bis zu dem die Wachstumsgeschwindigkeit des gedüngten Birnbaums größer ist als die des ungedüngten Birnbaums, lösen Sie die Ungleichung $k'(t) > h'(t)$ nach t auf. Die 1. Ableitung von $k(t)$ erhalten Sie mit der Kettenregel. Beachten Sie, dass $e^{-t} > 0$ ist und wegen $t \geqslant 0$ nur ein Zeitpunkt in Frage kommt. Um zu untersuchen, welcher der beiden Bäume zuerst eine Höhe von $3{,}1\,\mathrm{m}$ erreicht, berechnen Sie zuerst den Zeitpunkt, zu dem der gedüngte Baum diese Höhe erreicht. Dazu lösen Sie die Gleichung $k(t) = 3{,}1$ durch Logarithmieren nach t auf. Setzen Sie diesen t-Wert in $h(t)$ ein, um die Höhe des ungedüngten Birnbaums zu diesem Zeitpunkt zu bestimmen.

Aufgabe A 2.2

a) Die Nullstellen von f_t erhalten Sie, indem Sie die Gleichung $f_t(x) = 0$ nach x auflösen. Verwenden Sie den Satz vom Nullprodukt. Den Inhalt A_t der Fläche, die der Graph von f_t mit der x-Achse einschließt, erhalten Sie mithilfe eines Integrals unter Verwendung des Hauptsatzes der Differential- und Integralrechnung: $\int_a^b f(x)\mathrm{d}x = \Big[\mathrm{F}(x)\Big]_a^b = \mathrm{F}(b) - \mathrm{F}(a)$, wobei F eine Stammfunktion von f ist. Lösen Sie anschließend die Gleichung $\mathrm{A}_t = \frac{16}{3}$ durch Wurzelziehen nach t auf. Beachten Sie, dass $t > 0$ ist.

b) Setzen Sie $t = \frac{2}{3}$ in $f_t(x)$ ein. Um die Tangente in einem Berührpunkt $\mathrm{B}\left(u \mid f_{\frac{2}{3}}(u)\right)$ zu bestimmen, benötigen Sie die 1. Ableitung von $f_{\frac{2}{3}}(x)$. Setzen Sie $x = u$ in $f_{\frac{2}{3}}(x)$ und in $f_{\frac{2}{3}}{}'(x)$ ein, um den y-Wert und die Steigung in B zu ermitteln. Setzen Sie die Koordinaten von B und $f_{\frac{2}{3}}{}'(u)$ in die Tangentengleichung $y = f'(u) \cdot (x - u) + f(u)$ ein, um die Tangentengleichung in Abhängigkeit von u zu bestimmen. Setzen Sie die Koordinaten von S in die Tangentengleichung ein und lösen Sie die entstandene Gleichung nach u auf. Verwenden Sie den Satz vom Nullprodukt und die *abc*-Formel zur Lösung der quadratischen Gleichung.

Analytische Geometrie Aufgabe B1

a) Anhand der gegebenen Punkte können Sie die quadratische Pyramide in einem Koordinatensystem darstellen. Verwenden Sie für die Parametergleichung der Ebene E, in der die Punkte A, B, und S liegen, beispielsweise den Stützpunkt A und die Spannvektoren $\overrightarrow{\mathrm{AB}}$ und $\overrightarrow{\mathrm{AS}}$. Einen Normalenvektor $\vec{n}$ von E erhalten Sie mithilfe des Vektorprodukts (siehe

Seite 49) der verkürzten Spannvektoren. Alternativ können Sie $\vec{n}$ auch mithilfe des Skalarprodukts bestimmen, da $\vec{n}$ sowohl auf $\overrightarrow{AB}$ als auch auf $\overrightarrow{AS}$ senkrecht steht. Eine Koordinatengleichung von E erhalten Sie mithilfe der Punkt-Normalenform: $(\vec{x}-\vec{a})\cdot\vec{n}=0$. Alternativ können Sie auch die Koordinaten des Punktes A in den Ansatz $ax_1+bx_2+cx_3=d$ einsetzen, wobei $\vec{n}=\begin{pmatrix} a \\ b \\ c \end{pmatrix}$ ist. Den Oberflächeninhalt O der Pyramide erhalten Sie, indem Sie den Flächeninhalt G der Grundfläche zum 4-fachen des Flächeninhalts A einer Seitenwand addieren: $\mathrm{O}=\mathrm{G}+4\cdot\mathrm{A}$. Bestimmen Sie die Länge a einer Seite des Quadrats ABCD. Den Flächeninhalt der Grundfläche G erhalten Sie durch $\mathrm{G}=a^2$. Den Flächeninhalt der vorderen Seitenwand erhalten Sie, indem Sie den Flächeninhalt A des gleichschenkligen Dreiecks BCS mit der Formel $\mathrm{A}=\frac{1}{2}\cdot g\cdot h$ berechnen. Dazu bestimmen Sie zuerst die Koordinaten des Mittelpunkts M der Seite BC mit der Mittelpunktsformel $\mathrm{M}\left(\frac{b_1+c_1}{2}\mid\frac{b_2+c_2}{2}\mid\frac{b_3+c_3}{2}\right)$. Die Länge der Grundseite $g=\overline{\mathrm{BC}}$ ist die Seitenlänge des Quadrats. Die zugehörige Höhe $h=\overline{\mathrm{MS}}$ erhalten Sie, indem Sie den Betrag des Vektors $\overrightarrow{\mathrm{MS}}$ bestimmen.

b) Beachten Sie, dass ein Punkt P innerhalb der Pyramide, dessen Abstand von der Grundfläche der Pyramide $\sqrt{5}$-mal so groß ist wie sein Abstand zu den Seitenflächen, auf der Geraden g durch den Mittelpunkt M der Grundfläche und der Spitze S liegt. Verwenden Sie damit als Ansatz die Koordinaten $\mathrm{P}_t(0\mid 0\mid t)$ mit $0<t<6$. Bestimmen Sie den Abstand d_1 von P zur Grundfläche. Den Abstand d_2 von P zu einer Seitenfläche erhalten Sie, indem Sie den Abstand von P zur Ebene E mit der Abstandsformel $\mathrm{d}=\left|\frac{ap_1+bp_2+cp_3-d}{\sqrt{a^2+b^2+c^2}}\right|$ bestimmen. Stellen Sie anschließend eine Gleichung auf und lösen Sie diese durch Fallunterscheidung nach t auf. Setzen Sie den erhaltenen t-Wert in P_t ein, um die Koordinaten des gesuchten Punktes P zu erhalten.

c) Bestimmen Sie die Koordinaten des Mittelpunkts M_1 von AB mit der Mittelpunktsformel. Bestimmen Sie die Kantenlänge der Pyramide und damit die Koordinaten der Spitze S. Bestimmen Sie die Koordinaten des Mittelpunkts M_2 von DS mit der Mittelpunktsformel. Um denjenigen Wert von a zu berechnen, für den die Strecke $\mathrm{M}_1\mathrm{M}_2$ eine Länge von 7 LE hat, berechnen Sie zuerst die Länge des Vektors $\overrightarrow{\mathrm{M}_1\mathrm{M}_2}=\begin{pmatrix} -\frac{a}{2} \\ \frac{3}{2}a \\ a \end{pmatrix}$ in Abhängigkeit von a. Anschließend lösen Sie die Gleichung $\left|\overrightarrow{\mathrm{M}_1\mathrm{M}_2}\right|=7$ nach a auf. Beachten Sie, dass $a>0$ ist.

d) Um zu zeigen, dass die Ebene E eine Ebene der Ebenenschar E_k ist, multipliziert man E mit 2 und führt einen Koeffizientenvergleich mit E_k durch. Bestimmen Sie das Skalarprodukt eines Normalenvektors $\vec{n}_k$ von E_k und des Richtungsvektors $\vec{u}_1 = \begin{pmatrix} 1 \\ 0 \\ 0 \end{pmatrix}$ der x_1-Achse.

Falls das Ergebnis Null ergibt, sind alle Ebenen von E_k parallel zur x_1-Achse. Um diejenigen Werte von k zu bestimmen, für die E_k und g_k einen gemeinsamen Punkt haben, überlegen Sie zuerst, wann E_k und g_k echt parallel sind. Dies ist der Fall, wenn das Skalarprodukt eines Normalenvektors $\vec{n}_k$ von E_k und des Richtungsvektors $\vec{u}_k = \begin{pmatrix} 1 \\ 1 \\ k \end{pmatrix}$ von g_k Null ergibt. Lösen Sie die zugehörige Gleichung nach k auf und setzen Sie die Koordinaten des Stützpunkts P von g_k in die Gleichung von E_k ein. Bei einer falschen Aussage liegt P nicht auf E_k und E_k und g_k sind echt parallel.

Analytische Geometrie Aufgabe B2

a) Zur Darstellung des Gewächshauses verwenden Sie die angegebenen Eckpunkte. Den Rauminhalt V des Gewächshauses erhalten Sie durch die Formel $V = Q \cdot l$, da es sich um ein Prisma mit Grundfläche Q und Länge l handelt. Die Grundfläche Q des Prismas, welche das Trapez ABFE ist, erhalten Sie mit der Formel $Q = \frac{a+c}{2} \cdot h$. Bestimmen Sie dazu die parallelen Seiten $a = \overline{BF}$ und $c = \overline{AE}$ sowie die Höhe $h = \overline{AB}$. Bestimmen Sie die Länge $l = \overline{BC}$ des Prismas. Verwenden Sie für die Parametergleichung der Ebene K, in der die Punkte E, F und H liegen, beispielsweise den Stützpunkt E und die Spannvektoren $\overrightarrow{EF}$ und $\overrightarrow{EH}$. Einen Normalenvektor $\vec{n}$ von K erhalten Sie mithilfe des Vektorprodukts (siehe Seite 49) der (verkürzten) Spannvektoren. Alternativ können Sie $\vec{n}$ auch mithilfe des Skalarprodukts bestimmen, da $\vec{n}$ sowohl auf $\overrightarrow{EF}$ als auch auf $\overrightarrow{EH}$ senkrecht steht. Eine Koordinatengleichung von K erhalten Sie mithilfe der Punkt-Normalenform: $(\vec{x} - \vec{e}) \cdot \vec{n} = 0$. Alternativ können Sie auch die Koordinaten eines gegebenen Punktes in den Ansatz $ax_1 + bx_2 + cx_3 = d$ einsetzen und d bestimmen.

b) Bestimmen Sie die Gleichung der Stromleitung l und die Gleichung der Geraden h, auf der die Dachkante FG liegt. Beachten Sie, dass l und h parallel sind. Den Abstand der Dachkante FG zur Stromleitung erhalten Sie, indem Sie den Abstand von l und h bzw. den Abstand des Punktes F zur Geraden l berechnen. Dazu stellen Sie zuerst die Gleichung einer Hilfsebene E_H auf, die den Punkt F enthält und orthogonal zu l ist. Als Normalenvektor von E_H verwenden Sie den Richtungsvektor $\vec{u}_l$ von l. Eine Koordinatengleichung von E_H erhalten Sie mithilfe der Punkt-Normalenform: $\left(\vec{x} - \vec{f}\right) \cdot \vec{u}_l = 0$. Anschließend schneiden Sie E_H mit l. Dazu setzen Sie die Koordinaten eines allgemeinen Punktes L_t von l in die Gleichung von E_H ein und bestimmen t. Setzen Sie den erhaltenen t-Wert in L_t ein, um die Koordinaten des Schnittpunktes L von E_H und l zu erhalten. Den Abstand d von l und h bzw. von F zu l erhalten Sie, indem Sie den Abstand von F und L berechnen. Dazu bestimmen Sie die Länge des zugehörigen Verbindungsvektors.

c) Um den Wert von a zu berechnen, für den die Neigung der Dachfläche 30° beträgt, bestimmen Sie einen Term für den Winkel zwischen den Normalenvektoren $\vec{n}$ der x_1x_2-Ebene und $\vec{n}_a$ der Ebene E_a mit der Formel $\cos(\alpha) = \frac{|\vec{n}_1 \cdot \vec{n}_2|}{|\vec{n}_1| \cdot |\vec{n}_2|}$ für den Winkel zwischen zwei Ebenen. Setzen Sie $\alpha = 30^\circ$ in diesen Term ein und lösen Sie die entstandene Gleichung durch Quadrieren nach a auf. Beachten Sie, dass $a \geqslant 0$ ist. Da es laut Aufgabenstellung eine gemeinsame Gerade g aller Ebenen der Schar E_a gibt, genügt es, die Gleichung von g zu ermitteln. Die Gleichung der Geraden g, die in allen Ebenen der Schar liegt, erhalten Sie, indem Sie beispielsweise die Schnittgerade der Ebenen E_0 und E_1 bestimmen. Setzen Sie $a = 0$ bzw. $a = 1$ in E_a ein, um die zugehörigen Ebenengleichungen zu erhalten. Stellen Sie damit ein Gleichungssystem auf und lösen Sie dieses. Bestimmen Sie daraus die Gleichung der Schnittgeraden g. Um zu untersuchen, für welche Werte von a im gesamten Gewächshaus eine Mindesthöhe von 2 m gegeben ist, überlegen Sie sich, an welchen Stellen das Dach des Gewächshauses am niedrigsten ist. Dazu bestimmen Sie die Koordinaten eines Punktes H_a, der auf der x_3-Achse und in der Ebene E_a liegt, in Abhängigkeit von a. Dazu setzen Sie die Koordinaten von $H_a(0 \mid 0 \mid z)$ in die Gleichung von E_a ein und bestimmen z. Stellen Sie eine Ungleichung auf und lösen Sie diese nach a auf. Beachten Sie, dass $a \geqslant 0$ ist und setzen Sie zur Kontrolle auch $a = 0$ in H_a ein.

Stochastik Aufgabe C1

a) Die Wahrscheinlichkeit dafür, dass weniger als 250 g in dem Glas sind, erhalten Sie mithilfe der kumulierten Normalverteilung. Berechnen Sie 2% von 250 g. Die Wahrscheinlichkeit dafür, dass die Füllmenge des Glases um höchstens 2% von 250 g abweicht, erhalten Sie ebenfalls mithilfe der kumulierten Normalverteilung.

b) Um zu begründen, dass es solch einen Wert von a gibt, beachten Sie, dass die zugehörige Glockenkurve der Füllmenge X symmetrisch zum Erwartungswert $\mu = 252$ ist und der Wert von $P(245 \leqslant X \leqslant 250)$ dem Flächeninhalt A_1 unter der Glockenkurve über dem Intervall $[245; 250]$ entspricht. Überlegen Sie, wo sich eine gleich große Fläche A_2 befindet. Skizzieren Sie dazu den Sachverhalt und bestimmen Sie a.

c) Legen Sie Y als normalverteilte Zufallsgröße für die Füllmenge der neuen Anlage mit dem Erwartungswert μ (unbekannt) und der Standardabweichung $\sigma = 1$ fest. Stellen Sie eine Ungleichung auf und lösen Sie diese mithilfe der kumulierten Normalverteilung durch Ausprobieren.

d) Bestimmen Sie die Wahrscheinlichkeit p, dass ein Glas einen Gutschein enthält. Legen Sie X als binomialverteilte Zufallsvariable für die Anzahl der Gutscheine mit den Parametern n und p fest. Die Wahrscheinlichkeit des Ereignisses A erhalten Sie mithilfe der Binomialverteilung. Die Wahrscheinlichkeit für das Ereignis B erhalten Sie mithilfe der Pfadregeln. Bezeichnen Sie mit G: Glas enthält Gutschein. Die Wahrscheinlichkeit für das Ereignis C erhalten Sie ebenfalls mithilfe der Pfadregeln. Überlegen Sie, wie viele Anordnungen es gibt, bei denen nicht zwei Gläser mit Gutschein nebeneinander stehen.

e) Legen Sie x für die Anzahl der Gläser mit Gutschein im Karton mit 30 Gläsern fest. Legen Sie Z als Zufallsgröße für die Anzahl der Gläser mit Gutschein bei drei gezogenen Gläsern fest und stellen Sie eine Ungleichung auf. Lösen Sie diese mithilfe der Wahrscheinlichkeit des Gegenereignisses unter Berücksichtigung, dass es sich um «Ziehen ohne Zurücklegen» handelt. Verwenden Sie die Pfadregeln und ermitteln Sie das Ergebnis durch Ausprobieren mit dem Taschenrechner.

f) Bezeichnen Sie mit E: Das Etikett ist defekt und mit D: Der Deckel ist defekt und bestimmen Sie anhand der gegebenen Angaben $P(E)$, $P(E \cap D)$ und $P\left(\overline{E} \cap \overline{D}\right)$. Tragen Sie diese Werte in eine Vierfeldertafel ein und ergänzen Sie diese durch Differenzen- und Summenbildung. Die Wahrscheinlichkeit dafür, dass ein Honigglas mit einem defekten Deckel ein nicht-defektes Etikett besitzt, erhalten Sie mithilfe der bedingten Wahrscheinlichkeit: $P_D\left(\overline{E}\right) = \frac{P\left(D \cap \overline{E}\right)}{P(D)}$. Um zu untersuchen, ob die beiden betrachteten Defekte unabhängig voneinander auftreten, vergleichen Sie $P(E \cap D)$ mit $P(E) \cdot P(D)$. Falls $P(E \cap D) \neq P(E) \cdot P(D)$ sind die beiden Defekte nicht unabhängig voneinander.

Stochastik Aufgabe C2

Aufgabe C 2.1

a) Bezeichnen Sie mit r: rot wird gedreht, mit b: blau wird gedreht und mit g: grün wird gedreht, und bestimmen Sie die zugehörigen Wahrscheinlichkeiten bei einmaligem Drehen. Legen Sie X als binomialverteilte Zufallsgröße für die Anzahl der gedrehten roten Sektoren mit den Parametern n und p fest. Die Wahrscheinlichkeit für das Ereignis A erhalten Sie mithilfe der Binomialverteilung. Legen Sie Y als binomialverteilte Zufallsgröße für die Anzahl der gedrehten blauen Sektoren bei den ersten zehn Drehungen mit den Parametern n und p fest. Legen Sie Z als binomialverteilte Zufallsgröße für die Anzahl der gedrehten blauen Sektoren bei den zweiten zehn Drehungen mit den Parametern n und p fest. Die Wahrscheinlichkeit für das Ereignis B erhalten Sie mithilfe der Binomialverteilung, der kumulierten Binomialverteilung und der Pfadregeln.

b) Bezeichnen Sie mit r: rot wird gedreht und mit $\bar{r}$: rot wird nicht gedreht. Die Wahrscheinlichkeit, dass bei zweimaligem Drehen genau einmal rot erscheint, erhalten Sie mithilfe der Pfadregeln. Die Wahrscheinlichkeit, dass bei zweimaligem Drehen genau zweimal rot erscheint, erhalten Sie ebenfalls mithilfe der Pfadregeln. Legen Sie x als Auszahlungsbetrag fest, wenn genau einmal rot erscheint, und bestimmen Sie damit den Auszahlungsbetrag, wenn zweimal rot erscheint. Den Erwartungswert E für den Gewinn des Spielers erhalten Sie, indem Sie die Auszahlungsbeträge mit den entsprechenden Wahrscheinlichkeiten multiplizieren, die Ergebnisse addieren und den Einsatz subtrahieren. Beachten Sie, dass das Spiel fair sein soll, d.h. es muss gelten: $E = 0$. Stellen Sie damit eine Gleichung auf und lösen Sie diese nach x auf.

c) Beachten Sie, dass durch einen Hypothesentest die Wahrscheinlichkeit für das irrtümliche Ablehnen einer Nullhypothese H_0 eingeschränkt werden kann.

d) Um den Beweis zu führen, verwenden Sie die Wahrscheinlichkeit des Gegenereignisses und die Pfadregeln. Bestimmen Sie $P(A) \cdot P(B)$ durch Umformen und verwenden Sie $P(A) \cdot P\left(\overline{B}\right) = P\left(A \cap \overline{B}\right)$.

Aufgabe C 2.2

Legen Sie X als binomialverteilte Zufallsgröße für die Anzahl der gewonnenen Spiele mit den Parametern n und p fest. Bestimmen Sie zur gegebenen Nullhypothese $H_0: p \geqslant ...$ die zugehörige Alternativhypothese $H_1: p < ....$ Beachten Sie, dass es sich wegen $H_1: p < ...$ um einen linksseitigen Test mit Signifikanzniveau α^* handelt. Also bestimmen Sie durch Ausprobieren ein maximales $g \in \mathbb{N}$ und damit einen Ablehnungsbereich $\overline{A} = \{0, ..., g\}$ der Nullhypothese so, dass gilt: $P(X \in \overline{A}) \leqslant \alpha^*$ bzw. $P(X \leqslant g) \leqslant \alpha^*$. Überlegen Sie damit, wann die Nullhypothese verworfen wird. Für den tatsächlichen Fall legen Sie Y als binomialverteilte Zufallsgröße für die Anzahl der gewonnenen Spiele mit den Parametern p^* und n fest. Beachten Sie, dass bei einem Fehler zweiter Art H_0 nicht zutrifft und nicht abgelehnt wird. Bestimmen Sie mithilfe der kumulierten Binomialverteilung die Wahrscheinlichkeit β, dass Y nicht im berechneten Ablehnungsbereich $\overline{A}$ liegt, also $P(Y > g)$.

Lösungen Abitur 2021

Analysis Aufgabe A 1

Aufgabe A 1.1

Es ist $y = 5$ für $-3 \leqslant x \leqslant 0$ und $f(x) = 0,0008x^4 - 0,12x^2 + 5$ für $0 \leqslant x \leqslant 11$.

a) Die Koordinaten des tiefsten Punkts der Profillinie erhält man mithilfe der 1. und 2. Ableitung von f, die man mit der Potenzregel bestimmt:

$$f'(x) = 0,0032x^3 - 0,24x$$
$$f''(x) = 0,0096x^2 - 0,24$$

Als notwendige Bedingung löst man die Gleichung $f'(x) = 0$ nach x auf:

$$0,0032x^3 - 0,24x = 0$$
$$x \cdot \left(0,0032x^2 - 0,24\right) = 0$$

Mithilfe des Satzes vom Nullprodukt erhält man die Lösung $x_1 = 0$ und aus $0,0032x^2 - 0,24 = 0$ bzw. $x^2 = 75$ die Lösungen $x_2 = -\sqrt{75}$ und $x_3 = \sqrt{75}$.
Wegen $x > 0$ kommt nur $x = \sqrt{75}$ als Lösung in Frage.
Setzt man $x = \sqrt{75}$ in $f''(x)$ ein, ergibt sich:

$$f''\left(\sqrt{75}\right) = 0,0096 \cdot \left(\sqrt{75}\right)^2 - 0,24 = 0,48 > 0 \Rightarrow \text{Tiefpunkt}$$

Den zugehörigen y-Wert erhält man, indem man $x = \sqrt{75}$ in $f(x)$ einsetzt:

$$y = f\left(\sqrt{75}\right) = 0,0008 \cdot \left(\sqrt{75}\right)^4 - 0,12 \cdot \left(\sqrt{75}\right)^2 + 5 = 0,5$$

Somit hat der tiefste Punkt der Profillinie die Koordinaten $\mathrm{T}\left(\sqrt{75} \mid 0,5\right)$.
Um nachzuweisen, dass der Hang zwischen Hochfläche und Senke an der Stelle $x = 5$ am steilsten abfällt, berechnet man die Wendestelle von f mithilfe der 2. und 3. Ableitung:

$$f''(x) = 0,0096x^2 - 0,24$$
$$f'''(x) = 0,0192x$$

Als notwendige Bedingung löst man die Gleichung $f''(x) = 0$ nach x auf:

$$0,0096x^2 - 0,24 = 0$$
$$x^2 = 25$$
$$x_{1,2} = \pm 5$$

Wegen $x > 0$ kommt nur $x = 5$ als Lösung in Frage.
Setzt man $x = 5$ in $f'''(x)$ ein, ergibt sich:

$$f'''(5) = 0{,}0192 \cdot 5 = 0{,}096 \neq 0 \Rightarrow \text{Wendestelle}$$

Somit fällt der Hang an der Stelle $x = 5$ am steilsten ab.
Das zugehörige Gefälle (Steigung m) erhält man, indem man $x = 5$ in $f'(x)$ einsetzt:

$$m = f'(5) = 0{,}0032 \cdot 5^3 - 0{,}24 \cdot 5 = -0{,}8 = -80\%$$

Somit hat der Hang an der steilsten Stelle ein Gefälle von 80 %.
Um zu zeigen, dass die Profillinie beim Übergang von der Hochfläche zum Hang knickfrei ist, setzt man $x = 0$ in $f(x)$ und $f'(x)$ ein:

$$f(0) = 0{,}0008 \cdot 0^4 - 0{,}12 \cdot 0^2 + 5 = 5$$
$$f'(0) = 0{,}0032 \cdot 0^3 - 0{,}24 \cdot 0 = 0$$

Da der Funktionswert und die Steigung an der Stelle $x = 0$ von f und der Geraden $y = 5$ (Parallele zur x-Achse) übereinstimmen, ist die Profillinie beim Übergang von der Hochfläche zum Hang knickfrei.

b) Die Koordinaten von P und Q erhält man, indem man $x = 5$ bzw. $x = 10$ in $f(x)$ einsetzt:

$$f(5) = 0{,}0008 \cdot 5^4 - 0{,}12 \cdot 5^2 + 5 = 2{,}5 \Rightarrow \mathrm{P}(5 \mid 2{,}5)$$
$$f(10) = 0{,}0008 \cdot 10^4 - 0{,}12 \cdot 10^2 + 5 = 1 \Rightarrow \mathrm{Q}(10 \mid 1)$$

Die Länge der Strecke PQ erhält man mit der Abstandsformel bzw. dem Satz des Pythagoras:

$$\overline{\mathrm{PQ}} = \sqrt{(10-5)^2 + (1-2{,}5)^2} \approx 5{,}22$$

Somit hat das Seil eine Länge von etwa 5,22 m.
Die maximale vertikale Höhe des Seils über dem Gelände kann man folgendermaßen bestimmen:
Zuerst stellt man die Gerade mit der Gleichung $g(x)$ durch die Punkte P und Q auf.
Dann bestimmt man die Höhe $h(x) = g(x) - f(x)$ des Seils über dem Gelände und berechnet das Maximum der Funktion $h(x)$ im angegebenen Intervall $[5; 10]$. Somit erhält man die maximale Höhe des Seils über dem Gelände.

c) Der Fußpunkt des Lichtmasts hat die Koordinaten $L(-1 \mid 5)$, da er auf der Hochfläche, einen Meter vom Übergang zum Hang entfernt, steht.

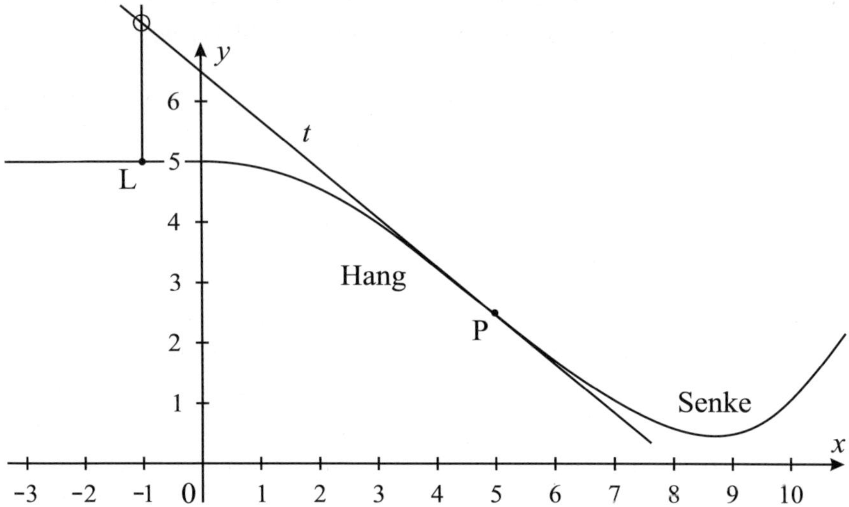

Damit das gesamte Gelände ausgeleuchtet werden kann, stellt man zuerst die Gleichung der Tangente t im Wendepunkt P auf. Der Wendepunkt hat die Koordinaten $P(5 \mid 2,5)$ und die Steigung $m = -0,8$.

Setzt man die Koordinaten von P und $m = -0,8$ in die Tangentengleichung $y = f'(u) \cdot (x - u) + f(u)$ ein, ergibt sich:

$$y = -0,8 \cdot (x - 5) + 2,5$$
$$y = -0,8x + 6,5$$

Alternativ kann man die Koordinaten von P und m auch in den Ansatz $y = mx + c$ einsetzen:

$$2,5 = -0,8 \cdot 5 + c$$
$$6,5 = c$$

Damit hat die Tangente t die Gleichung: $y = -0,8x + 6,5$.

Die Mindestlänge l des Lichtmasts erhält man, indem man zuerst $x = -1$ in die Tangentengleichung einsetzt und anschließend den y-Wert von L vom erhaltenen Wert subtrahiert:

$$y = -0,8 \cdot (-1) + 6,5 = 7,3$$

und

$$l = 7,3 - 5 = 2,3$$

Somit hat der Lichtmast eine Mindestlänge von $2,3\,\mathrm{m}$.

d) Das Volumen V des Sands erhält man mit der Formel $V = Q \cdot l$ mit $l = 5\,\text{m}$.
Die Querschnittsfläche Q erhält man mithilfe eines Integrals. Zur Bestimmung der Integrationsgrenzen berechnet man zuerst die Schnittstellen der Geraden $y = 1$ (Höhe des Sandes über der Senke) mit dem Graphen von f, indem man die Gleichung $f(x) = 1$ nach x auflöst:

$$0,0008x^4 - 0,12x^2 + 5 = 1$$
$$0,0008x^4 - 0,12x^2 + 4 = 0$$

Substituiert man $x^2 = z$, so ergibt sich:

$$0,0008z^2 - 0,12z + 4 = 0$$

Mithilfe der *abc*-Formel erhält man die Lösungen $z_1 = 50$ und $z_2 = 100$.
Durch die Resubstitution $x^2 = 50$ erhält man $x_{1,2} = \pm\sqrt{50}$ und aus $x^2 = 100$ ergibt sich $x_{3,4} = \pm 10$.
Wegen $x > 0$ kommen nur $x_1 = \sqrt{50}$ und $x_3 = 10$ als Schnittstellen in Frage.
Da die Gerade $y = 1$ oberhalb des Graphen von f verläuft, bestimmt man das Integral mithilfe des Hauptsatzes der Differential- und Integralsrechung folgendermaßen:

$$\begin{aligned} Q &= \int_{\sqrt{50}}^{10} (1 - f(x))\,\mathrm{d}x \\ &= \int_{\sqrt{50}}^{10} \left(1 - \left(0,0008x^4 - 0,12x^2 + 5\right)\right)\mathrm{d}x \\ &= \int_{\sqrt{50}}^{10} \left(-0,0008x^4 + 0,12x^2 - 4\right)\mathrm{d}x \\ &= \left[-\frac{0,0008}{5}x^5 + \frac{0,12}{3}x^3 - 4x\right]_{\sqrt{50}}^{10} \\ &= \left[-0,00016x^5 + 0,04x^3 - 4x\right]_{\sqrt{50}}^{10} \\ &= -0,00016 \cdot 10^5 + 0,04 \cdot 10^3 - 4 \cdot 10 \\ &\quad - \left(-0,00016 \cdot \left(\sqrt{50}\right)^5 + 0,04 \cdot \left(\sqrt{50}\right)^3 - 4 \cdot \sqrt{50}\right) \\ &\approx 0,97 \end{aligned}$$

Damit erhält man das Volumen des Sands:

$$V = Q \cdot l \approx 0,97 \cdot 5 = 4,85$$

Somit beträgt das Volumen des benötigten Sandes etwa $4,85\,\text{m}^3$.

Aufgabe A 1.2

Es ist $f(x) = v(u(x))$.
Um $f(-1) = v(u(-1))$ zu bestimmen, entnimmt man die Werte der gegebenen Abbildung.
Es ist $u(-1) = 1{,}5$ und $v(1{,}5) = 2{,}5$.
Somit gilt:

$$f(-1) = v(u(-1)) = v(1{,}5) = 2{,}5$$

Für die Nullstellen von f gilt: $f(x) = 0$ und damit $v(u(x)) = 0$.
Anhand der gegebenen Abbildung kann man die Nullstelle x_0 von v näherungsweise bestimmen: $x_0 \approx 0{,}7$.
Damit muss gelten: $u(x) \approx 0{,}7$.
Da G_u die Gerade $y = 0{,}7$ an zwei Stellen schneidet, hat die Gleichung $u(x) = x_0$ genau zwei Lösungen.
Somit hat f im abgebildeten Bereich genau zwei Nullstellen.

Aufgabe A 1.3

Es ist $g(x) = e^{w(x)} - 2$.
Um zu zeigen, dass der Graph von w bei x_0 eine waagrechte Tangente hat, wenn x_0 eine Wendestelle von w und von g ist, weist man nach, dass $w'(x_0) = 0$ gilt. Hierzu bestimmt man zuerst die 1. und 2. Ableitung von g mit der Produkt- und Kettenregel:

$$\begin{aligned} g'(x) &= e^{w(x)} \cdot w'(x) \\ g''(x) &= e^{w(x)} \cdot w'(x) \cdot w'(x) + e^{w(x)} \cdot w''(x) \\ &= e^{w(x)} \cdot \left(\left(w'(x)\right)^2 + w''(x) \right) \end{aligned}$$

Zu zeigen ist: $w'(x_0) = 0$.
Wenn x_0 eine Wendestelle von w und von g ist, so gilt: $w''(x_0) = 0$ und $g''(x_0) = 0$.
Setzt man x_0 in $g''(x)$ ein und verwendet die Voraussetzungen $w''(x_0) = 0$ und $g''(x_0) = 0$, kann man folgende Gleichung aufstellen und nach $w'(x_0)$ auflösen. Wegen $e^{w(x_0)} \neq 0$ erhält man:

$$\begin{aligned} g''(x_0) &= e^{w(x_0)} \cdot \left(\left(w'(x_0)\right)^2 + w''(x_0) \right) \\ 0 &= e^{w(x_0)} \cdot \left(\left(w'(x_0)\right)^2 + 0 \right) \\ 0 &= \left(w'(x_0)\right)^2 \\ 0 &= w'(x_0) \end{aligned}$$

Wegen $w'(x_0) = 0$ hat w bei x_0 eine waagrechte Tangente.

Lösungen Analysis Wahlteil 2021 Aufgabe A 2

Aufgabe A 2.1

a) Die Länge des Zeitraums, in dem die Wachstumsgeschwindigkeit des Apfelbaums größer als $0,5$ Meter pro Jahr ist, erhält man, indem man die Gerade mit der Gleichung $y = 0,5$ mit G_f schneidet. Anhand der gegeben Abbildung erhält man die Schnittstellen $t_1 = 1$ und $t_2 = 3,5$. Den Zeitraum erhält man durch $t_2 - t_1 = 3,5 - 1 = 2,5$.

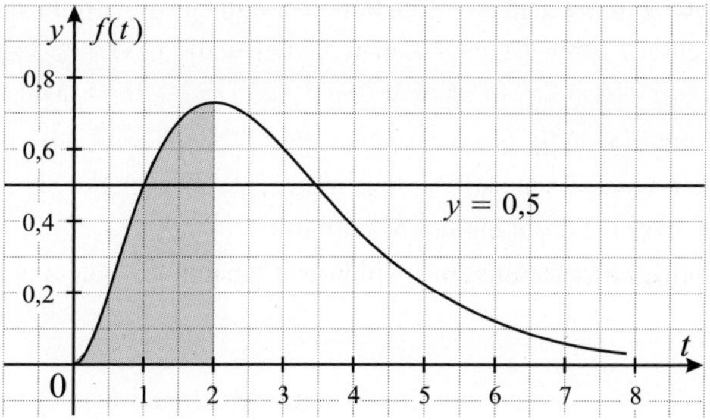

Somit beträgt der Zeitraum $2,5$ Jahre.
Die Höhe H des Apfelbaums zwei Jahre nach Beobachtungsbeginn erhält man mithilfe eines Integrals unter Berücksichtigung der Anfangshöhe von $0,8\,\text{m}$:

$$\text{H} = 0,8 + \int_0^2 f(t)\,\mathrm{d}t$$

Das Integral entspricht dem Flächeninhalt der Fläche zwischen G_f und der t-Achse über dem Intervall $[0;2]$. Anhand der gegeben Abbildung erhält man für den Flächeninhalt durch Kästchenzählen etwa 17 Kästchen. Da einem Kästchen eine Fläche von $0,05$ entspricht, gilt:

$$\int_0^2 f(t)\,\mathrm{d}t \approx 17 \cdot 0,05 = 0,85$$

Damit erhält man:

$$\text{H} = 0,8 + \int_0^2 f(t)\,\mathrm{d}t \approx 0,8 + 0,85 = 1,65$$

Somit beträgt die Höhe des Apfelbaums zwei Jahre nach Beobachtungsbeginn etwa $1,65\,\text{m}$.

b) Den Zeitpunkt, zu dem die Wachstumsgeschwindigkeit $g(t) = t^2 \cdot e^{-t}$ des Birnbaums am größten ist, erhält man mithilfe der 1. und 2. Ableitung von g, die gegeben sind:

$$g'(t) = 2t \cdot e^{-t} - t^2 \cdot e^{-t}$$
$$g''(t) = 2e^{-t} - 4t \cdot e^{-t} + t^2 \cdot e^{-t}$$

Als notwendige Bedingung löst man die Gleichung $g'(t) = 0$ nach t auf. Wegen $e^{-t} \neq 0$

ergibt sich:

$$
\begin{aligned}
2t \cdot e^{-t} - t^2 \cdot e^{-t} &= 0 \\
e^{-t} \cdot \left(2t - t^2\right) &= 0 \\
2t - t^2 &= 0 \\
t \cdot (2 - t) &= 0
\end{aligned}
$$

Mithilfe des Satzes vom Nullprodukt erhält man als Lösung $t_1 = 0$ und aus $2 - t = 0$ die Lösung $t_2 = 2$. Setzt man $t_1 = 0$ bzw. $t_2 = 2$ in $g''(t)$ ein, ergibt sich:

$$
\begin{aligned}
g''(0) &= 2e^{-0} - 4 \cdot 0 \cdot e^{-0} + 0^2 \cdot e^{-0} = 2 > 0 \Rightarrow \text{ Minimum} \\
g''(2) &= 2e^{-2} - 4 \cdot 2 \cdot e^{-2} + 2^2 \cdot e^{-2} = -2 \cdot e^{-2} < 0 \Rightarrow \text{ Maximum}
\end{aligned}
$$

Somit hat g bei $t = 2$ ein lokales Maximum.
Die zugehörige Wachstumsgeschwindigkeit erhält man, indem man $t = 2$ in $g(t)$ einsetzt:

$$
g(2) = 2^2 \cdot e^{-2} \approx 0{,}54
$$

Um zu prüfen, ob es sich um ein absolutes Maximum handelt, betrachtet man noch die Randwerte des Intervalls $[0; 8]$:

$$
\begin{aligned}
g(0) &= 0^2 \cdot e^{-0} = 0 \\
g(8) &= 8^2 \cdot e^{-8} \approx 0{,}02
\end{aligned}
$$

Wegen $g(2) > g(0)$ und $g(2) > g(8)$ ist die Wachstumsgeschwindigkeit zwei Jahre nach Beobachtungsbeginn am größten. Sie beträgt etwa $0{,}54$ Meter pro Jahr.
Um zu begründen, dass der Birnbaum ab diesem Zeitpunkt ($t > 2$) weiterhin wächst, weist man nach, dass die Wachstumsgeschwindigkeit $g(t) = t^2 \cdot e^{-t}$ stets größer als Null ist: Für $t > 2$ sind sowohl t^2 als auch e^{-t} stets positiv. Damit gilt: $g(t) > 0$ für $t > 2$.
Somit wächst der Birnbaum weiterhin.
Um zu begründen, dass die Wachstumsgeschwindigkeit ständig abnimmt, weist man nach, dass die 1. Ableitung von g stets negativ ist. Für die 1. Ableitung von g gilt:

$$
g'(t) = 2t \cdot e^{-t} - t^2 \cdot e^{-t} = t \cdot e^{-t} \cdot (2 - t)
$$

Für $t > 2$ ist der Term $t \cdot e^{-t}$ positiv, jedoch ist der Term $2 - t$ negativ.
Damit gilt: $g'(t) < 0$ für $t > 2$.
Somit nimmt die Wachstumsgeschwindigkeit ständig ab.
Durch das Integral $\int_x^{x+5} g(t)\mathrm{d}t$ wird die Höhenzunahme des Birnbaums im Intervall $[x; x+5]$ berechnet.
Somit lautet die Frage: Wann beginnt ein Fünf-Jahres-Zeitraum, in dem die Höhenzunahme $0{,}5$ Meter beträgt?

c) Um zu zeigen, dass für $0 \leqslant t \leqslant 8$ die Funktion h mit $h(t) = \left(-t^2 - 2t - 2\right) \cdot e^{-t} + 3{,}2$ die Höhe des Birnbaums beschreibt, setzt man zuerst $t = 0$ in $h(t)$ ein:

$$h(0) = \left(-0^2 - 2 \cdot 0 - 2\right) \cdot e^{-0} + 3{,}2 = -2 \cdot 1 + 3{,}2 = 1{,}2$$

Somit beträgt die Höhe zu Beginn der Beobachtung 1,2 m, was der Angabe entspricht. Anschließend bestimmt man die 1. Ableitung von h, welche die Wachstumsgeschwindigkeit angibt, mithilfe der Produkt- und Kettenregel:

$$\begin{aligned} h'(t) &= (-2t - 2) \cdot e^{-t} + \left(-t^2 - 2t - 2\right) \cdot e^{-t} \cdot (-1) \\ &= \left(-2t - 2 + t^2 + 2t + 2\right) \cdot e^{-t} \\ &= t^2 \cdot e^{-t} \\ &= g(t) \end{aligned}$$

Wegen $h(0) = 1{,}2$ und $h'(t) = g(t)$ beschreibt die Funktion h die Höhe des Birnbaums.

d) Um den Zeitpunkt zu bestimmen, bis zu dem die Wachstumsgeschwindigkeit des gedüngten Birnbaums größer ist als die des ungedüngten Birnbaums, löst man die Ungleichung $k'(t) > h'(t)$ nach t auf. Die 1. Ableitung von $k(t) = -2{,}3e^{-t} + 3{,}5$ erhält man mit der Kettenregel:

$$k'(t) = -2{,}3 \cdot e^{-t} \cdot (-1) = 2{,}3 \cdot e^{-t}$$

Damit ergibt sich wegen $e^{-t} > 0$:

$$\begin{aligned} k'(t) &> h'(t) \\ 2{,}3 \cdot e^{-t} &> t^2 \cdot e^{-t} \\ 2{,}3 &> t^2 \end{aligned}$$

Diese Ungleichung ist für $-\sqrt{2{,}3} < t < \sqrt{2{,}3}$ erfüllt.
Damit kommt nur $t = \sqrt{2{,}3} \approx 1{,}52$ als gesuchter Zeitpunkt in Frage.
Somit ist bis etwa 1,5 Jahre nach Beobachtungsbeginn die Wachstumsgeschwindigkeit des gedüngten Birnbaums größer als die des ungedüngten Birnbaums.

Um zu untersuchen, welcher der beiden Bäume zuerst eine Höhe von 3,1 m erreicht, berechnet man zuerst den Zeitpunkt, zu dem der gedüngte Baum diese Höhe erreicht. Dazu löst man die Gleichung $k(t) = 3{,}1$ durch Logarithmieren nach t auf:

$$\begin{aligned} -2{,}3e^{-t} + 3{,}5 &= 3{,}1 \\ 0{,}4 &= 2{,}3 \cdot e^{-t} \\ \frac{0{,}4}{2{,}3} &= e^{-t} \\ \ln\left(\frac{0{,}4}{2{,}3}\right) &= -t \end{aligned}$$

$$-\ln\left(\frac{0,4}{2,3}\right) = t$$
$$t \approx 1,75$$

Der gedüngte Birnbaum erreicht nach etwa $1,75$ Jahren eine Höhe von $3,1\,\text{m}$.
Die Höhe des ungedüngten Birnbaums nach $1,75$ Jahren erhält man, indem man $t = 1,75$ in $h(t)$ einsetzt:

$$h(1,75) = \left(-1,75^2 - 2\cdot 1,75 - 2\right)\cdot e^{-1,75} + 3,2 \approx 1,71$$

Der ungedüngte Birnbaum erreicht nach 1,75 Jahren eine Höhe von etwa $1,71\,\text{m}$.
Somit erreicht der gedüngte Birnbaum zuerst eine Höhe von $3,1\,\text{m}$.

Aufgabe A 2.2

Es ist $f_t(x) = -4x^3 + 12tx^2$ für $t > 0$.

a) Die Nullstellen von f_t erhält man, indem man die Gleichung $f_t(x) = 0$ nach x auflöst:

$$-4x^3 + 12tx^2 = 0$$
$$x^2\cdot(-4x + 12t) = 0$$

Mithilfe des Satzes vom Nullprodukt erhält man aus $x^2 = 0$ die Lösung $x_1 = 0$ und aus $-4x + 12t = 0$ die Lösung $x_2 = 3t$.
Somit hat f_t die Nullstellen $x_1 = 0$ und $x_2 = 3t$.
Den Inhalt A_t der Fläche, die der Graph von f_t mit der x-Achse einschließt, erhält man mithilfe eines Integrals unter Verwendung des Hauptsatzes der Differential- und Integralrechnung:

$$\begin{aligned}
\text{A}_t &= \int_0^{3t} f_t(x)\,\text{d}x\\
&= \int_0^{3t} \left(-4x^3 + 12tx^2\right)\text{d}x\\
&= \left[-x^4 + 4tx^3\right]_0^{3t}\\
&= -(3t)^4 + 4t\cdot(3t)^3 - \left(-0^4 + 4t\cdot 0^3\right)\\
&= -81t^4 + 4t\cdot 27t^3\\
&= 27t^4
\end{aligned}$$

Um denjenigen Wert von t zu ermitteln, für den $\text{A}_t = \frac{16}{3}$ gilt, löst man die folgende Gleichung nach t auf:

$$27t^4 = \frac{16}{3}$$

$$t^4 = \frac{16}{81}$$
$$t = \sqrt[4]{\frac{16}{81}}$$
$$t = \pm\frac{2}{3}$$

Wegen $t > 0$ kommt nur die Lösung $t = \frac{2}{3}$ in Frage.
Für $t = \frac{2}{3}$ beträgt der Flächeninhalt $A_t = \frac{16}{3}$.

b) Setzt man $t = \frac{2}{3}$ in $f_t(x)$ ein, erhält man die Funktion $f_{\frac{2}{3}}$ mit $f_{\frac{2}{3}}(x) = -4x^3 + 8x^2$.

Um die Tangente in einem Berührpunkt B $\left(u \mid f_{\frac{2}{3}}(u)\right)$ zu bestimmen, benötigt man zuerst die 1. Ableitung von $f_{\frac{2}{3}}(x)$:

$$f_{\frac{2}{3}}'(x) = -12x^2 + 16x$$

Sezt man $x = u$ in $f_{\frac{2}{3}}(x)$ und in $f_{\frac{2}{3}}'(x)$ ein, erhält man den y-Wert von B und die Steigung in B:

$$f_{\frac{2}{3}}(u) = -4u^3 + 8u^2$$
$$f_{\frac{2}{3}}'(u) = -12u^2 + 16u$$

Setzt man die Koordinaten von B und die Steigung $f_{\frac{2}{3}}'(u)$ in die Tangentengleichung $y = f'(u) \cdot (x-u) + f(u)$ ein, erhält man die Tangentengleichung in Abhängigkeit von u:

$$y = \left(-12u^2 + 16u\right) \cdot (x-u) + \left(-4u^3 + 8u^2\right)$$
$$y = \left(-12u^2 + 16u\right) \cdot x + 12u^3 - 16u^2 - 4u^3 + 8u^2$$
$$y = \left(-12u^2 + 16u\right) \cdot x + 8u^3 - 8u^2$$

Da die Tangenten an den Graphen von f_t den Punkt $S(3 \mid 0)$ enthalten, setzt man die Koordinaten von S in die Tangentengleichung ein und löst die entstandene Gleichung nach u auf:

$$0 = \left(-12u^2 + 16u\right) \cdot 3 + 8u^3 - 8u^2$$
$$0 = -36u^2 + 48u + 8u^3 - 8u^2$$
$$0 = 8u^3 - 44u^2 + 48u$$
$$0 = 4u \cdot \left(2u^2 - 11u + 12\right)$$

Mithilfe des Satzes vom Nullprodukt erhält man aus $4u = 0$ die Lösung $u_1 = 0$ und aus $2u^2 - 11u + 12 = 0$ mithilfe der *abc*-Formel die Lösungen $u_2 = \frac{3}{2}$ und $u_3 = 4$.
Die x-Koordinaten der Berührpunkte sind somit $x_1 = 0$, $x_2 = \frac{3}{2}$ und $x_3 = 4$.

Analytische Geometrie Aufgabe B 1

Gegeben sind die Punkte A $(-3 \mid -3 \mid 0)$, B $(3 \mid -3 \mid 0)$, C $(3 \mid 3 \mid 0)$ und S $(0 \mid 0 \mid 6)$.

a) Anhand der gegebenen Punkte kann man die quadratische Pyramide in einem Koordinatensystem darstellen:

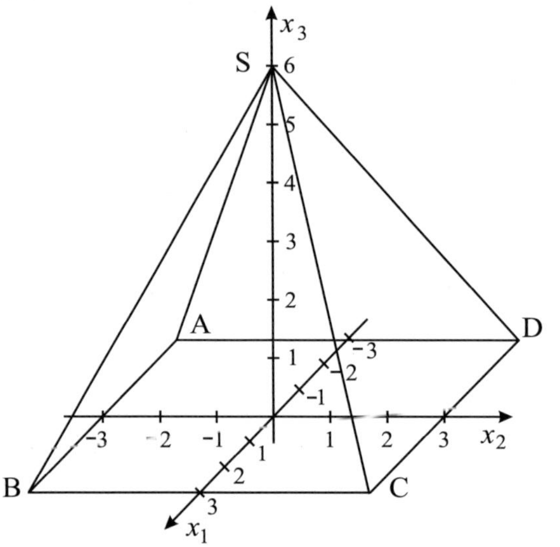

Die Ebene E enthält die Punkte A $(-3 \mid -3 \mid 0)$, B $(3 \mid -3 \mid 0)$ und S $(0 \mid 0 \mid 6)$.

Sie hat beispielsweise den Stützpunkt A und die Spannvektoren $\overrightarrow{AB} = \begin{pmatrix} 6 \\ 0 \\ 0 \end{pmatrix} = 6 \cdot \begin{pmatrix} 1 \\ 0 \\ 0 \end{pmatrix}$

und

$\overrightarrow{AS} = \begin{pmatrix} 3 \\ 3 \\ 6 \end{pmatrix} = 3 \cdot \begin{pmatrix} 1 \\ 1 \\ 2 \end{pmatrix}$. Damit hat E die Parametergleichung:

$$E\colon \vec{x} = \begin{pmatrix} -3 \\ -3 \\ 0 \end{pmatrix} + s \cdot \begin{pmatrix} 1 \\ 0 \\ 0 \end{pmatrix} + t \cdot \begin{pmatrix} 1 \\ 1 \\ 2 \end{pmatrix};\ s,t \in \mathbb{R}$$

Einen Normalenvektor $\vec{n}$ von E erhält man mithilfe des Vektorprodukts (siehe Seite 49) der Spannvektoren:

$$\begin{pmatrix} 1 \\ 0 \\ 0 \end{pmatrix} \times \begin{pmatrix} 1 \\ 1 \\ 2 \end{pmatrix} = \begin{pmatrix} 0 \\ -2 \\ 1 \end{pmatrix} = -1 \cdot \begin{pmatrix} 0 \\ 2 \\ -1 \end{pmatrix} \Rightarrow \vec{n} = \begin{pmatrix} 0 \\ 2 \\ -1 \end{pmatrix}$$

Alternativ kann man $\vec{n}$ auch mithilfe des Skalarprodukts bestimmen, da $\vec{n}$ auf beiden

Spannvektoren senkrecht steht. Damit gilt:

$$\begin{pmatrix} n_1 \\ n_2 \\ n_3 \end{pmatrix} \cdot \begin{pmatrix} 1 \\ 0 \\ 0 \end{pmatrix} = 0$$

und

$$\begin{pmatrix} n_1 \\ n_2 \\ n_3 \end{pmatrix} \cdot \begin{pmatrix} 1 \\ 1 \\ 2 \end{pmatrix} = 0$$

Daraus ergibt sich das lineare Gleichungssystem:

$$\begin{array}{lccccccc} \text{I} & n_1 & + & 0 \cdot n_2 & + & 0 \cdot n_3 & = & 0 \\ \text{II} & n_1 & + & n_2 & + & 2 \cdot n_3 & = & 0 \end{array}$$

Aus Gleichung I ergibt sich: $n_1 = 0$.
Setzt man $n_1 = 0$ in Gleichung II ein, erhält man: II $n_2 + 2n_3 = 0$.
Wählt man in Gleichung II geschickterweise z.B. $n_3 = -1$, erhält man:

$$n_2 + 2 \cdot (-1) = 0 \Rightarrow n_2 = 2$$

Damit ergibt sich der gleiche Normalenvektor $\vec{n} = \begin{pmatrix} 0 \\ 2 \\ -1 \end{pmatrix}$.

Eine Koordinatengleichung von E erhält man mithilfe der Punkt-Normalenform:

$$\text{E}: (\vec{x} - \vec{a}) \cdot \vec{n} = 0$$

$$\text{E}: \left(\begin{pmatrix} x_1 \\ x_2 \\ x_3 \end{pmatrix} - \begin{pmatrix} -3 \\ -3 \\ 0 \end{pmatrix} \right) \cdot \begin{pmatrix} 0 \\ 2 \\ -1 \end{pmatrix} = 0$$

$$\text{E}: (x_1 + 3) \cdot 0 + (x_2 + 3) \cdot 2 + (x_3 - 0) \cdot (-1) = 0$$

$$\text{E}: 2x_2 + 6 - x_3 - 0 = 0$$

$$\text{E}: 2x_2 - x_3 = -6$$

Alternativ kann man auch die Koordinaten des Punktes $\text{A}\,(-3 \mid -3 \mid 0)$ in den Ansatz $2x_2 - x_3 = d$ einsetzen:

$$2 \cdot (-3) - 0 = d \Rightarrow d = -6$$

Die Ebene E hat somit die Koordinatengleichung $\text{E}: 2x_2 - x_3 = -6$.

Den Oberflächeninhalt O der Pyramide erhält man, indem man den Flächeninhalt der Grundfläche zum 4-fachen einer Seitenwand addiert:

$$\text{O} = \text{G} + 4 \cdot \text{A}$$

Die Grundfläche G ist ein Quadrat mit der Seite $a = 6$ und hat damit den Flächeninhalt:

$$\mathrm{G} = a^2 = 6^2 = 36$$

Den Flächeninhalt der vorderen Seitenwand erhält man, indem man den Flächeninhalt A des gleichschenkligen Dreiecks BCS mit der Formel $\mathrm{A} = \frac{1}{2} \cdot g \cdot h$ berechnet.
Dazu bestimmt man zuerst die Koordinaten des Mittelpunkts M der Seite BC mit der Mittelpunktsformel:

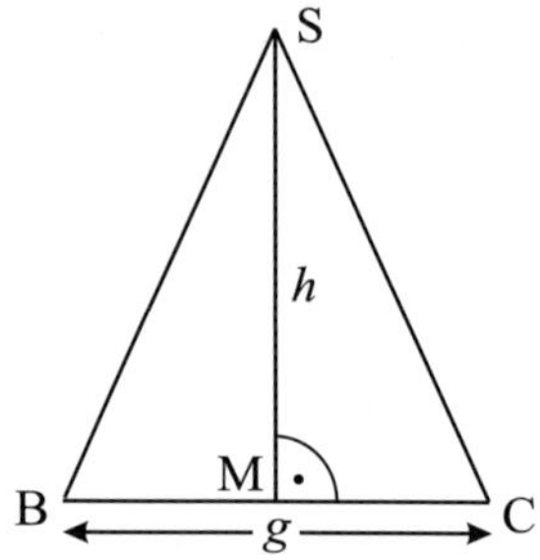

$$\mathrm{M}\left(\frac{3+3}{2} \,\middle|\, \frac{-3+3}{2} \,\middle|\, \frac{0+0}{2}\right) = \mathrm{M}(3 \mid 0 \mid 0)$$

Die Länge der Grundseite $g = \overline{\mathrm{BC}}$ ist die Seitenlänge des Quadrats:

$$g = \left|\overrightarrow{\mathrm{BC}}\right| = 6$$

Die zugehörige Höhe h ist der Abstand von M zu S:

$$h = \overline{\mathrm{MS}} = \left|\overrightarrow{\mathrm{MS}}\right| = \left|\begin{pmatrix} -3 \\ 0 \\ 6 \end{pmatrix}\right| = \sqrt{(-3)^2 + 0^2 + 6^2} = \sqrt{45}$$

Damit ergibt sich für eine Dreiecksfläche:

$$\mathrm{A} = \frac{1}{2} \cdot g \cdot h = \frac{1}{2} \cdot 6 \cdot \sqrt{45} = 3 \cdot \sqrt{45}$$

Für die Oberfläche der Pyramide erhält man damit:

$$\mathrm{O} = \mathrm{G} + 4 \cdot \mathrm{A} = 36 + 4 \cdot 3 \cdot \sqrt{45} \approx 116{,}5$$

Somit beträgt der Oberflächeninhalt der Pyramide etwa $116{,}5\,\mathrm{FE}$.

b) Ein Punkt P innerhalb der Pyramide, dessen Abstand von der Grundfläche der Pyramide $\sqrt{5}$-mal so groß ist wie sein Abstand zu den Seitenflächen, liegt auf der Geraden g durch den Mittelpunkt $\mathrm{M}(0 \mid 0 \mid 0)$ der Grundfläche und der Spitze $\mathrm{S}(0 \mid 0 \mid 6)$. Damit hat P die Koordinaten $\mathrm{P}_t(0 \mid 0 \mid t)$ mit $0 < t < 6$.
Der Abstand d_1 von P zur Grundfläche beträgt $\mathrm{d}_1 = t$ (x_3-Koordinate von P_t).
Den Abstand d_2 von P zu einer Seitenfläche erhält man, indem man den Abstand von P zur

Ebene E mit der Abstandsformel bestimmt:

$$d_2 = \frac{|2 \cdot 0 - t + 6|}{\sqrt{0^2 + 2^2 + (-1)^2}} = \frac{|-t+6|}{\sqrt{5}}$$

Da der Abstand von P zur Grundfläche $\sqrt{5}$-mal so groß wie zu einer Seitenfläche sein soll, löst man folgende Gleichung nach t auf:

$$\begin{aligned} d_1 &= \sqrt{5} \cdot d_2 \\ t &= \sqrt{5} \cdot \frac{|-t+6|}{\sqrt{5}} \\ t &= |-t+6| \end{aligned}$$

Diese Betragsgleichung löst man durch Fallunterscheidung:

1. $-t+6 = t \Rightarrow t = 3$
2. $-t+6 = -t \Rightarrow 6 = 0 \Rightarrow$ Widerspruch

Als einzige Lösung ergibt sich $t = 3$.
Setzt man $t = 3$ in P_t ein, erhält man die Koordinaten des gesuchten Punktes: $P(0 \mid 0 \mid 3)$.

c) Der Mittelpunkt M_1 von AB mit $A(-a \mid -a \mid 0)$ und $B(a \mid -a \mid 0)$ hat die Koordinaten $M_1\,(0 \mid -a \mid 0)$.
Da die Höhe der Pyramide mit der Kantenlänge $2a$ der Grundfläche übereinstimmt, hat der Punkt S die Koordinaten $S(0 \mid 0 \mid 2a)$.
Der Mittelpunkt M_2 von DS mit $D(-a \mid a \mid 0)$ und $S(0 \mid 0 \mid 2a)$ hat die Koordinaten $M_2\left(-\frac{a}{2} \mid \frac{a}{2} \mid a\right)$.
Um denjenigen Wert von a zu berechnen, für den die Strecke M_1M_2 eine Länge von 7 LE hat, berechnet man zuerst die Länge des Vektors $\overrightarrow{M_1M_2} = \begin{pmatrix} -\frac{a}{2} \\ \frac{3}{2}a \\ a \end{pmatrix}$ in Abhängigkeit von a:

$$\left|\overrightarrow{M_1M_2}\right| = \left|\begin{pmatrix} -\frac{a}{2} \\ \frac{3}{2}a \\ a \end{pmatrix}\right| = \sqrt{\left(-\frac{a}{2}\right)^2 + \left(\frac{3}{2}a\right)^2 + a^2} = \sqrt{\frac{a^2}{4} + \frac{9}{4}a^2 + a^2} = \sqrt{\frac{14}{4}a^2} = \sqrt{\frac{7}{2}a^2}$$

Da diese Länge 7 LE betragen soll, löst man die Gleichung $\left|\overrightarrow{M_1M_2}\right| = 7$ nach a auf:

$$\begin{aligned} \sqrt{\frac{7}{2}a^2} &= 7 \\ \frac{7}{2}a^2 &= 49 \\ a^2 &= 14 \\ a_{1,2} &= \pm\sqrt{14} \end{aligned}$$

Wegen $a > 0$ kommt nur $a = \sqrt{14}$ als Lösung in Frage.
Somit hat die Strecke M_1M_2 für $a = \sqrt{14}$ eine Länge von 7 LE.

d) Es sind $\mathrm{E}_k: 4x_2 - kx_3 + 12 = 0$ und $g_k: \vec{x} = \begin{pmatrix} 4 \\ 0 \\ 0 \end{pmatrix} + t \cdot \begin{pmatrix} 1 \\ 1 \\ k \end{pmatrix}$; $t \in \mathbb{R}$.

Um zu zeigen, dass die Ebene E mit der Gleichung $\mathrm{E}: 2x_2 - x_3 = -6$ eine Ebene der Ebenenschar E_k ist, multipliziert man E mit 2 und erhält: $\mathrm{E}: 4x_2 - 2x_3 = -12$. Durch Koeffizientenvergleich mit $\mathrm{E}_k: 4x_2 - kx_3 + 12 = 0$ bzw. $\mathrm{E}_k: 4x_2 - kx_3 = -12$ ergibt sich $k = 2$. Somit ist E eine Ebene der Ebenenschar E_k.

Alle Ebenen der Ebenenschar E_k sind (echt) parallel zur x_1-Achse, da das Skalarprodukt eines Normalenvektors $\vec{n}_k = \begin{pmatrix} 0 \\ 4 \\ -k \end{pmatrix}$ von E_k und des Richtungsvektors $\vec{u}_1 = \begin{pmatrix} 1 \\ 0 \\ 0 \end{pmatrix}$ der x_1-Achse Null ergibt:

$$\vec{n}_k \cdot \vec{u}_1 = \begin{pmatrix} 0 \\ 4 \\ -k \end{pmatrix} \cdot \begin{pmatrix} 1 \\ 0 \\ 0 \end{pmatrix} = 0 \cdot 1 + 4 \cdot 0 + (-k) \cdot 0 = 0$$

Da auch der Ursprung nicht auf E_k liegt, sind alle Ebenen von E_k parallel zur x_1-Achse.

Um diejenigen Werte von k zu bestimmen, für die E_k und g_k einen gemeinsamen Punkt haben, kann man sich zuerst überlegen, wann E_k und g_k echt parallel sind. Dies ist der Fall, wenn das Skalarprodukt eines Normalenvektors $\vec{n}_k = \begin{pmatrix} 0 \\ 4 \\ -k \end{pmatrix}$ von E_k und des Richtungsvektors $\vec{u}_k = \begin{pmatrix} 1 \\ 1 \\ k \end{pmatrix}$ von g_k Null ergibt:

$$\begin{aligned} \vec{n}_k \cdot \vec{u}_k &= 0 \\ \begin{pmatrix} 0 \\ 4 \\ -k \end{pmatrix} \cdot \begin{pmatrix} 1 \\ 1 \\ k \end{pmatrix} &= 0 \\ 0 \cdot 1 + 4 \cdot 1 + (-k) \cdot k &= 0 \\ 4 &= k^2 \\ k_{1,2} &= \pm 2 \end{aligned}$$

Setzt man die Koordinaten des Stützpunkts $\mathrm{P}(4 \mid 0 \mid 1)$ von g_k in die Gleichung von $\mathrm{E}_k$ein, ergibt sich:

$$4 \cdot 0 - k \cdot 0 + 12 = 0 \Leftrightarrow 12 = 0$$

Aufgrund der falschen Aussage liegt P nicht auf E_k und E_k und g_k sind für $k_{1,2} = \pm 2$ echt parallel.

Somit haben E_k und g_k für $k \in \mathbb{R} \setminus \{\pm 2\}$ einen gemeinsamen Punkt.

Analytische Geometrie Aufgabe B 2

Gegeben sind die Punkte A (8 | 0 | 0), B (8 | 7 | 0), C (0 | 7 | 0) und D (0 | 0 | 0) sowie E(8 | 0 | 4), F(8 | 7 | 5), G(0 | 7 | 5) und H(0 | 0 | 4).

a) Anhand der gegebenen Eckpunkte des Gewächshauses ergibt sich folgende Darstellung: Den Rauminhalt V dieses Gewächshauses erhält man durch die Formel $V = Q \cdot l$, da es sich um ein Prisma mit Grundfläche Q und Länge l handelt.
Die Grundfläche Q ist das Trapez ABFE, welche mit der Formel $Q = \frac{a+c}{2} \cdot h$ berechnet werden kann.

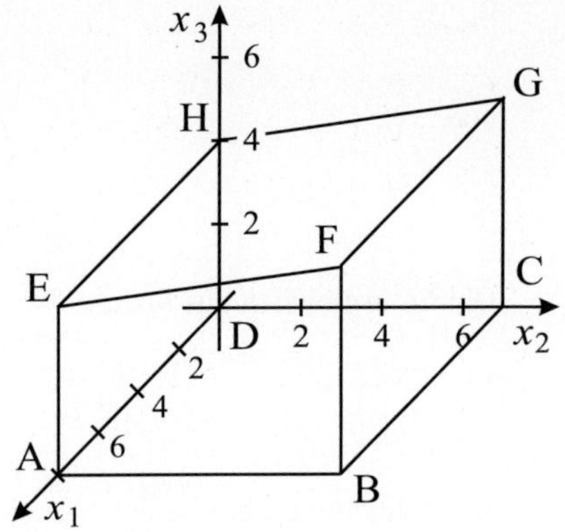

Das Trapez ABFE hat die parallelen Seiten $a = \overline{BF} = 5$ und $c = \overline{AE} = 4$ sowie die Höhe $h = \overline{AB} = 7$.
Damit ergibt sich:

$$Q = \frac{a+c}{2} \cdot h = \frac{5+4}{2} \cdot 7 = 31{,}5$$

Die Länge des Prismas beträgt $l = \overline{BC} = 8$. Damit erhält man das Volumen des Gewächshauses:

$$V = Q \cdot l = 31{,}5 \cdot 8 = 252$$

Das Gewächshaus hat einen Rauminhalt von $252\,\text{m}^3$.

Die Ebene K, die die Lage der Dachfläche beschreibt, enthält die Punkte E(8 | 0 | 4), F(8 | 7 | 5), G(0 | 7 | 5) und H(0 | 0 | 4). Sie hat beispielsweise den Stützpunkt E und die Spannvektoren $\overrightarrow{EF} = \begin{pmatrix} 0 \\ 7 \\ 1 \end{pmatrix}$ und $\overrightarrow{EH} = \begin{pmatrix} -8 \\ 0 \\ 0 \end{pmatrix} = -8 \cdot \begin{pmatrix} 1 \\ 0 \\ 0 \end{pmatrix}$. Damit hat K die Parametergleichung:

$$K\colon \vec{x} = \begin{pmatrix} 8 \\ 0 \\ 4 \end{pmatrix} + s \cdot \begin{pmatrix} 1 \\ 0 \\ 0 \end{pmatrix} + t \cdot \begin{pmatrix} 0 \\ 7 \\ 1 \end{pmatrix};\ s,t \in \mathbb{R}$$

Einen Normalenvektor $\vec{n}$ von K erhält man mithilfe des Vektorprodukts (siehe Seite 49) der Spannvektoren:

$$\begin{pmatrix} 1 \\ 0 \\ 0 \end{pmatrix} \times \begin{pmatrix} 0 \\ 7 \\ 1 \end{pmatrix} = \begin{pmatrix} 0 \\ -1 \\ 7 \end{pmatrix} = -1 \cdot \begin{pmatrix} 0 \\ 1 \\ -7 \end{pmatrix} \Rightarrow \vec{n} = \begin{pmatrix} 0 \\ 1 \\ -7 \end{pmatrix}$$

Alternativ kann man $\vec{n}$ auch mithilfe des Skalarprodukts bestimmen, da $\vec{n}$ auf beiden Spannvektoren senkrecht steht. Damit gilt:

$$\begin{pmatrix} n_1 \\ n_2 \\ n_3 \end{pmatrix} \cdot \begin{pmatrix} 1 \\ 0 \\ 0 \end{pmatrix} = 0$$

und

$$\begin{pmatrix} n_1 \\ n_2 \\ n_3 \end{pmatrix} \cdot \begin{pmatrix} 0 \\ 7 \\ 1 \end{pmatrix} = 0$$

Daraus ergibt sich das lineare Gleichungssystem:

$$\begin{array}{lccccccc} \text{I} & n_1 & + & 0 \cdot n_2 & + & 0 \cdot n_3 & = & 0 \\ \text{II} & & & 7n_2 & + & 1 \cdot n_3 & = & 0 \end{array}$$

Aus Gleichung I ergibt sich: $n_1 = 0$.
Wählt man in Gleichung II geschickterweise z.B. $n_2 = 1$, erhält man:

$$7 \cdot 1 + n_3 = 0 \Rightarrow n_3 = -7$$

Damit ergibt sich ein Normalenvektor $\vec{n} = \begin{pmatrix} 0 \\ 1 \\ -7 \end{pmatrix}$.

Eine Koordinatengleichung von K erhält man mithilfe der Punkt-Normalenform:

$$\text{K: } (\vec{x} - \vec{e}) \cdot \vec{n} = 0$$

$$\text{K: } \left(\begin{pmatrix} x_1 \\ x_2 \\ x_3 \end{pmatrix} - \begin{pmatrix} 8 \\ 0 \\ 4 \end{pmatrix} \right) \cdot \begin{pmatrix} 0 \\ 1 \\ -7 \end{pmatrix} = 0$$

$$\text{K: } (x_1 - 8) \cdot 0 + (x_2 - 0) \cdot 1 + (x_3 - 4) \cdot (-7) = 0$$

$$\text{K: } x_2 - 7x_3 + 28 = 0$$

$$\text{K: } x_2 - 7x_3 = -28$$

Alternativ kann man auch die Koordinaten des Punktes E(8 | 0 | 4) in den Ansatz $x_2 - 7x_3 = d$ einsetzen:

$$0 - 7 \cdot 4 = d \Rightarrow d = -28$$

Die Ebene K, in der die Dachfläche liegt, hat somit die Koordinatengleichung

$$\text{K: } x_2 - 7x_3 = -28$$

b) Die Gleichung der Stromleitung l, die durch den Punkt P(10 | 10 | 9) geht und parallel zur x_1-Achse ist, hat die Gleichung:

$$l\colon \vec{x} = \begin{pmatrix} 10 \\ 10 \\ 9 \end{pmatrix} + t \cdot \begin{pmatrix} 1 \\ 0 \\ 0 \end{pmatrix}$$

Die Dachkante FG liegt auf der Geraden h mit der Gleichung:

$$h\colon \vec{x} = \begin{pmatrix} 8 \\ 7 \\ 5 \end{pmatrix} + t \cdot \begin{pmatrix} 8 \\ 0 \\ 0 \end{pmatrix}$$

Da die Richtungsvektoren von l und h Vielfache voneinander sind, sind l und h parallel zueinander.
Den Abstand der Dachkante FG zur Stromleitung erhält man, indem man den Abstand von l zu h bzw. den Abstand des Punktes $\mathrm{F}(8 \mid 7 \mid 5)$ zur Geraden l berechnet. Dazu stellt man zuerst die Gleichung einer Hilfsebene $\mathrm{E_H}$ auf, die den Punkt F enthält und orthogonal zu l ist. Als Normalenvektor von $\mathrm{E_H}$ verwendet man den Richtungsvektor $\vec{u}_l = \begin{pmatrix} 1 \\ 0 \\ 0 \end{pmatrix}$ von l.

Setzt man die Koordinaten von F und $\vec{u}_l$ in die Normalenform ein, ergibt sich:

$$\mathrm{E_H}\colon \left(\vec{x} - \vec{f}\right) \cdot \vec{u}_l = 0$$

$$\mathrm{E_H}\colon \left(\begin{pmatrix} x_1 \\ x_2 \\ x_3 \end{pmatrix} - \begin{pmatrix} 8 \\ 7 \\ 5 \end{pmatrix}\right) \cdot \begin{pmatrix} 1 \\ 0 \\ 0 \end{pmatrix} = 0$$

$$\mathrm{E_H}\colon (x_1 - 8) \cdot 1 + (x_2 - 7) \cdot 0 + (x_3 - 5) \cdot 0 = 0$$

$$\mathrm{E_H}\colon x_1 - 8 = 0$$

$$\mathrm{E_H}\colon x_1 = 8$$

Anschließend schneidet man $\mathrm{E_H}$ mit l. Dazu setzt man den sogenannten allgemeinen Punkt $\mathrm{L}_t(10+t \mid 10 \mid 9)$ von l in die Gleichung von $\mathrm{E_H}$ ein:

$$10 + t = 8 \;\Rightarrow\; t = -2$$

Setzt man $t = -2$ in L_t ein, ergeben sich die Koordinaten des Schnittpunktes $\mathrm{L}(8 \mid 10 \mid 9)$ von $\mathrm{E_H}$ und l.

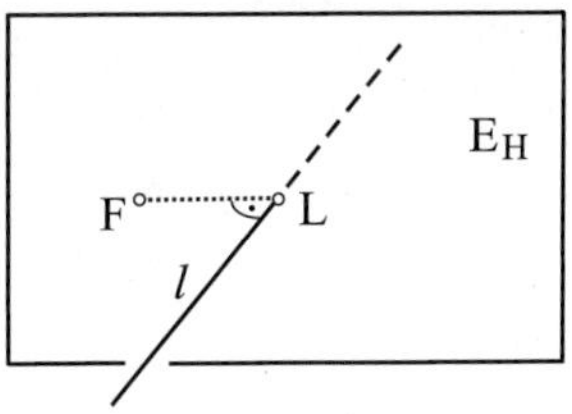

Den Abstand d von l und h bzw. von F zu l erhält man, indem man den Abstand von F zu L berechnet. Dazu bestimmt man die Länge des zugehörigen Verbindungsvektors:

$$\mathrm{d} = \left|\overrightarrow{\mathrm{FL}}\right| = \left|\begin{pmatrix} 0 \\ 3 \\ 4 \end{pmatrix}\right| = \sqrt{0^2 + 3^2 + 4^2} = \sqrt{25} = 5$$

Somit hat die Dachkante FG zur Stromleitung l einen Abstand von 5 m.

c) Es ist $E_a: ax_2 - 7x_3 = 7a - 35$ mit $a \geqslant 0$. Um den Wert von a zu berechnen, für den die Neigung der Dachfläche 30° beträgt, bestimmt man einen Term für den Winkel zwischen den Normalenvektoren $\vec{n} = \begin{pmatrix} 0 \\ 0 \\ 1 \end{pmatrix}$ der x_1x_2-Ebene und $\overrightarrow{n_a} = \begin{pmatrix} 0 \\ a \\ -7 \end{pmatrix}$ der Ebene E_a mit der Formel $\cos(\alpha) = \frac{|\overrightarrow{n_1} \cdot \overrightarrow{n_2}|}{|\overrightarrow{n_1}| \cdot |\overrightarrow{n_2}|}$ für den Winkel zwischen zwei Ebenen:

$$\begin{aligned}
\cos(\alpha) &= \frac{|\vec{n} \cdot \overrightarrow{n_a}|}{|\vec{n}| \cdot |\overrightarrow{n_a}|} \\
&= \frac{\left| \begin{pmatrix} 0 \\ 0 \\ 1 \end{pmatrix} \cdot \begin{pmatrix} 0 \\ a \\ -7 \end{pmatrix} \right|}{\left| \begin{pmatrix} 0 \\ 0 \\ 1 \end{pmatrix} \right| \cdot \left| \begin{pmatrix} 0 \\ a \\ -7 \end{pmatrix} \right|} \\
&= \frac{|0 \cdot 0 + 0 \cdot a + 1 \cdot (-7)|}{\sqrt{0^2 + 0^2 + 1^2} \cdot \sqrt{0^2 + a^2 + (-7)^2}} \\
&= \frac{|-7|}{\sqrt{1} \cdot \sqrt{a^2 + 49}} \\
&= \frac{7}{\sqrt{a^2 + 49}}
\end{aligned}$$

Setzt man $\alpha = 30°$ in diesen Term ein, erhält man folgende Gleichung, die man nach a auflösen kann:

$$\begin{aligned}
\cos(30°) &= \frac{7}{\sqrt{a^2 + 49}} \\
\frac{\sqrt{3}}{2} &= \frac{7}{\sqrt{a^2 + 49}} \\
\sqrt{3} \cdot \sqrt{a^2 + 49} &= 14 \\
3 \cdot \left(a^2 + 49\right) &= 196 \\
3a^2 + 147 &= 196 \\
a^2 &= \frac{49}{3} \\
a_{1,2} &= \pm\sqrt{\frac{49}{3}}
\end{aligned}$$

Wegen $a \geqslant 0$ kommt nur $a = \sqrt{\frac{49}{3}} \approx 4{,}04$ als Lösung in Frage.

Für $a = \sqrt{\frac{49}{3}} \approx 4{,}04$ beträgt die Neigung der Dachfläche 30°.

Da es laut Aufgabenstellung eine gemeinsame Gerade g aller Ebenen der Schar E_a gibt, genügt es, die Gleichung von g zu ermitteln. Die Gleichung der Geraden g, die in allen

Ebenen der Schar liegt, erhält man, indem man beispielsweise die Schnittgerade der Ebenen E_0 und E_1 bestimmt.
Setzt man $a = 0$ bzw. $a = 1$ in E_a ein, erhält man die zugehörigen Ebenengleichungen:

$$E_0: -7x_3 = -35$$
$$E_1: x_2 - 7x_3 = -28$$

Dies führt zu folgendem Gleichungssystem::

$$\begin{array}{llcrcr} \text{I} & & - & 7x_3 & = & -35 \\ \text{II} & x_2 & - & 7x_3 & = & -28 \end{array}$$

Aus Gleichung I erhält man $x_3 = 5$.
Setzt man $x_3 = 5$ in Gleichung II ein, ergibt sich: $x_2 - 7 \cdot 5 = -28 \Rightarrow x_2 = 7$
Da x_1 in keiner der beiden Ebenengleichungen vorkommt, kann man x_1 frei wählen, also z.B. $x_1 = t$. Somit hat die Schnittgerade g die Gleichung:

$$g: \vec{x} = \begin{pmatrix} 0 \\ 7 \\ 5 \end{pmatrix} + t \cdot \begin{pmatrix} 1 \\ 0 \\ 0 \end{pmatrix}$$

Um zu untersuchen, für welche Werte von a im gesamten Gewächshaus eine Mindesthöhe von 2 m gegeben ist, kann man sich Folgendes überlegen:
Die Punkte $F(8 \mid 7 \mid 5)$ und $G(0 \mid 7 \mid 5)$ liegen für $t = 8$ bzw. $t = 0$ auf der Geraden g, die in allen Ebenen der Schar liegt.
Diese Punkte liegen somit unabhängig von a auf einer Höhe von 5 m, da die x_3-Koordinate dieser Punkte 5 beträgt.
Die Wand BCGH des Gewächshauses hat damit eine Höhe von 5 m.
Damit muss man nur noch die gegenüberliegende Wand ADHE bzw. die Kante EH überprüfen.
Ein Punkt H_a, der auf der x_3-Achse und in der Ebene E_a liegt, hat die Koordinaten $H_a(0 \mid 0 \mid z)$. Setzt man die Koordinaten von H_a in die Gleichung von E_a ein, ergibt sich:

$$a \cdot 0 - 7 \cdot z = 7a - 35$$
$$z = 5 - a$$

Damit hat der Punkt H_a die Koordinaten $H_a(0 \mid 0 \mid 5 - a)$.
Damit im gesamten Gewächshaus eine Mindesthöhe von 2 m gegeben ist, muss gelten:

$$5 - a \geqslant 2$$
$$3 \geqslant a$$

Wegen $a \geqslant 0$ betrachtet man zur Kontrolle noch den Fall $a = 0$.
Für $a = 0$ ergibt sich: $H_0(0 \mid 0 \mid 5 - 0)$, was einer Höhe von 5 m entspricht.
Somit ist für $0 \leqslant a \leqslant 3$ eine Mindesthöhe von 2 m gegeben.

Stochastik Aufgabe C1

Es ist $\mu = 252$ und $\sigma = 2$.

a) Die Wahrscheinlichkeit dafür, dass weniger als 250 g in dem Glas sind, erhält man mithilfe der kumulierten Normalverteilung:

$$P(X < 250) \approx 0,159$$

Die Wahrscheinlichkeit beträgt etwa $15,9\,\%$.

Zuerst berechnet man 2% von 250 g: $0,02 \cdot 250 = 5$.

Die Wahrscheinlichkeit dafür, dass die Füllmenge des Glases um höchstens 2% von 250 g abweicht, erhält man mit der kumulierten Normalverteilung:

$$P(250 - 5 \leqslant X \leqslant 250 + 5) = P(245 \leqslant X \leqslant 255) \approx 0,933$$

Die Wahrscheinlichkeit beträgt etwa $93,3\,\%$.

b) Gesucht ist ein Wert $a \neq 245$ mit $P(a \leqslant X \leqslant a+5) = P(245 \leqslant X \leqslant 250)$.

Um zu begründen, dass es solch einen Wert von a gibt, kann man sich Folgendes überlegen:

Die zugehörige Glockenkurve der Füllmenge X ist symmetrisch zum Erwartungswert $\mu = 252$.

Der Wert von $P(245 \leqslant X \leqslant 250)$ entspricht dem Flächeninhalt A_1 unter der Glockenkurve über dem Intervall $[245; 250]$. Gespiegelt an der Geraden $x = 252$ gibt es eine genau gleich große Fläche A_2:

Damit gilt: $P(245 \leqslant X \leqslant 250) = P(254 \leqslant X \leqslant 259)$. Somit ist $a = 254$.

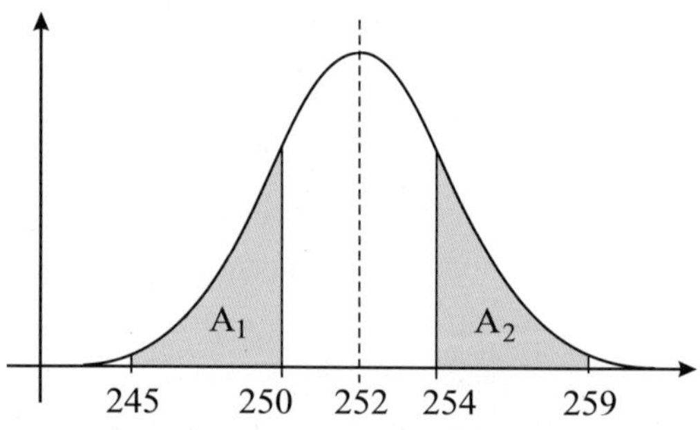

c) Legt man Y als Zufallsgröße für die Füllmenge der neuen Anlage fest, so ist Y normalverteilt mit dem Erwartungswert μ (unbekannt) und der Standardabweichung $\sigma = 1$.

Wenn die Wahrscheinlichkeit dafür, dass ein zufällig ausgewähltes Glas weniger als 250 g enthält, höchstens 15% betragen soll, gilt:

$$P(Y < 250) \leqslant 0,15$$

Mithilfe der kumulierten Normalverteilung erhält man durch Ausprobieren:

$$\mu = 251,0: \quad P(Y < 250) \approx 0,159$$
$$\mu = 251,1: \quad P(Y < 250) \approx 0,136$$

Somit muss der Erwartungswert der Füllmenge der neuen Anlage mindestens $251,1$ g betragen.

d) Die Wahrscheinlichkeit, dass ein Glas einen Gutschein enthält, beträgt $p = \frac{1}{5} = 0,2$.
Um die Wahrscheinlichkeit des Ereignisses A: «Genau drei dieser Gläser enthalten jeweils einen Gutschein.» zu bestimmen, legt man X als Zufallsvariable für die Anzahl der Gutscheine fest. Die Zufallsvariable X ist binomialverteilt mit den Parametern $n = 6$ und $p = 0,2$, also $B_{6;0,2}$-verteilt. Damit gilt mithilfe der Binomialverteilung:

frv.tv/de

$$P(A) = P(X = 3) = B_{6;0,2}(3) \approx 0,082 = 8,2\% \text{ (WTR)}$$

Die Wahrscheinlichkeit für das Ereignis A beträgt etwa $8,2\,\%$.

Die Wahrscheinlichkeit für das Ereignis B: «Die beiden ersten Gläser enthalten jeweils einen Gutschein.» erhält man mithilfe der Pfadregeln. Bezeichnet man mit G: Glas enthält Gutschein, so ergibt sich:

$$P(B) = P(GG....) = \frac{1}{5} \cdot \frac{1}{5} = \frac{1}{25} = 0,04$$

Die Wahrscheinlichkeit für das Ereignis B beträgt $4\,\%$.

Die Wahrscheinlichkeit für das Ereignis C: «In genau zwei Gläsern befindet sich jeweils ein Gutschein, und diese Gläser stehen nicht unmittelbar nebeneinander.» erhält man mithilfe der Pfadregeln. Es gibt dafür zehn Anordnungen, bei denen nicht zwei Gläser mit Gutschein nebeneinander stehen. Bezeichnet man mit G: Glas enthält Gutschein und mit $\overline{G}$: Glas enthält keinen Gutschein, so ergibt sich:

$$\begin{aligned}
P(C) = {} & P\left(G\overline{G}G\overline{G}\overline{G}\overline{G}\right) + P\left(G\overline{G}\overline{G}G\overline{G}\overline{G}\right) + P\left(G\overline{G}\overline{G}\overline{G}G\overline{G}\right) + P\left(G\overline{G}\overline{G}\overline{G}\overline{G}G\right) \\
& + P\left(\overline{G}G\overline{G}G\overline{G}\overline{G}\right) + P\left(\overline{G}G\overline{G}\overline{G}G\overline{G}\right) + P\left(\overline{G}G\overline{G}\overline{G}\overline{G}G\right) \\
& + P\left(\overline{G}\overline{G}G\overline{G}G\overline{G}\right) + P\left(\overline{G}\overline{G}G\overline{G}\overline{G}G\right) \\
& + P\left(\overline{G}\overline{G}\overline{G}G\overline{G}G\right) \\
= {} & 10 \cdot \left(\frac{1}{5}\right)^2 \cdot \left(\frac{4}{5}\right)^4 \\
\approx {} & 0,164
\end{aligned}$$

Die Wahrscheinlichkeit für das Ereignis C beträgt etwa $16,4\,\%$.

e) Man legt x für die Anzahl der Gläser mit Gutschein im Karton mit 30 Gläsern fest.
Legt man Z als Zufallsgröße für die Anzahl der Gläser mit Gutschein bei drei gezogenen Gläsern fest, so ergibt sich mithilfe der Wahrscheinlichkeit des Gegenereignisses unter Berücksichtigung, dass es sich um «Ziehen ohne Zurücklegen» handelt und der Pfadregeln:

$$\begin{aligned}
P(Z \geqslant 1) &\geqslant 0,5 \\
1 - P(Z = 0) &\geqslant 0,5 \\
0,5 &\geqslant P(Z = 0) \\
0,5 &\geqslant \frac{30 - x}{30} \cdot \frac{29 - x}{29} \cdot \frac{28 - x}{28}
\end{aligned}$$

Durch Ausprobieren mit dem Taschenrechner ergibt sich:

$$x = 5: \quad P(Z = 0) = \frac{30-5}{30} \cdot \frac{29-5}{29} \cdot \frac{28-5}{28} \approx 0,567$$
$$x = 6: \quad P(Z = 0) = \frac{30-6}{30} \cdot \frac{29-6}{29} \cdot \frac{28-6}{28} \approx 0,499$$

Somit müssten sich in dem Karton mindestens sechs Gläser mit Gutschein befinden.

f) Bezeichnet man mit E: Das Etikett ist defekt und mit D: Der Deckel ist defekt, so kann man anhand der gegebenen Angaben folgende Werte bestimmmen:
Da die Wahrscheinlichkeit dafür, dass das Etikett defekt ist, $3,5\,\%$ beträgt, gilt: $P(E) = 0,035$.
Da die Wahrscheinlichkeit dafür, dass das Etikett und der Deckel defekt sind, $1,5\,\%$ beträgt, gilt: $P(E \cap D) = 0,015$.
Da die Wahrscheinlichkeit dafür, dass weder das Etikett noch der Deckel defekt sind, $95,5\,\%$ beträgt, gilt: $P\left(\overline{E} \cap \overline{D}\right) = 0,955$.
Trägt man diese Werte in eine Vierfeldertafel ein und ergänzt sie durch Differenzen- und Summenbildung, ergibt sich:

	E	$\overline{E}$	
D	0,015	0,01	0,025
$\overline{D}$	0,02	0,955	0,975
	0,035	0,965	1

Die Wahrscheinlichkeit dafür, dass ein Honigglas mit einem defekten Deckel ein nichtdefektes Etikett hat, erhält man mithilfe der bedingten Wahrscheinlichkeit:

$$P_D\left(\overline{E}\right) = \frac{P\left(D \cap \overline{E}\right)}{P(D)} = \frac{0,01}{0,025} = \frac{2}{5} = 0,40$$

Die Wahrscheinlichkeit beträgt $40\,\%$.
Um zu untersuchen, ob die beiden betrachteten Defekte unabhängig voneinander auftreten, vergleicht man $P(E \cap D)$ mit $P(E) \cdot P(D)$.
Es gilt:

$$P(E \cap D) = 0,015$$
$$P(E) \cdot P(D) = 0,035 \cdot 0,025 = 0,000875$$

Wegen $P(E \cap D) \neq P(E) \cdot P(D)$ sind die beiden Defekte nicht unabhängig voneinander.

Lösungen Wahlteil Stochastik 2021 Aufgabe C 2

Aufgabe C 2.1

a) Bezeichnet man mit r: rot wird gedreht, mit b: blau wird gedreht und mit g: grün wird gedreht, so gelten bei einmaligem Drehen folgende Wahrscheinlichkeiten: $P(r) = \frac{6}{10} = 0,6$, $P(b) = \frac{3}{10} = 0,3$ und $P(g) = \frac{1}{10} = 0,1$.
Legt man X als Zufallsgröße für die Anzahl der gedrehten roten Sektoren fest, so ist X binomialverteilt mit den Parametern $n = 20$ und $p = 0,6$, also $B_{20;0,6}$-verteilt.
Die Wahrscheinlichkeit für das Ereignis A: «Genau 15-mal erscheint rot.» erhält man mithilfe der Binomialverteilung:

frv.tv/de

$$\begin{aligned} P(A) &= P(X = 15) \\ &= B_{20;0,6}(15) \\ &\approx 0,075 \\ &= 7,5\% \end{aligned}$$

Die Wahrscheinlichkeit für das Ereignis A beträgt etwa $7,5\,\%$.

Legt man Y als Zufallsgröße für die Anzahl der gedrehten blauen Sektoren für die ersten zehn Drehungen fest, so ist Y binomialverteilt mit den Parametern $n = 10$ und $p = 0,3$, also $B_{10;0,3}$-verteilt.
Legt man Z als Zufallsgröße für die Anzahl der gedrehten blauen Sektoren für die zweiten zehn Drehungen fest, so ist Z binomialverteilt mit den Parametern $n = 10$ und $p = 0,3$, also $B_{10;0,3}$-verteilt.
Wenn bei den ersten zehn Drehungen genau zweimal blau erscheint, gilt: $Y = 2$.
Da ingesamt höchstens fünfmal blau erscheint, sind es bei den zweiten zehn Drehungen höchstens dreimal blau, also gilt: $Z \leqslant 3$.
Die Wahrscheinlichkeit für das Ereignis B: «Bei den ersten zehn Drehungen erscheint genau zweimal blau, insgesamt erscheint höchstens fünfmal blau.» erhält man mithilfe der Binomialverteilung, der kumulierten Binomialverteilung und der Pfadregeln:

$$\begin{aligned} P(B) &= P(Y = 2) \cdot P(Z \leqslant 3) \\ &\approx 0,2335 \cdot 0,6496 \\ &\approx 0,152 \\ &= 15,2\% \end{aligned}$$

Die Wahrscheinlichkeit für das Ereignis B beträgt etwa $15,2\,\%$.

b) Man bezeichnet mit r: rot wird gedreht und mit $\bar{r}$: rot wird nicht gedreht.
Die Wahrscheinlichkeit, dass bei zweimaligem Drehen genau einmal rot erscheint, erhält man mithilfe der Pfadregeln:

$$P(r\bar{r})+P(\bar{r}r)=0,6\cdot 0,4+0,4\cdot 0,6=0,48$$

Die Wahrscheinlichkeit, dass bei zweimaligem Drehen genau zweimal rot erscheint, erhält man ebenfalls mithilfe der Pfadregeln:

$$P(rr)=0,6\cdot 0,6=0,36$$

Legt man x als Auszahlungsbetrag fest, wenn genau einmal rot erscheint, so beträgt der Auszahlungsbetrag, wenn zweimal rot erscheint, $7\cdot x$.
Den Erwartungswert E für den Gewinn des Spielers erhält man, indem man die Auszahlungsbeträge mit den entsprechenden Wahrscheinlichkeiten multipliziert, die Ergebnisse addiert und den Einsatz subtrahiert:

$$E=x\cdot 0,48+7\cdot x\cdot 0,36-6=3\cdot x-6$$

Da das Spiel fair sein soll, muss gelten: $E=0$.
Dies führt zu folgender Gleichung, die man nach x auflösen kann:

$$3\cdot x-6=0\;\Rightarrow\; x=2$$

Somit beträgt der Auszahlungsbetrag für den Fall, dass genau einmal rot erscheint, 2 €.

c) Durch einen Hypothesentest kann die Wahrscheinlichkeit für das irrtümliche Ablehnen einer Nullhypothese H_0 eingeschränkt werden. Also muss in diesem Fall das irrtümliche Ablehnen der Nullhypothese dazu führen, dass von einer zu hohen Wahrscheinlichkeit für rot ausgegangen wird. Somit lautet die Nullhypothese: «Die Wahrscheinlichkeit p für rot beträgt höchstens 60%» bzw. $H_0:\ p\leqslant 0,6$.

d) Um den Beweis zu führen, verwendet man die Wahrscheinlichkeit des Gegenereignisses und die Pfadregeln. Mit $P(A)\cdot P\left(\overline{B}\right)=P\left(A\cap\overline{B}\right)$ ergibt sich:

$$\begin{aligned}P(A)\cdot P(B)&=P(A)\cdot\left(1-P\left(\overline{B}\right)\right)\\&=P(A)-P(A)\cdot P\left(\overline{B}\right)\\&=P(A)-P\left(A\cap\overline{B}\right)\\&=\left(P(A\cap B)+P\left(A\cap\overline{B}\right)\right)-P\left(A\cap\overline{B}\right)\\&=P(A\cap B)\end{aligned}$$

Aufgabe C 2.2

Legt man X als Zufallsgröße für die Anzahl der gewonnenen Spiele fest, so ist X im Extremfall binomialverteilt mit den Parametern $p = 0,1$ und $n = 200$.
Die Nullhypothese lautet: $H_0: p \geqslant 0,1$. Die zugehörige Alternativhypothese lautet $H_1: p < 0,1$.
Wegen $H_1: p < 0,1$ handelt es sich um einen linksseitigen Test mit Signifikanzniveau (maximale Irrtumswahrscheinlichkeit) $\alpha^* = 5\%$.
Man wird die Nullhypothese verwerfen, wenn bei den 200 Spielen deutlich weniger als 20 (Erwartungswert $E(X) = n \cdot p = 200 \cdot 0,1 = 20$) gewonnen werden.
Also ist ein maximales $g \in \mathbb{N}$ und damit ein Ablehnungsbereich $\overline{A} = \{0, ..., g\}$ der Nullhypothese so zu bestimmen, dass gilt:

$$P(X \in \overline{A}) \leqslant \alpha^*$$
$$P(X \leqslant g) \leqslant 0,05$$

Für $n = 200$ und $p = 0,1$ ergibt sich durch Ausprobieren mit dem Taschenrechner:

frv.tv/df

$$P(X \leqslant 12) \approx 0,032$$
$$P(X \leqslant 13) \approx 0,057$$

Also ist $g = 12$ das maximale $g \in \mathbb{N}$ und man erhält damit den Ablehnungsbereich:

$$\overline{A} = \{0, ..., 12\}$$

Damit ergibt sich folgende Entscheidungsregel:
Wenn bei 200 Spielen höchstens 12 gewonnen werden, wird die Nullhypothese verworfen. Ansonsten kann sie nicht abgelehnt werden.

Wenn die tatsächliche Wahrscheinlichkeit für das Gewinnen eines Spiels $p = 0,08$ beträgt, legt man Y als binomialverteilte Zufallsgröße für die Anzahl der gewonnenen Spiele mit den Parametern $p^* = 0,08$ und $n = 200$ fest, also ist Y $B_{200;0,08}$-verteilt.
Bei einem Fehler zweiter Art trifft H_0 nicht zu und wird nicht abgelehnt. Die Wahrscheinlichkeit β für den Fehler zweiter Art erhält man, indem man die Wahrscheinlichkeit dafür, dass sich die Anzahl der gewonnenen Spiele nicht im Ablehnungsbereich $\overline{A} = \{0, ..., 12\}$ befindet, berechnet.
Mithilfe der Wahrscheinlichkeit des Gegenereignisses und der kumulierten Binomialverteilung erhält man:

$$\beta = P\left(Y \notin \overline{A}\right) = P(Y > 12) = 1 - P(Y \leqslant 12) \approx 1 - 0,182 = 0,818 = 81,8\%$$

Die Wahrscheinlichkeit für den Fehler zweiter Art beträgt damit etwa $81,8\,\%$.

Wahlteil Abitur 2022*

Tipps ab Seite 256, Lösungen ab Seite 263 ☐

Mathematik Wahlteil 2022 Analysis A1

Aufgabe A 1.1

Die Abbildung zeigt den Graphen G_f der Funktion f mit $f(x) = x^3 - 6x^2 + 8x$

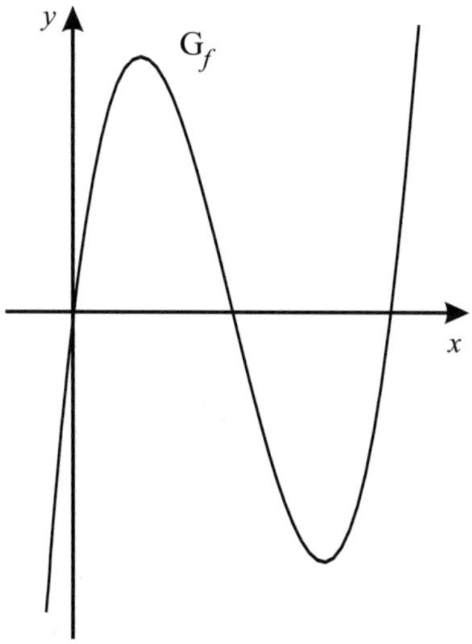

a) Berechnen Sie die Nullstellen von f. (1,5 VP)

Berechnen Sie die Koordinaten des Wendepunktes W von G_f. (1,5 VP)

Die Gerade t_1 ist die Tangente an G_f in W. Zeigen Sie, dass $y = -4x + 8$ eine Gleichung von t_1 ist. (1 VP)

b) Die Gerade t_2 ist die Tangente an G_f im Ursprung O. Die Geraden t_1 und t_2 schneiden sich im Punkt Q. Berechnen Sie für das Dreieck OWQ die Weite des Innenwinkels bei Q. (2 VP)
Für ein $u > 0$ ist die Tangente an G_f im Punkt $B\,(u \mid f(u))$ parallel zu t_2. Bestimmen Sie den Wert von u. (1,5 VP)

c) Die Funktion I_0 mit $I_0 = \int_0^x f(t)\,dt$ besitzt im Intervall $[0; 4]$ ihren maximalen Wert an der Stelle x_0.
Geben Sie x_0 an und begründen Sie Ihre Angabe. (1,5 VP)

d) Für die Funktion h mit $h(x) = x^3 - 4x$ gilt $f(x) = h(x-2)$. Erläutern Sie, welche Symmetrieeigenschaft daraus für G_f folgt. (1,5 VP)

e) Der Graph G_{f*} entsteht durch Spiegelung des Graphen G_f an der Geraden mit der Gleichung $x = a$. Die Tangente an G_{f*} im Wendepunkt von G_{f^*} schneidet die y-Achse im Punkt $S\,(0 \mid 16)$.
Bestimmen Sie den Wert von a. (2,5 VP)

*Die Aufgaben wurden an die Vorgaben des Abiturs 2023 angepasst

Aufgabe A 1.2

Für jedes $a > 0$ ist die Funktion f_a gegeben durch $f_a(x) = a \cdot \sin(a \cdot \pi \cdot x)$. Die zugehörigen Graphen werden mit G_a bezeichnet. Der Punkt $H_a\left(\frac{1}{2a} \mid a\right)$ ist ein Hochpunkt von G_a.

a) Geben Sie die Periode von f_a an. (0,5 VP)
Der Punkt H_a bildet mit den beiden von H_a am wenigsten weit entfernten Tiefpunkten von G_a ein Dreieck. Zeigen Sie, dass der Flächeninhalt dieses Dreiecks unabhängig von a ist. (2 VP)

b) Ermitteln Sie den Wert von a, für den H_a vom Ursprung den Abstand 1 hat. (2 VP)

c) Zeigen Sie, dass alle Punkte H_a auf einer Kurve K mit der Gleichung $y = \frac{1}{2x}$ liegen. (0,5 VP)
Auf K gibt es einen Punkt H_a, in dem die Tangente an K parallel zur Geraden mit der Gleichung $y = -2x$ ist. Bestimmen Sie den Wert von a. (2 VP)

Tipps ab Seite 257, Lösungen ab Seite 267

Mathematik Wahlteil 2022 Analysis A2

Aufgabe A 2.1

Die Abbildung zeigt den Graphen der Funktion f mit $f(t) = \left(2t - t^2\right) \cdot \mathrm{e}^{2-t}$, die für $0 \leqslant t \leqslant 10$ die momentane Änderungsrate des Wasservolumens in einem Becken beschreibt (t in Stunden nach Beobachtungsbeginn, $f(t)$ in Kubikmeter pro Stunde).

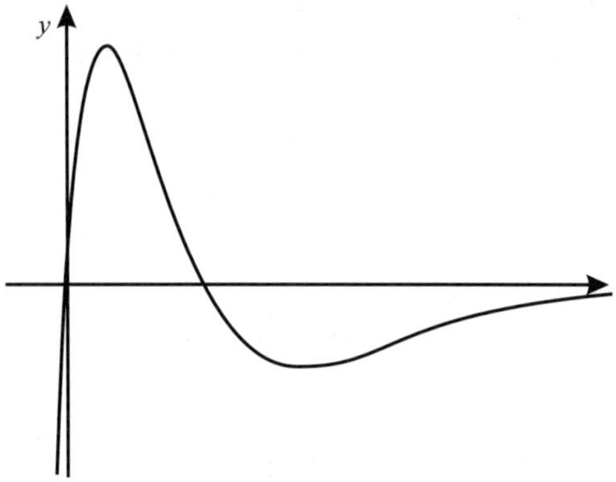

a) Geben Sie die momentane Änderungsrate des Wasservolumens eine Stunde nach Beobachtungsbeginn an. (0,5 VP)
Begründen Sie, dass das Wasservolumen in den ersten beiden Stunden nach Beobachtungsbeginn niemals abnimmt. (1,5 VP)
Die momentane Änderungsrate des Wasservolumens besitzt ein Minimum.
Bestimmen Sie den Zeitpunkt, zu dem dieses Minimum angenommen wird. (2,5 VP)
(Teilergebnis: $t_{min} = 2 + \sqrt{2}$)

Die Funktion F mit $\mathrm{F}(t) = t^2 \cdot \mathrm{e}^{2-t}$ ist eine Stammfunktion von *f*. Zwei Stunden nach Beobachtungsbeginn enthält das Becken $6\,\mathrm{m}^3$ Wasser.

b) Ermitteln Sie das Wasservolumen, das sich zu Beobachtungsbeginn im Becken befand. (1,5 VP)
Es gibt einen 45-Minuten-Zeitraum, in welchem das Wasservolumen um genau einen Kubikmeter zunimmt. Geben Sie eine Gleichung an, deren Lösung den Beginn dieses Zeitraums darstellt. (1 VP)

c) Über eine Schaltuhr kann ein Zeitpunkt t_0 gewählt werden, so dass die momentane Änderungsrate des Wasservolumens nur bis t_0 durch die Funktion f beschrieben wird und danach konstant auf dem Wert $f(t_0)$ bleibt.
Zeigen Sie, dass t_0 nicht so gewählt werden kann, dass das Becken sieben Stunden nach Beobachtungsbeginn leer ist. (2 VP)

Für ein anderes Becken beschreiben die Funktion g die momentane Zuflussrate und die Funktion h die momentane Abflussrate des Wassers in Abhängigkeit von der Zeit t ($0 \leqslant t \leqslant 17$, t in Stunden nach Beobachtungsbeginn, $g(t)$ und $h(t)$ in Kubikmeter pro Stunde). Die Abbildung in der Anlage zeigt die Graphen der beiden Funktionen g und h.

d) Geben Sie den Zeitraum an, in dem das Wasservolumen in diesem Becken abnimmt. (0,5 VP)
Das abfließende Wasser wird in einem quaderförmigen Tank mit der Grundfläche $12\,\text{m}^2$ gesammelt. Dieser ist zu Beobachtungsbeginn leer. Untersuchen Sie, ob das Wasser im Tank höher als 5 m steigt. (2 VP)
Entscheiden Sie, ob das Becken zu Beobachtungsbeginn leer war, und begründen Sie Ihre Entscheidung. (1,5 VP)

Aufgabe A 2.2

Für jede reelle Zahl $a \neq 0$ ist eine Funktion k_a gegeben durch $k_a(x) = \frac{1}{x} - \frac{a}{x^2}$.
G_a ist der Graph von k_a.

a) Geben Sie Gleichungen der Asymptoten des Graphen G_a an. (1 VP)
Weisen Sie nach, dass für die Ableitung $k_a{}'$ von k_a gilt: $k_a{}'(x) = \frac{2a-x}{x^3}$ (1,5 VP)
Zeigen Sie, dass jeder Graph G_a genau einen Extrempunkt besitzt, und untersuchen Sie, für welche Werte von a ein Hochpunkt vorliegt. (2,5 VP)

b) Jeder Graph G_a besitzt einen Punkt P_a mit der folgenden Eigenschaft:
Die Tangente im Punkt P_a an G_a verläuft durch den Ursprung.
Bestimmen Sie die x-Koordinate von P_a. (2 VP)

Abbildung zu Aufgabe A 2.1

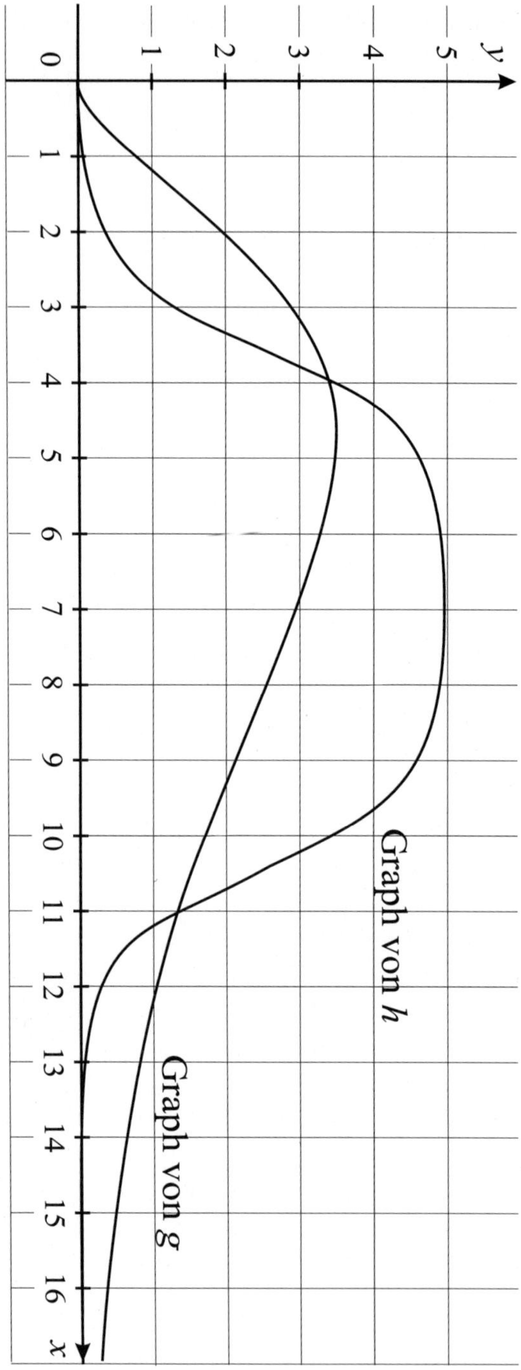

Tipps ab Seite 259, Lösungen ab Seite 272 □

Mathematik Wahlteil 2022 Analytische Geometrie B1

Für $k \in \mathbb{R}$ mit $0 < k \leqslant 6$ werden die Pyramiden $ABCD_k$ mit $A(0 \mid 0 \mid 0)$, $B(4 \mid 0 \mid 0)$, $C(0 \mid 4 \mid 0)$ und $D_k(0 \mid 0 \mid k)$ betrachtet (vgl. Abbildung 1).

a) Begründen Sie, dass das Dreieck BCD_k gleichschenklig ist. (1 VP)

Der Mittelpunkt der Strecke BC ist $M(2|2|0)$.

$\left|\overrightarrow{MD_k}\right| = \left|\begin{pmatrix} -2 \\ -2 \\ k \end{pmatrix}\right|$ ist die Länge einer Höhe des Dreiecks BCD_k. Bestimmen Sie den Flächeninhalt des Dreiecks BCD_k. (1 VP)

Bestimmen Sie die Koordinaten von D_k so, dass das Volumen der Pyramide $ABCD_k$ genau 12 VE beträgt. (1 VP)

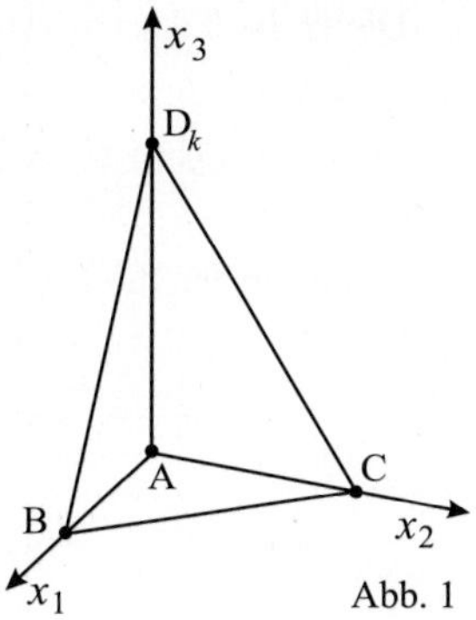

Abb. 1

Für jeden Wert von k liegt die Seitenfläche BCD_k in der Ebene $L_k\colon kx_1 + kx_2 + 4x_3 = 4k$.

b) Ermitteln Sie denjenigen Wert von k, für den die Größe des Winkels, unter dem die x_3-Achse die Ebene L_k schneidet, $30°$ beträgt. (2,5 VP)

Berechnen Sie denjenigen Wert von k, für den der Abstand von A zu L_k genau 2 LE beträgt. (1,5 VP)

c) Zusätzlich zu den Pyramiden wird der in der Abbildung 2 gezeigte Quader betrachtet. Die Punkte A und $Q(1|1|3)$ sind Eckpunkte des Quaders, die Seitenflächen des Quaders sind parallel zu den Koordinatenebenen.

Für $k = 6$ enthält die Seitenfläche BCD_k der Pyramide den Eckpunkt Q des Quaders. Für kleinere Werte von k schneidet die Seitenfläche BCD_k den Quader in einem Vieleck. Für einen Wert von k verläuft die Seitenfläche BCD_k durch die Eckpunkte P und R des Quaders.

Bestimmen Sie diesen Wert von k. (1,5 VP)

(Teilergebnis: $k = 4$)

Geben Sie in Abhängigkeit von k die Anzahl der Eckpunkte des Vielecks an, in dem die Seitenfläche BCD_k den Quader schneidet. (2 VP)

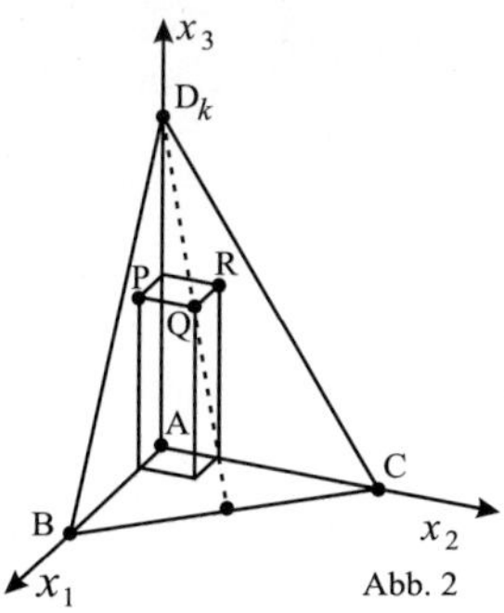

Abb. 2

d) Nun wird die Pyramide $ABCD_6$, d.h. diejenige für $k = 6$, betrachtet. Dieser Pyramide werden Quader einbeschrieben (vgl. Abbildung 3). Die Grundflächen der Quader liegen in der x_1x_2-Ebene, haben den Eckpunkt A gemeinsam und sind quadratisch. Die Höhe h der Quader durchläuft alle reellen Werte mit $0 < h < 6$. Für jeden Wert von h liegt der Eckpunkt Q_h in der Seitenfläche BCD_6 der Pyramide.

Ermitteln Sie die Koordinaten des Punkts Q_h.

(2 VP)

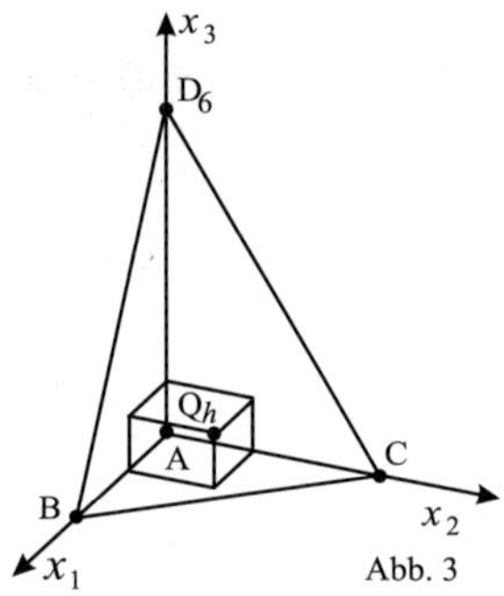

Abb. 3

Tipps ab Seite 259, Lösungen ab Seite 275 □

Mathematik Wahlteil 2022 Analytische Geometrie B2

Gegeben sind die Geradenschar $g_a: \vec{x} = \begin{pmatrix} 1 \\ 0 \\ -2 \end{pmatrix} + t \cdot \begin{pmatrix} a \\ 3 \\ -1 \end{pmatrix}$, $t \in \mathbb{R}$, $a \in \mathbb{R}$ und

die Gerade $h: \vec{x} = \begin{pmatrix} 1 \\ -6 \\ 0 \end{pmatrix} + s \cdot \begin{pmatrix} 0 \\ 3 \\ -1 \end{pmatrix}$, $s \in \mathbb{R}$.

a) Beschreiben Sie die besondere Lage der Gerade h im Koordinatensystem. (0,5 VP)
Zeigen Sie, dass die Gerade h zur Schar g_a gehört. (1 VP)
Alle Geraden der Schar g_a liegen in einer Ebene.
Bestimmen Sie eine Koordinatengleichung der Ebene E. (2 VP)
(Teilergebnis: E: $x_2 + 3x_3 = -6$)

b) Es gibt eine Gerade der Schar g_a, die parallel zur Ebene F mit
F: $2x_1 - 2x_2 - 2x_3 = 7$ ist.
Berechnen Sie den Abstand dieser Geraden zum Ursprung. (2,5 VP)

c) Bestimmen Sie denjenigen Wert von a, für den g_a die x_2-Achse schneidet. (1,5 VP)
Es gibt zwei Geraden der Schar g_a, die die Gerade h im Winkel von 45° schneiden.
Ermitteln Sie die zugehörigen Werte von a. (2,5 VP)

d) Bestimmen Sie eine Gleichung einer Gerade, die von allen Geraden der Schar g_a den Abstand $\sqrt{40}$ besitzt und zu allen Geraden der Schar g_a windschief verläuft. (2,5 VP)

Tipps ab Seite 260, Lösungen ab Seite 280

Mathematik Wahlteil 2022 Stochastik C1

Ein Onlineshop bietet Patronen mit schwarzer Tinte und Patronen mit farbiger Tinte an.

a) Erfahrungsgemäß beträgt der Verkaufsanteil der Patronen mit schwarzer Tinte 65%. Betrachtet wird eine zufällige Anzahl von 100 verkauften Patronen. Es wird davon ausgegangen, dass dabei die Anzahl der Patronen mit schwarzer Tinte binomialverteilt ist. Bestimmen Sie die Wahrscheinlichkeiten folgender Ereignisse:
A: «Genau 66 der verkauften Patronen sind mit schwarzer Tinte gefüllt.» (0,5 VP)
B: «Mindestens 40 Patronen sind nicht mit schwarzer Tinte gefüllt.» (1,5 VP)
C: «Die Anzahl der verkauften Patronen mit schwarzer Tinte weicht um mehr als 10% vom Erwartungswert dieser Anzahl ab.» (1,5 VP)

b) Im Folgenden werden nur Patronen betrachtet, die mit schwarzer Tinte gefüllt sind. Die Füllmenge einer solchen Patrone wird als normalverteilt mit dem Erwartungswert 8 ml und der Standardabweichung 0,04 ml angenommen. Eine der beiden Abbildungen zeigt den Graphen der zugehörigen Dichtefunktion.

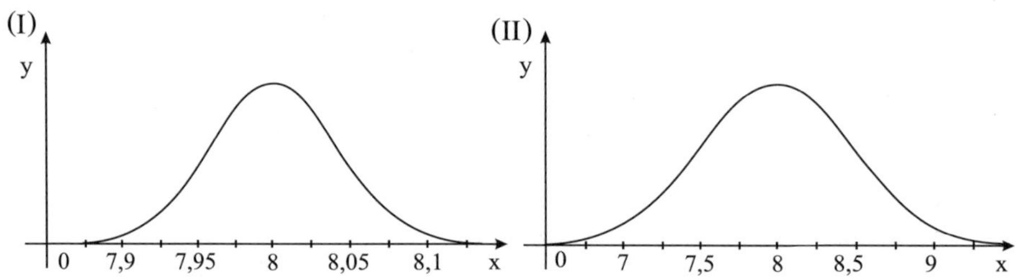

Geben Sie die Abbildung an, die den Graphen der zugehörigen Dichtefunktion nicht zeigt, und begründen Sie Ihre Angabe. (1 VP)

Bestimmen Sie das Maximum der Dichtefunktion und skalieren Sie damit die y-Achse der zugehörigen Abbildung. (1 VP)
Berechnen Sie die Wahrscheinlichkeit dafür, dass eine zufällig ausgewählte Patrone weniger als 7,95 ml Tinte enthält. (0,5 VP)
Betrachtet wird das Ereignis, dass eine zufällig ausgewählte Patrone zwischen 7,98 ml und 8,04 ml Tinte enthält. Geben Sie ein anderes Ereignis im Sachzusammenhang an, welches exakt dieselbe Wahrscheinlichkeit hat. (1 VP)
Bestimmen Sie das kleinste Intervall $[a;b]$, so dass die Füllmenge einer zufällig ausgewählten Patrone mit einer Wahrscheinlichkeit von 92% in $[a;b]$ liegt. (2 VP)

c) Betrachtet wird die für $x \geqslant 0$ definierte Funktion f mit $f(x) = 0{,}25 \cdot \mathrm{e}^{-0{,}25x}$.
Weisen Sie nach, dass f eine Dichtefunktion über ihrem Definitionsbereich ist. (2 VP)
Die Zeitdauer in Stunden zwischen dem Eingang einer Bestellung im Onlineshop und dem Versand der Ware kann modellhaft durch die stetige Zufallsgröße mit der Dichtefunktion f beschrieben werden.
Mit einer Wahrscheinlichkeit von 85% wird eine Ware innerhalb von t Stunden nach Eingang der Bestellung versandt. Bestimmen Sie den Wert von t. (1,5 VP)

Tipps ab Seite 261, Lösungen ab Seite 284 ☐

Mathematik Wahlteil 2022 Stochastik C2

Beim einmaligen Drehen des abgebildeten Glücksrades erhält man eine von vier möglichen Punktzahlen. Die Tabelle gibt für jede Punktzahl die zugehörige Wahrscheinlichkeit an.

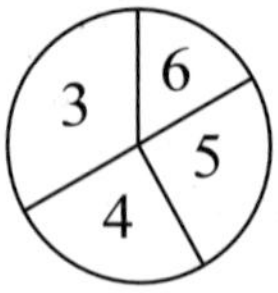

Punktzahl	3	4	5	6
Wahrscheinlichkeit	$\frac{1}{3}$	$\frac{1}{4}$	$\frac{1}{4}$	$\frac{1}{6}$

a) Zehn Personen drehen das Glücksrad jeweils einmal. Bestimmen Sie die Wahrscheinlickeit der folgenden Ereignisse:
A: «Genau zwei Personen erzielen jeweils die Punktzahl 4.» (0,5 VP)
B: «Mindestens drei Personen erzielen jeweils eine Punktzahl, die kleiner als 5 ist.» (1,5 VP)
C: «Die Summe der erzielten Punktzahlen aller zehn Personen ist höchstens 31.» (2 VP)

b) Ermitteln Sie, welche Punktzahl man bei einmaligem Drehen auf lange Sicht im Durchschnitt erzielt. (0,5 VP)
Bei einem Spiel wird das Glücksrad zweimal gedreht. Werden zwei gleiche Punktzahlen erzielt, erhält man pro Punktzahl einen bestimmten Auszahlungsbetrag in Euro. Sonst erhält man nichts. Der Einsatz beträgt 5 Euro.
Bestimmen Sie den Auszahlungsbetrag pro Punktzahl für das Spiel, so dass es fair ist. (2 VP)

c) Mehrere Spieler verwenden das Glücksrad bei einem anderen Spiel mit folgenden Regeln:

- Jeder Spieler dreht das Glücksrad einmal.
- Der Spieler mit der größten erzielten Punktzahl gewinnt.
- Erzielen mehrere Spieler diese größte Punktzahl, so gewinnt derjenige von ihnen, der als letzter gedreht hat.
  Achim ist der erste Spieler und erzielt die Punktzahl 5.

Beschreiben Sie, bei welchem weiteren Spielverlauf Achim gewinnt. (1 VP)
Die Wahrscheinlichkeit, dass Achim das Spiel gewinnt, ist kleiner als 2%.
Bestimmen Sie die Mindestanzahl der Spieler. (2 VP)

d) Ein Spieler vermutet, dass die Wahrscheinlichkeit für die Punktzahl 3 bei dem vorliegenden Glücksrad nicht $\frac{1}{3}$ ist. Daher soll ein einseitiger Hypothesentest mit einer Stichprobe von 100 Drehungen auf einem Signifikanzniveau von 5% durchgeführt werden. Dabei soll möglichst vermieden werden, dass irrtümlich von einer zu hohen Wahrscheinlichkeit für die Punktzahl 3 ausgegangen wird.
Der Spieler entscheidet sich für folgende Nullhypothese:
«Die Wahrscheinlichkeit für die Punktzahl 3 beträgt höchstens $\frac{1}{3}$.»
Beurteilen Sie, ob dieser Test der genannten Zielsetzung entspricht. (1 VP)

Formulieren Sie den Fehler zweiter Art im Sachzusammenhang. (1 VP)

Beim durchgeführten Test ergibt sich der Ablehnungsbereich $A = \{42, \ldots 100\}$.
Bestimmen Sie die Wahrscheinlichkeit für den Fehler zweiter Art unter der Annahme, dass die Wahrscheinlichkeit für die Punktzahl 3 tatsächlich 40% beträgt. (1 VP)

Tipps Abitur 2022

Analysis Aufgabe A 1

Aufgabe A 1.1

a) Die Nullstellen von f erhalten Sie, indem Sie die Gleichung $f(x) = 0$ nach x auflösen. Klammern Sie x aus, verwenden Sie den Satz vom Nullprodukt sowie die *abc*-Formel. Die Koordinaten des Wendepunktes W von G_f erhalten Sie mithilfe der 2. und 3. Ableitung von f. Als notwendige Bedingung lösen Sie die Gleichung $f''(x) = 0$ nach x auf. Setzen Sie den erhaltenen x-Wert in $f'''(x)$ ein. Falls $f'''(x) \neq 0$ handelt es sich um eine Wendestelle. Den zugehörigen y-Wert erhalten Sie, indem Sie den x-Wert in $f(x)$ einsetzen. Um zu zeigen, dass die gegebene Gleichung eine Gleichung von t_1 (Tangente an G_f in W) ist, berechnen Sie zuerst die Steigung m_1 in W mithilfe der 1. Ableitung von f. Dazu setzen Sie den x-Wert des Wendepunkts in $f'(x)$ ein. Anschließend setzen Sie noch die Koordinaten von W in die gegebene Gleichung ein. Bei einer wahren Aussage liegt W auf der Geraden. Alternativ können Sie auch die berechnete Tangentensteigung und die Koordinaten von W in die Punkt-Steigungs-Form $y = m_1 \cdot (x - x_W) + y_W$ einsetzen.

b) Die Weite des Innenwinkels γ bei Q im Dreieck OWQ erhalten Sie mithilfe der Steigungen m_1 und m_2 der Tangenten t_1 und t_2. Die Steigung m_2 von t_2 im Ursprung O erhalten Sie mithilfe der 1. Ableitung von f. Dazu setzen Sie den x-Wert des Ursprungs in $f'(x)$ ein. Skizzieren Sie die Problemstellung. Mithilfe der Formel $\tan\alpha = m$ können Sie die entsprechenden Steigungswinkel α bei O und β bei W berechnen. Mit der Winkelsumme von $180°$ im Dreieck erhalten Sie den Winkel γ bei Q. Um den Wert von u zu bestimmen, für den die Tangente an G_f im Punkt $B\,(u \mid f(u))$ parallel zu t_2 ist, lösen Sie die Gleichung $f'(u) = m_2$ nach u auf. Klammern Sie u aus und verwenden Sie den Satz vom Nullprodukt. Beachten Sie, dass $u > 0$ ist.

c) Beachten Sie, dass die Funktion I_0 mit $I_0 = \int_0^x f(t)\,dt$ den orientierten Flächeninhalt der Fläche zwischen dem Graphen von f und der x-Achse beschreibt. Anhand des gegebenen Graphen können Sie bestimmen, für welche x-Werte der Graph von f oberhalb oder unterhalb der x-Achse verläuft. Überlegen Sie, bis zu welchem x-Wert der orientierte Flächeninhalt zunimmt, damit Sie x_0 bestimmen können, so dass I_0 maximal wird.

d) Überlegen Sie anhand der Gleichung von h, welche Symmetrie beim Graphen von h vorliegt. Beachten Sie, dass Sie den Graphen von f wegen $f(x) = h(x-2)$ erhalten, indem Sie den Graphen von h um zwei Einheiten nach rechts verschieben.

e) Beachten Sie, dass der Wendepunkt W^* von G_{f*} auch auf der x-Achse liegt und der Schnittpunkt der Achse $x = a$ mit der x-Achse, also der Punkt $A(a \mid 0)$, der Mittelpunkt von W und W^* ist. Verwenden Sie die Mittelpunktsformel, um die Koordinaten von W^* zu bestimmen. Beachten Sie, dass aufgrund der Achsenspiegelung die Tangente an G_{f*} in

W^* die Steigung $m = 4$ hat. Bestimmen Sie die Steigung m^* zwischen W^* und S und lösen Sie die Gleichung $m^* = 4$ nach a auf.

Aufgabe A 1.2

a) Die Periode p_a von f_a erhalten Sie mit der Formel $p = \frac{2\pi}{b}$. Bestimmen Sie damit die Koordinaten der beiden von H_a am wenigsten weit entfernten Tiefpunkte T_1 und T_2 von G_a. Beachten Sie, dass sich die x-Werte der Tiefpunkte T_1 und T_2 um eine halbe Periode von H_a unterscheiden und der y-Wert der Tiefpunkte der negative Wert des y-Werts von H_a ist. Skizzieren Sie die Problemstellung. Bestimmen Sie die Entfernung der beiden Tiefpunkte T_1 und T_2. Den Flächeninhalt A des Dreiecks $T_1T_2H_a$ erhalten Sie mit der Formel $A = \frac{1}{2} \cdot g \cdot h$. Bestimmen Sie $g = \overline{T_1T_2}$ und h.

b) Um den Wert von a zu ermitteln, für den H_a vom Ursprung den Abstand 1 hat, bestimmen Sie zuerst den Abstand d von H_a zum Ursprung in Abhängigkeit von a. Verwenden Sie den Satz des Pythagoras. Lösen Sie die Gleichung $d = 1$ nach a auf. Dazu substituieren Sie $a^2 = z$ und lösen die entstandene Gleichung mithilfe der *abc*-Formel nach z auf. Durch Resubstitution erhalten Sie zwei Lösungen für a. Beachten Sie, dass $a > 0$ ist.

c) Um zu zeigen, dass alle Punkte H_a auf einer Kurve K mit der Gleichung $g(x)$ liegen, setzen Sie die Koordinaten von H_a in die Gleichung von $g(x)$ ein. Bei einer wahren Aussagen liegen alle Punkte H_a auf K. Um den Wert von a zu bestimmen, für den im Punkt H_a die Tangente an K mit der Gleichung $g(x) = \frac{1}{2x}$ parallel zur Geraden mit der Gleichung $y = -2x$ ist, lösen Sie die Gleichung $g'\left(\frac{1}{2a}\right) = -2$ nach a auf. Die 1. Ableitung von $g(x) = \frac{1}{2x} = (2x)^{-1}$ erhalten Sie mit der Kettenregel. Beachten Sie, dass $a > 0$ ist.

Analysis Aufgabe A 2

Aufgabe A 2.1

a) Die momentane Änderungsrate des Wasservolumens eine Stunde nach Beobachtungsbeginn erhalten Sie, indem Sie $t = 1$ in $f(t)$ einsetzen. Um zu begründen, dass das Wasservolumen in den ersten beiden Stunden nach Beobachtungsbeginn niemals abnimmt, berechnen Sie die Nullstelle von f. Dazu lösen Sie die Gleichung $f(t) = 0$ nach t auf. Klammern Sie t aus und verwenden Sie den Satz vom Nullprodukt. Anhand des gegebenen Graphen können Sie erkennen, ob das Wasservolumen in den ersten beiden Stunden zu- oder abnimmt. Den Zeitpunkt, zu dem die momentane Änderungsrate des Wasservolumens ein Minimum besitzt, erhalten Sie mithilfe der 1. Ableitung von f, die Sie mit der Produkt- und Kettenregel bestimmen. Als notwendige Bedingung lösen Sie die Gleichung $f'(t) = 0$ nach t auf. Verwenden Sie die *abc*-Formel. Anhand der gegebenen Abbildung können Sie erkennen, bei welchem t-Wert ein ein Minimum vorliegt.

b) Das Wasservolumen $V(t)$ zu einem Zeitpunkt t erhalten Sie, indem Sie zum Wasservolumen $V(0)$ zu Beobachtungsbeginn die Zuflüsse bzw. Abflüsse mithilfe eines Integrals

addieren. Beachten Sie, dass das Becken zwei Stunden nach Beobachtungsbeginn $6\,\mathrm{m}^3$ Wasser enthält, so dass gilt: $V(2) = 6$.
Das Wasservolumen $V(0)$, das sich zu Beobachtungsbeginn im Becken befand, erhalten Sie, indem Sie die Gleichung $V(2) = 6$ nach $V(0)$ auflösen. Eine Gleichung, deren Lösung den Beginn (t) eines 45-Minuten-Zeitraums $[t\,;t+0,75]$ darstellt, in welchem das Wasservolumen um genau einen Kubikmeter zunimmt, erhalten Sie mithilfe eines Integrals oder der gegebenen Stammfunktion F.

c) Überlegen Sie, ab welchem Zeit die Änderungsrate des Wasservolumens negativ wird. Bestimmen Sie das Minimum der Änderungsrate, indem Sie $t = 2+\sqrt{2}$ in $f(t)$ einsetzen. Verwenden Sie dieses Ergebnis, um abzuschätzen, wie viel Wasser maximal abfließen kann und vergleichen Sie diesen Wert mit der Wassermenge zwei Stunden nach Beobachtungsbeginn.

d) Bestimmen Sie anhand der gegebenen Graphen von g und h, in welchem Zeitraum der Graph von h oberhalb des Graphen von g verläuft. Beachten Sie, dass das abfließende Wasservolumen dem Flächeninhalt zwischen dem Graphen von h und der t-Achse entspricht. Diesen können Sie durch «Kästchenzählen» ermitteln bzw. abschätzen, wie viel Kubikmeter Wasser in den Tank fließen. Überlegen Sie, wie viel Wasser in den Tank bei einer Höhe von 5 m fließen müsste. Um zu entscheiden, ob das Becken zu Beobachtungsbeginn leer war, können Sie sich überlegen, in welchem Zeitraum das Wasservolumen zunimmt und in welchem Zeitraum es abnimmt. Vergleichen Sie die zugehörigen Flächeninhalte zwischen den Graphen von g und h, welche den Volumina entsprechen.

Aufgabe A 2.2

a) Die waagrechte Asymptote des Graphen G_a erhalten Sie, indem Sie $k_a(x)$ für $x \to \pm\infty$ betrachten. Die senkrechte Asymptote des Graphen G_a erhalten Sie, indem Sie die Nenner von $k_a(x)$ gleich Null setzen. Die 1. Ableitung von $k_a(x)$ erhalten Sie mit der Potenzregel. Dazu formen Sie den Funktionsterm von $k_a(x)$ in Potenzen mit negativen Exponenten um. Um zu zeigen, dass jeder Graph G_a genau einen Extrempunkt besitzt, lösen Sie als notwendige Bedingung die Gleichung $k_a{}'(x) = 0$ nach x auf. Als hinreichende Bedingung verwenden Sie die 2. Ableitung von k_a, die Sie mit der Produkt- und Kettenregel aus $k_a{}'(x)$ bestimmen. Dazu formen Sie den Funktionsterm von $k_a{}'$ in ein Produkt mit negativen Potenzen um. Setzen Sie den erhaltenen x-Wert in $k_a{}''(x)$ ein. Falls $k_a{}''(x) \neq 0$ handelt es sich um eine Extremstelle. Um zu untersuchen, für welche Werte von a ein Hochpunkt vorliegt, bestimmen Sie diejenigen Werte von a, für die die Ungleichung $k_a{}''(2a) < 0$ gilt.

b) Als Ansatz für einen Punkt P_a verwenden Sie $P_a\,(u \mid k_a(u))$. Bestimmen Sie mithilfe der Tangentengleichung $y = f'(u)\cdot(x-u)+f(u)$ die Gleichung der Tangente t im Punkt P_a an G_a in Abhängigkeit von u und a. Da t durch den Ursprung verläuft, können Sie die Koordinaten des Ursprungs $(0 \mid 0)$ in die Gleichung von t einsetzen und die entstandene Gleichung nach u auflösen.

Analytische Geometrie Aufgabe B 1

a) Um zu begründen, dass das Dreieck BCD_k gleichschenklig ist, bestimmen Sie jeweils die Länge der Seiten $\overline{BD_k}$ und $\overline{CD_k}$, indem Sie die Beträge der entsprechenden Verbindungsvektoren berechnen. Falls $\overline{BD_k} = \overline{CD_k}$ gilt, ist das Dreieck BCD_k gleichschenklig. Den Flächeninhalt A des Dreiecks BCD_k erhalten Sie mit der Formel $A = \frac{1}{2} \cdot g \cdot h$. Als Grundseite g verwenden Sie $g = \overline{BC}$. Als Höhe verwenden Sie $h = \left|\overrightarrow{MD_k}\right|$. Um denjenigen Wert von k zu bestimmen, für den das Volumen der Pyramide $ABCD_k$ genau 12 VE beträgt, berechnen Sie zuerst das Volumen V der Pyramide in Abhängigkeit von k. Dazu verwenden Sie die Formel $V = \frac{1}{3} \cdot G \cdot h$. Die Grundfläche der Pyramide ist das rechtwinklige Dreieck ABC mit $G = \frac{1}{2} \cdot \overline{AB} \cdot \overline{AC}$. Die zugehörige Höhe h ist der x_3-Wert von D_k. Lösen Sie die Gleichung $V = 12$ nach k auf.

b) Um denjenigen Wert von k zu ermitteln, für den die Größe des Winkels, unter dem die x_3-Achse die Ebene L_k schneidet, 30° beträgt, verwenden Sie die Formel $\sin\varphi = \frac{|\vec{u} \cdot \vec{n}|}{|\vec{u}| \cdot |\vec{n}|}$. Dabei ist $\vec{u}$ ein Richtungsvektor der x_3-Achse und $\vec{n}$ ein Normalenvektor von L_k. Stellen Sie eine Gleichung auf und lösen diese nach k auf. Beachten Sie, dass $0 < k \leqslant 6$ ist. Um denjenigen Wert von k zu berechnen, für den der Abstand d von A zu L_k genau 2 LE beträgt, verwenden Sie die Abstandsformel eines Punktes $Q(q_1 \mid q_2 \mid q_3)$ zu einer Ebene: $d = \left|\frac{a \cdot q_1 + b \cdot q_2 + c \cdot q_3 - d}{\sqrt{a^2+b^2+c^2}}\right|$, wobei $ax_1 + bx_2 + cx_3 = d$ die Gleichung der Ebene ist. Setzen Sie Koordinaten von A in diese ein und lösen Sie die Gleichung $d = 2$ nach k auf. Beachten Sie, dass $0 < k \leqslant 6$ ist.

c) Bestimmen Sie die Koordinaten von P und R. Um den Wert von k zu ermitteln, für den die Seitenfläche BCD_k durch die Eckpunkte P und R des Quaders verläuft, setzen Sie die Koordinaten von P (oder Q) in die Gleichung von L_k ein und lösen die entstandene Gleichung nach k auf. Überlegen Sie, für welchen Wert von k der Punkt D_k der vierte Eckpunkt der oberen Fläche des Quaders ist. Überlegen Sie, wann ein Dreieck, Viereck oder Fünfeck entsteht.

d) Da die Grundflächen der Quader quadratisch sind, verwenden Sie als Ansatz für den Punkt Q_h die Koordinaten $Q_h(a \mid a \mid h)$. Setzen Sie die Koordinaten von Q_h in die Gleichung von L_6 ein und lösen Sie die entstandene Gleichung nach a auf.

Analytische Geometrie Aufgabe B 2

a) Beachten Sie, dass die Gerade h durch den Stützpunkt $P(1 \mid -6 \mid 0)$ verläuft und die x_1-Komponente des Richtungsvektors von h Null ist. Überlegen Sie, in welcher Ebene die Gerade h damit verläuft und zu welcher Koordinatenebene h parallel ist. Um zu zeigen, dass die Gerade h zur Schar g_a gehört, setzen Sie $a = 0$ in g_a ein, damit die Richtungsvektoren von g_a und h identisch sind. Nun prüfen Sie, ob der Stützpunkt P von h auf g_0 liegt (Punktprobe), indem Sie seine Koordinaten in die Gleichung von g_0 einsetzen. Lösen Sie das zugehörige Gleichungssystem. Um eine Koordinatengleichung der Ebene E zu bestimmen, in der alle Geraden der Schar g_a liegen, bestimmen Sie zuerst die Richtungsvektoren $\vec{u}_0$ und $\vec{u}_1$ der Geraden g_0 und g_1, die als Spannvektoren von E verwendet werden. Einen Normalenvektor $\vec{n}$ von E erhalten Sie mithilfe des Vektorprodukts (siehe Seite 49) der Spannvektoren. Alternativ können Sie $\vec{n}$ auch mithilfe des Skalarprodukts bestimmen, da $\vec{n}$ auf beiden Spannvektoren senkrecht steht. Eine Koordinatengleichung von E erhalten Sie, indem Sie die Koordinaten des Stützpunktes A von g_a in den Ansatz $ax_1 + bx_2 + cx_3 = d$ einsetzen und d bestimmen.

b) Sie erhalten diejenige Gerade der Schar g_a, die parallel zur Ebene F ist, indem Sie das Skalarprodukt des Richtungsvektors $\vec{u}_a$ von g_a mit dem Normalenvektor $\vec{n}_F$ von F gleich Null setzen und die Gleichung nach a auflösen. Um den Abstand d dieser Geraden zum Ursprung zu berechnen, stellen Sie zuerst die Gleichung einer Hilfsebene E_H auf, die orthogonal zu g_2 ist und durch den Ursprung verläuft. Anschließend schneiden Sie E_H mit g_2 und berechnen den Abstand des Schnittpunkts S zum Ursprung. Skizzieren Sie die Problemstellung. Als Normalenvektor von E_H können Sie den Richtungsvektor $\vec{u}_2$ von g_2 verwenden. Setzen Sie die Koordinaten des Ursprungs in den Ansatz $E_H: ax_1 + bx_2 + cx_3 = d$ ein und bestimmen Sie damit d und die Gleichung von E_H. Um E_H mit g_2 zu schneiden, setzen Sie den allgemeinen Punkt P_t von g_2 in die Gleichung von E_H ein und lösen die entstandene Gleichung nach t auf. Setzen Sie den erhaltenen Wert von t in P_t ein, um die Koordinaten des Schnittpunkts S von E_H und g_2 zu erhalten. Den Abstand d vom Ursprung zu g_2 erhalten Sie, indem Sie den Abstand von S zum Ursprung berechnen. Dazu berechnen Sie den Betrag des zugehörigen Verbindungsvektors.

c) Um denjenigen Wert von a zu bestimmen, für den g_a die x_2-Achse schneidet, setzen Sie die entsprechenden Geradengleichungen gleich und lösen das Gleichungssystem. Den Schnittwinkel φ zwischen g_a und h erhalten Sie mit der Formel $\cos\varphi = \frac{|\vec{u}_a \cdot \vec{u}_h|}{|\vec{u}_a| \cdot |\vec{u}_h|}$, wobei $\vec{u}_a$ ein Richtungsvektor von g_a und $\vec{u}_h$ ein Richtungsvektor von h ist. Setzen Sie $\varphi = 45°$ ein und lösen Sie die entstandene Gleichung nach a auf.

d) Um die Gleichung einer Geraden i zu bestimmen, die von allen Geraden der Schar g_a den Abstand $\sqrt{40}$ besitzt und zu allen Geraden der Schar g_a windschief verläuft, können Sie zuerst den Stützpunkt Q von i mithilfe einer geeigneten Vektorkette ermitteln. Dazu verwenden Sie einen auf Länge 1 normierten Normalenvektor der Ebene E. Beachten Sie, dass die Gerade i parallel zu E und windschief zu g_a verlaufen muss, d.h. der Richtungsvektor $\vec{u}_i$ muss orthogonal zum Normalenvektor $\vec{n}$ von E sein und darf kein Vielfaches des Richtungsvektors $\vec{u}_a$ von g_a sein. Wählen Sie $\vec{u}_i$ so, dass das Skalarprodukt von $\vec{u}_i$ und $\vec{n}$ Null ergibt und $\vec{u}_i$ kein Vielfaches von $\vec{u}_a$ ist.

Stochastik Aufgabe C 1

a) Legen Sie X als binomialverteilte Zufallsgröße für die Anzahl der verkauften schwarzen Patronen mit den Parametern n und p fest. Die Wahrscheinlichkeit für das Ereignis A erhalten Sie mithilfe der Binomialverteilung. Formulieren Sie das Ereignis B so um, dass Sie X als Zufallsgröße verwenden können. Die Wahrscheinlichkeit für das Ereignis B erhalten Sie mithilfe der kumulierten Binomialverteilung und der Wahrscheinlichkeit des Gegenereignisses. Den Erwartungswert μ von X erhalten Sie mit der Formel $\mu = n \cdot p$. Bestimmen Sie 10% Abweichung des Erwartungswerts. Die Wahrscheinlichkeit des Ereignisses C erhalten Sie ebenfalls mithilfe der kumulierten Binomialverteilung und der Wahrscheinlichkeit des Gegenereignisses.

b) Legen Sie Y als normalverteilte Zufallsgröße für die Füllmenge der schwarzen Patronen mit dem Erwartungswert μ und der Standardabweichung σ fest. Beachten Sie, dass die Wendestellen der Dichtefunktion bei $x_1 = \mu - \sigma$ und bei $x_2 = \mu + \sigma$ liegen müssen. Das Maximum der Dichtefunktion φ liegt bei $x = \mu$ und hat den Funktionswert $\varphi(\mu) \approx \frac{0,4}{\sigma}$. Damit können Sie die y-Achse der Abbildung skalieren. Die Wahrscheinlichkeit dafür, dass eine zufällig ausgewählte Patrone weniger als 7,95 ml Tinte enthält, erhalten Sie mithilfe der kumulierten Normalverteilung. Überlegen Sie, welchem Flächeninhalt A_1 unter der Glockenkurve $P(7,98 < Y < 8,04)$ entspricht. Beachten Sie, dass die Glockenkurve der Füllmenge Y symmetrisch zum Erwartungswert μ ist. Bestimmen Sie ein Intervall so, dass der Flächeninhalt A_2 unter der Glockenkurve gleich groß wie der Flächeninhalt A_1 ist und formulieren Sie damit das gesuchte Ereignis. Beachten Sie, dass das kleinste Intervall $[a;b]$ symmetrisch um den Erwartungswert μ liegen muss. Wenn die Füllmenge einer zufällig ausgewählten Patrone mit einer Wahrscheinlichkeit von 92% in $[a;b]$ liegen soll, so müssen Sie x so wählen, dass gilt: $P(\mu - x < Y < \mu + x) = 0,92$. Bestimmen Sie x mithilfe der kumulierten Normalverteilung durch Ausprobieren.

c) Um nachzuweisen, dass f eine Dichtefunktion über ihrem Definitionsbereich ist, prüfen Sie folgende Bedingungen:

(1) $f(x) \geqslant 0$ und

(2) $\int_0^{\infty} f(x)\mathrm{d}x = 1$.

Beachten Sie, dass $e^{-x} > 0$ für $x \in \mathbb{R}$ gilt. Um das Integral $\int_0^{\infty} f(x)\mathrm{d}x$ zu berechnen, legen Sie als obere Integrationsgrenze $z > 0$ fest und betrachten anschließend den Grenzwert für $z \to \infty$. Verwenden Sie den Hauptsatz der Differential- und Integralrechnung. Um den Wert von t zu bestimmen, so dass die Ware mit einer Wahrscheinlichkeit von 85% innerhalb von t Stunden nach Eingang der Bestellung versandt wird, lösen Sie die Integralgleichung $\int_0^{t} f(x)\mathrm{d}x = 0,85$ durch Logarithmieren nach t auf.

Stochastik Aufgabe C 2

a) Legen Sie X als binomialverteilte Zufallsgröße für die Anzahl der Drehungen mit Punktzahl 4 mit den Parametern n und p fest. Die Wahrscheinlichkeit für das Ereignis A erhalten Sie mithilfe der Binomialverteilung. Legen Sie Y als binomialverteilte Zufallsgröße für die Anzahl der Drehungen mit einer Punktzahl, die kleiner als 5 ist und den Parametern n und p fest. Die Wahrscheinlichkeit für das Ereignis B erhalten Sie mithilfe der kumulierten Binomialverteilung und der Wahrscheinlichkeit des Gegenereignisses. Überlegen Sie, welche Möglichkeiten es gibt, dass die Summe aller erzielten Punktzahlen höchstens 31 ist. Die Wahrscheinlichkeit für das Ereignis C erhalten Sie mithilfe der Pfadregeln.

b) Um zu ermitteln, welche Punktzahl man bei einmaligem Drehen auf lange Sicht im Durchschnitt erzielt, berechnen Sie den Erwartungswert E der Punktzahl, indem Sie die Punktzahlen mit den entsprechenden Wahrscheinlichkeiten multiplizieren und die Ergebnisse addieren. Bestimmen Sie die Wahrscheinlichkeiten, zweimal die Punktzahl 3 bzw. zweimal 4, zweimal 5 und zweimal 6 zu erzielen. Legen Sie x als Auszahlungsbetrag pro Punktzahl fest. Den Gewinn G eines Spielers erhalten Sie, indem Sie die Auszahlungsbeträge mit den entsprechenden Wahrscheinlichkeiten multiplizieren, die Ergebnisse addieren und den Einsatz subtrahieren. Damit das Spiel fair ist, lösen Sie die Gleichung $G = 0$ nach x auf.

c) Überlegen Sie, welche Punktzahlen alle weiteren Spieler drehen dürfen, damit Achim gewinnt. Bezeichnen Sie mit n die Anzahl der Mitspieler von Achim. Beachten Sie, dass Achim gewinnt, wenn alle n Mitspieler die Punktzahl 3 oder 4 erzielen. Bestimmen Sie damit die Wahrscheinlichkeit, dass Achim das Spiel gewinnt, in Abhängigkeit von n und bestimmen Sie n mithilfe des Taschenrechners durch Ausprobieren so, dass diese Wahrscheinlichkeit kleiner als 2% ist. Bestimmen Sie anschließend die Gesamtanzahl der Spieler.

d) Formulieren Sie die Nullhypothese H_0. Beachten Sie, dass durch den Hypothesentest die Wahrscheinlichkeit, die Nullhypothese fälschlicherweise abzulehnen, begrenzt werden kann. Überlegen Sie, ob in diesem Fall die Wahrscheinlichkeit, dass von einer zu hohen Wahrscheinlichkeit ausgegangen wird, begrenzt wird. Beachten Sie, dass bei einem Fehler zweiter Art H_0 nicht zutrifft und nicht abgelehnt wird. Legen Sie Z als binomialverteilte Zufallsgröße für die Anzahl der Drehungen, bei denen die Punktzahl 3 erzielt wird, mit den Parametern n und p fest. Bestimmen Sie mithilfe der kumulierten Binomialverteilung die Wahrscheinlichkeit β, dass Z nicht im angegebenen Ablehnungsbereich A liegt.

Lösungen Abitur 2022

Analysis Aufgabe A 1

Aufgabe A 1.1

Es ist $f(x) = x^3 - 6x^2 + 8x$.

a) Die Nullstellen von f erhält man, indem man die Gleichung $f(x) = 0$ nach x auflöst:

$$x^3 - 6x^2 + 8x = 0$$
$$x \cdot \left(x^2 - 6x + 8\right) = 0$$

Mithilfe des Satzes vom Nullprodukt erhält man die Lösung $x_1 = 0$ und aus $x^2 - 6x + 8 = 0$ mithilfe der *abc*-Formel die Lösungen $x_2 = 2$ und $x_3 = 4$.
Somit hat f die drei Nullstellen $x_1 = 0$, $x_2 = 2$ und $x_3 = 4$.

Die Koordinaten des Wendepunktes W von G_f erhält man mithilfe der 2. und 3. Ableitung von f:

$$f'(x) = 3x^2 - 12x + 8$$
$$f''(x) = 6x - 12$$
$$f'''(x) = 6$$

Als notwendige Bedingung löst man die Gleichung $f''(x) = 0$ nach x auf:

$$6x - 12 = 0 \Rightarrow x = 2$$

Wegen $f'''(2) = 6 \neq 0$ handelt es sich um eine Wendestelle.
Den zugehörigen y-Wert erhält man, indem man $x = 2$ in $f(x)$ einsetzt:

$$y = f(2) = 2^3 - 6 \cdot 2^2 + 8 \cdot 2 = 0$$

Somit hat der Wendepunkt von G_f die Koordinaten $W(2 \mid 0)$.

Um zu zeigen, dass $y = -4x + 8$ eine Gleichung von t_1 (Tangente an G_f in W) ist, berechnet man zuerst die Steigung m_1 in W mithilfe der 1. Ableitung von f. Dazu setzt man den x-Wert des Wendepunkts in $f'(x)$ ein:

$$m_1 = f'(2) = 3 \cdot 2^2 - 12 \cdot 2 + 8 = -4$$

Die Steigung m_1 stimmt mit der Steigung der Geraden überein.
Setzt man die Koordinaten von $W(2 \mid 0)$ in die gegebene Gleichung ein, ergibt sich:

$$0 = -4 \cdot 2 + 8$$
$$0 = 0$$

Aufgrund der wahren Aussage liegt W auf der Geraden.

Alternativ kann man $m_1 = -4$ und die Koordinaten von W in die Punkt-Steigungs-Form $y = m_1 \cdot (x - x_W) + y_W$ einsetzen:

$$y = -4 \cdot (x-2) + 0$$
$$y = -4x + 8$$

Somit hat t_1 die Gleichung $y = -4x + 8$.

b) Die Weite des Innenwinkels γ bei Q im Dreieck OWQ erhält man mithilfe der Steigungen m_1 und m_2 der Tangenten t_1 und t_2. Die Steigung m_2 von t_2 im Ursprung O erhält man mithilfe der 1. Ableitung von f. Dazu setzt man den x-Wert des Ursprungs in $f'(x)$ ein:

$$m_2 = f'(0) = 3 \cdot 0^2 - 12 \cdot 0 + 8 = 8$$

Mithilfe der Formel $\tan\alpha = m$ kann man die Steigungswinkel berechnen. Für den Steigungswinkel α bei O ergibt sich:

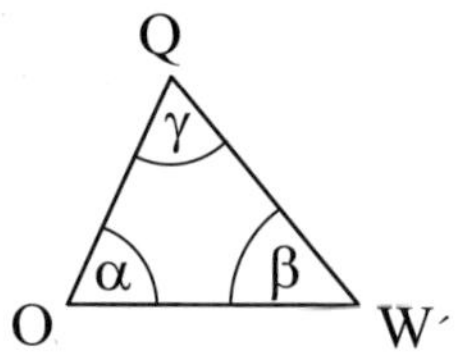

$$\tan\alpha = 8 \Rightarrow \alpha \approx 82{,}87°$$

Für den Steigungswinkel β bei W ergibt sich:

$$\tan\beta = -4 \Rightarrow \beta \approx 75{,}96°$$

Damit erhält man:

$$\gamma = 180° - \alpha - \beta = 180° - 82{,}87° - 75{,}96° = 21{,}17°$$

Die Weite des Innenwinkels bei Q beträgt etwa $21{,}2°$.

Um den Wert von u zu bestimmen, für den die Tangente an G_f im Punkt $B\,(u \mid f(u))$ parallel zu t_2 ist, löst man die Gleichung $f'(u) = m_2$ nach u auf:

$$3u^2 - 12u + 8 = 8$$
$$3u^2 - 12u = 0$$
$$u \cdot (3u - 12) = 0$$

Mithilfe des Satzes vom Nullprodukt erhält man die Lösung $u_1 = 0$ und aus $3u - 12 = 0$ die Lösung $u_2 = 4$. Wegen $u > 0$ kommt nur $u = 4$ als Lösung in Frage.
Somit ist für $u = 4$ die Tangente an G_f im Punkt $B\,(u \mid f(u))$ parallel zu t_2.

c) Die Funktion I_0 mit $I_0 = \int_0^x f(t)\,dt$ beschreibt den orientierten Flächeninhalt der Fläche zwischen dem Graphen von f und der x-Achse. Für $0 < x < 2$ verläuft der Graph von f oberhalb der x-Achse, für $2 < x < 4$ unterhalb der x-Achse. Damit nimmt der orientierte Flächeninhalt bis $x_0 = 2$ zu, danach wieder ab.
Somit besitzt I_0 im Intervall $[0; 4]$ ihren maximalen Wert an der Stelle $x_0 = 2$.

d) Der Graph der ganzrationalen Funktion h mit $h(x) = x^3 - 4x$ ist punktsymmetrisch zum Ursprung, da die Funktionsgleichung von h nur ungerade Exponenten enthält.
Wegen $f(x) = h(x-2)$ erhält man den Graphen von f, indem man den Graphen von h um zwei Einheiten nach rechts verschiebt.
Somit ist G_f punktsymmetrisch zum Wendepunkt $W(2 \mid 0)$.

e) Wenn der Graph G_{f*} durch Spiegelung des Graphen G_f an der Geraden mit der Gleichung $x = a$ entsteht, so liegt der Wendepunkt W^* von G_{f*} auf der x-Achse und der Punkt $A(a \mid 0)$ ist der Mittelpunkt von W und W^*.

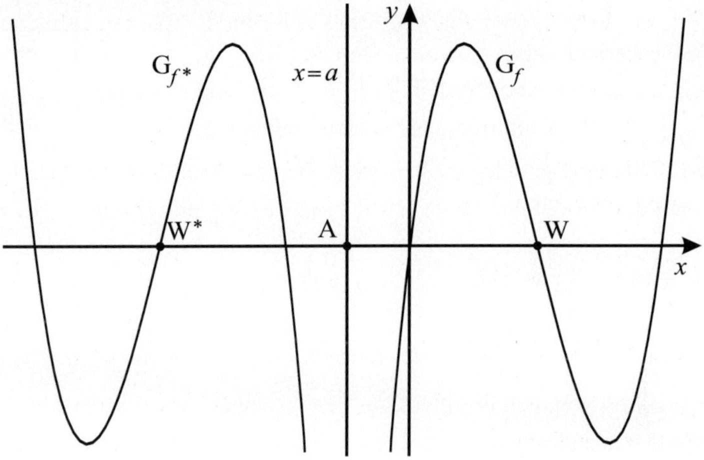

Die Koordinaten von $W^*(x_{W^*} \mid 0)$ erhält man mit der Mittelpunktsformel:

$$\frac{x_W + x_{W^*}}{2} = a$$
$$\frac{2 + x_{W^*}}{2} = a$$
$$x_{W^*} = 2a - 2$$

Damit hat W^* die Koordinaten $W^*(2a - 2 \mid 0)$.
Aufgrund der Achsenspiegelung hat die Tangente an G_{f*} in W^* die Steigung $m = 4$. Da die Tangente an G_{f*} in W^* die y-Achse im Punkt $S(0 \mid 16)$ schneidet, beträgt die Steigung m^* zwischen W^* und S ebenfalls $m = 4$. Damit ergibt sich folgende Gleichung:

$$m^* = 4$$
$$\frac{0 - 16}{2a - 2} = 4$$
$$-16 = 8a - 8$$
$$a = -1$$

Somit ist $a = -1$.

Aufgabe A 1.2

Es ist $f_a(x) = a \cdot \sin(a \cdot \pi \cdot x)$ mit $a > 0$.

a) Die Periode p_a von f_a erhält man mit der Formel $p = \frac{2\pi}{b}$.
Damit ergibt sich:

$$p_a = \frac{2\pi}{a \cdot \pi} = \frac{2}{a}$$

Die beiden von $H_a\left(\frac{1}{2a} \mid a\right)$ am wenigsten weit entfernten Tiefpunkte T_1 und T_2 von G_a haben den y-Wert $-a$. Ihre x-Werte unterscheiden sich um eine halbe Periode, also $\frac{1}{a}$, vom x-Wert von H_a. Sie haben damit die Koordinaten $T_1\left(-\frac{1}{2a} \mid -a\right)$ und $T_2\left(\frac{3}{2a} \mid -a\right)$. Die Entfernung der beiden Tiefpunkte T_1 und T_2 beträgt gerade eine Periode $\frac{2}{a}$. Den Flächeninhalt A des Dreiecks $T_1T_2H_a$ erhält man mit der Formel $A = \frac{1}{2} \cdot g \cdot h$. Mit $g = \overline{T_1T_2} = \frac{2}{a}$ und $h = a - (-a) = 2a$ ergibt sich:

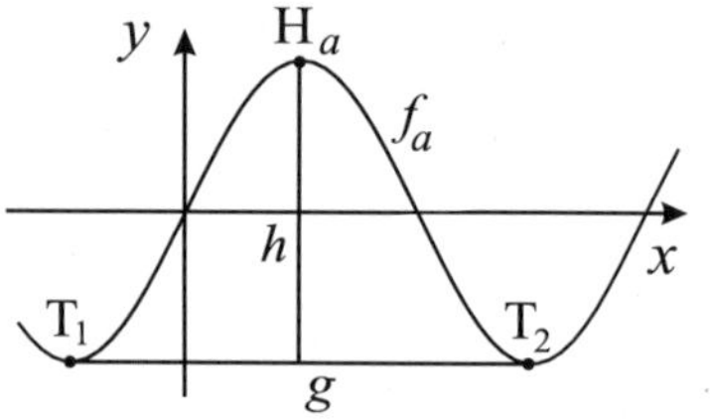

$$A = \frac{1}{2} \cdot \frac{2}{a} \cdot 2a = 2$$

Somit ist der Flächeninhalt dieses Dreiecks unabhängig von a.

b) Um den Wert von a zu ermitteln, für den H_a vom Ursprung den Abstand 1 hat, bestimmt man zuerst den Abstand d von $H_a\left(\frac{1}{2a} \mid a\right)$ zum Ursprung in Abhängigkeit von a.
Mithilfe des Satzes des Pythagoras ergibt sich:

$$d^2 = \left(\frac{1}{2a}\right)^2 + a^2$$
$$d^2 = \frac{1}{4a^2} + a^2$$
$$d^2 = \frac{1}{4a^2} + \frac{4a^4}{4a^2}$$
$$d^2 = \frac{1+4a^4}{4a^2}$$
$$d = \sqrt{\frac{1+4a^4}{4a^2}}$$

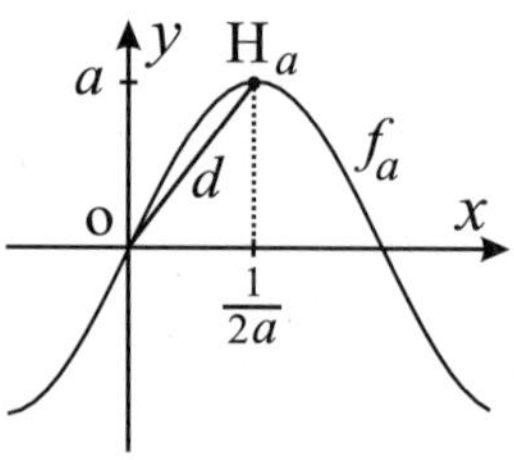

Da dieser Abstand 1 betragen soll, löst man die Gleichung $d = 1$ nach a auf:

$$\sqrt{\frac{1+4a^4}{4a^2}} = 1$$
$$\frac{1+4a^4}{4a^2} = 1$$
$$1 + 4a^4 = 4a^2$$
$$4a^4 - 4a^2 + 1 = 0$$

Substituiert man $a^2 = z$, ergibt sich: $4z^2 - 4z + 1 = 0$.
Mithilfe der *abc*-Formel erhält man die Lösung $z = \frac{1}{2}$.
Durch Resubstitution ergibt sich: $a^2 = \frac{1}{2}$ mit den Lösungen $a_1 = \sqrt{\frac{1}{2}}$ und $a_2 = -\sqrt{\frac{1}{2}}$.
Wegen $a > 0$ kommt nur $a = \sqrt{\frac{1}{2}}$ als Lösung in Frage.
Somit hat für $a = \sqrt{\frac{1}{2}}$ der Hochpunkt H_a vom Ursprung den Abstand 1.

c) Um zu zeigen, dass alle Punkte H_a auf einer Kurve K mit der Gleichung $g(x) = \frac{1}{2x}$ liegen, setzt man die Koordinaten von $H_a\left(\frac{1}{2a} \mid a\right)$ in die Gleichung von $g(x)$ ein:

$$a = \frac{1}{2 \cdot \frac{1}{2a}}$$
$$a = \frac{1}{\frac{1}{a}}$$
$$a = a$$

Aufgrund der wahren Aussage liegen alle Punkte H_a auf K.
Somit liegen alle Punkte H_a auf einer Kurve K mit der Gleichung $y = \frac{1}{2x}$.
Um den Wert von a zu bestimmen, für den im Punkt H_a die Tangente an K mit der Gleichung $g(x) = \frac{1}{2x}$ parallel zur Geraden mit der Gleichung $y = -2x$ ist, löst man die Gleichung $g'\left(\frac{1}{2a}\right) = -2$ nach a auf.
Die 1. Ableitung von $g(x) = \frac{1}{2x} = (2x)^{-1}$ erhält man mit der Kettenregel:

$$g'(x) = -1 \cdot (2x)^{-2} \cdot 2 = \frac{-2}{(2x)^2} = \frac{-2}{4x^2} = -\frac{1}{2x^2}$$

Damit ergibt sich:

$$g'\left(\frac{1}{2a}\right) = -2$$
$$-\frac{1}{2 \cdot \left(\frac{1}{2a}\right)^2} = -2$$
$$1 = 4 \cdot \left(\frac{1}{2a}\right)^2$$
$$1 = \frac{4}{4a^2}$$
$$a^2 = 1$$
$$a_{1,2} = \pm 1$$

Wegen $a > 0$ kommt nur $a = 1$ als Lösung in Frage.
Somit ist für $a = 1$ im Punkt H_a die Tangente an K parallel zur Geraden mit der Gleichung $y = -2x$.

Aufgabe A 2.1

Es ist $f(t) = \left(2t - t^2\right) \cdot \mathrm{e}^{2-t}$ für $0 \leqslant t \leqslant 10$ (t in Stunden nach Beobachtungsbeginn, $f(t)$ in Kubikmeter pro Stunde).

a) Die momentane Änderungsrate des Wasservolumens eine Stunde nach Beobachtungsbeginn erhält man, indem man $t = 1$ in $f(t)$ einsetzt:

$$f(1) = \left(2 \cdot 1 - 1^2\right) \cdot \mathrm{e}^{2-1} = e \approx 2,72$$

Die momentane Änderungsrate beträgt etwa $2,7$ Kubikmeter pro Stunde.

Um zu begründen, dass das Wasservolumen in den ersten beiden Stunden nach Beobachtungsbeginn niemals abnimmt, berechnet man die Nullstelle von f. Dazu löst man die Gleichung $f(t) = 0$ nach t auf:

$$\begin{aligned} \left(2t - t^2\right) \cdot \mathrm{e}^{2-t} &= 0 \\ 2t - t^2 &= 0 \\ t \cdot (2 - t) &= 0 \end{aligned}$$

Mithilfe des Satzes vom Nullprodukt erhält man die Lösung $t_1 = 0$ und aus $2 - t = 0$ die Lösung $t_2 = 2$.
Da der Graph von f für $0 < t < 2$ oberhalb der t-Achse verläuft, ist die momentane Änderungsrate in den ersten beiden Stunden nach Beobachtungsbeginn nicht negativ.
Somit nimmt das Wasservolumen in den ersten beiden Stunden nach Beobachtungsbeginn niemals ab.

Den Zeitpunkt, zu dem die momentane Änderungsrate des Wasservolumens ein Minimum besitzt, erhält man mithilfe der 1. Ableitung von f, die man mit der Produkt- und Kettenregel bestimmt:

$$f'(t) = (2 - 2t) \cdot e^{2-t} + \left(2t - t^2\right) \cdot \mathrm{e}^{2-t} \cdot (-1) = \left(t^2 - 4t + 2\right) \cdot \mathrm{e}^{2-t}$$

Als notwendige Bedingung löst man die Gleichung $f'(t) = 0$ nach t auf:

$$\begin{aligned} \left(t^2 - 4t + 2\right) \cdot \mathrm{e}^{2-t} &= 0 \\ t^2 - 4t + 2 &= 0 \end{aligned}$$

Mit der *abc*-Formel erhält man die Lösungen $t_1 = 2 + \sqrt{2} \approx 3,41$ und $t_2 = 2 - \sqrt{2} \approx 0,59$.
Anhand der gegebenen Abbildung kann man erkennen, dass bei $t = 2 + \sqrt{2}$ ein Minimum vorliegt.
Somit besitzt die Änderungsrate des Wasservolumens bei $t = 2 + \sqrt{2}$ ein Minimum.

b) Das Wasservolumen $\mathrm{V}(t)$ zu einem Zeitpunkt t erhält man, indem man zum Wasservolumen $\mathrm{V}(0)$ zu Beobachtungsbeginn die Zuflüsse bzw. Abflüsse mit Hilfe eines Integrals addiert:

$$\begin{aligned} V(t) &= V(0) + \int_0^t f(t)\mathrm{d}t \\ &= V(0) + \Big[F(t)\Big]_0^t \\ &= V(0) + F(t) - F(0) \\ &= V(0) + t^2 \cdot e^{2-t} - 0^2 \cdot e^{2-0} \\ &= V(0) + t^2 \cdot e^{2-t} \end{aligned}$$

Da das Becken zwei Std. nach Beobachtungsbeginn $6\,\mathrm{m}^3$ Wasser enthält, gilt: $V(2) = 6$. Das Wasservolumen $V(0)$, das sich zu Beobachtungsbeginn im Becken befand, erhält man, indem man die Gleichung $V(2) = 6$ nach $V(0)$ auflöst:

$$\begin{aligned} V(2) &= 6 \\ V(0) + 2^2 \cdot e^{2-2} &= 6 \\ V(0) + 4 &= 6 \\ V(0) &= 2 \end{aligned}$$

Somit befanden sich zu Beobachtungsbeginn $2\,\mathrm{m}^3$ Wasser im Becken.

Eine Gleichung, deren Lösung den Beginn (t) eines 45-Minuten-Zeitraums $[t; t+0,75]$ darstellt, in welchem das Wasservolumen um genau einen Kubikmeter zunimmt, lautet:

$$\int_t^{t+0,75} f(t)\mathrm{d}t = 1$$

bzw.

$$F(t+0,75) - F(t) = 1$$

c) Bis $t = 2$ verläuft der Graph von f oberhalb der t-Achse, d.h. die Änderungsrate des Wasservolumens ist positiv. Also muss t_0 größer als zwei sein, damit die Änderungsrate negativ ist. Die Änderungsrate des Wasservolumens besitzt bei $t = 2 + \sqrt{2}$ ein Minimum. Sie hat bei $t = 2 + \sqrt{2}$ den Wert

$$f(2+\sqrt{2}) = \left(2 \cdot \left(2+\sqrt{2}\right) - \left(2+\sqrt{2}\right)^2\right) \cdot e^{2-(2+\sqrt{2})} \approx -1,17$$

Da das Becken zwei Stunden nach Beobachtungsbeginn sechs Kubikmeter Wasser enthält, müsste der Abfluss in den weiteren fünf Stunden also 6 Kubikmeter betragen. Die momentane Abflussrate hat zu keinem Zeitpunkt einen größeren Wert als $1,17$ Kubikmeter pro Stunden. Damit beträgt die maximale Abflussmenge in fünf Stunden $5 \cdot 1,17 = 5,85$ Kubikmeter, also weniger als 6 Kubikmeter. Somit kann t_0 nicht so gewählt werden, dass das Becken sieben Stunden nach Beobachtungsbeginn leer ist.

d) Anhand der gegebenen Graphen von g und h kann man erkennen, dass der Graph von h für $4 < t < 11$ oberhalb des Graphen von g verläuft. Somit nimmt das Wasservolumen in diesem Becken im Zeitraum zwischen vier und elf Stunden nach Beobachtungsbeginn ab.

Das abfließende Wasservolumen entspricht dem Flächeninhalt zwischen dem Graphen von h und der t-Achse.
Dieser beträgt etwa 34 FE, was man durch «Kästchenzählen» ermitteln kann.
Damit fließen etwa 34 Kubikmeter Wasser in den Tank.
Wenn das Wasser in einem quaderförmigen Tank mit der Grundfläche $12\,\text{m}^2$ höher als 5 m steigt, dann müssten mehr als $12\,\text{m}^2 \cdot 5\,\text{m} = 60\,\text{m}^3$ Wasser abfließen, was aber nicht der Fall ist. Somit steigt das Wasser im Tank nicht höher als 5 m.

Um zu entscheiden, ob das Becken zu Beobachtungsbeginn leer war, kann man sich Folgendes überlegen:
Für $0 < t < 4$ fließt ein Wasservolumen zu, welches durch den Flächeninhalt A_1 der Fläche zwischen den Graphen von g und h im Intervall $[0; 4]$beschrieben werden kann.
Für $4 < t < 11$ fließt ein Wasservolumen ab, welches durch den Flächeninhalt A_2 der Fläche zwischen den Graphen von g und h im Intervall $[4; 11]$beschrieben werden kann.
Wegen $A_1 < A_2$ fließt im Intervall $[0; 11]$ mehr Wasser ab als zu.
Somit war das Becken zu Beobachtungsbeginn nicht leer.

Aufgabe A 2.2

Es ist $k_a(x) = \frac{1}{x} - \frac{a}{x^2}$ mit $a \neq 0$.

a) Für $x \to \pm\infty$ geht $k_a(x)$ gegen Null, also hat die waagrechte Asymptote des Graphen G_a die Gleichung $y = 0$.
Die senkrechte Asymptote des Graphen G_a hat die Gleichung $x = 0$.
Die 1. Ableitung von $k_a(x) = \frac{1}{x} - \frac{a}{x^2} = x^{-1} - a \cdot x^{-2}$ erhält man mit der Potenzregel:

$$k_a{}'(x) = -1 \cdot x^{-2} - \left(-2ax^{-3}\right) = -1 \cdot x^{-2} + 2a \cdot x^{-3} = -\frac{1}{x^2} + \frac{2a}{x^3} = -\frac{x}{x^3} + \frac{2a}{x^3} = \frac{2a-x}{x^3}$$

Somit gilt: $k_a{}'(x) = \frac{2a-x}{x^3}$.
Um zu zeigen, dass jeder Graph G_a genau einen Extrempunkt besitzt, löst man als notwendige Bedingung die Gleichung $k_a{}'(x) = 0$ nach x auf:

$$\frac{2a-x}{x^3} = 0$$
$$2a - x = 0$$
$$x = 2a$$

Als hinreichende Bedingung verwendet man die 2. Ableitung von k_a, die man mit der

Produkt- und Kettenregel aus $k_a{}'(x) = \frac{2a-x}{x^3} = (2a-x) \cdot x^{-3}$ bestimmt:

$$k_a{}''(x) = -1 \cdot x^{-3} + (2a-x) \cdot (-3) \cdot x^{-4} = -\frac{1}{x^3} + \frac{3x-6a}{x^4} = -\frac{x}{x^4} + \frac{3x-6a}{x^4} = \frac{2x-6a}{x^4}$$

Setzt man $x = 2a$ in $k_a{}''(x)$ ein, ergibt sich:

$$k_a{}''(2a) = \frac{2 \cdot 2a - 6a}{(2a)^4} = \frac{-2a}{16a^4} = -\frac{1}{8a^3} \neq 0 \Rightarrow \text{Extremstelle}$$

Da die Gleichung $k_a{}'(x) = 0$ genau eine Lösung hat und $k_a{}''(2a) \neq 0$ ist, besitzt jeder Graph G_a genau einen Extrempunkt bei $x = 2a$.
Um zu untersuchen, für welche Werte von a ein Hochpunkt vorliegt, bestimmt man diejenigen Werte von a, für die die Ungleichung $k_a{}''(2a) < 0$ gilt:

$$-\frac{1}{8a^3} < 0$$

Für $a > 0$ ist die Ungleichung erfüllt.
Somit liegt für $a > 0$ ein Hochpunkt vor.

b) Als Ansatz für einen Punkt P_a verwendet man $P_a\,(u \mid k_a(u))$.
Mithilfe der Tangentengleichung $y = f'(u) \cdot (x-u) + f(u)$ ergibt sich die Gleichung der Tangente t im Punkt P_a an G_a:

$$t: y = k_a{}'(u) \cdot (x-u) + k_a(u)$$
$$t: y = \frac{2a-u}{u^3} \cdot (x-u) + \frac{1}{u} - \frac{a}{u^2}$$

Da t durch den Ursprung verläuft, kann man die Koordinaten des Ursprungs $(0 \mid 0)$ in die Gleichung von t einsetzen und die entstandene Gleichung nach u auflösen:

$$0 = \frac{2a-u}{u^3} \cdot (0-u) + \frac{1}{u} - \frac{a}{u^2}$$
$$0 = \frac{-2a+u}{u^2} + \frac{u}{u^2} - \frac{a}{u^2}$$
$$0 = \frac{-3a+2u}{u^2}$$
$$0 = -3a+2u$$
$$\frac{3}{2}a = u$$

Somit ist $u = \frac{3}{2}a$ die x-Koordinate von P_a.

Analytische Geometrie Aufgabe B 1

Für $0 < k \leqslant 6$ sind die Punkte A $(0 \mid 0 \mid 0)$, B $(4 \mid 0 \mid 0)$, C $(0 \mid 4 \mid 0)$ und D_k $(0 \mid 0 \mid k)$ gegeben.

a) Um zu begründen, dass das Dreieck BCD_k gleichschenklig ist, bestimmt man jeweils die Länge der Seiten $\overline{BD_k}$ und $\overline{CD_k}$, indem man die Beträge der entsprechenden Verbindungsvektoren berechnet:

$$\overline{BD_k} = \left|\overrightarrow{BD_k}\right| = \left|\begin{pmatrix} -4 \\ 0 \\ k \end{pmatrix}\right| = \sqrt{(-4)^2 + 0^2 + k^2} = \sqrt{16 + k^2}$$

$$\overline{CD_k} = \left|\overrightarrow{CD_k}\right| = \left|\begin{pmatrix} 0 \\ -4 \\ k \end{pmatrix}\right| = \sqrt{0^2 + (-4)^2 + k^2} = \sqrt{16 + k^2}$$

Wegen $\overline{BD_k} = \overline{CD_k}$ ist das Dreieck BCD_k gleichschenklig.

Den Flächeninhalt A des Dreiecks BCD_k erhält man mit der Formel $A = \frac{1}{2} \cdot g \cdot h$.

Als Grundseite verwendet man $g = \overline{BC} = \mid \overrightarrow{BC} \mid = \left|\begin{pmatrix} 4 \\ 4 \\ 0 \end{pmatrix}\right| = \sqrt{(-4)^2 + 4^2 + 0^2} = \sqrt{32}.$

Der Mittelpunkt der Strecke BC ist $M(2|2|0)$.

Für die Höhe h gilt: $h = \left|\overrightarrow{MD_k}\right| = \left|\begin{pmatrix} -2 \\ -2 \\ k \end{pmatrix}\right| = \sqrt{(-2)^2 + (-2)^2 + k^2} = \sqrt{8 + k^2}$

Damit ergibt sich:

$$A = \frac{1}{2} \cdot \sqrt{32} \cdot \sqrt{8 + k^2}$$

Der Flächeninhalt des Dreiecks BCD_k beträgt $\frac{1}{2} \cdot \sqrt{32} \cdot \sqrt{8 + k^2}$ FE.

Um denjenigen Wert von k zu bestimmen, für den das Volumen der Pyramide $ABCD_k$ genau 12 VE beträgt, berechnet man zuerst das Volumen V der Pyramide in Abhängigkeit von k. Dazu verwendet man die Formel $V = \frac{1}{3} \cdot G \cdot h$. Die Grundfläche der Pyramide ist das rechtwinklige Dreieck ABC mit $G = \frac{1}{2} \cdot \overline{AB} \cdot \overline{AC} = \frac{1}{2} \cdot 4 \cdot 4 = 8$. Die zugehörige Höhe h ist der x_3-Wert von D_k, also $h = k$. Damit ergibt sich:

$$V = \frac{1}{3} \cdot 8 \cdot k = \frac{8}{3}k$$

Da das Volumen 12 betragen soll, löst man die Gleichung $V = 12$ nach k auf:

$$\frac{8}{3}k = 12 \Rightarrow k = 4{,}5$$

Somit hat der Punkt D_k die Koordinaten $D(0 \mid 0 \mid 4{,}5)$.

b) Um denjenigen Wert von k zu ermitteln, für den die Größe des Winkels, unter dem die x_3-Achse die Ebene $L_k: kx_1 + kx_2 + 4x_3 = 4k$ schneidet, 30° beträgt, verwendet man die For-

mel $\sin\varphi = \frac{|\vec{u}\cdot\vec{n}|}{|\vec{u}|\cdot|\vec{n}|}$. Es ist $\vec{u} = \begin{pmatrix} 0 \\ 0 \\ 1 \end{pmatrix}$ ein Richtungsvektor der x_3-Achse und $\vec{n} = \begin{pmatrix} k \\ k \\ 4 \end{pmatrix}$ ein Normalenvektor von L_k. Damit ergibt sich folgende Gleichung, die man nach k auflöst:

$$\begin{aligned}
\sin 30^\circ &= \frac{\left|\begin{pmatrix} 0 \\ 0 \\ 1 \end{pmatrix}\cdot\begin{pmatrix} k \\ k \\ 4 \end{pmatrix}\right|}{\left|\begin{pmatrix} 0 \\ 0 \\ 1 \end{pmatrix}\right|\cdot\left|\begin{pmatrix} k \\ k \\ 4 \end{pmatrix}\right|} \\
\frac{1}{2} &= \frac{|0\cdot k + 0\cdot k + 1\cdot 4|}{\sqrt{0^2+0^2+1^2}\cdot\sqrt{k^2+k^2+4^2}} \\
\frac{1}{2} &= \frac{4}{\sqrt{2k^2+16}} \\
\sqrt{2k^2+16} &= 8 \\
2k^2+16 &= 64 \\
k^2 &= 24 \\
k_{1,2} &= \pm\sqrt{24}
\end{aligned}$$

Wegen $0 < k \leqslant 6$ kommt nur $k = \sqrt{24}$ als Lösung in Frage.
Somit schneidet für $k = \sqrt{24}$ die x_3-Achse die Ebene $L_{\sqrt{24}}$ unter einem Winkel von 30°.

Um denjenigen Wert von k zu berechnen, für den der Abstand d von A zu L_k genau 2 LE beträgt, verwendet man die Abstandsformel eines Punktes zu einer Ebene. Setzt man die Koordinaten von $A(0 \mid 0 \mid 0)$ in diese ein, ergibt sich:

$$\mathrm{d} = \left|\frac{k\cdot 0 + k\cdot 0 + 4\cdot 0 - 4k}{\sqrt{k^2+k^2+4^2}}\right| = \frac{4k}{\sqrt{2k^2+16}}$$

Da der Abstand 2 beträgt, löst man die Gleichung $d = 2$ nach k auf:

$$\begin{aligned} \frac{4k}{\sqrt{2k^2+16}} &= 2 \\ 2k &= \sqrt{2k^2+16} \\ 4k^2 &= 2k^2+16 \\ k^2 &= 8 \\ k_{1,2} &= \pm\sqrt{8} \end{aligned}$$

Wegen $0 < k \leqslant 6$ kommt nur $k = \sqrt{8}$ als Lösung in Frage.
Somit hat für $k = \sqrt{8}$ der Punkt A von der Ebene $L_{\sqrt{8}}$ den Abstand 2.

c) Der Punkt P hat die Koordinaten $P(1 \mid 0 \mid 3)$, der Punkt R hat die Koordinaten $R(0 \mid 1 \mid 3)$. Um den Wert von k zu ermitteln, für den die Seitenfläche BCD_k durch die Eckpunkte P und R des Quaders verläuft, setzt man die Koordinaten von P (oder Q) in die Gleichung von $L_k: kx_1 + kx_2 + 4x_3 = 4k$ ein, in der ja die Seitenfläche BCD_k liegt:

$$\begin{aligned} k \cdot 1 + k \cdot 0 + 4 \cdot 3 &= 4k \\ 12 &= 3k \\ k &= 4 \end{aligned}$$

Für $k = 4$ verläuft die Seitenfläche BCD_k durch die Eckpunkte P und R des Quaders.

Für $k = 6$ enthält die Seitenfläche BCD_k der Pyramide den Eckpunkt Q des Quaders, also gibt es kein Vieleck.
Für $4 \leqslant k < 6$ hat das Vieleck drei Ecken.
Für $3 < k < 4$ hat das Vieleck fünf Ecken, da $D(0 \mid 0 \mid 3)$ der vierte Eckpunkt der oberen Fläche des Quaders ist und für $k = 3$ in L liegt.
Für $0 < k \leqslant 3$ hat das Vieleck vier Ecken.

d) Für $k = 6$ liegt die Seitenfläche BCD_6 in der Ebene $L_6: 6x_1 + 6x_2 + 4x_3 = 24$.
Da die Grundflächen der Quader quadratisch sind, hat der Punkt Q_h die Koordinaten $Q_h(a \mid a \mid h)$.
Da Q_h für jeden Wert von h in der Seitenfläche BCD_6 der Pyramide liegt, kann man die Koordinaten von Q_h in die Gleichung von L_6 einsetzen und die entstandene Gleichung nach a auflösen:

$$\begin{aligned} 6 \cdot a + 6 \cdot a + 4 \cdot h &= 24 \\ 12a &= 24 - 4h \\ a &= 2 - \frac{1}{3}h \end{aligned}$$

Somit hat der Punkt Q_h die Koordinaten $Q_h\left(2 - \frac{1}{3}h \mid 2 - \frac{1}{3}h \mid h\right)$.

Analytische Geometrie Aufgabe B 2

Gegeben sind $g_a\colon \vec{x} = \begin{pmatrix} 1 \\ 0 \\ -2 \end{pmatrix} + t \cdot \begin{pmatrix} a \\ 3 \\ -1 \end{pmatrix}$, $a \in \mathbb{R}$ und $h\colon \vec{x} = \begin{pmatrix} 1 \\ -6 \\ 0 \end{pmatrix} + s \cdot \begin{pmatrix} 0 \\ 3 \\ -1 \end{pmatrix}$.

a) Die Gerade h verläuft durch den Punkt $\mathrm{P}(1 \mid -6 \mid 0)$, die x_1-Komponente des Richtungsvektors von h ist Null. Somit verläuft die Gerade h in der Ebene $x_1 = 1$, also parallel zur x_2x_3-Ebene.

Um zu zeigen Sie, dass die Gerade h zur Schar g_a gehört, setzt man $a = 0$ in g_a ein, damit die Richtungsvektoren von g_a und h identisch sind, und erhält:

$$g_0 : \vec{x} = \begin{pmatrix} 1 \\ 0 \\ -2 \end{pmatrix} + t \cdot \begin{pmatrix} 0 \\ 3 \\ -1 \end{pmatrix}$$

Nun prüft man, ob der Punkt $\mathrm{P}(1 \mid -6 \mid 0)$ von h auf g_0 liegt (Punktprobe), indem man seine Koordinaten in die Gleichung von g_0 einsetzt:

$$\begin{pmatrix} 1 \\ -6 \\ 0 \end{pmatrix} = \begin{pmatrix} 1 \\ 0 \\ -2 \end{pmatrix} + t \cdot \begin{pmatrix} 0 \\ 3 \\ -1 \end{pmatrix}$$

Dies führt zu folgendem Gleichungssystem:

$$\begin{array}{lrcrcr} \text{I} & 1 & = & 1 & & \\ \text{II} & -6 & = & & & 3t \\ \text{III} & 0 & = & -2 & - & t \end{array}$$

Gleichung I ist eine wahre Aussage.
Aus Gleichung II ergibt sich: $t = -2$.
Aus Gleichung III ergibt sich ebenfalls: $t = -2$.
Damit liegt P auf g_0.
Somit ist h identisch mit der Geraden g_0 und gehört zur Schar g_a.

Um eine Koordinatengleichung der Ebene E zu bestimmen, in der alle Geraden der Schar g_a liegen, bestimmt man zuerst die Richtungsvektoren $\overrightarrow{u_0} = \begin{pmatrix} 0 \\ 3 \\ -1 \end{pmatrix}$ und $\overrightarrow{u_1} = \begin{pmatrix} 1 \\ 3 \\ -1 \end{pmatrix}$ der Geraden g_0 und g_1, die als Spannvektoren von E verwendet werden.
Einen Normalenvektor $\vec{n}$ von E erhält man mithilfe des Vektorprodukts (siehe Seite

49) der Spannvektoren:

$$\begin{pmatrix} 0 \\ 3 \\ -1 \end{pmatrix} \times \begin{pmatrix} 1 \\ 3 \\ -1 \end{pmatrix} = \begin{pmatrix} 0 \\ -1 \\ -3 \end{pmatrix} = -1 \cdot \begin{pmatrix} 0 \\ 1 \\ 3 \end{pmatrix} \Rightarrow \vec{n} = \begin{pmatrix} 0 \\ 1 \\ 3 \end{pmatrix}$$

Alternativ kann man $\vec{n}$ auch mithilfe des Skalarprodukts bestimmen, da $\vec{n}$ auf beiden Spannvektoren senkrecht steht. Damit gilt:

$$\begin{pmatrix} n_1 \\ n_2 \\ n_3 \end{pmatrix} \cdot \begin{pmatrix} 0 \\ 3 \\ -1 \end{pmatrix} = 0$$

und

$$\begin{pmatrix} n_1 \\ n_2 \\ n_3 \end{pmatrix} \cdot \begin{pmatrix} 1 \\ 3 \\ -1 \end{pmatrix} = 0$$

Daraus ergibt sich das lineare Gleichungssystem:

$$\begin{array}{lcccccccc} \text{I} & & & 3n_2 & - & n_3 & = & 0 \\ \text{II} & n_1 & + & 3n_2 & - & n_3 & = & 0 \end{array}$$

Wählt man in Gleichung I geschickterweise z.B. $n_2 = 1$, erhält man:

$$3 \cdot 1 - n_3 = 0 \Rightarrow n_3 = 3$$

Setzt man $n_2 = 1$ und $n_3 = 3$ in Gleichung II ein, erhält man:

$$n_1 + 3 \cdot 1 - 3 = 0 \Rightarrow n_1 = 0$$

Damit ergibt sich ein Normalenvektor $\vec{n} = \begin{pmatrix} 0 \\ 1 \\ 3 \end{pmatrix}$.

Eine Koordinatengleichung von E erhält man, indem man die Koordinaten des Stützpunktes $\mathrm{A}(1 \mid 0 \mid -2)$ von g_a in den Ansatz $\mathrm{E}\colon x_2 + 3x_3 = d$ einsetzt:

$$0 + 3 \cdot (-2) = d \Rightarrow d = -6$$

Somit hat die Ebene E die Koordinatengleichung $\mathrm{E}\colon x_2 + 3x_3 = -6$.

b) Man erhält die Gerade der Schar g_a, die parallel zur Ebene $\mathrm{F}\colon 2x_1 - 2x_2 - 2x_3 = 7$ ist, indem man das Skalarprodukt des Richtungsvektors $\vec{u_a} = \begin{pmatrix} a \\ 3 \\ -1 \end{pmatrix}$ von g_a mit dem Normalenvektor $\overrightarrow{n_F} = \begin{pmatrix} 2 \\ -2 \\ -2 \end{pmatrix}$ von F gleich Null setzt und die entstandene Gleichung nach a auflöst:

$$\begin{aligned} \vec{u}_a \cdot \vec{n}_F &= 0 \\ \begin{pmatrix} a \\ 3 \\ -1 \end{pmatrix} \cdot \begin{pmatrix} 2 \\ -2 \\ -2 \end{pmatrix} &= 0 \\ a \cdot 2 + 3 \cdot (-2) + (-1) \cdot (-2) &= 0 \\ 2a - 4 &= 0 \\ a &= 2 \end{aligned}$$

Damit ist die Gerade $g_2 : \vec{x} = \begin{pmatrix} 1 \\ 0 \\ -2 \end{pmatrix} + t \cdot \begin{pmatrix} 2 \\ 3 \\ -1 \end{pmatrix}$ parallel zu F.

Um den Abstand d dieser Geraden zum Ursprung zu berechnen, stellt man zuerst die Gleichung einer Hilfsebene E_H auf, die orthogonal zu g_2 ist und durch den Ursprung verläuft. Anschließend schneidet man E_H mit g_2 und berechnet den Abstand des Schnittpunkts S zum Ursprung.

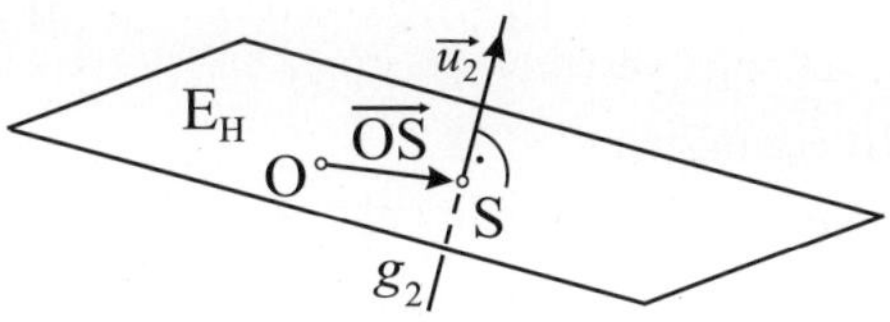

Als Normalenvektor von E_H kann man den Richtungsvektor $\overrightarrow{u_2} = \begin{pmatrix} 2 \\ 3 \\ -1 \end{pmatrix}$ von g_2 verwenden. Damit hat die Ebene E_H den Ansatz: $E_H : 2x_1 + 3x_2 - x_3 = d$. Setzt man die Koordinaten des Ursprungs in diesen Ansatz ein, ergibt sich: $2 \cdot 0 + 3 \cdot 0 - 0 = d \Rightarrow d = 0$. Damit hat E_H die Gleichung: $E_H : 2x_1 + 3x_2 - x_3 = 0$.
Um E_H mit g_2 zu schneiden, setzt man den allgemeinen Punkt $P_t(1 + 2t \mid 3t \mid -2 - t)$ von g_2 in die Gleichung von E_H ein und löst die entstandene Gleichung nach t auf:

$$\begin{aligned} 2 \cdot (1 + 2t) + 3 \cdot 3t - (-2 - t) &= 0 \\ 2 + 4t + 9t + 2 + t &= 0 \\ 14t &= -4 \\ t &= -\frac{2}{7} \end{aligned}$$

Setzt man $t = -\frac{2}{7}$ in P_t ein, erhält man die Koordinaten des Schnittpunkts $S\left(\frac{3}{7} \mid -\frac{6}{7} \mid -\frac{12}{7}\right)$ von E_H und g_2.

Den Abstand d vom Ursprung zu g_2 erhält man, indem man den Abstand von S zum Ursprung berechnet. Dazu berechnet man den Betrag des zugehörigen Verbindungsvektors:

$$d = \left|\overrightarrow{OS}\right| = \left|\begin{pmatrix} \frac{3}{7} \\ -\frac{6}{7} \\ -\frac{12}{7} \end{pmatrix}\right| = \sqrt{\left(\frac{3}{7}\right)^2 + \left(-\frac{6}{7}\right)^2 + \left(-\frac{12}{7}\right)^2} = \sqrt{\frac{189}{49}} = \frac{3}{7} \cdot \sqrt{21}$$

Somit beträgt der Abstand von g_2 zum Ursprung $\frac{3}{7} \cdot \sqrt{21}$ LE.

c) Um denjenigen Wert von a zu bestimmen, für den g_a die x_2-Achse schneidet, setzt man die entsprechenden Geradengleichungen gleich:

$$\begin{pmatrix} 1 \\ 0 \\ -2 \end{pmatrix} + t \cdot \begin{pmatrix} a \\ 3 \\ -1 \end{pmatrix} = \begin{pmatrix} 0 \\ 0 \\ 0 \end{pmatrix} + s \cdot \begin{pmatrix} 0 \\ 1 \\ 0 \end{pmatrix}$$

Dies führt zu folgendem Gleichungssystem:

$$\begin{array}{llcccl} \text{I} & 1 & + & ta & = & 0 \\ \text{II} & 0 & + & 3t & = & s \\ \text{III} & -2 & - & t & = & 0 \end{array}$$

Aus Gleichung III ergibt sich: $t = -2$.
Setzt man $t = -2$ in Gleichung II und I ein, erhält man: $s = -6$ und $1 - 2a = 0 \Rightarrow a = \frac{1}{2}$.
Für $a = \frac{1}{2}$ schneidet g_a die x_2-Achse.
Den Schnittwinkel φ zwischen g_a und h erhält man mit der Formel $\cos\varphi = \frac{|\vec{u}_a \cdot \vec{u}_h|}{|\vec{u}_a| \cdot |\vec{u}_h|}$, wobei $\overrightarrow{u_a} = \begin{pmatrix} a \\ 3 \\ -1 \end{pmatrix}$ ein Richtungsvektor von g_a und $\overrightarrow{u_h} = \begin{pmatrix} 0 \\ 3 \\ -1 \end{pmatrix}$ ein Richtungsvektor von h ist:

$$\cos\varphi = \frac{\left|\begin{pmatrix} a \\ 3 \\ -1 \end{pmatrix} \cdot \begin{pmatrix} 0 \\ 3 \\ -1 \end{pmatrix}\right|}{\left|\begin{pmatrix} a \\ 3 \\ -1 \end{pmatrix}\right| \cdot \left|\begin{pmatrix} 0 \\ 3 \\ -1 \end{pmatrix}\right|}$$

$$\cos\varphi = \frac{|a \cdot 0 + 3 \cdot 3 + (-1) \cdot (-1)|}{\sqrt{a^2 + 3^2 + (-1)^2} \cdot \sqrt{0^2 + 3^2 + (-1)^2}}$$

$$\cos\varphi = \frac{10}{\sqrt{a^2 + 10} \cdot \sqrt{10}}$$

Wenn sich g_a und h im Winkel von $\varphi = 45^\circ$ schneiden, löst man folgende Gleichung nach

a auf:

$$\cos(45^\circ) = \frac{10}{\sqrt{a^2+10}\cdot\sqrt{10}}$$
$$\frac{1}{2}\cdot\sqrt{2} = \frac{10}{\sqrt{a^2+10}\cdot\sqrt{10}}$$
$$\sqrt{a^2+10}\cdot\sqrt{10}\cdot\sqrt{2} = 20$$
$$\left(a^2+10\right)\cdot 10\cdot 2 = 400$$
$$a^2 = 10$$
$$a_{1,2} = \pm\sqrt{10}$$

Für $a_1 = \sqrt{10}$ und $a_2 = -\sqrt{10}$ schneiden sich g_a und h in einem Winkel von 45°.

d) Um die Gleichung einer Geraden i zu bestimmen, die von allen Geraden der Schar g_a den Abstand $\sqrt{40}$ besitzt und zu allen Geraden der Schar g_a windschief verläuft, kann man zuerst den Stützpunkt Q von i mithilfe einer geeigneten Vektorkette ermitteln. Dazu verwendet man einen auf Länge 1 normierten Normalenvektor der Ebene E:

$$\overrightarrow{OQ} = \overrightarrow{OA} + \sqrt{40}\cdot\frac{1}{|\vec{n}|}\cdot\vec{n} = \begin{pmatrix}1\\0\\-2\end{pmatrix} + \sqrt{40}\cdot\frac{1}{\sqrt{10}}\cdot\begin{pmatrix}0\\1\\3\end{pmatrix} = \begin{pmatrix}1\\0\\-2\end{pmatrix} + 2\cdot\begin{pmatrix}0\\1\\3\end{pmatrix} = \begin{pmatrix}1\\2\\4\end{pmatrix}$$

$\Rightarrow$ Q(1 | 2 | 4)

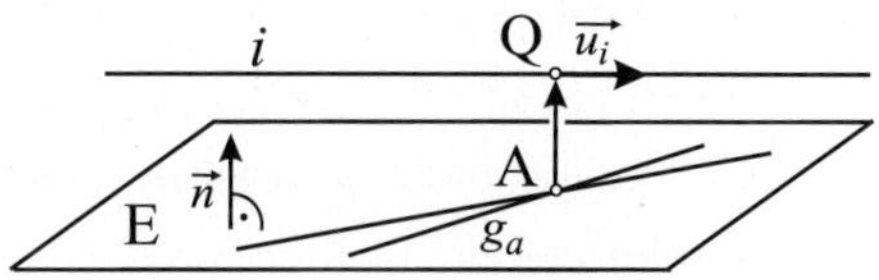

Die Gerade i muss parallel zu E und windschief zu g_a verlaufen, d.h. der Richtungsvektor $\vec{u_i}$ von i muss orthogonal zum Normalenvektor $\vec{n} = \begin{pmatrix}0\\1\\3\end{pmatrix}$ von E sein und darf kein Vielfaches des Richtungsvektors $\vec{u_a} = \begin{pmatrix}a\\3\\-1\end{pmatrix}$ von g_a sein. Beispielsweise kann man $\vec{u_i} = \begin{pmatrix}1\\0\\0\end{pmatrix}$ wählen, da $\vec{u_i}\cdot\vec{n} = \begin{pmatrix}1\\0\\0\end{pmatrix}\cdot\begin{pmatrix}0\\1\\3\end{pmatrix} = 1\cdot 0 + 0\cdot 1 + 0\cdot 3 = 0$ ist und $\vec{u_i}$ kein Vielfaches von $\vec{u_a}$ ist. Somit lautet die Gleichung einer möglichen Geraden:

$$i\colon \vec{x} = \begin{pmatrix}1\\2\\4\end{pmatrix} + r\cdot\begin{pmatrix}1\\0\\0\end{pmatrix}$$

Stochastik Aufgabe C 1

a) Legt man X als Zufallsgröße für die Anzahl der verkauften schwarzen Patronen fest, so ist X ist binomialverteilt mit den Parametern $n = 100$ und $p = 0,65$, also $B_{100;0,65}$-verteilt. Die Wahrscheinlichkeit für das Ereignis A: «Genau 66 der verkauften Patronen sind mit schwarzer Tinte gefüllt» erhält man mithilfe der Binomialverteilung:

frv.tv/de

$$P(A) = P(X = 66) = B_{100;0,65}(66) \approx 0,082 = 8,2\% \text{ (WTR)}$$

Die Wahrscheinlichkeit für das Ereignis A beträgt etwa $8,2\,\%$.

Die Wahrscheinlichkeit für das Ereignis B: «Höchstens 40 Patronen sind nicht mit schwarzer Tinte gefüllt.» bzw. «Mindestens 60 Patronen sind mit schwarzer Tinte gefüllt.» erhält man mithilfe der kumulierten Binomialverteilung und der Wahrscheinlichkeit des Gegenereignisses:

$$\begin{aligned} P(B) &= P(X \geqslant 60) \\ &= 1 - P(X \leqslant 59) \\ &\approx 1 - 0,125 \\ &= 0,875 \end{aligned}$$

Die Wahrscheinlichkeit für das Ereignis B beträgt etwa $87,5\,\%$.

Den Erwartungswert μ von X erhält man durch $\mu = n \cdot p = 100 \cdot 0,65 = 65$.
10% Abweichung von 65 sind $6,5$.
Die Wahrscheinlichkeit des Ereignisses C: «Die Anzahl der verkauften Patronen mit schwarzer Tinte weicht um mehr als 10% vom Erwartungswert dieser Anzahl ab.» erhält man mithilfe der kumulierten Binomialverteilung und der Wahrscheinlichkeit des Gegenereignisses:

$$\begin{aligned} P(B) &= P(X \leqslant 58) + P(X \geqslant 72) \\ &= P(X \leqslant 58) + 1 - P(X \leqslant 71) \\ &\approx 0,088 + 1 - 0,915 \\ &= 0,173 \end{aligned}$$

Die Wahrscheinlichkeit für das Ereignis C beträgt etwa $17,3\,\%$.

b) Legt man Y als Zufallsgröße für die Füllmenge der schwarzen Patronen fest, so ist Y normalverteilt mit dem Erwartungswert $\mu = 8$ und der Standardabweichung $\sigma = 0,04$. Die Abbildung (II) zeigt den Graphen der zugehörigen Dichtefunktion nicht an, da die Wendestellen der Dichtefunktion bei $x_1 = \mu - \sigma = 8 - 0,04 = 7,96$ und bei $x_2 = \mu + \sigma = 8 + 0,04 = 8,04$ liegen müssen. Dies ist bei Abbildung (II) aber nicht der Fall, da die Wendestellen hier bei $x_1 \approx 7,5$ und $x_2 \approx 8,5$ liegen .

Das Maximum der Dichtefunktion φ liegt bei $\mu = 8$ und hat den Funktionswert

$$\varphi(8) \approx \frac{0,4}{\sigma} = \frac{0,4}{0,04} = 10$$

Damit kann man die y-Achse der Abbildung (1) skalieren.

(I)

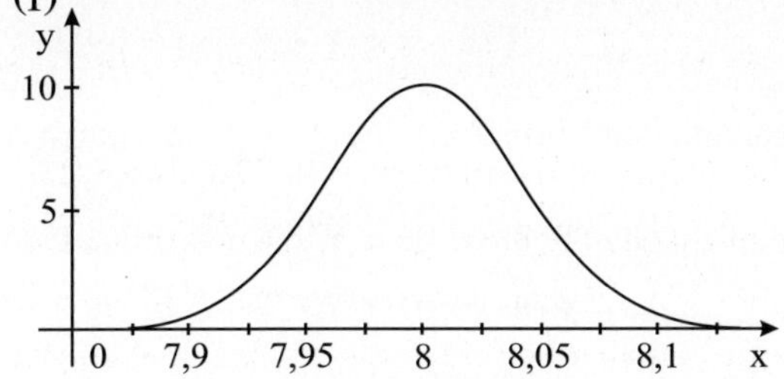

Die Wahrscheinlichkeit dafür, dass eine zufällig ausgewählte Patrone weniger als 7,95 ml Tinte enthält, erhält man mithilfe der kumulierten Normalverteilung:

$$P(Y < 7,95) \approx 0,106$$

Die Wahrscheinlichkeit beträgt etwa $10,6\,\%$.

Die Wahrscheinlichkeit, dass eine zufällig ausgewählte Patrone zwischen 7,98 ml und 8,04 ml Tinte enthält, erhält man durch $P(7,98 < Y < 8,04)$.
Dies entspricht dem Flächeninhalt A_1 unter der Glockenkurve über dem Intervall $[7,98; 8,04]$.

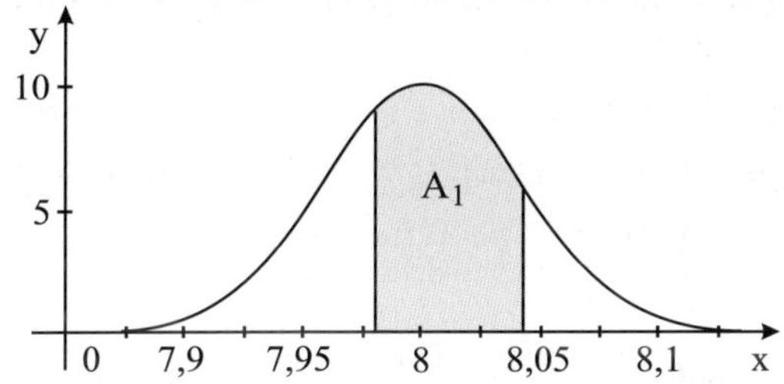

Die Glockenkurve der Füllmenge Y ist symmetrisch zum Erwartungswert $\mu = 8$.
Damit ist der Flächeninhalt A_2 unter der Glockenkurve über dem Intervall $[7,96; 8,02]$ gleich groß wie der Flächeninhalt A_1.

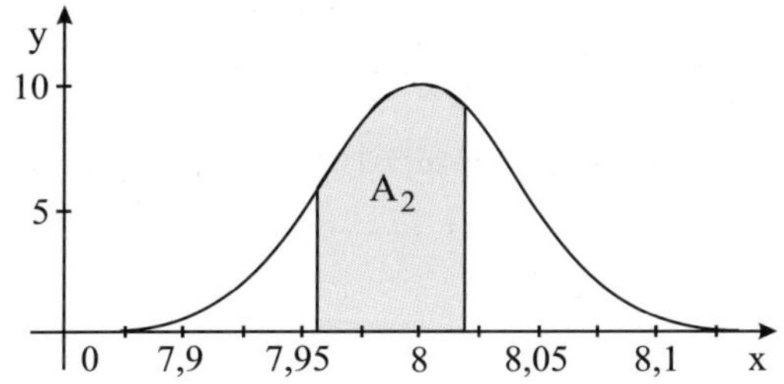

Somit hat das Ereignis: «Eine zufällig ausgewählte Patrone enthält zwischen 7,96 ml und

8,02 ml Tinte» exakt dieselbe Wahrscheinlichkeit wie das Ereignis: «Eine zufällig ausgewählte Patrone enthält zwischen 7,98 ml und 8,04 ml Tinte».

Das kleinste Intervall $[a;\, b]$ muss symmetrisch um den Erwartungswert $\mu = 8$ liegen. Wenn die Füllmenge einer zufällig ausgewählten Patrone mit einer Wahrscheinlichkeit von 92% in $[a;b]$ liegen soll, muss x so gewählt werden, dass gilt:

$$\mathrm{P}(8 - \mathrm{x} < \mathrm{Y} < 8 + \mathrm{x}) = 0{,}92$$

Mithilfe der kumulierten Normalverteilung erhält man durch Ausprobieren:

$$\mathrm{P}(8 - 0{,}06 < \mathrm{Y} < 8 + 0{,}06) \approx 0{,}87$$
$$\mathrm{P}(8 - 0{,}07 < \mathrm{Y} < 8 + 0{,}07) \approx 0{,}92$$

Mit $x = 0{,}07$ ergibt sich $a = 7{,}93$ und $b = 8{,}07$.
Somit ist das kleinste Intervall $[7{,}93\,;\, 8{,}07]$.

c) Es ist $f(x) = 0{,}25 \cdot \mathrm{e}^{-0{,}25x}$ für $x \geqslant 0$.
Um nachzuweisen, dass f eine Dichtefunktion über ihrem Definitionsbereich ist, müssen folgende Bedingungen erfüllt sein:

$$(1) \quad f(x) \geqslant 0$$

und

$$(2) \quad \int_0^{\infty} f(x)\mathrm{d}x = 1$$

Wegen $e^{-x} > 0$ für $x \in \mathbb{R}$ gilt auch $e^{-0{,}25x} > 0$ für $x \in \mathbb{R}$.
Damit gilt: $f(x) = 0{,}25 \cdot \mathrm{e}^{-0{,}25x} > 0$ für $x \in \mathbb{R}$.
Somit ist Bedingung (1) erfüllt.
Um das Integral $\int_0^{\infty} f(x)\mathrm{d}x$ zu berechnen, legt man als obere Integrationsgrenze $z > 0$ fest und betrachtet anschließend den Grenzwert für $z \to \infty$:

$$\begin{aligned}
\int_0^{z} f(x)\mathrm{d}x &= \int_0^{z} \left(0{,}25 \cdot \mathrm{e}^{-0{,}25x}\right) \mathrm{d}x \\
&= \left[0{,}25 \cdot \frac{\mathrm{e}^{-0{,}25x}}{-0{,}25}\right]_0^z \\
&= \left[-\mathrm{e}^{-0{,}25x}\right]_0^z \\
&= -\mathrm{e}^{-0{,}25z} - \left(-\mathrm{e}^{-0{,}25 \cdot 0}\right) \\
&= -\mathrm{e}^{-0{,}25z} + e^0 \\
&= -\mathrm{e}^{-0{,}25z} + 1
\end{aligned}$$

Für $z \to \infty$ geht $-\mathrm{e}^{-0,25z}$ gegen Null.

Damit gilt:

$$\int_0^\infty f(x)\mathrm{d}x = 1$$

Somit ist auch Bedingung (2) erfüllt.

Da beide Bedingungen erfüllt sind, ist f eine Dichtefunktion über ihrem Definitionsbereich.

Um den Wert von t zu bestimmen, so dass die Ware mit einer Wahrscheinlichkeit von 85% innerhalb von t Stunden nach Eingang der Bestellung versandt wird, löst man folgende Integralgleichung nach t auf:

$$\begin{aligned}
\int_0^t \left(0,25 \cdot \mathrm{e}^{-0,25x}\right) \mathrm{d}x &= 0,85 \\
-e^{-0,25t} + 1 &= 0,85 \\
0,15 &= e^{-0,25t} \\
\ln(0,15) &= -0,25t \\
\frac{\ln(0,15)}{-0,25} &= t \\
t &\approx 7,59
\end{aligned}$$

Mit einer Wahrscheinlichkeit von 85% wird eine Ware innerhalb von 7 Stunden und 36 Minuten nach Eingang der Bestellung versandt.

Stochastik Aufgabe C 2

a) Legt man X als Zufallsgröße für die Anzahl der Drehungen mit Punktzahl 4 fest, so ist X binomialverteilt mit den Parametern $n = 10$ und $p = \frac{1}{4}$, also $B_{10;\frac{1}{4}}$-verteilt.
Die Wahrscheinlichkeit für das Ereignis A: «Genau zwei Personen erzielen jeweils die Punktzahl 4.» erhält man mithilfe der Binomialverteilung:

frv.tv/de

$$\begin{aligned} P(A) &= P(X = 2) \\ &= B_{10;\frac{1}{4}}(2) \\ &\approx 0,282 \\ &= 28,2\% \end{aligned}$$

Die Wahrscheinlichkeit für das Ereignis A beträgt etwa $28,2\,\%$.

Legt man Y als Zufallsgröße für die Anzahl der Drehungen mit einer Punktzahl, die kleiner als 5 ist, fest, so ist Y binomialverteilt mit den Parametern $n = 10$ und $p = \frac{1}{3} + \frac{1}{4} = \frac{7}{12}$, also $B_{10;\frac{7}{12}}$-verteilt.
Die Wahrscheinlichkeit für das Ereignis B: «Mindestens drei Personen erzielen jeweils eine Punktzahl, die kleiner als 5 ist.» erhält man mithilfe der kumulierten Binomialverteilung und der Wahrscheinlichkeit des Gegenereignisses:

$$\begin{aligned} P(B) &= P(Y \geqslant 3) \\ &= 1 - P(Y \leqslant 2) \\ &\approx 1 - 0,0163 \\ &= 0,9834 \\ &\approx 98,4\% \end{aligned}$$

Die Wahrscheinlichkeit für das Ereignis B beträgt etwa $98,4\,\%$.

Die Summe aller erzielten Punktzahlen ist höchstens 31, wenn entweder alle zehn Personen jeweils die Punktzahl 3 erzielen oder wenn neun Personen die Punktzahl 3 erzielen und eine Person die Punktzahl 4. Die Wahrscheinlichkeit für das Ereignis C: «Die Summe der erzielten Punktzahlen aller zehn Personen ist höchstens 31.» erhält man mithilfe der Pfadregeln:

$$\begin{aligned} P(C) &= P(3333333333) + 10 \cdot P(3333333334) \\ &= \left(\frac{1}{3}\right)^{10} + 10 \cdot \left(\frac{1}{3}\right)^{9} \cdot \frac{1}{4} \\ &= \frac{17}{118098} \\ &\approx 0,00014 \\ &= 0,01\% \end{aligned}$$

Die Wahrscheinlichkeit für das Ereignis C beträgt etwa $0,01\,\%$.

b) Um zu ermitteln, welche Punktzahl man bei einmaligem Drehen auf lange Sicht im Durchschnitt erzielt, berechnet man den Erwartungswert E der Punktzahl, indem man die Punktzahlen mit den entsprechenden Wahrscheinlichkeiten multipliziert und die Ergebnisse addiert:

$$E = 3 \cdot \frac{1}{3} + 4 \cdot \frac{1}{4} + 5 \cdot \frac{1}{4} + 6 \cdot \frac{1}{6} = 4,25$$

Auf lange Sicht werden im Durchschnitt bei einmaligem Drehen $4,25$ Punkte erzielt.
Die Wahrscheinlichkeit, zweimal die Punktzahl 3 zu drehen, beträgt $P(33) = \frac{1}{3} \cdot \frac{1}{3} = \frac{1}{9}$.
Die Wahrscheinlichkeit, zweimal die Punktzahl 4 zu drehen, beträgt $P(44) = \frac{1}{4} \cdot \frac{1}{4} = \frac{1}{16}$.
Die Wahrscheinlichkeit, zweimal die Punktzahl 5 zu drehen, beträgt $P(55) = \frac{1}{4} \cdot \frac{1}{4} = \frac{1}{16}$.
Die Wahrscheinlichkeit, zweimal die Punktzahl 6 zu drehen, beträgt $P(66) = \frac{1}{6} \cdot \frac{1}{6} = \frac{1}{36}$.
Legt man x als Auszahlungsbetrag pro Punktzahl fest, so erhält man den Gewinn G eines Spielers, indem man die Auszahlungsbeträge mit den entsprechenden Wahrscheinlichkeiten multipliziert und die Ergebnisse addiert sowie den Einsatz subtrahiert:

$$G = 6x \cdot \frac{1}{9} + 8x \cdot \frac{1}{16} + 10x \cdot \frac{1}{16} + 12x \cdot \frac{1}{36} - 5 = \frac{17}{8}x - 5$$

Damit das Spiel fair ist, löst man die Gleichung $G = 0$ nach x auf:

$$\begin{aligned} \frac{17}{8}x - 5 &= 0 \\ x &= \frac{40}{17} \\ x &\approx 2,35 \end{aligned}$$

Somit beträgt der Auszahlungsbetrag pro erzielter Punktzahl bei einem fairen Spiel etwa $2,35$ Euro.

c) Achim gewinnt, wenn alle weiteren Spieler eine Punktzahl kleiner als 5 drehen, also die Punktzahl 3 oder 4 erzielen.

Bezeichnet man mit n die Anzahl der Mitspieler von Achim, so gewinnt Achim, wenn alle n Mitspieler die Punktzahl 3 oder 4 erzielen. Die Wahrscheinlichkeit, dass Achim das Spiel gewinnt, beträgt damit $\left(\frac{1}{3} + \frac{1}{4}\right)^n$.
Da diese Wahrscheinlichkeit kleiner als 2% sein soll, muss gelten:

$$\begin{aligned} \left(\frac{1}{3} + \frac{1}{4}\right)^n &< 0,02 \\ \left(\frac{7}{12}\right)^n &< 0,02 \end{aligned}$$

Durch Ausprobieren erhält man mithilfe des Taschenrechners:

$$\left(\frac{7}{12}\right)^7 \approx 0{,}023$$
$$\left(\frac{7}{12}\right)^8 \approx 0{,}013$$

Damit gibt es mindestens acht Mitspieler von Achim.
Somit sind es insgesamt mindestens neun Spieler.

d) Die Nullhypothese lautet: $H_0: p \leqslant \frac{1}{3}$.
Durch den Hypothesentest kann die Wahrscheinlichkeit, die Nullhypothese fälschlicherweise abzulehnen, begrenzt werden. In diesem Fall wird die Wahrscheinlichkeit, dass von einer zu hohen Wahrscheinlichkeit ausgegangen wird, begrenzt.
Somit entspricht der Test der Zielsetzung.

Bei einem Fehler zweiter Art trifft H_0 nicht zu und wird nicht abgelehnt, d.h. obwohl die Wahrscheinlichkeit, die Punktzahl 3 zu erhalten, mehr als $\frac{1}{3}$ beträgt, wird die Nullhypothese nicht abgelehnt.

Legt man Z als Zufallsgröße für die Anzahl der Drehungen, bei denen die Punktzahl 3 erzielt wird, fest, so ist Z binomialverteilt mit den Parametern $n = 100$ und $p = 0{,}4$.
Die Wahrscheinlichkeit β für den Fehler zweiter Art erhält man, indem man die Wahrscheinlichkeit dafür, dass sich die Anzahl der Drehungen mit Punktzahl 3 nicht im Ablehnungsbereich $A = \{42, \dots 100\}$ befindet, berechnet. Mithilfe der kumulierten Binomialverteilung erhält man:

$$\beta = P(Z \notin A) = P(Z < 42) = P(Z \leqslant 41) \approx 0{,}623 = 62{,}3\%$$

Die Wahrscheinlichkeit für den Fehler zweiter Art beträgt damit etwa $62{,}3\,\%$.

Stichwortverzeichnis